生鲜乳

质量安全检测标准与方法

方 芳 郑君杰 主编

中国农业科学技术出版社

图书在版编目（CIP）数据

生鲜乳质量安全检测标准与方法 / 方芳，郑君杰主编．—北京：中国农业科学技术出版社，2016.12

ISBN 978-7-5116-2822-0

Ⅰ.①生… Ⅱ.①方… ②郑… Ⅲ.①鲜乳-质量管理-安全管理-研究 Ⅳ.①TS252.7

中国版本图书馆 CIP 数据核字（2016）第 269472 号

责任编辑 张国锋
责任校对 马广洋 李向荣

出 版 者 中国农业科学技术出版社
北京市中关村南大街 12 号 邮编：100081
电　　话 (010)82106636(编辑室) (010)82109702(发行部)
(010)82109709(读者服务部)
传　　真 (010)82106631
网　　址 http://www.castp.cn
经 销 者 各地新华书店
印 刷 者 北京富泰印刷有限责任公司
开　　本 889mm×1194mm 1/16
印　　张 27.5
字　　数 860 千字
版　　次 2016 年 12 月第 1 版 2016 年 12 月第 1 次印刷
定　　价 198.00 元

《生鲜乳质量安全检测标准与方法》
编写人员名单

主　编　方　芳　郑君杰

副主编　孙志伟　贾　涛　裘　燕

其他参编人员（以姓氏笔画为序）

王建国　王继彤　冯秀燕　卢春香　李　征　刘　钧

张　婕　杨宝良　姚　婷　娄迎霞　赵雅迪　徐理奇

常肖肖　黄　骅　蒋琦晖　魏秀莲

前　　言

近年来，国内相继发生了“三聚氰胺”“皮革奶”“激素奶”“黄曲霉毒素超标奶”等多起乳品质量安全事件，导致消费者对国产乳品的消费信心明显下降，严重影响了我国的国际声誉，乳品质量安全已经引起各级政府的高度重视和社会各界的广泛关注。生鲜乳作为液体乳、乳粉和其他乳制品的源头，它的质量好坏直接影响着乳品安全。

2008年“三聚氰胺”事件以来，根据国务院《乳品质量安全监督管理条例》的规定，各级政府所属农业行政主管部门开始承担生鲜乳生产、收购、运输环节的监督管理，逐步建立健全了我国生鲜乳质量安全监测体系，为确保生鲜乳质量安全提供了有力的技术支撑。

为帮助从事生鲜乳生产、经营以及质量监控和检测技术人员及时了解和掌握生鲜乳质量安全检测技术标准化情况，更好地组织标准的制修订、宣传贯彻、实施及有效监督，提升生鲜乳质量安全检测工作水平，北京市饲料监察所结合《生鲜乳风险隐患排查及检测技术示范与推广》项目的实施，组织相关技术人员编制出版了这本《生鲜乳质量安全检测标准与方法》。本书收载了截至2016年10月底有关生鲜乳检测标准和方法45项。

由于时间仓促，本书在编写过程中难免有疏漏之处，敬请广大读者批评指正。书中如有与标准单行本不一致的，均以标准单行本为准。

编　　者

2016年10月

目　　录

第一章　环境污染相关参数

第二章　药物残留相关参数

第三章　违禁添加相关参数

第四章　理化检测相关参数

第五章　微生物相关参数

第一章

环境污染相关参数

1. 食品安全国家标准　食品中铅的测定 GB 5009. 12—2010
2. 食品安全国家标准　食品中总汞及有机汞的测定 GB 5009. 17—2014
3. 食品安全国家标准　食品中亚硝酸盐与硝酸盐的测定 GB 5009. 33—2010
4. 食品安全国家标准　食品中铬的测定 GB 5009. 123—2014
5. 食品安全国家标准　食品中黄曲霉毒素 M_1 和 B_1 的测定 GB 5009. 24—2010
6. 食品安全国家标准　乳和乳制品中黄曲霉毒素 M_1的测定　GB 5413. 37—2010

中华人民共和国国家标准

GB 5009.12—2010

食品安全国家标准
食品中铅的测定

National food safety standard
determination of lead in foods

2010－03－26 发布　　　　2010－06－01 实施

中华人民共和国卫生部　发布

前　　言

本标准代替 GB/T 5009.12—2003《食品中铅的测定》。

本标准附录 A 为资料性附录。

本标准所代替标准的历次版本发布情况为：

——GB 5009.12－1985、GB/T 5009.12－1996、GB/T 5009.12－2003。

食品安全国家标准　食品中铅的测定

1　范围

本标准规定了食品中铅的测定方法。

本标准适用于食品中铅的测定。

2　规范性引用文件

本标准中引用的文件对于本标准的应用是必不可少的。凡是注日期的引用文件，仅所注日期的版本适用于本标准。凡是不注日期的引用文件，其最新版本（包括所有的修改单）适用于本标准。

第一法　石墨炉原子吸收光谱法

3　原理

试样经灰化或酸消解后，注入原子吸收分光光度计石墨炉中，电热原子化后吸收 283.3nm 共振线，在一定浓度范围，其吸收值与铅含量成正比，与标准系列比较定量。

4　试剂和材料

除非另有规定，本方法所使用试剂均为分析纯，水为 GB/T 6682 规定的一级水。

4.1　硝酸：优级纯。

4.2　过硫酸铵。

4.3　过氧化氢（30%）。

4.4　高氯酸：优级纯。

4.5　硝酸（1+1）：取 50mL 硝酸慢慢加入 50mL 水中。

4.6　硝酸（0.5mol/L）：取 3.2mL 硝酸加入 50mL 水中，稀释至 100mL。

4.7　硝酸（1mol/L）：取 6.4mL 硝酸加入 50mL 水中，稀释至 100mL。

4.8　磷酸二氢铵溶液（20g/L）：称取 2.0g 磷酸二氢铵，以水溶解稀释至 100mL。

4.9　混合酸：硝酸+高氯酸（9+1）。取 9 份硝酸与 1 份高氯酸混合。

4.10　铅标准储备液：准确称取 1.000g 金属铅（99.99%），分次加少量硝酸（4.5），加热溶解，总量不超过 37mL，移入 1 000mL 容量瓶，加水至刻度。混匀。此溶液每毫升含 1.0mg 铅。

4.11　铅标准使用液：每次吸取铅标准储备液 1.0mL 于 100mL 容量瓶中，加硝酸（4.6）至刻度。如此经多次稀释成每毫升含 10.0ng，20.0ng，40.0ng，60.0ng，80.0ng 铅的标准使用液。

5　仪器和设备

5.1　原子吸收光谱仪，附石墨炉及铅空心阴极灯。

5.2　马弗炉。

5.3　天平：感量为 1mg。

5.4　干燥恒温箱。

5.5　瓷坩埚。

5.6　压力消解器、压力消解罐或压力溶弹。

5.7　可调式电热板、可调式电炉。

6　分析步骤

6.1　试样预处理

6.1.1　在采样和制备过程中，应注意不使试样污染。

6.1.2　粮食、豆类去杂物后，磨碎，过20目筛，储于塑料瓶中，保存备用。

6.1.3　蔬菜、水果、鱼类、肉类及蛋类等水分含量高的鲜样，用食品加工机或匀浆机打成匀浆，储于塑料瓶中，保存备用。

6.2　球试样消解（可根据实验室条件选用以下任何一种方法消解）

6.2.1　压力消解罐消解法：称取1～2g试样（精确到0.001g，干样、含脂肪高的试样＜1g，鲜样＜2g或按压力消解罐使用说明书称取试样）于聚四氟乙烯内罐，加硝酸（4.1）2～4mL浸泡过夜。再加过氧化氢（4.3）2～3mL（总量不能超过罐容积的1/3）。盖好内盖，旋紧不锈钢外套，放入恒温干燥箱，120～140℃保持3～4h，在箱内自然冷却至室温，用滴管将消化液洗入或过滤入（视消化后试样的盐分而定）10～25mL容量瓶中，用水少量多次洗涤罐，洗液合并于容量瓶中并定容至刻度，混匀备用；同时作试剂空白。

6.2.2　干法灰化：称取1～5g试样（精确到0.001g，根据铅含量而定）于瓷坩埚中，先小火在可调式电热板上炭化至无烟，移入马弗炉500℃±25℃灰化6～8h，冷却。若个别试样灰化不彻底，则加1mL混合酸（4.9）在可调式电炉上小火加热，反复多次直到消化完全，放冷，用硝酸（4.6）将灰分溶解，用滴管将试样消化液洗入或过滤入（视消化后试样的盐分而定）10～25mL容量瓶中，用水少量多次洗涤瓷坩埚，洗液合并于容量瓶中并定容至刻度，混匀备用；同时作试剂空白。

6.2.3　过硫酸铵灰化法：称取1～5g试样（精确到0.001g）于瓷坩埚中，加2～4mL硝酸（4.1）浸泡1h以上，先小火炭化，冷却后加2.00～3.00g过硫酸铵（4.2）盖于上面，继续炭化至不冒烟，转入马弗炉，500℃±25℃恒温2h，再升至800℃，保持20min，冷却，加2～3mL硝酸（4.7），用滴管将试样消化液洗入或过滤入（视消化后试样的盐分而定）10～25mL容量瓶中，用水少量多次洗涤瓷坩埚，洗液合并于容量瓶中并定容至刻度，混匀备用；同时作试剂空白。

6.2.4　湿式消解法：称取试样1～5g（精确到0.001g）于锥形瓶或高脚烧杯中，放数粒玻璃珠，加10mL混合酸（4.9），加盖浸泡过夜，加一小漏斗于电炉上消解，若变棕黑色，再加混合酸，直至冒白烟，消化液呈无色透明或略带黄色，放冷，用滴管将试样消化液洗入或过滤入（视消化后试样的盐分而定）10～25mL容量瓶中，用水少量多次洗涤锥形瓶或高脚烧杯，洗液合并于容量瓶中并定容至刻度，混匀备用；同时作试剂空白。

6.3　测定

6.3.1　仪器条件：根据各自仪器性能调至最佳状态。参考条件为波长283.3nm，狭缝0.2～1.0nm，灯电流5～7mA，干燥温度120℃，20s；灰化温度450℃，持续15～20s，原子化温度：1 700～2 300℃，持续4 ～5s，背景校正为氘灯或塞曼效应。

6.3.2　标准曲线绘制：吸取上面配制的铅标准使用液10.0ng/mL（或μg/L），20.0ng/mL（或μg/L），40.0ng/mL（或μg/L），60.0ng/mL（或μg/L），80.0ng/mL（或μg/L）各10μL，注入石墨炉，测得其吸光值并求得吸光值与浓度关系的一元线性回归方程。

6.3.3　试样测定：分别吸取样液和试剂空白液各10 μL，注入石墨炉，测得其吸光值，代入标准系列的一元线性回归方程中求得样液中铅含量。

6.3.4　基体改进剂的使用：对有干扰试样，则注入适量的基体改进剂磷酸二氢铵溶液（4.8）（一般为5μL或与试样同量）消除干扰。绘制铅标准曲线时也要加入与试样测定时等量的基体改进剂磷酸二氢铵溶液。

7　分析结果的表述

试样中铅含量按式（1）进行计算。

$$X = \frac{(c_1 - c_0) \times V \times 1\ 000}{m \times 1\ 000 \times 1\ 000} \tag{1}$$

式中：

X——试样中铅含量，单位为毫克每千克或毫克每升（mg/kg或mg/L）；

c_1——测定样液中铅含量，单位为纳克每毫升（ng/mL）；

c_0——空白液中铅含量，单位为纳克每毫升（ng/mL）；

V——试样消化液定量总体积，单位为毫升（mL）；

m——试样质量或体积，单位为克或毫升（g或mL）。

以重复性条件下获得的两次独立测定结果的算术平均值表示，结果保留两位有效数字。

8　精密度

在重复性条件下获得的两次独立测定结果的绝对差值不得超过算术平均值的20%。

第二法　氢化物原子荧光光谱法

9　原理

试样经酸热消化后，在酸性介质中，试样中的铅与硼氢化钠（$NaBH_4$）或硼氢化钾（KBH_4）反应生成挥发性铅的氢化物（PbH_4）。以氩气为载气，将氢化物导入电热石英原子化器中原子化，在特制铅空心阴极灯照射下，基态铅原子被激发至高能态；在去活化回到基态时，发射出特征波长的荧光，其荧光强度与铅含量成正比，根据标准系列进行定量。

10　试剂和材料

10.1　硝酸+高氯酸混合酸（9+1）：分别量取硝酸900mL，高氯酸100mL，混匀。

10.2　盐酸（1+1）：量取250mL盐酸倒入250mL水中，混匀。

10.3　草酸溶液（10g/L）：称取1.0g草酸，加入溶解至100mL，混匀。

10.4　铁氰化钾［$K_3Fe(CN)_6$］溶液（100g/L）：称取10.0g铁氰化钾，加水溶解并稀释至100mL，混匀。

10.5　氢氧化钠溶液（2g/L）：称取2.0g氢氧化钠，溶于1L水中，混匀。

10.6　硼氢化钠（$NaBII_4$）溶液（10g/L）：称取5.0g硼氢化钠溶于500mL氢氧化钠溶液（2g/L）中，混匀，临用前配制。

10.7　铅标准储备液（1.0mg/mL）。

10.8　铅标准使用液（1.0kg/mL）：精确吸取铅标准储备液（10.7），逐级稀释至1.0μg/mL。

11　仪器和设备

11.1　原子荧光光度计。

11.2　铅空心阴极灯。

11.3　电热板。

11.4　天平：感量为1mg。

12　分析步骤

12.1　试样消化

湿消解：称取固体试样0.2～2g或液体试样2.0010.00g（或mL）（均精确到0.001g），置于50～100mL消化容器中（锥形瓶），然后加入硝酸+高氯酸混合酸（10.1）5～10mL摇匀浸泡，放置过夜。次日置于电热板上加热消解，至消化液呈淡黄色或无色（如消解过程色泽较深，稍冷补加少量硝酸，继续消解），稍冷加入20mL水再继续加热赶酸，至消解液0.5～1.0mL止，冷却后用少量水转入25mL容量瓶中，并加入盐酸（10.2）0.5mL，草酸溶液（10.3）0.5mL，摇匀，再加入铁氰化钾溶液（10.4）1.00mL，用水准确稀释定容至25mL，摇匀，放置30min后测定。同时做试剂空白。

12.2　标准系列制备

在25mL容量瓶中，依次准确加入铅标准应用液（10.8）0.00mL、0.125mL、0.25mL、0.50mL、0.75mL、1.00mL、1.25mL（各相当于铅浓度0.0ng/mL、5.0ng/mL、10.0ng/mL、20.0ng/mL、30.0ng/mL、40.0ng/mL、50.0ng/mL），用少量水稀释后，加入0.5mL盐酸（10.2）和0.5mL草酸溶液（10.3）摇匀，再加入铁氰化钾溶液（10.4）1.0mL，用水稀释至该度，摇匀。放置30min后待测。

12.3　测定

12.3.1　仪器参考条件

负高压：323 V；铅空心阴极灯灯电流：75mA；原子化器：炉温750～800℃，炉高8mm；氩气流速：载气800mL/min；屏蔽气：1 000mL/min；加还原剂时间：7.0s；读数时间：15.0s；延迟时间：0.0s；测量方式：标准曲线法；读数方式：峰面积；进样体积：2.0mL。

12.3.2　测量方式

设定好仪器的最佳条件，逐步将炉温升至所需温度，稳定10～20min后开始测量：连续用标准系列的零管进样，待读数稳定之后，转入标准系列的测量，绘制标准曲线，转入试样测量，分别测定试样空白和试样消化液，试样测定结果按式（2）计算。

13　分析结果的表述

试样中铅含量按式（2）进行计算。

$$X = \frac{(c_1 - c_0) \times V \times 1\,000}{m \times 1\,000 \times 1\,000} \qquad (2)$$

式中：

X——试样中铅含量，单位为毫克每千克或毫克每升（mg/kg或mg/L）；

c_1——试样消化液测定浓度，单位为纳克每毫升（ng/mL）；

c_0——空白液测定浓度，单位为纳克每毫升（ng/mL）；

V——试样消化液定量总体积，单位为毫升（mL）；

m——试样质量或体积，单位为克或毫升（g或mL）。

以重复性条件下获得的两次独立测定结果的算术平均值表示，结果保留两位有效数字。

14　精密度

在重复性条件下获得的两次独立测定结果的绝对差值不得超过算术平均值的10%。

第三法　火焰原子吸收光谱法

15　原理

试样经处理后，铅离子在一定 pH 条件下与二乙基二硫代氨基甲酸钠（DDTC）形成络合物，经4－甲基－2－戊酮萃取分离，导入原子吸收光谱仪中，火焰原子化后，吸收283.3nm 共振线，其吸收量与铅含量成正比，与标准系列比较定量。

16　试剂和材料

16.1　混合酸：硝酸－高氯酸（9＋1）。
16.2　硫酸铵溶液（300g/L）：称取30g 硫酸铵［$(NH_4)_2SO_4$］，用水溶解并稀释至100mL。
16.3　柠檬酸铵溶液（250g/L）：称取25g 柠檬酸铵，用水溶解并稀释至100mL。
16.4　溴百里酚蓝水溶液（1g/L）。
16.5　二乙基二硫代氨基甲酸钠（DDTC）溶液（50g/L）：称取5g 二乙基二硫代氨基甲酸钠，用水溶解并加水至100mL。
16.6　氨水（1＋1）。
16.7　4－甲基－2－戊酮（MIBK）。
16.8　铅标准溶液：操作同10.7和10.8。配制铅标准使用液为10μg/mL。
16.9　盐酸（1＋11）：取10mL 盐酸加入110mL 水中，混匀。
16.10　磷酸溶液（1＋10）：取10mL 磷酸加入100mL 水中，混匀。

17　仪器和设备

17.1　原子吸收光谱仪火焰原子化器，其余同5.2，5.3，5.4，5.5，5.6和5.7。
17.2　天平：感量为1mg。

18　分析步骤

18.1　试样处理
18.1.1　饮品及酒类：取均匀试样10～20g（精确到0.01g）于烧杯中（酒类应先在水浴上蒸去酒精），于电热板上先蒸发至一定体积后，加入混合酸（16.1）消化完全后，转移、定容于50mL 容量瓶中。
18.1.2　包装材料浸泡液可直接吸取测定。
18.1.3　谷类：去除其中杂物及尘土，必要时除去外壳，碾碎，过30目筛，混匀。称取5～10g 试样（精确到0.01g），置于50mL 瓷坩埚中，小火炭化，然后移入马弗炉中，500℃以下灰化16h 后，取出坩埚，放冷后再加少量混合酸（16.1），小火加热，不使干涸，必要时再加少许混合酸，如此反复处理，直至残渣中无炭粒，待坩埚稍冷，加10mL 盐酸（16.9），溶解残渣并移入50mL 容量瓶中，再用水反复洗涤坩埚，洗液并入容量瓶中，并稀释至刻度，混匀备用。

取与试样相同量的混合酸和盐酸（16.9），按同一操作方法作试剂空白试验。

18.1.4　蔬菜、瓜果及豆类：取可食部分洗净晾干，充分切碎混匀。称取10～20g（精确到0.01g）于瓷坩埚中，加1mL 磷酸溶液（16.10），小火炭化，以下按17.1.3自“然后移入马弗炉中……”起依法操作。
18.1.5　禽、蛋、水产及乳制品：取可食部分充分混匀。称取5～10g（精确到0.01g）于瓷坩埚中，小火炭化，以下按17.1.3自“然后移入马弗炉中……”起依法操作。

乳类经混匀后，量取50.0mL，置于瓷坩埚中，加磷酸（16.10），在水浴上蒸干，再加小火炭化，以下按 17.1.3 自“然后移入马弗炉中……”起依法操作。

18.2 萃取分离

视试样情况，吸取 25.0 ~ 50.0mL 上述制备的样液及试剂空白液，分别置于 125mL 分液漏斗中，补加水至 60mL。加 2mL 柠檬酸铵溶液（16.3），溴百里酚蓝水溶液（16.4）3 ~ 5 滴，用氨水（16.6）调 pH 值至溶液由黄变蓝，加硫酸铵溶液（16.2）10.0mL，DDTC 溶液（15.5）10mL，摇匀。放置 5min 左右，加入 10.0mL（15.7）MIBK，剧烈振摇提取 1min，静置分层后，弃去水层，将 MIBK 层放入 10mL 带塞刻度管中，备用。分别吸取铅标准使用液 0.00mL，0.25mL，0.50mL，1.00mL，1.50mL，2.0mL（相当 0.0μg，2.5μg，5.0μg，10.0μg，15.0μg，20.0μg 铅）于 125mL 分液漏斗中。与试样相同方法萃取。

18.3 测定

18.3.1 饮品、酒类及包装材料浸泡液可经萃取直接进样测定。

18.3.2 萃取液进样，可适当减小乙炔气的流量。

18.3.3 仪器参考条件：空心阴极灯电流 8mA；共振线 283.3nm；狭缝 0.4nm；空气流量 8L/min；燃烧器高度 6mm。

19 分析结果的表述

试样中铅含量按式（3）进行计算。

$$X = \frac{(c_1 - c_0) \times V_1 \times 1\ 000}{m \times V_3 / V_2 \times 1\ 000} \tag{3}$$

式中：

X——试样中铅的含量，单位为毫克每千克或毫克每升（mg/kg 或 mg/L）；

c_1——测定用试样中铅的含量，单位为微克每毫升（μg/mL）；

c_0——试剂空白液中铅的含量，单位为纳克每毫升（mg/mL）；

m——试样质量或体积，单位为克或毫升（g 或 mL）；

V_1——试样萃取液体积，单位为毫升（mL）；

V_2——试样处理液的总体积，单位为毫升（mL）；

V_3——测定用试样处理液的总体积，单位为毫升（mL）。

以重复性条件下获得的两次独立测定结果的算术平均值表示，结果保留两位有效数字。

20 精密度

在重复性条件下获得的两次独立测定结果的绝对差值不得超过算术平均值的 20%。

第四法　二硫腙比色法

21 原理

试样经消化后，在 pH 值为 8.5 ~ 9.0 时，铅离子与二硫腙生成红色络合物，溶于三氯甲烷。加入柠檬酸铵、氰化钾和盐酸羟胺等，防止铁、铜、锌等离子干扰，与标准系列比较定量。

22 试剂和材料

22.1 氨水（1 + 1）。

22.2 盐酸（1 + 1）：量取 100mL 盐酸，加入 100mL 水中。

22.3　酚红指示液（1g/L）：称取0.10g酚红，用少量多次乙醇溶解后移入100mL容量瓶中并定容至刻度。

22.4　盐酸羟胺溶液（200g/L）：称取20.0g盐酸羟胺，加水溶解至50mL，加2滴酚红指示液，加氨水（1+1），调pH值至8.5~9.0（由黄变红，再多加2滴），用二硫腙-三氯甲烷溶液（22.10）提取至三氯甲烷层绿色不变为止，再用三氯甲烷洗二次，弃去三氯甲烷层，水层加盐酸（1+1）至呈酸性，加水至100mL。

22.5　柠檬酸铵溶液（200g/L）：称取50g柠檬酸铵，溶于100mL水中，加2滴酚红指示液（22.3），加氨水（22.1），调pH值至8.5~9.0，用二硫腙-三氯甲烷溶液（22.10）提取数次，每次10~20mL，至三氯甲烷层绿色不变为止，弃去三氯甲烷层，再用三氯甲烷洗二次，每次5mL，弃去三氯甲烷层，加水稀释至250mL。

22.6　氰化钾溶液（100g/L）：称取10.0g氰化钾，用水溶解后稀释至100mL。

22.7　三氯甲烷：不应含氧化物。

22.7.1　检查方法：量取10mL三氯甲烷，加25mL新煮沸过的水，振摇3min，静置分层后，取10mL水溶液，加数滴碘化钾溶液（150g/L）及淀粉指示液，振摇后应不显蓝色。

22.7.2　处理方法：于三氯甲烷中加入1/20~1/10体积的硫代硫酸钠溶液（200g/L）洗涤，再用水洗后加入少量无水氯化钙脱水后进行蒸馏，弃去最初及最后的1/10馏出液，收集中间馏出液备用。

22.8　淀粉指示液：称取0.5g可溶性淀粉，加5mL水搅匀后，慢慢倒入100mL沸水中，边倒边搅拌，煮沸，放冷备用，临用时配制。

22.9　硝酸（1+99）：量取1mL硝酸，加入99mL水中。

22.10　二硫腙-三氯甲烷溶液（0.5g/L）：保存冰箱中，必要时用下述方法纯化。

称取0.5g研细的二硫腙，溶于50mL三氯甲烷中，如不全溶，可用滤纸过滤于250mL分液漏斗中，用氨水（1+99）提取三次，每次100mL，将提取液用棉花过滤至500mL分液漏斗中，用盐酸（1+1）调至酸性，将沉淀出的二硫腙用三氯甲烷提取2~3次，每次20mL，合并三氯甲烷层，用等量水洗涤两次，弃去洗涤液，在50℃水浴上蒸去三氯甲烷。精制的二硫腙置硫酸干燥器中，干燥备用。或将沉淀出的二硫腙用200mL，200mL，100mL三氯甲烷提取三次，合并三氯甲烷层为二硫腙溶液。

22.11　二硫腙使用液：吸取1.0mL二硫腙溶液，加三氯甲烷至10mL，混匀。用1cm比色杯，以三氯甲烷调节零点，于波长510nm处测吸光度（A），用式（4）算出配制100mL二硫腙使用液（70%透光率）所需二硫腙溶液的毫升数（V）。

$$V = \frac{10 \times (2 - \lg 70)}{A} = \frac{1.55}{A} \qquad (4)$$

22.12　硝酸-硫酸混合液（4+1）。

22.13　铅标准溶液（1.0mg/mL）：准确称取0.1598g硝酸铅，加10mL硝酸（1+99），全部溶解后，移入100mL容量瓶中，加水稀释至刻度。

22.14　铅标准使用液（10.0μg/mL）：吸取1.0mL铅标准溶液，置于100mL容量瓶中，加水稀释至刻度。

23　仪器和设备

23.1　分光光度计。

23.2　天平：感量为1mg。

24　分析步骤

24.1　试样预处理同6.1的操作。

24.2　试样消化

24.2.1　硝酸－硫酸法

24.2.2　粮食、粉丝、粉条、豆干制品、糕点、茶叶等及其他含水分少的固体食品：称取5g或10g的粉碎样品（精确到0.01g），置于250～500mL定氮瓶中，先加水少许使湿润，加数粒玻璃珠、10～15mL硝酸，放置片刻，小火缓缓加热，待作用缓和，放冷。沿瓶壁加入5mL或10mL硫酸，再加热，至瓶中液体开始变成棕色时，不断沿瓶壁滴加硝酸至有机质分解完全。加大火力，至产生白烟，待瓶口白烟冒净后，瓶内液体再产生白烟为消化完全，该溶液应澄清无色或微带黄色，放冷（在操作过程中应注意防止爆沸或爆炸）。加20mL水煮沸，除去残余的硝酸至产生白烟为止，如此处理两次，放冷。将冷后的溶液移入50mL或100mL容量瓶中，用水洗涤定氮瓶，洗液并入容量瓶中，放冷，加水至刻度，混匀。定容后的溶液每10mL相当于1g样品，相当加入硫酸量1mL。取与消化试样相同量的硝酸和硫酸，按同一方法作试剂空白试验。

24.2.3　蔬菜、水果：称取25.00g或50.00g洗净打成匀浆的试样（精确到0.01g），置于250～500mL定氮瓶中，加数粒玻璃珠、10～15mL硝酸，以下按24.2.2自“放置片刻……”起依法操作，但定容后的溶液每10mL相当于5g样品，相当加入硫酸1mL。

24.2.4　酱、酱油、醋、冷饮、豆腐、腐乳、酱腌菜等：称取10g或20g试样（精确到0.01g）或吸取10.0mL或20.0mL液体样品，置于250～500mL定氮瓶中，加数粒玻璃珠、5～15mL硝酸。以下按24.2.2自“放置片刻……”起依法操作，但定容后的溶液每10mL相当于2g或2mL试样。

24.2.5　含酒精性饮料或含二氧化碳饮料：吸取10.00mL或20.00mL试样，置于250～500mL定氮瓶中，加数粒玻璃珠，先用小火加热除去乙醇或二氧化碳，再加5～10mL硝酸，混匀后，以下按24.2.2自“放置片刻……”起依法操作，但定容后的溶液每10mL相当于2mL试样。

24.2.6　含糖量高的食品：称取5g或10g试样（精确至0.01g），置于250～500mL定氮瓶中，先加少许水使其湿润，加数粒玻璃珠、5～10mL硝酸，摇匀。缓缓加入5mL或10mL硫酸，待作用缓和停止起泡沫后，先用小火缓缓加热（糖分易炭化），不断沿瓶壁补加硝酸，待泡沫全部消失后，再加大火力，至有机质分解完全，发生白烟，溶液应澄清无色或微带黄色，放冷。以下按24.2.2自“加20mL水煮沸……”起依法操作。

24.2.7　水产品：取可食部分样品捣成匀浆，称取5g或10g试样（精确至0.01g，海产藻类、贝类可适当减少取样量），置于250～500mL定氮瓶中，加数粒玻璃珠，5～10mL硝酸，混匀后，以下按24.2.2自“沿瓶壁加入5mL或10mL硫酸……”起依法操作。

24.2.8　灰化法

24.2.8.1　粮食及其他含水分少的食品：称取5g试样（精确至0.01g），置于石英或瓷坩埚中，加热至炭化，然后移入马弗炉中，500℃灰化3h，放冷，取出坩埚，加硝酸（1+1），润湿灰分，用小火蒸干，在500℃烧1h，放冷。取出坩埚。加1mL硝酸（1+1），加热，使灰分溶解，移入50mL容量瓶中，用水洗涤坩埚，洗液并入容量瓶中，加水至刻度，混匀备用。

24.2.8.2　含水分多的食品或液体试样：称取5.0g或吸取5.00mL试样，置于蒸发皿中，先在水浴上蒸干，再按24.2.8.1自“加热至炭化……”起依法操作。

24.3　测定

24.3.1　吸取10.0mL消化后的定容溶液和同量的试剂空白液，分别过于125mL分液漏斗中，各加水至20mL。

24.3.2　吸取0mL，0.10mL，0.20mL，0.30mL，0.40mL，0.50mL铅标准使用液（相当0.0μg，1.0μg，2.0μg，3.0μg，4.0μg，5.0μg铅），分别置于125mL分液漏斗中，各加硝酸（1+99）至20mL。于试样消化液、试剂空白液和铅标准液中各加2.0mL柠檬酸铵溶液（200g/L），1.0mL盐酸羟胺溶液（200g/L）和2滴酚红指示液，用氨水（1+1）调至红色，再各加2.0mL氰化钾溶液（100g/L），混匀。各加5.0mL二硫腙使用液，剧烈振摇1mm，静置分层后，三氯甲烷层经脱脂棉滤入1cm比色杯中，以三氯甲烷调节零点于波长510nm处测吸光度，各点减去零管吸收值后，绘制标准曲线或计算一元回归方程，试样与曲线比较。

25　分析结果的表述

试样中铅含量按式（5）进行计算。

$$X = \frac{(m_1 - m_2) \times 1\,000}{m_3 \times V_2/V_1 \times 1\,000} \tag{5}$$

式中：

X——试样中铅的含量，单位为毫克每千克或毫克每升（mg/kg或mg/L）；

m_1——测定用试样液中铅的质量，单位为微克（μg）；

m_2——试剂空白液中铅的质量，单位为微克（μg）；

m_3——试样质量或体积，单位为克或毫升（g或mL）；

V_1——试样处理液的总体积，单位为毫升（mL）；

V_2——测定用试样处理液的总体积，单位为毫升（mL）。

以重复性条件下获得的两次独立测定结果的算术平均值表示，结果保留两位有效数字。

26　精密度

在重复性条件下获得的两次独立测定结果的绝对差值不得超过算术平均值的10%。

第五法　单扫描极谱法

27　原理

试样经消解后，铅以离子形式存在。在酸性介质中，Pb^{2+}与I^-形成的PbI_4^{2-}络离子具有电活性，在滴汞电极上产生还原电流。峰电流与铅含量呈线性关系，以标准系列比较定量。

28　试剂和材料

28.1　底液：称取5.0g碘化钾，8.0g酒石酸钾钠，0.5g抗坏血酸于500mL烧杯中，加入300mL水溶解后，再加入10mL盐酸，移入500mL容量瓶中，加水至刻度（在冰箱中可保存2个月）。

28.2　铅标准贮备溶液（1.0mg/mL）：准确称取0.1000g金属铅（含量99.99%）于烧杯中加2mL（1+1）硝酸溶液，加热溶解，冷却后定量移入100mL容量瓶并加水至刻度，混匀。

28.3　铅标准使用溶液（10.0μg/mL）：临用时，吸取铅标准贮备溶液1.00mL于100mL容量瓶中，加水至刻度，混匀。

28.4　混合酸：硝酸-高氯酸（4+1），量取80mL硝酸，加入20mL高氯酸，混匀。

29　仪器和设备

29.1　极谱分析仪。

29.2　带电子调节器万用电炉。

29.3　天平：感量为1mg。

30　分析步骤

30.1　极谱分析参考条件

单扫描极谱法（SSP法）。选择起始电位为-350mV，终止电位-850mV，扫描速度300mV/s，三电极，二次导数，静止时间5s及适当量程。与峰电位（Ep）-470mV处，记录铅的峰电流。

30.2 标准曲线绘制

准确吸取铅标准使用溶液0mL，0.05mL，0.10mL，0.20mL，0.30mL，0.40mL（相当于含0μg，0.5μg，1.0μg，2.0μg，3.0μg，4.0μg铅）于10mL比色管中，加底液至10.0mL，混匀。将各管溶液依次移入电解池，置于三电极系统。按上述极谱分析参考条件测定，分别记录铅的峰电流。以含量为横坐标，其对应的峰电流为纵坐标，绘制标准曲线。

30.3 试样处理

粮食、豆类等水分含量低的试样，去杂物后磨碎过20目筛；蔬菜、水果、鱼类、肉类等水分含量高的新鲜试样，用匀浆机匀浆，储于塑料瓶。

30.3.1 试样处理（除食盐、白糖外，如粮食、豆类、糕点、茶叶、肉类等）：称取1~2g试样（精确至0.1g）于50mL三角瓶中，加入10~20mL混合酸，加盖浸泡过夜。置带电子调节器万用电炉上的低挡位加热。若消解液颜色逐渐加深，呈现棕黑色时，移开万用电炉，冷却，补加适量硝酸，继续加热消解。待溶液颜色不再加深，呈无色透明或略带黄色，并冒白烟，可高挡位驱赶剩余酸液，至近干，在低挡位加热得白色残渣，待测。同时作一试剂空白。

30.3.2 食盐、白糖：称取试样2.0g于烧杯中，待测。

30.3.3 液体试样

称取2g试样（精确至0.1g）于50mL三角瓶中（含乙醇、二氧化碳的试样位置应置于80℃水浴上驱赶）。加入1~10mL混合酸，于带电子调节器万用电炉上的低挡位加热，以下步骤按30.3.1“试样处理”项下操作，待测。

30.4 试样测定

于上述待测试样及试剂空白瓶中加入10.0mL底液，溶解残渣并移入电解池。以下按30.2“标准曲线绘制”项下操作，极谱图参见附录A。分别记录试样及试剂空白的峰电流，用标准曲线法计算试样中铅含量。

31 分析结果的表述

试样中铅含量按式（6）进行计算。

$$X = \frac{(A - A_0) \times 1\,000}{m \times 1\,000} \tag{6}$$

式中：

X——试样中铅的含量，单位为毫克每千克或毫克每升（mg/kg或mg/L）；

A——由标准曲线上查得测定样液中铅的质量，单位为微克（μg）；

A_0——由标准曲线上查得试剂空白液中铅质量，单位为微克（μg）；

m——试样质量或体积，单位为克或毫升（g或mL）。

以重复性条件下获得的两次独立测定结果的算术平均值表示，结果保留两位有效数字。

32 精密度

在重复性条件下获得的两次独立测定结果的绝对差值不得超过算术平均值的5.0%。

33 其他

本标准检出限：石墨炉原子吸收光谱法为0.005mg/kg；氢化物原子荧光光谱法固体试样为0.005mg/kg,液体试样为0.001mg/kg；火焰原子吸收光谱法为0.1mg/kg；比色法为0.25mg/kg。单扫描极谱法为0.085mg/kg。

附录 A （资料性附录） 试剂空白、铅标准极谱图

A. 1　试剂空白、铅标准极谱图

试剂空白、铅标准极谱图见图 A. 1。

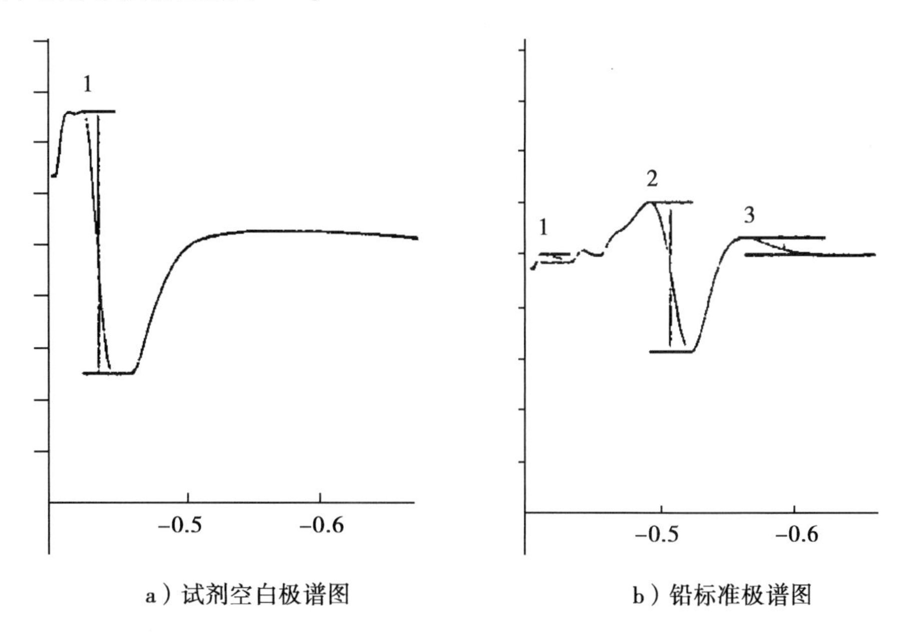

a）试剂空白极谱图　　b）铅标准极谱图

图 A. 1　试剂空白、铅标准极谱图

中华人民共和国国家标准

GB 5009.17—2014

食品安全国家标准
食品中总汞及有机汞的测定

2015 - 09 - 21 发布　　2016 - 03 - 21 实施

中 华 人 民 共 和 国
国家卫生和计划生育委员会　发布

前　　言

本标准代替 GB/T 5009.17—2003《食品中总汞及有机汞的测定》。

本标准与 GB/T 5009.17—2003 相比，主要变化如下：

——标准名称修改为《食品安全国家标准　食品中总汞及有机汞的测定》；

——取消了总汞测定的二硫腙比色法，有机汞测定的气相色谱法和冷原子吸收法；

——增加了甲基汞测定的液相色谱－原子荧光光谱法（LC－AFS）。

食品安全国家标准　食品中总汞及有机汞的测定

1　范围

本标准第一篇规定了食品中总汞的测定方法。

本标准第一篇适用于食品中总汞的测定。

本标准第二篇规定了食品中甲基汞含量测定的液相色谱－原子荧光光谱联用方法（LC－AFS）。

本标准第二篇适用于食品中甲基汞含量的测定。

第一篇　食品中总汞的测定

第一法　原子荧光光谱分析法

2　原理

试样经酸加热消解后，在酸性介质中，试样中汞被硼氢化钾或硼氢化钠还原成原子态汞，由载气（氩气）带入原子化器中，在汞空心阴极灯照射下，基态汞原子被激发至高能态，在由高能态回到基态时，发射出特征波长的荧光，其荧光强度与汞含量成正比，与标准系列溶液比较定量。

3　试剂和材料

注：除非另有说明，本方法所用试剂均为优级纯，水为 GB/T 6682 规定的一级水。

3.1　试剂

3.1.1　硝酸（HNO_3）。

3.1.2　过氧化氢（H_2O_2）。

3.1.3　硫酸（H_2SO_4）。

3.1.4　氢氧化钾（KOH）。

3.1.5　硼氢化钾（KBH_4）：分析纯。

3.2　试剂配制

3.2.1　硝酸溶液（1＋9）：量取 50mL 硝酸，缓缓加入 450mL 水中。

3.2.2　硝酸溶液（5＋95）：量取 5mL 硝酸，缓缓加入 95mL 水中。

3.2.3　氢氧化钾溶液（5g/L）：称取 5.0g 氢氧化钾，纯水溶解并定容至 1 000mL，混匀。

3.2.4　硼氢化钾溶液（5g/L）：称取 5.0g 硼氢化钾，用 5g/L 的氢氧化钾溶液溶解并定容至 1 000mL，混匀。现用现配。

3.2.5　重铬酸钾的硝酸溶液（0.5g/L）：称取 0.05g 重铬酸钾溶于 100mL 硝酸溶液（5＋95）中。

3.2.6　硝酸－高氯酸混合溶液（5＋1）：量取 500mL 硝酸，100mL 高氯酸，混匀。

3.3　标准品

氯化汞（$HgCl_2$）：纯度≥99%。

3.4　标准溶液配制

3.4.1　汞标准储备液（1.00mg/mL）：准确称取 0.135 4g 经干燥过的氯化汞，用重铬酸钾的硝酸溶液（0.5g/L）溶解并转移至 100mL 容量瓶中，稀释至刻度，混匀。此溶液浓度为 1.00mg/mL。于 4℃冰箱中避光保存，可保存 2 年。或购买经国家认证并授予标准物质证书的标准溶液物质。

3.4.2　汞标准中间液（10μg/mL）：吸取 1.00mL 汞标准储备液（1.00mg/mL）于 100mL 容量瓶中，用重铬酸钾的硝酸溶液（0.5g/L）稀释至刻度，混匀，此溶液浓度为 10μg/mL。于 4℃冰箱中避光保存，可保存 2 年。

3.4.3　汞标准使用液（50ng/mL）：吸取 0.50mL 汞标准中间液（10μg/mL）于 100mL 容量瓶中，用 0.5g/L 重铬酸钾的硝酸溶液稀释至刻度，混匀，此溶液浓度为 50ng/mL，现用现配。

4　仪器和设备

注：玻璃器皿及聚四氟乙烯消解内罐均需以硝酸溶液（1+4）浸泡 24h，用水反复冲洗，最后用去离子水冲洗干净。

4.1　原子荧光光谱仪。

4.2　天平：感量为 0.1mg 和 1mg。

4.3　微波消解系统。

4.4　压力消解器。

4.5　恒温干燥箱（50～300℃）。

4.6　控温电热板（50～200℃）。

4.7　超声水浴箱。

5　分析步骤

5.1　试样预处理

5.1.1　在采样和制备过程中，应注意不使试样污染。

5.1.2　粮食、豆类等样品去杂物后粉碎均匀，装入洁净聚乙烯瓶中，密封保存备用。

5.1.3　蔬菜、水果、鱼类、肉类及蛋类等新鲜样品，洗净晾干，取可食部分匀浆，装入洁净聚乙烯瓶中，密封，于 4℃冰箱冷藏备用。

5.2　试样消解

5.2.1　压力罐消解法

称取固体试样 0.2～1.0g（精确到 0.001g），新鲜样品 0.5～2.0g 或液体试样吸取 1～5mL 称量（精确到 0.001g），置于消解内罐中，加入 5mL 硝酸浸泡过夜。盖好内盖，旋紧不锈钢外套，放入恒温干燥箱，140～160℃保持 4～5h，在箱内自然冷却至室温，然后缓慢旋松不锈钢外套，将消解内罐取出，用少量水冲洗内盖，放在控温电热板上或超声水浴箱中，于 80℃或超声脱气 2～5min 赶去棕色气体。取出消解内罐，将消化液转移至 25mL 容量瓶中，用少量水分 3 次洗涤内罐，洗涤液合并于容量瓶中并定容至刻度，混匀备用；同时作空白试验。

5.2.2　微波消解法

称取固体试样 0.2～0.5g（精确到 0.001g）、新鲜样品 0.2～0.8g 或液体试样 1～3mL 于消解罐中，加入 5～8mL 硝酸，加盖放置过夜，旋紧罐盖，按照微波消解仪的标准操作步骤进行消解（消解参考条件见附录 A 表 A.1）。冷却后取出，缓慢打开罐盖排气，用少量水冲洗内盖，将消解罐放在控温电热板上或超声水浴箱中，于 80℃加热或超声脱气 2～5min，赶去棕色气体，取出消解内罐，将消化液转移至 25mL 塑料容量瓶中，用少量水分 3 次洗涤内罐，洗涤液合并于容量瓶中并定容至刻度，混匀备用；同时作空白试验。

5.2.3 回流消解法

5.2.3.1 粮食

称取1.0~4.0g（精确到0.001g）试样，置于消化装置锥形瓶中，加玻璃珠数粒，加45mL硝酸、10mL硫酸，转动锥形瓶防止局部炭化。装上冷凝管后，小火加热，待开始发泡即停止加热，发泡停止后，加热回流2h。如加热过程中溶液变棕色，再加5mL硝酸，继续回流2h，消解到样品完全溶解，一般呈淡黄色或无色，放冷后从冷凝管上端小心加20mL水，继续加热回流10mn放冷，用适量水冲洗冷凝管，冲洗液并入消化液中，将消化液经玻璃棉过滤于100mL容量瓶内，用少量水洗涤锥形瓶、滤器，洗涤液并入容量瓶内，加水至刻度，混匀。同时做空白试验。

5.2.3.2 植物油及动物油脂

称取1.0~3.0g（精确到0.001g）试样，置于消化装置锥形瓶中，加玻璃珠数粒，加入7mL硫酸，小心混匀至溶液颜色变为棕色，然后加40mL硝酸。以下按5.2.3.1“装上冷凝管后，小火加热……同时做空白试验”步骤操作。

5.2.3.3 薯类、豆制品

称取1.0~4.0g（精确到0.001g），置于消化装置锥形瓶中，加玻璃珠数粒及30mL硝酸、5mL硫酸，转动锥形瓶防止局部炭化。以下按5.2.3.1“装上冷凝管后，小火加热……同时做空白试验”步骤操作。

5.2.3.4 肉、蛋类

称取0.5~2.0g（精确到0.001g），置于消化装置锥形瓶中，加玻璃珠数粒及30mL硝酸、5mL硫酸、转动锥形瓶防止局部炭化。以下按5.2.3.1“装上冷凝管后，小火加热……同时做空白试验”步骤操作。

5.2.3.5 乳及乳制品

称取1.0~4.0g（精确到0.001g）乳或乳制品，置于消化装置锥形瓶中，加玻璃珠数粒及30mL硝酸，乳加10mL硫酸，乳制品加5mL硫酸，转动锥形瓶防止局部炭化。以下按5.2.3.1“装上冷凝管后，小火加热……同时做空白试验”步骤操作。

5.3 测定

5.3.1 标准曲线制作

分别吸取50ng/mL汞标准使用液0.00mL、0.20mL、0.50mL、1.00mL、1.50mL、2.00mL、2.50mL于50mL容量瓶中，用硝酸溶液（1+9）稀释至刻度，混匀。各自相当于汞浓度为0.00ng/mL、0.20ng/mL、0.50ng/mL、1.00ng/mL、1.50ng/mL、2.00ng/mL、2.50ng/mL。

5.3.2 试样溶液的测定

设定好仪器最佳条件，连续用硝酸溶液（1+9）进样，待读数稳定之后，转入标准系列测量，绘制标准曲线。转入试样测量，先用硝酸溶液（1+9）进样，使读数基本回零，再分别测定试样空白和试样消化液，每测不同的试样前都应清洗进样器。试样测定结果按式（1）计算。

5.4 仪器参考条件

光电倍增管负高压：240 V；汞空心阴极灯电流：30mA；原子化器温度：300℃；载气流速：500mL/min；屏蔽气流速：1 000mL/min。

6 分析结果的表述

试样中汞含量按式（1）计算：

$$X = \frac{(c - c_0) \times V \times 1\,000}{m \times 1\,000 \times 1\,000} \tag{1}$$

式中：

X——试样中汞的含量，单位为毫克每千克或毫克每升（mg/kg 或 mg/L）；
c——测定样液中汞含量，单位为纳克每毫升（ng/mL）；
c_0——空白液中汞含量，单位为纳克每毫升（ng/mL）；
V——试样消化液定容总体积，单位为毫升（mL）；
1 000——换算系数；
m——试样质量，单位为克或毫升（g 或 mL）。
计算结果保留两位有效数字。

7　精密度

在重复性条件下获得的两次独立测定结果的绝对差值不得超过算术平均值的 20%。

8　其他

当样品称样量为 0.5g，定容体积为 25mL 时，方法检出限 0.003mg/kg，方法定量限 0.010mg/kg。

第二法　冷原子吸收光谱法

9　原理

汞蒸气对波长 253.7nm 的共振线具有强烈的吸收作用。试样经过酸消解或催化酸消解使汞转为离子状态，在强酸性介质中以氯化亚锡还原成元素汞，载气将元素汞吹入汞测定仪，进行冷原子吸收测定，在一定浓度范围其吸收值与汞含量成正比，外标法定量。

10　试剂和材料

注：除非另有说明，所用试剂均为优级纯，水为 GB/T 6682 规定的一级水。

10.1　试剂

10.1.1　硝酸（HNO_3）。

10.1.2　盐酸（HCl）。

10.1.3　过氧化氢（H_2O_2，30%）。

10.1.4　无水氯化钙（$CaCl_2$）：分析纯。

10.1.5　高锰酸钾（$KMnO_4$）：分析纯。

10.1.6　重铬酸钾（$K_2Cr_2O_7$）：分析纯。

10.1.7　氯化亚锡（$SnCl_2 \cdot 2H_2O$）：分析纯。

10.2　试剂配制

10.2.1　高锰酸钾溶液（50g/L）：称取 5.0g 高锰酸钾置于 100mL 棕色瓶中，用水溶解并稀释至 100mL。

10.2.2　硝酸溶液（5+95）：量取 5mL 硝酸，缓缓倒入 95mL 水中，混匀。

10.2.3　重铬酸钾的硝酸溶液（0.5g/L）：称取 0.05g 重铬酸钾溶于 100mL 硝酸溶液（5+95）中。

10.2.4　氯化亚锡溶液（100g/L）：称取 10g 氯化亚锡溶于 20mL 盐酸中，90℃水浴中加热，轻微振荡，待氯化亚锡溶解成透明状后，冷却，纯水稀释定容至 100mL，加入几粒金属锡，置阴凉、避光处保存。一经发现浑浊应重新配制。

10.2.5　硝酸溶液（1+9）：量取 50mL 硝酸，缓缓加入 450mL 水中。

10.3　标准品

氯化汞（HgCl）：纯度≥99%。

10.4 标准溶液配制

10.4.1 汞标准储备液（1.00mg/mL）：准确称取0.135 4g干燥过的氯化汞，用重铬酸钾的硝酸溶液（0.5g/L）溶解并转移至100mL容量瓶中，定容。此溶液浓度为1.00mg/mL。于4℃冰箱中避光保存，可保存两年。或购买经国家认证并授予标准物质证书的标准溶液物质。

10.4.2 汞标准中间液（10μg/mL）：吸取1.00mL汞标准储备液（1.00mg/mL）于100mL容量瓶中，用重铬酸钾的硝酸溶液（0.5g/L）稀释和定容。溶液浓度为10μg/mL。于4℃冰箱中避光保存，可保存两年。

10.4.3 汞标准使用液（50ng/mL）：吸取0.50mL汞标准中间液（10μg/mL）于100mL容量瓶中，用重铬酸钾的硝酸溶液（0.5g/L）稀释和定容。此溶液浓度为50ng/mL，现用现配。

11 仪器和设备

注：玻璃器皿及聚四氟乙烯消解内罐均需以硝酸溶液（1+4）浸泡24h，用水反复冲洗，最后用去离子水冲洗干净。

11.1 测汞仪（附气体循环泵、气体干燥装置、汞蒸气发生装置及汞蒸气吸收瓶），或全自动测汞仪。

11.2 天平：感量为0.1mg和1mg。

11.3 微波消解系统。

11.4 压力消解器。

11.5 恒温干燥箱（200~300℃）。

11.6 控温电热板（50~200℃）。

11.7 超声水浴箱。

12 分析步骤

12.1 试样预处理

见5.1。

12.2 试样消解

12.2.1 压力罐消解法见5.2.1。

12.2.2 微波消解法

见5.2.2。

12.2.3 回流消解法

见5.2.3。

12.3 仪器参考条件

打开测汞仪，预热1h，并将仪器性能调至最佳状态。

12.4 标准曲线的制作

分别吸取汞标准使用液（50ng/mL）0.00mL、0.20mL、0.50mL、1.00mL、1.50mL、2.00mL、2.50mL于50mL容量瓶中，用硝酸溶液（1+9）稀释至刻度，混匀。各自相当于汞浓度为0.00ng/mL、0.20ng/mL、0.50ng/mL、1.00ng/mL、1.50ng/mL、2.00ng/mL和2.50ng/mL。将标准系列溶液分别置于测汞仪的汞蒸气发生器中，连接抽气装置，沿壁迅速加入3.0mL原剂氯化亚锡（100g/L），迅速盖紧瓶塞，随后有气泡产生，立即通过流速为1.0L/min的氮气或经活性炭处理的空气，使汞蒸气经过氯化钙干燥管进入测汞仪中，从仪器读数显示的最高点测得其吸收值。然后，打开吸收瓶上的三通阀将产生的剩余汞蒸气吸收于高锰酸钾溶液（50g/L）中，待测汞仪上的读数达到零点时进行下一次测定。同时做空白试验。求得吸光度值与汞质量关系的一元线性回归方程。

12.5　试样溶液的测定

分别吸取样液和试剂空白液各5.0mL置于测汞仪的汞蒸气发生器的还原瓶中，以下按照12.4“连接抽气装置……同时做空白试验”进行操作。将所测得吸光度值，代入标准系列溶液的一元线性回归方程中求得试样溶液中汞含量。

13　分析结果的表述

试样中汞含量按式（2）计算：

$$X = \frac{(m_1 - m_2) \times V_1 \times 1\,000}{m_1 \times V_2 \times 1\,000 \times 1\,000} \tag{2}$$

式中：

X——试样中汞含量，单位为毫克每千克或毫克每升（mg/kg或mg/L）；

m_1——测定样液中汞质量，单位为纳克（ng）；

m_2——空白液中汞质量，单位为纳克（ng）；

V_1——试样消化液定容总体积，单位为毫升（mL）；

1 000——换算系数；

m——试样质量，单位为克或毫升（g或mL）；

V_2——测定样液体积，单位为毫升（mL）。

计算结果保留两位有效数字。

14　精密度

在重复性条件下获得的两次独立测定结果的绝对差值不得超过算术平均值的20%。

15　其他

当样品称样量为0.5g，定容体积为25mL时，方法检出限为0.002mg/kg，方法定量限为0.007mg/kg。

第二篇　食品中甲基汞的测定

液相色谱－原子荧光光谱联用方法

16　原理

食品中甲基汞经超声波辅助5mol/L盐酸溶液提取后，使用C_{18}反相色谱柱分离，色谱流出液进入在线紫外消解系统，在紫外光照射下与强氧化剂过硫酸钾反应，甲基汞转变为无机汞。酸性环境下，无机汞与硼氢化钾在线反应生成汞蒸气，由原子荧光光谱仪测定。由保留时间定性，外标法峰面积定量。

17　试剂和材料

注：除非另有说明，本方法所用试剂均为优级纯，水为GB/T 6682规定的一级水。

17.1　试剂

17.1.1　甲醇（CH_3OH）：色谱纯。

17.1.2　氢氧化钠（NaOH）。

17.1.3　氢氧化钾（KOH）。

17.1.4　硼氢化钾（KBH_4）：分析纯。
17.1.5　过硫酸钾（$K_2S_2O_8$）：分析纯。
17.1.6　乙酸铵（CH_3COONH_4）：分析纯。
17.1.7　盐酸（HCl）。
17.1.8　氨水（$NH_3 \cdot H_2O$）。
17.1.9　L－半胱氨酸（L－$HSCH_2CH(NH_2)COOH$）：分析纯。
17.2　试剂配制
17.2.1　流动相（5%甲醇＋0.06mol/L乙酸铵＋0.1%L－半胱氨酸）：称取0.5gL－半胱氨酸，2.2g乙酸铵，置于500mL容量瓶中，用水溶解，再加入25mL甲醇，最后用水定容至500mL。经0.45μm有机系滤膜过滤后，于超声水浴中超声脱气30min。现用现配。
17.2.2　盐酸溶液（5mol/L）：量取208mL盐酸，溶于水并稀释至500mL。
17.2.3　盐酸溶液10%（体积比）：量取100mL盐酸，溶于水并稀释至1 000mL。
17.2.4　氢氧化钾溶液（5g/L）：称取5.0g氢氧化钾，溶于水并稀释至1 000mL。
17.2.5　氢氧化钠溶液（6mol/L）：称取24g氢氧化钠，溶于水并稀释至100mL。
17.2.6　硼氢化钾溶液（2g/L）：称取2.0g硼氢化钾，用氢氧化钾溶液（5g/L）溶解并稀释至1 000mL。现用现配。
17.2.7　过硫酸钾溶液（2g/L）：称取1.0g过硫酸钾，用氢氧化钾溶液（5g/L）溶解并稀释至500mL。现用现配。
17.2.8　L－半胱氨酸溶液（10g/L）：称取0.1g L－半胱氨酸，溶于10mL水中。现用现配。
17.2.9　甲醇溶液（1＋1）：量取甲醇100mL，加入100mL水中，混匀。
17.3　标准品
17.3.1　氯化汞（HgCl），纯度≥99%。
17.3.2　氯化甲基汞（$HgCH_3Cl$），纯度≥99%。
17.4　标准溶液配制
17.4.1　氯化汞标准储备液（200μg/mL，以Hg计）：准确称取0.0270g氯化汞，用0.5g/L重铬酸钾的硝酸溶液溶解，并稀释、定容至100mL。于4℃冰箱中避光保存，可保存两年。或购买经国家认证并授予标准物质证书的标准溶液物质。
17.4.2　甲基汞标准储备液（200μg/mL，以Hg计）：准确称取0.0250g氯化甲基汞，加少量甲醇溶解，用甲醇溶液（1＋1）稀释和定容至100mL。于4℃冰箱中避光保存，可保存两年。或购买经国家认证并授予标准物质证书的标准溶液物质。
17.4.3　混合标准使用液（1.00μg/mL，以Hg计）：准确移取0.50mL甲基汞标准储备液和0.50mL氯化汞标准储备液，置于100mL容量瓶中，以流动相稀释至刻度，摇匀。此混合标准使用液中，两种汞化合物的浓度均为1.00μg/mL。现用现配。

18　仪器和设备

注：玻璃器皿均需以硝酸溶液（1＋4）浸泡24h，用水反复冲洗，最后用去离子水冲洗干净。

18.1　液相色谱－原子荧光光谱联用仪（LC－AFS）：由液相色谱仪（包括液相色谱泵和手动进样阀）、在紫外线消解系统及原子荧光光谱仪组成。
18.2　天平：感量为0.1mg和1.0mg。
18.3　组织匀浆器。
18.4　高速粉碎机。
18.5　冷冻干燥机。

18.6　离心机：最大转速 10 000r/min。

18.7　超声清洗器。

19　分析步骤

19.1　试样预处理

见 5.1。

19.2　试样提取

称取样品 0.50 ~ 2.0g（精确至 0.001g），置于 15mL 塑料离心管中，加入 10mL 的盐酸溶液(5mol/L)，放置过夜。室温下超声水浴提取 60min，期间振摇数次。4℃下以 8 000r/min 转速离心 15min。准确吸取 2.0mL 上清液至 5mL 容量瓶或刻度试管中，逐滴加入氢氧化钠溶液（6mol/L），使样液 pH 值为 2 ~ 7。加入 0.1mL 的 L－半胱氨酸溶液（10g/L），最后用水定容至刻度。0.45 μm 有机系滤膜过滤，待测。同时做空白试验。

注：滴加氢氧化钠溶液（6mol/L）时应缓慢逐滴加入，避免酸碱中和产生的热量来不及扩散，使温度很快升高，导致汞化合物挥发，造成测定值偏低。

19.3　仪器参考条件

19.3.1　液相色谱参考条件

液相色谱参考条件如下：

——色谱柱：C_{18} 分析柱（柱长 150mm，内径 4.6mm，粒径 5μm），C_{18} 预柱（柱长 10mm，内径 4.6mm，粒径 5 μm）。

——流速：1.0mL/min。

——进样体积：100μL。

19.3.2　原子荧光检测参考条件

原子荧光检测参考条件如下：

——负高压：300 V；

——汞灯电流：30mA；

——原子化方式：冷原子；

——载液：10% 盐酸溶液；

——载液流速：4.0mL/min；

——还原剂：2g/L 硼氢化钾溶液；

——还原剂流速 4.0mL/min；

——氧化剂：2g/L 过硫酸钾溶液，氧化剂流速 1.6mL/min；

——载气流速：500mL/min；

——辅助气流速：600mL/min。

19.4　标准曲线制作

取 5 支 10mL 容量瓶，分别准确加入混合标准使用液（1.00 μg/mL）0.00mL、0.010mL、0.020mL、0.040mL、0.060mL 和 0.100mL，用流动相稀释至刻度。此标准系列溶液的浓度分别为 0.0ng/mL、1.0ng/mL、2.0ng/mL、4.0ng/mL、6.0ng/mL 和 10.0ng/mL。吸取标准系列溶液 100mL 进样，以标准系列溶液中目标化合物的浓度为横坐标，以色谱峰面积为纵坐标，绘制标准曲线。

试样溶液的测定：将试样溶液 100μL 注入液相色谱－原子荧光光谱联用仪中，得到色谱图，以保留时间定性。以外标法峰面积定量。平行测定次数不少于两次。标准溶液及试样溶液的色谱图参见附录 B。

20　分析结果的表述

试样中甲基汞含量按式（3）计算：

$$X = \frac{f \times (c - c_0) \times V \times 1\,000}{m \times 1\,000 \times 1\,000} \tag{3}$$

式中：

X——试样中甲基汞的含量，单位为毫克每千克（mg/kg）；

f——稀释因子；

c——经标准曲线得到的测定液中甲基汞的浓度，单位为纳克每毫升（ng/mL）；

c_0——经标准曲线得到的空白溶液中甲基汞的浓度，单位为纳克每毫升（ng/mL）；

V——加入提取试剂的体积，单位为毫升（mL）；

1 000——换算系数；

m——试样称样量，单位为克（g）。

计算结果保留两位有效数字。

21　精密度

在重复性条件下获得的两次独立测定结果的绝对差值不得超过算术平均值的20%。

22　其他

当样品称样量为1g，定容体积为10mL时，方法检出限为0.008mg/kg，方法定量限为0.025mg/kg。

附录 A　微波消解参考条件

A. 1　粮食、蔬菜、鱼肉类试样微波消解参考条件见表 A. 1。

表 A. 1　粮食、蔬菜、鱼肉类试样微波消解参考条件

步骤	功率（1 600W）变化（%）	温度（℃）	升温时间（min）	保温时间（min）
1	50	80	30	5
2	80	120	30	7
3	100	160	30	5

A. 2　油脂、糖类试样微波消解参考条件见表 A. 2。

表 A. 2　油脂、糖类试样微波消解参考条件

步骤	功率（1 600W）变化（%）	温度（℃）	升温时间（min）	保温时间（min）
1	50	50	30	5
2	70	75	30	5
3	80	100	30	5
4	100	140	30	7
5	100	180	30	5

附录 B 色谱图

B.1 标准溶液色谱图见图 B.1

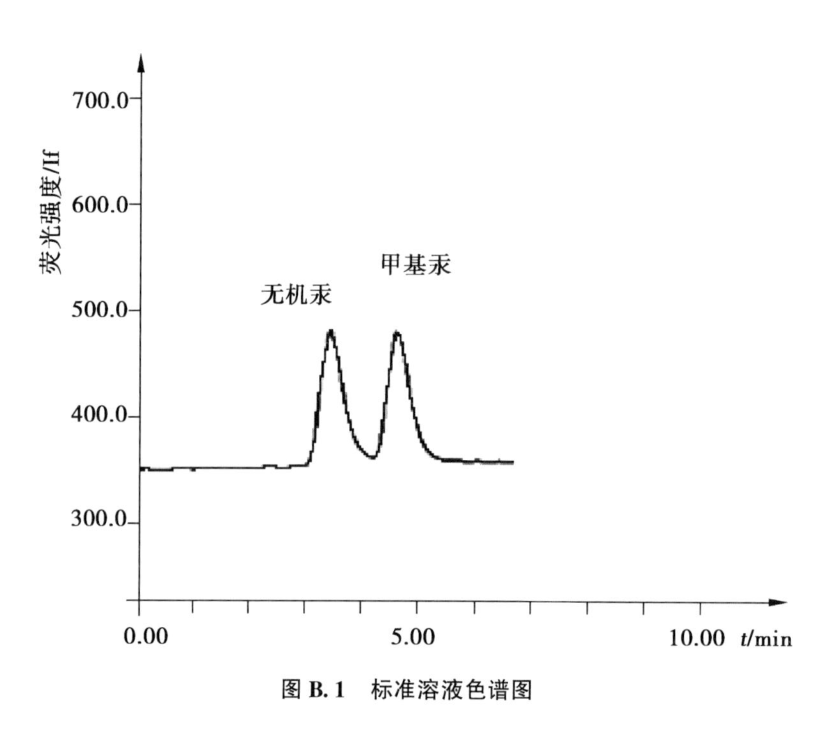

图 B.1 标准溶液色谱图

B.2 试样（鲤鱼肉）色谱图见图 B.2

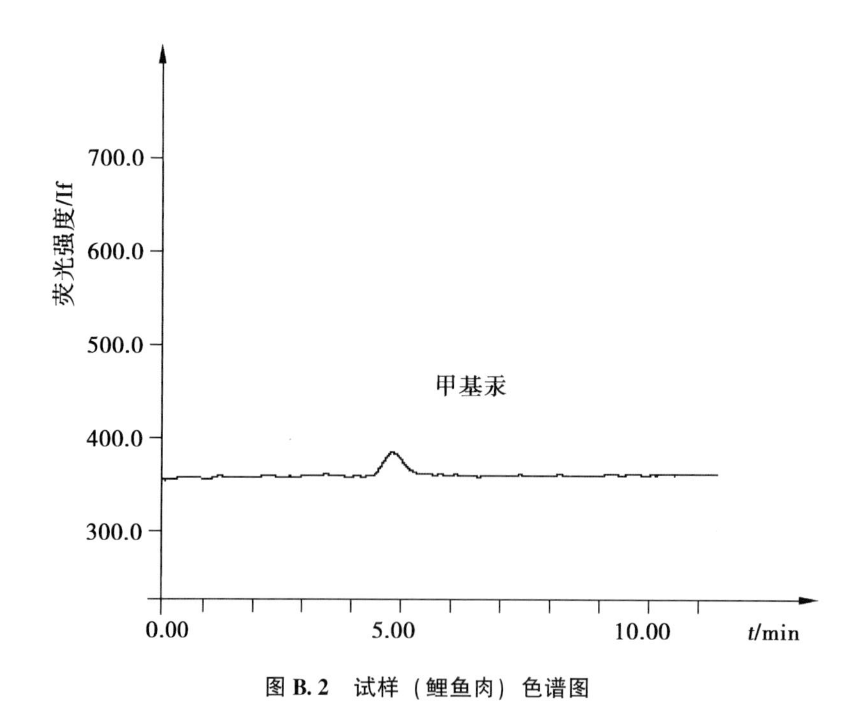

图 B.2 试样（鲤鱼肉）色谱图

中华人民共和国国家标准

GB 5009.33—2010

食品安全国家标准
食品中亚硝酸盐与硝酸盐的测定

National food safety standard
Determination of nitrite and nitrate in foods

2010 - 03 - 26 发布　　　　2010 - 06 - 01 实施

中华人民共和国卫生部发布　发布

前　　言

本标准代替 GB/T 5009.33—2008《食品中亚硝酸盐与硝酸盐的测定》。

本标准与 GB/T 5009.33—2008 相比，主要变化如下：

——第一法中增加粉状婴幼儿配方食品的淋洗条件；

——删除第三法示波极谱法，增加“乳及乳制品中亚硝酸盐与硝酸盐的测定”作为第三法本标准所代替标准的历次版本发布情况为：

——GB5009.33—1985、GB/T 5009.33—1996、GB/T 5009.33—2003、GB/T 5009.33—2008。

食品安全国家标准
食品中亚硝酸盐与硝酸盐的测定

1　范围

本标准规定了食品中亚硝酸盐和硝酸盐的测定方法。
本标准适用于食品中亚硝酸盐和硝酸盐的测定。

第一法　离子色谱法

2　原理

试样经沉淀蛋白质、除去脂肪后，采用相应的方法提取和净化，以氢氧化钾溶液为淋洗液，阴离子交换柱分离，电导检测器检测。以保留时间定性，外标法定量。

3　试剂和材料

3.1　超纯水：电阻率 >18.2 MΩ · cm。
3.2　乙酸（CH_3COOH）：分析纯。
3.3　氢氧化钾（KOH）：分析纯。
3.4　乙酸溶液（3%）：量取乙酸（3.2）3mL 于 100mL 容量瓶中，以水稀释至刻度，混匀。
3.5　亚硝酸根离子（NO_2^-）标准溶液（100mg/L，水基体）。
3.6　硝酸根离子（NO_3^-）标准溶液（1 000mg/L，水基体）。
3.7　亚硝酸盐（以 NO_2^- 计，下同）和硝酸盐（以 NO_3^- 计，下同）混合标准使用液：准确移取亚硝酸根离子（NO_2^-）和硝酸根离子（NO_3^-）的标准溶液各 1.0mL 于 100mL 容量瓶中，用水稀释至刻度，此溶液每 1L 含亚硝酸根离子 1.0mg 和硝酸根离子 10.0mg。

4　仪器和设备

4.1　离子色谱仪：包括电导检测器，配有抑制器，高容量阴离子交换柱，50 μL 定量环。
4.2　食物粉碎机。
4.3　超声波清洗器。
4.4　天平：感量为 0.1mg 和 1mg。
4.5　离心机：转速≥10 000r/min，配 5mL 或 10mL 离心管。
4.6　0.22μm 水性滤膜针头滤器。
4.7　净化柱：包括 C_{18} 柱、Ag 柱和 Na 柱或等效柱。
4.8　注射器：1.0mL 和 2.5mL。

注：所有玻璃器皿使用前均需依次用 2mol/L 氢氧化钾和水分别浸泡 4h 然后用水冲洗 3 ~ 5 次，晾干备用。

5 分析步骤

5.1 试样预处理

5.1.1 新鲜蔬菜、水果：将试样用去离子水洗净，晾干后，取可食部切碎混匀。将切碎的样品用四分法取适量，用食物粉碎机制成匀浆备用。如需加水应记录加水量。

5.1.2 肉类、蛋、水产及其制品：用四分法取适量或取全部，用食物粉碎机制成匀浆备用。

5.1.3 乳粉、豆奶粉、婴儿配方粉等固态乳制品（不包括干酪）：将试样装入能够容纳2倍试样体积的带盖容器中，通过反复摇晃和颠倒容器使样品充分混匀直到使试样均一化。

5.1.4 发酵乳、乳、炼乳及其他液体乳制品：通过搅拌或反复摇晃和颠倒容器使试样充分混匀。

5.1.5 干酪：取适量的样品研磨成均匀的泥浆状。为避免水分损失，研磨过程中应避免产生过多的热量。

5.2 提取

5.2.1 水果、蔬菜、鱼类、肉类、蛋类及其制品等：称取试样匀浆5g（精确至0.01g，可适当调整试样的取样量，以下相同），以80mL水洗入100mL容量瓶中，超声提取30min，每隔5min振摇一次，保持固相完全分散。于75℃水浴中放置5min，取出放置至室温，加水稀释至刻度。溶液经滤纸过滤后，取部分溶液于10 000r/min离心15min，上清液备用。

5.2.2 腌鱼类、腌肉类及其他腌制品：称取试样匀浆2g（精确至0.01g），以80mL水洗入100mL容量瓶中，超声提取30min，每5min振摇一次，保持固相完全分散。于75 C水浴中放置5min，取出放置至室温，加水稀释至刻度。溶液经滤纸过滤后，取部分溶液于10 000r/min离心15min，上清液备用。

5.2.3 乳：称取试样10g（精确至0.01g），置于100mL容量瓶中，加水80mL，摇匀，超声30min，加入3%乙酸溶液2mL，于4℃放置20min，取出放置至室温，加水稀释至刻度。溶液经滤纸过滤，取上清液备用。

5.2.4 乳粉：称取试样2.5g（精确至0.01g）置于100mL容量瓶中，加水80mL，摇匀，超声30min，加入3%乙酸溶液2mL，于4℃放置20min，取出放置至室温，加水稀释至刻度。溶液经滤纸过滤，取上清液备用。

5.2.5 取上述备用的上清液约15mL，通过0.22μm水性滤膜针头滤器、C_{18}柱，弃去前面3mL（如果氯离子大于100mg/L，则需要依次通过针头滤器、C_{18}柱、Ag柱和Na柱，弃去前面7mL），收集后面洗脱液待测。①

固相萃取柱使用前需进行活化，如使用OnGuard II RP柱（1.0mL）、OnGuard II Ag柱（1.0mL）和OnGuard II Na柱（1.0mL），其活化过程为：OnGuard II RP柱（1.0mL）使用前依次用10mL甲醇、15mL水通过，静置活化30min。OnGuard II Ag柱（1.0mL）和OnGuard II Na柱（1.0mL）用10mL水通过，静置活化30min。

5.3 参考色谱条件

5.3.1 色谱柱：氢氧化物选择性，可兼容梯度洗脱的高容量阴离子交换柱，如Dionex IonPac AS11 - HC 4mm ×250mm（带IonPac AG11 - HC型保护柱4mm ×50mm）[1]，或性能相当的离子色谱柱。

5.3.2 淋洗液

5.3.2.1 一般试样：氢氧化钾溶液，浓度为6 ~ 70mmol/L；洗脱梯度为6mmol/L 30min，70mmol/L 5min，6mmol/L 5min；流速1.0mL/min。

5.3.2.2 粉状婴幼儿配方食品：氢氧化钾溶液，浓度为5 ~ 50mmol/L；洗脱梯度为5mmol/L 33min，

① 给出这一信息是为了方便本标准的使用者，并不表示对该产品的认可，如果其他等效产品具有相同的效果，则可使用这些等效的产品。

50mmol/L 5min，5mmol/L 5min；流速 1.3mL/min。

5.3.3　抑制器：连续自动再生膜阴离子抑制器或等效抑制装置。

5.3.4　检测器：电导检测器，检测池温度为 35℃。

5.3.5　进样体积：50μL（可根据试样中被测离子含量进行调整）。

5.4　测定

5.4.1　标准曲线

移取亚硝酸盐和硝酸盐混合标准使用液，加水稀释，制成系列标准溶液，含亚硝酸根离子浓度为 0.00mg/L、0.02mg/L、0.04mg/L、0.06mg/L、0.08mg/L、0.10mg/L、0.15mg/L、0.20mg/L；硝酸根离子浓度为 0.0mg/L、0.2mg/L、0.4mg/L、0.6mg/L、0.8mg/L、1.0mg/L、1.5mg/L、2.0mg/L 的混合标准溶液，从低到高浓度依次进样。得到上述各浓度标准溶液的色谱图（图 1）。以亚硝酸根离子或硝酸根离子的浓度（mg/L）为横坐标，以峰高（μS）或峰面积为纵坐标，绘制标准曲线或计算线性回归方程。

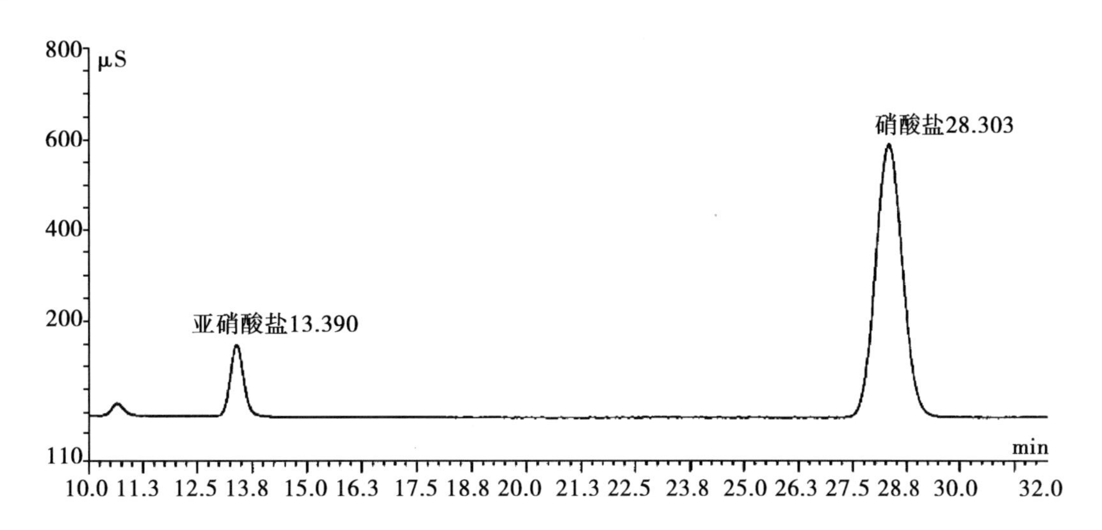

图 1　亚硝酸盐和硝酸盐混合标准溶液的色谱图

5.4.2　样品测定

分别吸取空白和试样溶液 50 μL，在相同工作条件下，依次注入离子色谱仪中，记录色谱图。根据保留时间定性，分别测量空白和样品的峰高（μS）或峰面积。

6　分析结果的表述

试样中亚硝酸盐（以 NO_2^- 计）或硝酸盐（以 NO_3^- 计）含量按式（1）计算：

$$X = \frac{(c - c_0) \times V \times f \times 1\,000}{m \times 1\,000} \tag{1}$$

式中：

X——试样中亚硝酸根离子或硝酸根离子的含量，单位为毫克每千克（mg/kg）；

c——测定用试样溶液中的亚硝酸根离子或硝酸根离子浓度，单位为毫克每升（mg/L）；

c_0——试剂空白液中亚硝酸根离子或硝酸根离子的浓度，单位为毫克每升（mg/L）；

V——试样溶液体积，单位为毫升（mL）；

f——试样溶液稀释倍数；

m——试样取样量，单位为克（g）。

说明：试样中测得的亚硝酸根离子含量乘以换算系数 1.5，即得亚硝酸盐（按亚硝酸钠计）含量；

试样中测得的硝酸根离子含量乘以换算系数 1.37，即得硝酸盐（按硝酸钠计）含量。

以重复性条件下获得的两次独立测定结果的算术平均值表示，结果保留两位有效数字。

7 精密度

在重复性条件下获得的两次独立测定结果的绝对值差不得超过算术平均值的 10%。

第二法 分光光度法

8 原理

亚硝酸盐采用盐酸萘乙二胺法测定，硝酸盐采用镉柱还原法测定。

试样经沉淀蛋白质、除去脂肪后，在弱酸条件下亚硝酸盐与对氨基苯磺酸重氮化后，再与盐酸萘乙二胺偶合形成紫红色染料，外标法测得亚硝酸盐含量。采用镉柱将硝酸盐还原成亚硝酸盐，测得亚硝酸盐总量，由此总量减去亚硝酸盐含量，即得试样中硝酸盐含量。

9 试剂和材料

除非另有规定，本方法所用试剂均为分析纯。水为 GB/T 6682 规定的二级水或去离子水。

9.1 亚铁氰化钾（$K_4Fe(CN)_6 \cdot 3H_2O$）。

9.2 乙酸锌（$Zn(CH_3COO)_2 . 2H_2O$）。

9.3 冰醋酸（CH_3COOH）。

9.4 硼酸钠（$Na_2B_40_7 \cdot 10H_2O$）。

9.5 盐酸（$\rho = 1.19g/mL$）。

9.6 氨水（25%）。

9.7 对氨基苯磺酸（$C_6H_7NO_3S$）

9.8 盐酸萘乙二胺（$C_{12}H_{14}N_2 \cdot 2HCl$）。

9.9 亚硝酸钠（$NaNO_2$）。

9.10 硝酸钠（$NaNO_3$）。

9.11 锌皮或锌棒。

9.12 硫酸镉。

9.13 亚铁氰化钾溶液（106g/L）：称取 106.0g 亚铁氰化钾（9.1），用水溶解，并稀释至 1 000mL。

9.14 乙酸锌溶液（220g/L）：称取 220.0g 乙酸锌（9.2），先加 30mL 冰醋酸（9.3）溶解，用水稀释至 1 000mL。

9.15 饱和硼砂溶液（50g/L）：称取 5.0g 硼酸钠（9.4），溶于 100mL 热水中，冷却后备用。

9.16 氨缓冲溶液（pH 值 9.6～9.7）：量取 30mL 盐酸（9.5），加 100mL 水，混匀后加 65mL 氨水（9.6），再加水稀释至 1 000mL，混匀。调节 pH 值至 9.6～9.7。

9.17 氨缓冲液的稀释液：量取 50mL 氨缓冲溶液（9.12），加水稀释至 500mL，混匀。

9.18 盐酸（0.1mol/L）：量取 5mL 盐酸，用水稀释至 600mL。

9.19 对氨基苯磺酸溶液（4g/L）：称取 0.4g 对氨基苯磺酸（9.7），溶于 100mL 20%（V/V）盐酸中，置棕色瓶中混匀，避光保存。

9.20 盐酸萘乙二胺溶液（2g/L）：称取 0.2g 盐酸萘乙二胺（9.8），溶于 100mL 水中，混匀后，置棕色瓶中，避光保存。

9.21 亚硝酸钠标准溶液（200μg/mL）：准确称取 0.1000g 于 110～120℃干燥恒重的亚硝酸钠，加水溶解移入500mL容量瓶中，加水稀释至刻度，混匀。

9.22　亚硝酸钠标准使用液（5.0μg/mL）：临用前，吸取亚硝酸钠标准溶液5.00mL，置于200mL容量瓶中，加水稀释至刻度。

9.23　硝酸钠标准溶液（200μg/mL，以亚硝酸钠计）：准确称取0.1232g于110～120℃干燥恒重的硝酸钠，加水溶解，移入500mL容量瓶中，并稀释至刻度。

9.24　硝酸钠标准使用液（5μg/mL）：临用时吸取硝酸钠标准溶液2.50mL，置于100mL容量瓶中，加水稀释至刻度。

10　仪器和设备

10.1　天平：感量为0.1mg和1mg。

10.2　组织捣碎机。

10.3　超声波清洗器。

10.4　恒温干燥箱。

10.5　分光光度计。

10.6　镉柱

10.6.1　海绵状镉的制备：投入足够的锌皮或锌棒于500mL硫酸镉溶液（200g/L）中，经过3～4h，当其中的镉全部被锌置换后，用玻璃棒轻轻刮下，取出残余锌棒，使镉沉底，倾去上层清液，以水用倾泻法多次洗涤，然后移入组织捣碎机中，加500mL水，捣碎约2s，用水将金属细粒洗至标准筛上，取20～40目的部分。

10.6.2　镉柱的装填：如图2所示。用水装满镉柱玻璃管，并装入2cm高的玻璃棉做垫，将玻璃棉压向柱底时，应将其中所包含的空气全部排出，在轻轻敲击下加入海绵状镉至8～10cm高，上面用1cm高的玻璃棉覆盖，上置一贮液漏斗，末端要穿过橡皮塞与镉柱玻璃管紧密连接。

如无上述镉柱玻璃管时，可以25mL酸式滴定管代用，但过柱时要注意始终保持液面在镉层之上。

当镉柱填装好后，先用25mL盐酸（0.1mol/L）洗涤，再以水洗两次，每次25mL，镉柱不用时用水封盖，随时都要保持水平面在镉层之上，不得使镉层夹有气泡。

10.6.3　镉柱每次使用完毕后，应先以25mL盐酸（0.1mol/L）洗涤，再以水洗两次，每次25mL，最后用水覆盖镉柱。

10.6.4　镉柱还原效率的测定：吸取20mL硝酸钠标准使用液，加入5mL氨缓冲液的稀释液，混匀后注入贮液漏斗，使流经镉柱还原，以原烧杯收集流出液，当贮液漏斗中的样液流完后，再加5mL水置换柱内留存的样液。取10.0mL还原后的溶液（相当10μg亚硝酸钠）于50mL比色管中，以下按11.4自“吸取0.00mL、0.20mL、0.40mL、0.60mL、0.80mL、1.00mL……”起依法操作，根据标准曲线计算测得结果，与加入量一致，还原效率应大于98%为符合要求。

10.6.5　还原效率计算

还原效率按式（2）进行计算。

$$X = \frac{A}{10} \times 100\% \tag{2}$$

式中：

X——还原效率，%；

A——测得亚硝酸钠的含量，单位为微克（μg）；

10——测定用溶液相当亚硝酸钠的含量，单位为微克（μg）。

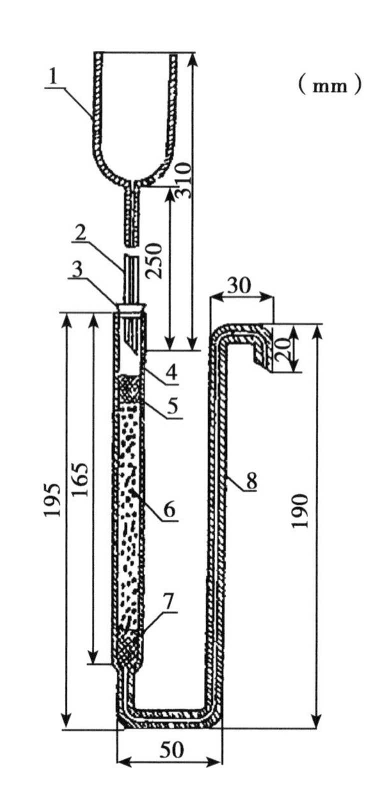

(mm)

1——贮液漏斗，内径35mm，外径37mm；
2——进液毛细管，内径0.4mm，外径6mm；
3——橡皮塞；
4——镉柱玻璃管，内径12mm，外径16mm；
5、7——玻璃棉；
6——海绵状镉；
8——出液毛细管，内径2mm，外径8mm。

图2　镉柱示意图

11　分析步骤

11.1　试样的预处理

同5.1。

11.2　提取

称取5g（精确至0.01g）制成匀浆的试样（如制备过程中加水，应按加水量折算），置于50mL烧杯中，加12.5mL饱和硼砂溶液（9.15），搅拌均匀，以70℃左右的水约300mL将试样洗入500mL容量瓶中，于沸水浴中加热15min，取出置冷水浴中冷却，并放置至室温。

11.3　提取液净化

在振荡上述提取液时加入5mL亚铁氰化钾溶液（9.13），摇匀，再加入5mL乙酸锌溶液（9.14），以沉淀蛋白质。加水至刻度，摇匀，放置30min，除去上层脂肪，上清液用滤纸过滤，弃去初滤液30mL，滤液备用。

11.4　亚硝酸盐的测定

吸取40.0mL上述滤液于50mL带塞比色管中，另吸取0.00mL、0.20mL、0.40mL、0.60mL、0.80mL、1.00mL、1.50mL、2.00mL、2.50mL亚硝酸钠标准使用液（相当于0.0 μg、1.0 μg、2.0 μg、3.0μg、4.0μg、5.0 μg、7.5 μg、10.0 μg、12.5 μg亚硝酸钠），分别置于50mL带塞比色管中。于标准管与试样管中分别加入2mL对氨基苯磺酸溶液（9.19），混匀，静置3～5min后各加入1mL盐酸萘乙二胺溶液（9.20），加水至刻度，混匀，静置15min，用2cm比色杯，以零管调节零点，于波长538nm处测吸光度，绘制标准曲线比较。同时做试剂空白。

11.5　硝酸盐的测定

11.5.1　镉柱还原

11.5.1.1　先以25mL稀氨缓冲液（9.17）冲洗镉柱，流速控制在3～5mL/min（以滴定管代替的可控制在 2 ~ 3mL/min）。

11.5.1.2　吸取 20mL 滤液于 50mL 烧杯中，加 5mL 氨缓冲溶液（9.16），混合后注入贮液漏斗，使流经镉柱还原，以原烧杯收集流出液，当贮液漏斗中的样液流尽后，再加 5mL 水置换柱内留存的样液。

11.5.1.3　将全部收集液如前再经镉柱还原一次，第二次流出液收集于 100mL 容量瓶中，继以水流经镉柱洗涤 3 次，每次 20mL，洗液一并收集于同一容量瓶中，加水至刻度，混匀。

11.5.2　亚硝酸钠总量的测定

吸取 10 ~ 20mL 还原后的样液于 50mL 比色管中。以下按 11.4 自“吸取 0.00mL、0.20mL、0.40mL、0.60mL、0.80mL、1.00mL……”起依法操作。

12　分析结果的表述

12.1 亚硝酸盐含量计算

亚硝酸盐（以亚硝酸钠计）的含量按式（3）进行计算。

$$X_1 = \frac{A_1 \times 1\,000}{m \times \frac{V_1}{V_0} \times 1\,000} \qquad (3)$$

式中：

X_1——试样中亚硝酸钠的含量，单位为毫克每千克（mg/kg）

A_1——测定用样液中亚硝酸钠的质量，单位为微克（μg）；

m——试样质量，单位为克（g）；

V_1——测定用样液体积，单位为毫升（mL）；

V_0——试样处理液总体积，单位为毫升（mL）。

以重复性条件下获得的两次独立测定结果的算术平均值表示，结果保留两位有效数字。

12.2　硝酸盐含量的计算

硝酸盐（以硝酸钠计）的含量按式（4）进行计算。

$$X_2 = \left(\frac{A_2 \times 1\,000}{m \times \frac{V_2}{V_0} \times \frac{V_4}{V_3} \times 1\,000} - X_1\right) \times 1.232 \qquad (4)$$

式中：

X_2——试样中硝酸钠的含量，单位为毫克每千克（mg/kg）；

A_2——经镉粉还原后测得总亚硝酸钠的质量，单位为微克（μg）；

m——试样的质量，单位为克（g）；

1.232——亚硝酸钠换算成硝酸钠的系数；

V_2——测总亚硝酸钠的测定用样液体积，单位为毫升（mL）；

V_0——试样处理液总体积，单位为毫升（mL）；

V_3——经镉柱还原后样液总体积，单位为毫升（mL）；

V_4——经镉柱还原后样液的测定用体积，单位为毫升（mL）；

X_1——由式（3）计算出的试样中亚硝酸钠的含量，单位为毫克每千克（mg/kg）。

以重复性条件下获得的两次独立测定结果的算术平均值表示，结果保留两位有效数字。

13　精密度

在重复性条件下获得的两次独立测定结果的绝对差值不得超过算术平均值的 10%。

第三法　乳及乳制品中亚硝酸盐与硝酸盐的测定

14　原理

试样经沉淀蛋白质、除去脂肪后，用镀铜镉粒使部分滤液中的硝酸盐还原为亚硝酸盐。在滤液和已还原的滤液中，加入磺胺和 N－1－萘基－乙二胺二盐酸盐，使其显粉红色，然后用分光光度计在 538nm 波长下测其吸光度。

将测得的吸光度与亚硝酸钠标准系列溶液的吸光度进行比较，就可计算出样品中的亚硝酸盐含量和硝酸盐还原后的亚硝酸总量；从两者之间的差值可以计算出硝酸盐的含量。

15　试剂和材料

测定用水应是不含硝酸盐和亚硝酸盐的蒸馏水或去离子水。

注：为避免镀铜镉柱（16.10）中混入小气泡，柱制备（17.1）、柱还原能力的检查（17.2）和柱再生（17.3）时所用的蒸馏水或去离子水最好是刚沸过并冷却至室温的。

15.1　亚硝酸钠（$NaNO_2$）。

15.2　硝酸钾（KNO_3）

15.3　镀铜镉柱

镉粒直径 0.3～0.8mm。也可按下述方法制备。

将适量的锌棒放入烧杯中，用 40g/L 的硫酸镉（$CdSO_4 \cdot 8H_2O$）溶液浸没锌棒。在 24h 之内，不断将锌棒上的海绵状镉刮下来。取出锌棒，滗出烧杯中多余的溶液，剩下的溶液能浸没镉即可。用蒸馏水冲洗海绵状镉 2～3 次，然后把镉移入小型搅拌器中，同时加入 400mL 0.1mol/L 的盐酸。搅拌几秒钟，以得到所需粒度的颗粒。将搅拌器中的镉粒连同溶液一起倒回烧杯中，静置几小时，这期间要搅拌几次以除掉气泡。倾出大部分溶液，立即按 17.1.1 至 17.1.8 中叙述的方法镀铜。

15.4　硫酸铜溶液：溶解 20g 硫酸铜（$CuSO_4 \cdot 5H_2O$）于水中，稀释至 1 000mL。

15.5　盐酸－氨水缓冲溶液：pH 值为 9.60～9.70。用 600mL 水稀释 75mL 浓盐酸（质量分数为 36%～38%）。

混匀后，再加入 135mL 浓氨水（质量分数等于 25% 的新鲜氨水）。用水稀释至 1000mL，混匀。用精密 pH 计调 pH 值为 9.60～9.70。

15.6　盐酸（2mol/L）：160mL 的浓盐酸（质量分数为 36%～38%）用水稀释至 1000mL。

15.7　盐酸（0.1mol/L）：50mL 2mol/L 的盐酸用水稀释至 1000mL。

15.8　沉淀蛋白和脂肪的溶液：

15.8.1　硫酸锌溶液：将 53.5g 的硫酸锌（$ZnSO_4.7H_2O$）溶于水中，并稀释至 100mL。

15.8.2　亚铁氰化钾溶液：将 17.2g 的三水亚铁氰化钾［$K_4Fe(CN)_6 \cdot H_2O$］溶于水中，稀释至 100mL。

15.9　EDTA 溶液：用水将 33.5g 的乙二胺四乙酸二钠（$Na_2C_{10}H_{14}N_2O_3 \cdot 2H_2O$）溶解，稀释至 1 000mL。

15.10　显色液 1：体积比为 450∶550 的盐酸。将 450mL 浓盐酸（质量分数为 36%～38%）加入到 550mL 水中，冷却后装入试剂瓶中。

15.11　显色液 2：5g/L 的磺胺溶液。在 75mL 水中加入 5mL 浓盐酸（质量分数为 36%～38%），然后在水浴上加热，用其溶解 0.5g 磺胺（$NH_2C_6H_4SO_2NH_2$）。冷却至室温后用水稀释至 100mL。必要时进行过滤。

15.12　显色液3：1g/L的萘胺盐酸盐溶液。将0.1g的N－1－萘基－乙二胺二盐酸盐（$C_{10}H_7NHCH_2CH_2NH_2 \cdot 2HCl$）溶于水，稀释至100mL。必要时过滤。

注：此溶液应少量配制，装于密封的棕色瓶中，冰箱中2～5℃保存。

15.13　亚硝酸钠标准溶液：相当于亚硝酸根的浓度为0.001g/L。

将亚硝酸钠在110～120℃的范围内干燥至恒重。冷却后称取0.150g，溶于1 000mL容量瓶中，用水定容。在使用的当天配制该溶液。

取10mL上述溶液和20mL缓冲溶液（15.5）于1 000mL容量瓶中，用水定容。

每1mL该标准溶液中含1.00μg的NO_2^-。

15.14　硝酸钾标准溶液，相当于硝酸根的浓度为0.0045g/L。

将硝酸钾在110～120℃的温度范围内干燥至恒重，冷却后称取1.4580g，溶于1 000mL容量瓶中，用水定容。

在使用当天，于1 000mL的容量瓶中，取5mL上述溶液和20mL缓冲溶液（15.5），用水定容。每1mL的该标准溶液含有4.50μg的NO_3^-。

16　仪器和设备

所有玻璃仪器都要用蒸馏水冲洗，以保证不带有硝酸盐和亚硝酸盐。

16.1　天平：感量为0.1mg和1mg。

16.2　烧杯：100mL。

16.3　锥形瓶：250mL，500mL。

16.4　容量瓶：100mL、500mL和1 000mL。

16.5　移液管：2mL、5mL、10mL和20mL。

16.6　吸量管：2mL、5mL、10mL和25mL。

16.7　量筒：根据需要选取。

16.8　玻璃漏斗：直径约9cm，短颈。

16.9　定性滤纸：直径约18cm。

16.10　还原反应柱：简称镉柱，如图3所示。

16.11　分光光度计：测定波长538nm，使用1～2cm光程的比色皿。

16.12　pH计：精度为±0.01，使用前用pH值为7和pH值为9的标准溶液进行校正。

17　分析步骤

17.1　制备镀铜镉柱

17.1.1　置镉粒（15.3）于锥形瓶（16.3）中（所用镉粒的量以达到要求的镉柱高度为准）。

17.1.2　加足量的盐酸（15.6）以浸没镉粒，摇晃几分钟。

17.1.3　滗出溶液，在锥形烧瓶中用水反复冲洗，直到把氯化物全部冲洗掉。

17.1.4　在镉粒上镀铜。向镉粒中加入硫酸铜溶液（15.4）（每克镉粒约需2.5mL），振荡1min。

17.1.5　滗出液体，立即用水冲洗镀铜镉粒，注意镉粒要始终用水浸没。当冲洗水中不再有铜沉淀时即可停止冲洗。

17.1.6　在用于盛装镀铜镉粒的玻璃柱的底部装上几厘米高的玻璃纤维（图3）。在玻璃柱中灌入水，排净气泡。

17.1.7　将镀铜镉粒尽快地装入玻璃柱，使其暴露于空气的时间尽量短。镀铜镉粒的高度应在15～20cm的范围内。

注1：避免在颗粒之间遗留空气。

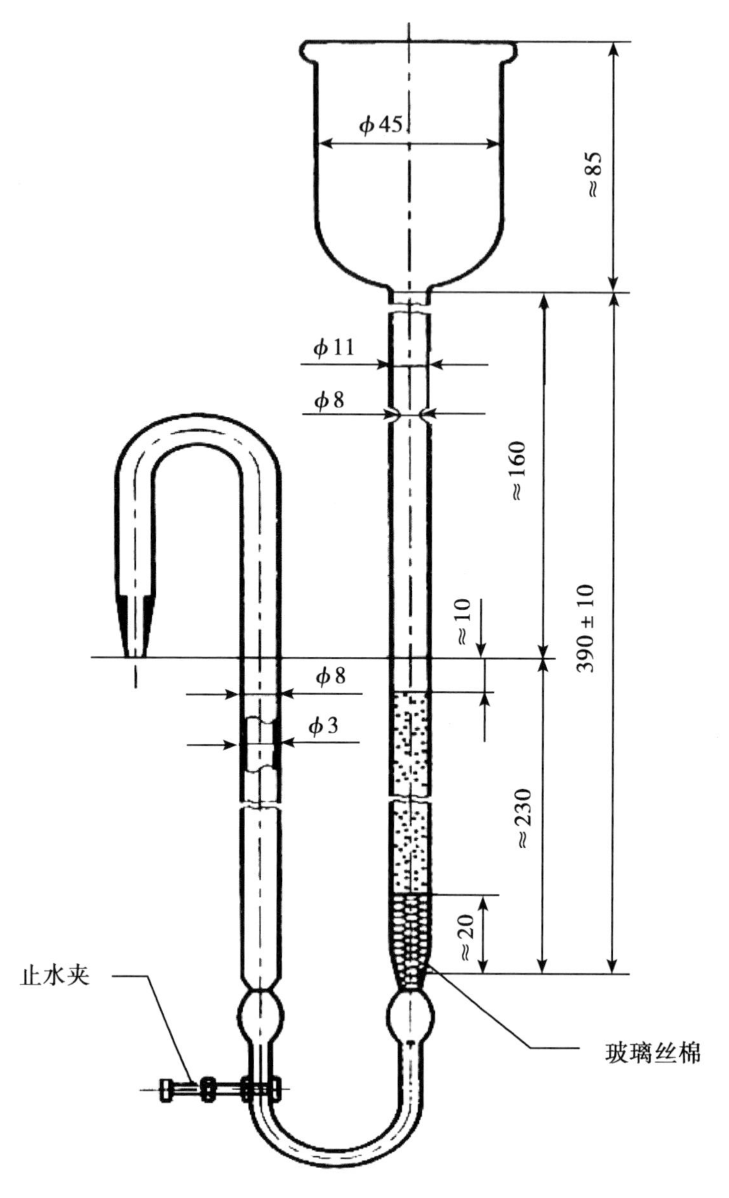

图3　硝酸盐还原装置

注2：注意不能让液面低于镀铜镉粒的顶部。

17.1.8　新制备柱的处理。将由750mL水、225mL硝酸钾标准溶液（15.14）、20mL缓冲溶液（15.5）和20mLEDTA溶液（15.9）组成的混合液以不大于6mL/min的流量通过刚装好镉粒的玻璃柱，接着用50mL水以同样流速冲洗该柱。

17.2　检查柱的还原能力

每天至少要进行两次，一般在开始时和一系列测定之后。

17.2.1　用移液管将20mL的硝酸钾标准溶液（15.14）移入还原柱顶部的贮液杯中，再立即向该贮液杯中添加5mL缓冲溶液（15.5）。用一个100mL的容量瓶收集洗提液。洗提液的流量不应超过6mL/min。

17.2.2　在贮液杯将要排空时，用约15mL水冲洗杯壁。冲洗水流尽后，再用15mL水重复冲洗。当第二次冲洗水也流尽后，将贮液杯灌满水，并使其以最大流量流过柱子。

17.2.3　当容量瓶中的洗提液接近100mL时，从柱子下取出容量瓶，用水定容至刻度，混合均匀。
17.2.4　移取10mL洗提液于100mL容量瓶中，加水至60mL左右。然后按17.8.2和17.8.4操作。
17.2.5　根据测得的吸光度，从标准曲线（17.8.5）上可查得稀释洗提液（17.2.4）中的亚硝酸盐含量（μg/mL）据此可计算出以百分率表示的柱还原能力（NO^-的含量为0.067μg/mL时还原能力为100%）。如果还原能力小于95%，柱子就需要再生。
17.3　柱子再生
柱子使用后，或镉柱的还原能力低于95%时，按如下步骤进行再生。
17.3.1　在100mL水中加入约5mL EDTA溶液（15.9）和2mL盐酸（15.7），以10mL/min左右的速度过柱。
17.3.2　当贮液杯中混合液排空后，按顺序用25mL水、25mL盐酸（15.7）和25mL水冲洗柱子。
17.3.3　检查镉柱的还原能力，如低于95%，要重复再生。
17.4　样品的称取和溶解
17.4.1　液体乳样品：量取90mL样品于500mL锥形瓶中，用22mL 50～55℃的水分数次冲洗样品量筒，冲洗液倾入锥形瓶中，混匀。
17.4.2　乳粉样品：在100mL烧杯中称取10g样品，准确至0.001g。用112mL 50～55℃的水将样品洗入500mL锥形瓶中，混匀。
17.4.3　乳清粉及以乳清粉为原料生产的粉状婴幼儿配方食品样品：在100mL烧杯中称取10g样品，准确至0.001g。用112mL 50～55℃的水将样品洗入500mL锥形瓶中，混匀。用铝箔纸盖好锥形瓶口，将溶好的样品在沸水中煮15min，然后冷却至约50℃。
17.5　脂肪和蛋白的去除
17.5.1　按顺序加入24mL硫酸锌溶液（15.7.1）、24mL亚铁氰化钾溶液（15.7.2）和40mL缓冲溶液（15.5），加入时要边加边摇，每加完一种溶液都要充分摇匀。
17.5.2　静置15min至1h。然后用滤纸（16.9）过滤，滤液用250mL锥形瓶收集。
17.6　硝酸盐还原为亚硝酸盐
17.6.1　移取20mL滤液于100mL小烧杯中，加入5mL缓冲溶液（15.5），摇匀，倒入镉柱顶部的贮液杯中，以小于6mL/min的流速过柱。洗提液（过柱后的液体）接入100mL容量瓶中。
17.6.2　当贮液杯快要排空时，用15mL水冲洗小烧杯，再倒入贮液杯中。冲洗水流完后，再用15mL水重复一次。当第二次冲洗水快流尽时，将贮液杯装满水，以最大流速过柱。
17.6.3　当容量瓶中的洗提液接近100mL时，取出容量瓶，用水定容，混匀。
17.7　测定
17.7.1　分别移取20mL洗提液（17.6.3）和20mL滤液（17.5.2）于100mL容量瓶中，加水至约60mL。
17.7.2　在每个容量瓶中先加入6mL显色液1（15.9），边加边混；再加入5mL显色液2（15.11）。小心混合溶液，使其在室温下静置5min，避免直射阳光。
17.7.3　加入2mL显色液3（15.12），小心混合，使其在室温下静置5min避免直射阳光。用水定容至刻度，混匀。
17.7.4　在15min内用538nm波长，以空白试验液体为对照测定上述样品溶液的吸光度。
17.8　标准曲线的制作
17.8.1　分别移取（或用滴定管放出）0mL、2mL、4mL、6mL、8mL、10mL、12mL、16mL和20mL亚硝酸钠标准溶液（15.13）于9个100mL容量瓶中。在每个容量瓶中加水，使其体积约为60mL。
17.8.2　在每个容量瓶中先加入6mL显色液1（15.9），边加边混；再加入5mL显色液2（15.11）。小心混合溶液，使其在室温下静置5min，避免直射阳光。
17.8.3　加入2mL显色液3（15.12），小心混合，使其在室温下静置5min，避免直射阳光。用水定容至刻度，混匀。

17.8.4　在15min内，用538nm波长，以第一个溶液（不含亚硝酸钠）为对照测定另外8个溶液的吸光度。

17.8.5　将测得的吸光度对亚硝酸根质量浓度作图。亚硝酸根的质量浓度可根据加入的亚硝酸钠标准溶液的量计算出。亚硝酸根的质量浓度为横坐标，吸光度为纵坐标。亚硝酸根的质量浓度以μg/100mL表示。

18　分析结果的表述

18.1　亚硝酸盐含量

样品中亚硝酸根含量按式（5）计算：

$$X = \frac{20\ 000 \times c_1}{m \times V_1} \tag{5}$$

式中：

X——样品中亚硝酸根含量，单位为毫克每千克（mg/kg）；

c_1——根据滤液（17.5.2）的吸光度（17.7.4），从标准曲线上读取的 NO_2^- 的浓度，单位为微克每百毫升（μg/100mL）；

m——样品的质量（液体乳的样品质量为90×1.030g），单位为克（g）；

V_1——所取滤液（17.5.2）的体积（17.7.1），单位为毫升（mL）。

样品中以亚硝酸钠表示的亚硝酸盐含量，按式（6）计算：

$$W(NaNO_2) = 1.5 \times W(NO_2^-) \tag{6}$$

式中：

$W(NO_2^-)$——样品中亚硝酸根的含量，单位为毫克每千克（mg/kg）；

$W(NaNO_2)$——样品中以亚硝酸钠表示的亚硝酸盐的含量，单位为毫克每千克（mg/kg）。

以重复性条件下获得的两次独立测定结果的算术平均值表示，结果保留两位有效数字。

18.2　硝酸盐含量

样品中硝酸根含量按式（7）计算：

$$X = 1.35 \times [\frac{100\ 000 \times c_2}{m \times V_2} - W(NO_2^-)] \tag{7}$$

式中：

X——样品中硝酸根含量（mg/kg）；

c_2——根据洗提液（17.6.3）的吸光度（17.7.4），从标准曲线上读取的亚硝酸根离子浓度，单位为微克每百毫升（μg/100mL）；

m——样品的质量，单位为克（g）；

V_2——所取洗提液（17.6.3）的体积（17.7.1），单位为毫升（mL）；

$W(NO_2^-)$——根据式

式（5）计算出的亚硝酸根含量。

若考虑柱的还原能力，样品中硝酸根含量按式（8）计算：

$$\text{样品的硝酸根含量(mg/kg)} = 1.35 \times [\frac{100\ 000 \times c_2}{m \times V_2} - W(NO_2^-)] \times \frac{100}{r} \tag{8}$$

式中：

r——测定一系列样品后柱的还原能力。

样品中以硝酸钠计的硝酸盐的含量按式（9）计算：

$$W(NaNO_3) = 1.371 \times W(NO_3^-) \quad (9)$$

式中：

$W(NO_3^-)$——样品中硝酸根的含量，单位为毫克每千克（mg/kg）；

$W(NaNO_3)$——样品中以硝酸钠计的硝酸盐的含量，单位为毫克每千克（mg/kg）。

以重复性条件下获得的两次独立测定结果的算术平均值表示，结果保留两位有效数字。

19　精密度

由同一分析人员在短时间间隔内测定的两个亚硝酸盐结果之间的差值，不应超过1mg/kg。

由同一分析人员在短时间间隔内测定的两个硝酸盐结果之间的差值，在硝酸盐含量小于30mg/kg时，不应超过3mg/kg；在硝酸盐含量大于30mg/kg时，不应超过结果平均值的10%。

由不同实验室的两个分析人员对同一样品测得的两个硝酸盐结果之差，在硝酸盐含量小于30mg/kg时，差值不应超过8mg/kg；在硝酸盐含量大于或等于30mg/kg时，该差值不应超过结果平均值的25%。

20　其他

本标准第一法中亚硝酸盐和硝酸盐检出限分别为0.2mg/kg和0.4mg/kg；第二法中亚硝酸盐和硝酸盐检出限分别为1mg/kg和1.4mg/kg；第三法中亚硝酸盐和硝酸盐检出限分别为0.2mg/kg和1.5mg/kg。

中华人民共和国国家标准

GB 5009.123—2014

食品安全国家标准
食品中铬的测定

2015-01-28 发布　　　　2015-07-28 实施

中华人民共和国
国家卫生和计划生育委员会　发布

前　　言

本标准代替 GB/T 5009.123—2003《食品中铬的测定方法》。
本标准与 GB/T 5009.123—2003 相比，主要变化如下：
——标准名称修改为《食品安全国家标准　食品中铬的测定方法》；
——样品前处理增加了微波消解法和湿法消解法；
——增加了方法定量限（LOQ）；
——基体改进剂采用磷酸二氢铵代替磷酸铵；
——删除第二法示波极谱法。

食品安全国家标准
食品中铬的测定

1 范围

本标准规定了食品中铬的石墨炉原子吸收光谱测定方法。

本标准适用于各类食品中铬的含量测定。

2 原理

试样经消解处理后，采用石墨炉原子吸收光谱法，在357.9nm处测定吸收值，在一定浓度范围内其吸收值与标准系列溶液比较定量。

3 试剂和材料

注：除非另有规定，本方法所用试剂均为优级纯，水为GB/T 6682规定的二级水。

3.1 试剂

3.1.1 硝酸（HNO_3）。

3.1.2 高氯酸（$HClO_4$）。

3.1.3 磷酸二氢铵（$NH_4H_2PO_4$）。

3.2 试剂配制

3.2.1 硝酸溶液（5+95）：量取50mL硝酸慢慢倒入950mL水中，混匀。

3.2.2 硝酸溶液（1+1）：量取250mL硝酸慢慢倒入250mL水中，混匀。

3.2.3 磷酸二氢铵溶液（20g/L）：称取2.0g磷酸二氢铵，溶于水中，并定容至100mL，混匀。

3.3 标准品

重铬酸钾（$K_2Cr_2O_7$）：纯度>99.5%或经国家认证并授予标准物质证书的标准物质。

3.4 标准溶液配制

3.4.1 铬标准储备液：准确称取基准物质重铬酸钾（110℃，烘2h）1.4315g（精确至0.001g），溶于水中，移入500mL容量瓶中，用硝酸溶液（5+95）稀释至刻度，混匀。此溶液每毫升含1.000mg铬。或购置经国家认证并授予标准物质证书的铬标准储备液。

3.4.2 铬标准使用液：将铬标准储备液用硝酸溶液（5+95）逐级稀释至每毫升含100ng铬。

3.4.3 标准系列溶液的配制：分别吸取铬标准使用液（100ng/mL）0mL、0.500mL、1.00mL、2.00mL、3.00mL、4.00mL于25mL容量瓶中，用硝酸溶液（5+95）稀释至刻度，混匀。各容量瓶中每毫升分别含铬0ng、2.00ng、4.00ng、8.00ng、12.0ng、16.0ng。或采用石墨炉自动进样器自动配制。

4 仪器设备

注：所用玻璃仪器均需以硝酸溶液（1+4）浸泡24h以上，用水反复冲洗，最后用去离子水冲洗干净。

4.1 原子吸收光谱仪，配石墨炉原子化器，附铬空心阴极灯。

4.2　微波消解系统，配有消解内罐。
4.3　可调式电热炉。
4.4　可调式电热板。
4.5　压力消解器：配有消解内罐。
4.6　马弗炉。
4.7　恒温干燥箱。
4.8　电子天平：感量为0.1mg和1mg。

5　分析步骤

5.1　试样的预处理

5.1.1　粮食、豆类等去除杂物后，粉碎，装入洁净的容器内，作为试样。密封，并标明标记，试样应于室温下保存。

5.1.2　蔬菜、水果、鱼类、肉类及蛋类等水分含量高的鲜样，直接打成匀浆，装入洁净的容器内，作为试样。密封，并标明标记。试样应于冰箱冷藏室保存。

5.2　样品消解

5.2.1　微波消解

准确称取试样0.2～0.6g（精确至0.001g）于微波消解罐中，加入5mL硝酸，按照微波消解的操作步骤消解试样（消解条件参见A.1）。冷却后取出消解罐，在电热板上于140～160℃赶酸至0.5～1.0mL。消解罐放冷后，将消化液转移至10mL容量瓶中，用少量水洗涤消解罐2～3次，合并洗涤液，用水定容至刻度。同时做试剂空白试验。

5.2.2　湿法消解

准确称取试样0.5～3g（精确至0.001g）于消化管中，加入10mL硝酸、0.5mL高氯酸，在可调式电热炉上消解（参考条件：2℃保持0.5～1h、升温至180℃ 2～4h、升温至200～220℃）。若消化液呈棕褐色，再加硝酸，消解至冒白烟，消化液呈无色透明或略带黄色，取出消化管，冷却后用水定容至10mL。同时做试剂空白试验。

5.2.3　高压消解

准确称取试样0.3～1g（精确至0.001g）于消解内罐中，加入5mL硝酸。盖好内盖，旋紧不锈钢外套，放入恒温干燥箱，于140～160℃下保持4～5h。在箱内自然冷却至室温，缓慢旋松外罐，取出消解内罐，放在可调式电热板上于140～160℃赶酸至0.5～1.0mL。冷却后将消化液转移至10mL容量瓶中，用少量水洗涤内罐和内盖2～3次，合并洗涤液于容量瓶中并用水定容至刻度。同时做试剂空白试验。

5.2.4　干法灰化

准确称取试样0.5～3g（精确至0.001g）于坩埚中，小火加热，炭化至无烟，转移至马弗炉中，于550℃恒温3～4h。取出冷却，对于灰化不彻底的试样，加数滴硝酸，小火加热，小心蒸干，再转入550℃高温炉中，继续灰化1～2h，至试样呈白灰状，从高温炉取出冷却，用硝酸溶液（1+1）溶解并用水定容至10mL。同时做试剂空白试验。

5.3　测定

5.3.1　仪器测试条件

根据各自仪器性能调至最佳状态。参考条件见A.2。

5.3.2　标准曲线的制作

将标准系列溶液工作液按浓度由低到高的顺序分别取10μL（可根据使用仪器选择最佳进样量），注入石墨管，原子化后测其吸光度值，以浓度为横坐标，吸光度值为纵坐标，绘制标准曲线。

5.3.3 试样测定

在与测定标准溶液相同的实验条件下，将空白溶液和样品溶液分别取 10 μL（可根据使用仪器选择最佳进样量），注入石墨管，原子化后测其吸光度值，与标准系列溶液比较定量。

对有干扰的试样应注入 5 μL（可根据使用仪器选择最佳进样量）的磷酸二氢铵溶液（20.0g/L）（标准系列溶液的制作过程应按 5.3.3 操作）。

6 分析结果的表述

试样中铬含量的计算见式（1）：

$$X = \frac{(c - c_0) \times V}{m \times 1\,000} \tag{1}$$

式中：

X——试样中铬的含量，单位为毫克每千克（mg/kg）；

c——测定样液中铬的含量，单位为纳克每毫升（ng/mL）；

c_0——空白液中铬的含量，单位为纳克每毫升（ng/mL）；

V——样品消化液的定容总体积，单位为毫升（mL）；

m——样品称样量，单位为克（g）；

1 000——换算系数。

当分析结果≥1mg/kg 时，保留三位有效数字；当分析结果 <1mg/kg 时，保留两位有效数字。

7 精密度

在重复性条件下获得的两次独立测定结果的绝对差值不得超过算术平均值的 20%。

8 其他

以称样量 0.5g，定容至 10mL 计算，方法检出限为 0.01mg/kg，定量限为 0.03mg/kg。

附录 A　样品测定参考条件

A.1　微波消解参考条件见表 A.1。

表 A.1　微波消解参考条件

步骤	功率（1 200W）变化（%）	设定温度（℃）	升温时间（min）	恒温时间（min）
1	0~80	120	5	5
2	0~80	160	5	10
3	0~80	180	5	10

A.2　石墨炉原子吸收法参考条件见表 A.2。

表 A.2　石墨炉原子吸收法参考条件

元素	波长（nm）	狭缝（nm）	灯电流（mA）	干燥（℃/s）	灰化（℃/s）	原子化（℃/s）
铬	357.9	0.2	5~7	（85~120）/（40 ~50）	900/（20~30）	2 700/（4~5）

中华人民共和国国家标准

GB 5009.11—2014

食品安全国家标准
食品中总砷及无机砷的测定

2015-09-21 发布　　　　2016-03-21 实施

中华人民共和国国家卫生和计划生育委员会　发布

前　　言

本标准代替 GB/T 5009.11—2003《食品中总砷及无机砷的测定》。

本标准与 GB/T 5009.11—2003 相比，主要变化如下：

——标准名称修改为“食品安全国家标准食品中总砷及无机砷的测定”。

——取消了食品中总砷测定的砷斑法及硼氢化物还原比色法，取消了食品中无机砷测定的原子荧光法和银盐法。

——增加了食品中总砷测定的电感耦合等离子体质谱法（ICP - MS）；

——增加了食品中无机砷测定的液相色谱 - 原子荧光光谱法（LC - AFS）和液相色谱 - 电感耦合等离子体质谱法（LC - ICP - MS）。

食品安全国家标准
食品中总砷及无机砷的测定

1 范围

本标准第一篇规定了食品中总砷的测定方法。本标准第二篇规定了食品中无机砷含量测定的液相色谱-原子荧光光谱法、液相色谱-电感耦合等离子体质谱法。

本标准第一篇第一法、第二法和第三法适用于各类食品中总砷的测定。第二篇适用于稻米、水产动物、婴幼儿谷类辅助食品、婴幼儿罐装辅助食品中无机砷（包括砷酸盐和亚砷酸盐）含量的测定。

第一篇 总砷的测定

第一法 电感耦合等离子体质谱法

2 原理

样品经酸消解处理为样品溶液，样品溶液经雾化由载气送入ICP炬管中，经过蒸发、解离、原子化和离子化等过程，转化为带电荷的离子，经离子采集系统进入质谱仪，质谱仪根据质荷比进行分离。对于一定的质荷比，质谱的信号强度与进入质谱仪的离子数成正比，即样品浓度与质谱信号强度成正比。通过测量质谱的信号强度对试样溶液中的砷元素进行测定。

3 试剂和材料

注：除非另有说明，本方法所用试剂均为优级纯，水为GB/T 6682规定的一级水。

3.1 试剂

3.1.1 硝酸（HNO_3）：MOS级（电子工业专用高纯化学品）、BV（Ⅲ）级。

3.1.2 过氧化氢（H_2O_2）。

3.1.3 质谱调谐液：Li、Y、Ce、Ti、Co，推荐使用浓度为10ng/mL。

3.1.4 内标储备液：Ge，浓度为100μg/mL。

3.1.5 氢氧化钠（NaOH）。

3.2 试剂配制

3.2.1 硝酸溶液（2+98）：量取20mL硝酸，缓缓倒入980mL水中，混匀。

3.2.2 内标溶液Ge或Y（1.0μg/mL）：取1.0mL内标溶液，用硝酸溶液（2+98）稀释并定容至100mL。

3.2.3 氢氧化钠溶液（100g/L）：称取10.0g氢氧化钠，用水溶解和定容至100mL。

3.3 标准品

三氧化二砷（As_2O_3）标准品：纯度≥99.5%。

3.4　标准溶液配制

3.4.1　砷标准储备液（100mg/L，按 As 计）：准确称取于 100℃ 干燥 2h 的三氧化二砷 0.013 2g，加 1mL 氢氧化钠溶液（100g/L）和少量水溶解，转入 100mL 容量瓶中，加入适量盐酸调整其酸度近中性，用水稀释至刻度。4℃避光保存，保存期一年。或购买经国家认证并授予标准物质证书的标准溶液物质。

3.4.2　砷标准使用液（1.00mg/L，按 As 计）：准确吸取 1.00mL 砷标准储备液（100mg/L）于 100mL 容量瓶中，用硝酸溶液（2+98）稀释定容至刻度。现用现配。

4　仪器和设备

注：玻璃器皿及聚四氟乙烯消解内罐均需以硝酸溶液（1+4）浸泡 24h，用水反复冲洗，最后用去离子水冲洗干净。

4.1　电感耦合等离子体质谱仪（ICP-MS）。

4.2　微波消解系统。

4.3　压力消解器。

4.4　恒温干燥箱（50～300℃）。

4.5　控温电热板（50～200℃）。

4.6　超声水浴箱。

4.7　天平：感量为 0.1mg 和 1mg。

5　分析步骤

5.1　试样预处理

5.1.1　在采样和制备过程中，应注意不使试样污染。

5.1.2　粮食、豆类等样品去杂物后粉碎均匀，装入洁净聚乙烯瓶中，密封保存备用。

5.1.3　蔬菜、水果、鱼类、肉类及蛋类等新鲜样品，洗净晾干，取可食部分匀浆，装入洁净聚乙烯瓶中，密封，于 4℃冰箱冷藏备用。

5.2　试样消解

5.2.1　微波消解法

蔬菜、水果等含水分高的样品，称取 2.0～4.0g（精确至 0.001g）样品于消解罐中，加入 5mL 硝酸，放置 30min；粮食、肉类、鱼类等样品，称取 0.2～0.5g（精确至 0.001g）样品于消解罐中，加入 5mL 硝酸，放置 30min，盖好安全阀，将消解罐放入微波消解系统中，根据不同类型的样品，设置适宜的微波消解程序（见表 A.1 至表 A.3），按相关步骤进行消解，消解完全后赶酸，将消化液转移至 25mL 容 量瓶或比色管中，用少量水洗涤内罐 3 次，合并洗涤液并定容至刻度，混匀。同时作空白试验。

5.2.2　高压密闭消解法

称取固体试样 0.20～1.0g（精确至 0.001g），湿样 1.0～5.0g（精确至 0.001g）或取液体试样 2.00～5.00mL 于消解内罐中，加入 5mL 硝酸浸泡过夜。盖好内盖，旋紧不锈钢外套，放入恒温干燥箱，140～160℃保持 3～4h，自然冷却至室温，然后缓慢旋松不锈钢外套，将消解内罐取出，用少量水冲洗内盖，放在控温电热板上于 120℃赶去棕色气体。取出消解内罐，将消化液转移至 25mL 容量瓶或比色管中，用少量水洗涤内罐 3 次，合并洗涤液并定容至刻度，混匀。同时作空白试验。

5.3　仪器参考条件

RF 功率 1 550W；载气流速 1.14L/min；采样深度 7mm；雾化室温度 2℃；Ni 采样锥，Ni 截取锥。

质谱干扰主要来源于同量异位素、多原子、双电荷离子等，可采用最优化仪器条件、干扰校正方程校正或采用碰撞池、动态反应池技术方法消除干扰。砷的干扰校正方程为：$^{75}As = ^{75}As - ^{77}M\ (3.127) + ^{82}M\ (2.733) - ^{83}M\ (2.757)$；采用内标校正、稀释样品等方法校正非质谱干扰。砷的 m/z 为 75，选^{72}Ge为内标元素。

推荐使用碰撞/反应池技术，在没有碰撞/反应池技术的情况下使用干扰方程消除干扰的影响。

5.4　标准曲线的制作

吸取适量砷标准使用液（1.00mg/L），用硝酸溶液（2 + 98）配制砷浓度分别为0.00ng/mL、1.0ng/mL、5.0ng/mL、10ng/mL、50ng/mL和100ng/mL的标准系列溶液。

当仪器真空度达到要求时，用调谐液调整仪器灵敏度、氧化物、双电荷、分辨率等各项指标，当仪器各项指标达到测定要求，编辑测定方法、选择相关消除干扰方法，引入内标，观测内标灵敏度、脉冲与模拟模式的线性拟合，符合要求后，将标准系列引入仪器。进行相关数据处理，绘制标准曲线、计算回归方程。

5.5　试样溶液的测定

相同条件下，将试剂空白、样品溶液分别引入仪器进行测定。根据回归方程计算出样品中砷元素的浓度。

6　分析结果的表述

试样中砷含量按式（1）计算：

$$X = \frac{(c - c_0) \times V \times 1\,000}{m \times 1\,000 \times 1\,000} \tag{1}$$

式中：

X——试样中砷的含量，单位为毫克每千克（mg/kg）或毫克每升（mg/L）；

c——试样消化液中砷的测定浓度，单位为纳克每毫升（ng/mL）；

c_0——试样空白消化液中砷的测定浓度，单位为纳克每毫升（ng/mL）；

V——试样消化液总体积，单位为毫升（mL）；

M——试样质量，单位为克或毫升（g或mL）；

1 000——换算系数。

计算结果保留两位有效数字。

7　精密度

在重复性条件下获得的两次独立测定结果的绝对差值不得超过算术平均值的20%。

8　其他

称样量为1g，定容体积为25mL时，方法检出限为0.003mg/kg，方法定量限为0.010mg/kg。

第二法　氢化物发生原子荧光光谱法

9　原理

食品试样经湿法消解或干灰化法处理后，加入硫脲使五价砷预还原为三价砷，再加入硼氢化钠或硼氢化钾使还原生成砷化氢，由氩气载入石英原子化器中分解为原子态砷，在高强度砷空心阴极灯的发射光激发下产生原子荧光，其荧光强度在固定条件下与被测液中的砷浓度成正比，与标准系列比较定量。

10　试剂和材料

注：除非另有说明，本方法所用试剂均为优级纯，水为GB/T 6682规定的一级水。

10.1　试剂

10.1.1　氢氧化钠（NaOH）。

10.1.2　氢氧化钾（KOH）。

10.1.3　硼氢化钾（KBH_4）：分析纯。

10.1.4　硫脲（$CH_4N_2O_2S$）：分析纯。

10.1.5　盐酸（HCl）。

10.1.6　硝酸（HNO_3）。

10.1.7　硫酸（H_2SO_4）。

10.1.8　高氯酸（$HClO_4$）。

10.1.9　硝酸镁［$Mg(NO_3)_2 \cdot 6H_2O$］：分析纯。

10.1.10　氧化镁（MgO）：分析纯。

10.1.11　抗坏血酸（$C_6H_8O_6$）。

10.2　试剂配制

10.2.1　氢氧化钾溶液（5g/L）：称取5.0g氢氧化钾，溶于水并稀释至1 000mL。

10.2.2　硼氢化钾溶液（20g/L）：称取硼氢化钾20.0g，溶于1 000mL 5g/L氢氧化钾溶液中，混匀。

10.2.3　硫脲+抗坏血酸溶液：称取10.0g硫脲，加约80mL水，加热溶解，待冷却后加入10.0g抗坏血酸，稀释至100mL。现用现配。

10.2.4　氢氧化钠溶液（100g/L）：称取10.0g氢氧化钠，溶于水并稀释至100mL。

10.2.5　硝酸镁溶液（150g/L）：称取15.0g硝酸镁，溶于水并稀释至100mL。

10.2.6　盐酸溶液（1+1）：量取100mL盐酸，缓缓倒入100mL水中，混匀。

10.2.7　硫酸溶液（1+9）：量取硫酸100mL，缓缓倒入900mL水中，混匀。

10.2.8　硝酸溶液（2+98）：量取硝酸20mL，缓缓倒入980mL水中，混匀。

10.3　标准品

三氧化二砷（As_2O_3）标准品：纯度≥99.5%。

10.4　标准溶液配制

10.4.1　砷标准储备液（100mg/L，按As计）：准确称取于100℃干燥2h的三氧化二砷0.0132g，加100g/L氢氧化钠溶液1mL和少量水溶解，转入100mL容量瓶中，加入适量盐酸调整其酸度近中性，加水稀释至刻度。4℃避光保存，保存期一年。或购买经国家认证并授予标准物质证书的标准溶液物质。

10.4.2　砷标准使用液（1.00mg/L，按As计）：准确吸取1.00mL砷标准储备液（100mg/L）于100mL容量瓶中，用硝酸溶液（2+98）稀释至刻度。现用现配。

11　仪器和设备

注：玻璃器皿及聚四氟乙烯消解内罐均需以硝酸溶液（1+4）浸泡24h，用水反复冲洗，最后用去离子水冲洗干净。

11.1　原子荧光光谱仪。

11.2　天平：感量为0.1mg和1mg。

11.3　组织匀浆器。

11.4　高速粉碎机。

11.5　控温电热板：50～200℃。

11.6　马弗炉。

12　分析步骤

12.1　试样预处理

见5.1。

12.2　试样消解

12.2.1　湿法消解

固体试样称取1.0~2.5g、液体试样称取5.0~10.0g（或mL）（精确至0.001g），置于50~100mL锥形瓶中，同时做两份试剂空白。加硝酸20mL，高氯酸4mL，硫酸1.25mL，放置过夜。次日置于电热板上加热消解。若消解液处理至1mL左右时仍有未分解物质或色泽变深，取下放冷，补加硝酸5~10mL，再消解至2mL左右，如此反复两三次，注意避免炭化。继续加热至消解完全后，再持续蒸发至高氯酸的白烟散尽，硫酸的白烟开始冒出。冷却，加水25mL，再蒸发至冒硫酸白烟。冷却，用水将内溶物转入25mL容量瓶或比色管中，加入硫脲+抗坏血酸溶液2mL，补加水至刻度，混匀，放置30min，待测。按同一操作方法作空白试验。

12.2.2　干灰化法

固体试样称取1.0~2.5g，液体试样取4.00mL（g）（精确至0.001g），置于50~100mL坩埚中，同时做两份试剂空白。加150g/L硝酸镁10mL混匀，低热蒸干，将1g氧化镁覆盖在干渣上，于电炉上炭化至无黑烟，移入550℃马弗炉灰化4h。取出放冷，小心加入盐酸溶液（1+1）10mL以中和氧化镁并溶解灰分，转入25mL容量瓶或比色管，向容量瓶或比色管中加入硫脲+抗坏血酸溶液2mL，另用硫酸溶液（1+9）分次洗涤坩埚后合并洗涤液至25mL刻度，混匀，放置30min，待测。按同一操作方法作空白试验。

12.3　仪器参考条件

负高压：260V；砷空心阴极灯电流：50~80mA；载气：氩气；载气流速：500mL/min；屏蔽气流速：800mL/min；测量方式：荧光强度；读数方式：峰面积。

12.4　标准曲线制作

取25mL容量瓶或比色管6支，依次准确加入1.00μg/mL砷标准使用液0.00mL、0.10mL、0.25mL、0.50mL、1.5mL和3.0mL（分别相当于砷浓度0.0ng/mL、4.0ng/mL、10ng/mL、20ng/mL、60ng/mL、120ng/mL），各加硫酸溶液（1+9）12.5mL，硫脲+抗坏血酸溶2mL，补加水至刻度，混匀后放置30min后测定。

仪器预热稳定后，将试剂空白、标准系列溶液依次引入仪器进行原子荧光强度的测定。以原子荧光强度为纵坐标，砷浓度为横坐标绘制标准曲线，得到回归方程。

12.5　试样溶液的测定

相同条件下，将样品溶液分别引入仪器进行测定。根据回归方程计算出样品中砷元素的浓度。

13　分析结果的表述

试样中总砷含量按式（2）计算：

$$X = \frac{(c - c_0) \times V \times 1\,000}{m \times 1\,000 \times 1\,000} \tag{2}$$

式中：

X——试样中砷的含量，单位为毫克每千克（mg/kg）或毫克每升（mg/L）；

c——试样被测液中砷的测定浓度，单位为纳克每毫升（ng/mL）；

c_0——试样空白消化液中砷的测定浓度，单位为纳克每毫升（ng/mL）；

V——试样消化液总体积，单位为毫升（mL）；

m——试样质量，单位为克（g）或毫升（mL）；

1 000——换算系数。

计算结果保留两位有效数字。

14　精密度

在重复性条件下获得的两次独立测定结果的绝对差值不得超过算术平均值的20%。

15　检出限

称样量为1g，定容体积为25mL时，方法检出限为0.010mg/kg，方法定量限为0.040mg/kg。

第三法　银盐法

16　原理

试样经消化后，以碘化钾、氯化亚锡将高价砷还原为三价砷，然后与锌粒和酸产生的新生态氢生成砷化氢，经银盐溶液吸收后，形成红色胶态物，与标准系列比较定量。

17　试剂和材料

注：除非另有说明，本方法所用试剂均为优级纯，水为GB/T 6682规定的一级水。

17.1　试剂

17.1.1　硝酸（HNO_3）。

17.1.2　硫酸（H_2SO_4）。

17.1.3　盐酸（HCl）。

17.1.4　高氯酸（$HClO_4$）。

17.1.5　三氯甲烷（$CHCl_3$）：分析纯。

17.1.6　二乙基二硫代氨基甲酸银［（C_2H_5）$_2NCS_2Ag$］：分析纯。

17.1.7　氯化亚锡（$SnCl_2$）：分析纯。

17.1.8　硝酸镁［Mg（NO_3）$_2$·$6H_2O$］：分析纯。

17.1.9　碘化钾（KI）：分析纯。

17.1.10　氧化镁（MgO）：分析纯。

17.1.11　乙酸铅（$C_4H_6O_4Pb \cdot 3H_2O$）：分析纯。

17.1.12　三乙醇胺（$C_6H_{15}NO_3$）：分析纯。

17.1.13　无砷锌粒：分析纯。

17.1.14　氢氧化钠（NaOH）。

17.1.15　乙酸。

17.2　试剂配制

17.2.1　硝酸－高氯酸混合溶液（4＋1）：量取80mL硝酸，加入20mL高氯酸，混匀。

17.2.2　硝酸镁溶液（150g/L）：称取15g硝酸镁，加水溶解并稀释定容至100mL。

17.2.3　碘化钾溶液（150g/L）：称取15g碘化钾，加水溶解并稀释定容至100mL，贮存于棕色瓶中。

17.2.4　酸性氯化亚锡溶液：称取40g氯化亚锡，加盐酸溶解并稀释至100mL，加入数颗金属锡粒。

17.2.5　盐酸溶液（1＋1）：量取100mL盐酸，缓缓倒入100mL水中，混匀。

17.2.6　乙酸铅溶液（100g/L）：称取11.8g乙酸铅，用水溶解，加入1～2滴乙酸，用水稀释定容至100mL。

17.2.7　乙酸铅棉花：用乙酸铅溶液（100g/L）浸透脱脂棉后，压除多余溶液，并使之疏松，在100℃以下干燥后，贮存于玻璃瓶中。

17.2.8　氢氧化钠溶液（200g/L）：称取20g氢氧化钠，溶于水并稀释至100mL。

17.2.9　硫酸溶液（6+94）：量取6.0mL硫酸，慢慢加入80mL水中，冷却后再加水稀释至100mL。

17.2.10　二乙基二硫代氨基甲酸银-三乙醇胺-三氯甲烷溶液：称取0.25g二乙基二硫代氨基甲酸银置于乳钵中，加少量三氯甲烷研磨，移入100mL量筒中，加入1.8mL三乙醇胺，再用三氯甲烷分次洗涤乳钵，洗涤液一并移入量筒中，用三氯甲烷稀释至100mL，放置过夜。滤入棕色瓶中贮存。

17.3　标准品

三氧化二砷（As_2O_3）标准品：纯度≥99.5%。

17.4　标准溶液配制

17.4.1　砷标准储备液（100mg/L，按As计）：准确称取于100℃干燥2h的三氧化二砷0.1320g，加5mL氢氧化钠溶液（200g/L），溶解后加25mL硫酸溶液（6+94），移入1 000mL容量瓶中，加新煮沸冷却的水稀释至刻度，贮存于棕色玻塞瓶中。4℃避光保存。保存期一年。或购买经国家认证并授予标准物质证书的标准物质。

17.4.2　砷标准使用液（1.00mg/L，按As计）：吸取1.00mL砷标准储备液（100mg/L）于100mL容量瓶中，加1mL硫酸溶液（6+94），加水稀释至刻度。现用现配。

18　仪器和设备

注：所用玻璃器皿均需以硝酸溶液（1+4）浸泡24h，用水反复冲洗，最后用去离子水冲洗干净。

18.1　分光光度计。

18.2　测砷装置：见图1。

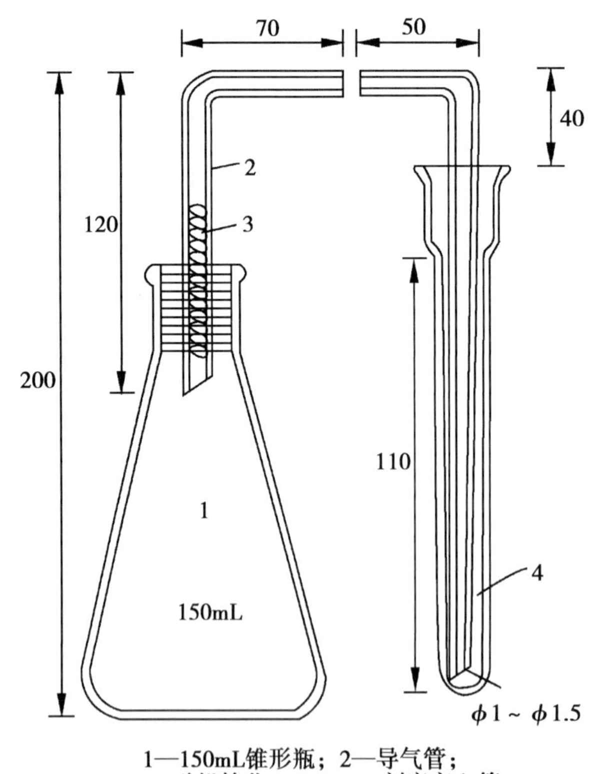

1—150mL锥形瓶；2—导气管；
3—乙酸铅棉花；4—10mL刻度离心管

图1　测砷装置图

18.2.1　100～150mL锥形瓶：19号标准口。

18.2.2　导气管：管口 19 号标准口或经碱处理后洗净的橡皮塞与锥形瓶密合时不应漏气。管的另一端管径为 1.0mm。

18.2.3　吸收管：10mL 刻度离心管作吸收管用。

19　试样制备

19.1　试样预处理

见 5.1。

19.2　试样溶液制备

19.2.1　硝酸 - 高氯酸 - 硫酸法

19.2.1.1　粮食、粉丝、粉条、豆干制品、糕点、茶叶等及其他含水分少的固体食品

称取 5.0 ~ 10.0g 试样（精确至 0.001g），置于 250 ~ 500mL 定氮瓶中，先加少许水湿润，加数粒玻璃珠、10 ~ 15mL 硝酸 - 高氯酸混合液，放置片刻，小火缓缓加热，待作用缓和，放冷。沿瓶壁加入 5mL 或 10mL 硫酸，再加热，至瓶中液体开始变成棕色时，不断沿瓶壁滴加硝酸 - 高氯酸混合液至有机质分解完全。加大火力，至产生白烟，待瓶口白烟冒净后，瓶内液体再产生白烟为消化完全，该溶液应澄清透明无色或微带黄色，放冷。（在操作过程中应注意防止爆沸或爆炸）加 20mL 水煮沸，除去残余的硝酸至产生白烟为止，如此处理两次，放冷。将冷后的溶液移入 50mL 或 100mL 容量瓶中，用水洗涤定氮瓶，洗涤液并入容量瓶中，放冷，加水至刻度，混匀。定容后的溶液每 10mL 相当于 1g 试样，相当加入硫酸量 1mL。取与消化试样相同量的硝酸 - 高氯酸混合液和硫酸，按同一方法作空白试验。

19.2.1.2　蔬菜、水果

称取 25.0 ~ 50.0g（精确至 0.01g）试样，置于 250 ~ 500mL 定氮瓶中，加数粒玻璃珠、10 ~ 15mL 硝酸 - 高氯酸混合液，以下按 19.2.1.1 自“放置片刻”起依法操作，但定容后的溶液每 10mL 相当于 5g 试样，相当于加入硫酸 1mL。按同一操作方法作空白试验。

19.2.1.3　酱、酱油、醋、冷饮、豆腐、腐乳、酱腌菜等

称取 10.0 ~ 20.0g 试样（精确至 0.001g），或吸取 10.0 ~ 20.0mL 液体试样，置于 250 ~ 500mL 定氮瓶中，加数粒玻璃珠、5 ~ 15mL 硝酸 - 高氯酸混合液。以下按 19.2.1.1 自“放置片刻”起依法操作，但定容后的溶液每 10mL 相当于 2g 或 2mL 试样。按同一操作方法作空白试验。

19.2.1.4　含酒精性饮料或含二氧化碳饮料

吸取 10.00 ~ 20.00mL 试样，置于 250 ~ 500mL 定氮瓶中，加数粒玻璃珠，先用小火加热除去乙醇或二氧化碳，再加 5 ~ 10mL 硝酸 - 高氯酸混合液，混匀后，以下按 19.2.1.1 自“放置片刻”起依法操作，但定容后的溶液每 10mL 相当于 2mL 试样。按同一操作方法作空白试验。

19.2.1.5　含糖量高的食品

称取 5.0 ~ 10.0g 试样（精确至 0.001g），置于 250 ~ 500mL 定氮瓶中，先加少许水使湿润，加数粒玻璃珠、5 ~ 10mL 硝酸 - 高氯酸混合后，摇匀。缓缓加入 5mL 或 10mL 硫酸，待作用缓和停止起泡沫后，先用小火缓缓加热（糖分易炭化），不断沿瓶壁补加硝酸 - 高氯酸混合液，待泡沫全部消失后，再加大火力，至有机质分解完全，发生白烟，溶液应澄明无色或微带黄色，放冷。以下按 19.2.1.1 自“加 20mL 水煮沸”起依法操作。按同一操作方法作空白试验。

19.2.1.6　水产品

称取试样 5.0 ~ 10.0g（精确至 0.001g）（海产藻类、贝类可适当减少取样量），置于 250 ~ 500mL 定氮瓶中，加数粒玻璃珠，5 ~ 10mL 硝酸 - 高氯酸混合液，混匀后，以下按 19.2.1.1 自“沿瓶壁加入 5mL 或 10mL 硫酸”起依法操作。按同一操作方法作空白试验。

19.2.2　硝酸 - 硫酸法

以硝酸代替硝酸 - 高氯酸混合液进行操作。

19.2.3　灰化法

19.2.3.1　粮食、茶叶及其他含水分少的食品

称取试样 5.0g（精确至 0.001g），置于坩埚中，加 1g 氧化镁及 10mL 硝酸镁溶液，混匀，浸泡 4h。于低温或置水浴锅上蒸干，用小火炭化至无烟后移入马弗炉中加热至 550℃，灼烧 3～4h，冷却后取出。加 5mL 水湿润后，用细玻棒搅拌，再用少量水洗下玻棒上附着的灰分至坩埚内。放水浴上蒸干后移入马弗炉 550℃灰化 2h，冷却后取出。加 5mL 水湿润灰分，再慢慢加入 10mL 盐酸溶液（1+1），然后将溶液移入 50mL 容量瓶中，坩埚用盐酸溶液（1+1）洗涤 3 次，每次 5mL，再用水洗涤 3 次，每次 5mL，洗涤液均并入容量瓶中，再加水至刻度，混匀。定容后的溶液每 10mL 相当于 1g 试样，其加入盐酸量不少于（中和需要量除外）1.5mL。全量供银盐法测定时，不必再加盐酸。按同一操作方法作空白试验。

19.2.3.2　植物油

称取 5.0g 试样（精确至 0.001g），置于 50mL 瓷坩埚中，加 10g 硝酸镁，再在上面覆盖 2g 氧化镁，将坩埚置小火上加热，至刚冒烟，立即将坩埚取下，以防内容物溢出，待烟小后，再加热至炭化完全。将坩埚移至马弗炉中，550℃以下灼烧至灰化完全，冷后取出。加 5mL 水湿润灰分，再缓缓加入 15mL 盐酸溶液（1+1），然后将溶液移入 50mL 容量瓶中，坩埚用盐酸溶液（1+1）洗涤 5 次，每次 5mL，洗涤液均并入容量瓶中，加盐酸溶液（1+1）至刻度，混匀。定容后的溶液每 10mL 相当于 1g 试样，相当于加入盐酸量（中和需要量除外）1.5mL。按同一操作方法作空白试验。

19.2.3.3　水产品

称取试样 5.0g 置于坩埚中（精确至 0.001g），加 1g 氧化镁及 10mL 硝酸镁溶液，混匀，浸泡 4h。以下按 19.2.3.1 自“于低温或置水浴锅上蒸干”起依法操作。

20　分析步骤

吸取一定量的消化后的定容溶液（相当于 5g 试样）及同量的试剂空白液，分别置于 150mL 锥形瓶中，补加硫酸至总量为 5mL，加水至 50～55mL。

20.1　标准曲线的绘制

分别吸取 0.0mL、2.0mL、4.0mL、6.0mL、8.0mL、10mL 砷标准使用液（相当 0.0μg、2.0μg、4.0μg、6.0μg、8.0μg、10μg）置于 6 个 150mL 锥形瓶中，加水至 40mL，再加 10mL 盐酸溶液（1+1）。

20.2　用湿法消化液

于试样消化液、试剂空白液及砷标准溶液中各加 3mL 碘化钾溶液（150g/L）、0.5mL 酸性氯化亚锡溶液，混匀，静置 15min。各加入 3g 锌粒，立即分别塞上装有乙酸铅棉花的导气管，并使管尖端插入盛有 4mL 银盐溶液的离心管中的液面下，在常温下反应 45min 后，取下离心管，加三氯甲烷补足 4mL。用 1cm 比色杯，以零管调节零点，于波长 520mm 处测吸光度，绘制标准曲线。

20.3　用灰化法消化液

取灰化法消化液及试剂空白液分别置于 150mL 锥形瓶中。吸取 0.0mL、2.0mL、4.0mL、6.0mL、8.0mL、10mL 砷标准使用液（相当 0.0μg、2.0μg、4.0μg、6.0μg、8.0μg、10μg 砷），分别置于 150mL 锥形瓶中，加水至 43.5mL，再加 6.5mL 盐酸。以下按 20.2 自“于试样消化液”起依法操作。

21　分析结果的表述

试样中的砷含量按式（3）进行计算：

$$X = \frac{(A_1 - A_2) \times V_1 \times 1\,000}{m \times V_2 \times 1\,000 \times 1\,000} \tag{3}$$

式中：

X——试样中砷的含量，单位为毫克每千克（mg/kg）或毫克每升（mg/L）；

A_1——测定用试样消化液中砷的质量，单位为纳克（ng）；
A_2——试剂空白液中砷的质量，单位为纳克（ng）；
V_1——试样消化液的总体积，单位为毫升（mL）；
m——试样质量（体积），单位为克（g）或毫升（mL）；
V_2——测定用试样消化液的体积，单位为毫升（mL）。
计算结果保留两位有效数字。

22　精密度

在重复性条件下获得的两次独立测定结果的绝对差值不得超过算术平均值的20%。

23　检出限

称样量为1g，定容体积为25mL时，方法检出限为0.2mg/kg，方法定量限为0.7mg/kg。

第二篇　食品中无机砷的测定

第一法　液相色谱－原子荧光光谱法（LC－AFS）法

24　原理

食品中无机砷经稀硝酸提取后，以液相色谱进行分离，分离后的目标化合物在酸性环境下与KBH_4反应，生成气态砷化合物，以原子荧光光谱仪进行测定。按保留时间定性，外标法定量。

25　试剂和材料

注：除非另有说明，本方法所用试剂均为优级纯，水为GB/T 6682规定的一级水。
25.1　试剂
25.1.1　磷酸二氢铵（$NH_4H_2PO_4$）：分析纯。
25.1.2　硼氢化钾（KBH_4）：分析纯。
25.1.3　氢氧化钾（KOH）。
25.1.4　硝酸（HNO_3）。
25.1.5　盐酸（HCl）。
25.1.6　氨水（$NH_3 \cdot H_2O$）。
25.1.7　正己烷［$CH_3(CH_2)CH_3$］。
25.2　试剂配制
25.2.1　盐酸溶液［20%（体积分数）］：量取200mL盐酸，溶于水并稀释至1 000mL。
25.2.2　硝酸溶液（0.15mol/L）：量取10mL硝酸，溶于水并稀释至1 000mL。
25.2.3　氢氧化钾溶液（100g/L）：称取10g氢氧化钾，溶于水并稀释至100mL。
25.2.4　氢氧化钾溶液（5g/L）：称取5g氢氧化钾，溶于水并稀释至1 000mL。
25.2.5　硼氢化钾溶液（30g/L）：称取30g硼氢化钾，用5g/L氢氧化钾溶液溶解并定容至1 000mL。现用现配。
25.2.6　磷酸二氢铵溶液（20mmol/L）：称取2.3g磷酸二氢铵，溶于1 000mL水中，以氨水调节pH值至8.0，经0.45μm水系滤膜过滤后，于超声水浴中超声脱气30min，备用。

25.2.7　磷酸二氢铵溶液（1mmol/L）：量取20mmol/L磷酸二氢铵溶液50mL，水稀释至1 000mL，以氨水调pH值至9.0，经0.45μm水系滤膜过滤后，于超声水浴中超声脱气30min，备用。
25.2.8　磷酸二氢铵溶液（15mmol/L）：称取1.7g磷酸二氢铵，溶于1 000mL水中，以氨水调节pH至6.0，经0.45μm水系滤膜过滤后，于超声水浴中超声脱气30min，备用。
25.3　标准品
25.3.1　三氧化二砷（As_2O_3）标准品：纯度≥99.5%。
25.3.2　砷酸二氢钾（KH_2ASO_4）标准品：纯度≥99.5%。
25.4　标准溶液配制
25.4.1　亚砷酸盐［As（Ⅲ）］标准储备液（100mg/L，按As计）：准确称取三氧化二砷0.0132g，加100g/L氢氧化钾溶液1mL和少量水溶解，转入100mL容量瓶中，加入适量盐酸调整其酸度近中性，加水稀释至刻度。4℃保存，保存期一年。或购买经国家认证并授予标准物质证书的标准溶液物质。
25.4.2　砷酸盐［As（V）］标准储备液（100mg/L，按As计）：准确称取砷酸二氢钾0.0240g，水溶解，转入100mL容量瓶中并用水稀释至刻度。4℃保存，保存期一年。或购买经国家认证并授予标准物质证书的标准溶液物质。
25.4.3　As（Ⅲ）、As（V）混合标准使用液（1.00mg/L，按As计）：分别准确吸取1.0mLAs（Ⅲ）标准储备液（100mg/L）、1.0mLAs（V）标准储备液（100mg/L）于100mL容量瓶中，加水稀释并定容至刻度。现用现配。

26　仪器和设备

注：所用玻璃器皿均需以硝酸溶液（1+4）浸泡24h，用水反复冲洗，最后用去离子水冲洗干净。
26.1　液相色谱-原子荧光光谱联用仪（LC-AFS）：由液相色谱仪（包括液相色谱泵和手动进样阀）与原子荧光光谱仪组成。
26.2　组织匀浆器。
26.3　高速粉碎机。
26.4　冷冻干燥机。
26.5　离心机：转速>8 000r/min。
26.6　pH计：精度为0.01。
26.7　天平：感量为0.1mg和1mg。
26.8　恒温干燥箱（50～300℃）。
26.9　C_{18}净化小柱或等效柱。

27　分析步骤

27.1　试样预处理
见5.1。
27.2　试样提取
27.2.1　稻米样品
称取约1.0g稻米试样（准确至0.001g）于50mL塑料离心管中，加入20mL 0.15mol/L硝酸溶液，放置过夜。于90℃恒温箱中热浸提2.5h，每0.5h振摇1min。提取完毕，取出冷却至室温，8 000r/min离心15min，取上层清液，经0.45μm有机滤膜过滤后进样测定。按同一操作方法作空白试验。
27.2.2　水产动物样品
称取约1.0g水产动物湿样（准确至0.001g），置于50mL塑料离心管中，加入20mL 0.15mol/L硝酸溶液，放置过夜。于90℃恒温箱中热浸提2.5h，每0.5h振摇1min。提取完毕，取出冷却至室温，

8 000r/min 离心 15min。取 5mL 上清液置于离心管中，加入 5mL 正己烷，振摇 1min 后，8 000r/min 离心 15min，弃去上层正己烷。按此过程重复一次。吸取下层清液，经 0.45μm 有机滤膜过滤及 C_{18} 小柱净化后进样。按同一操作方法作空白试验。

27.2.3　婴幼儿辅助食品样品

称取婴幼儿辅助食品约 1.0g（准确至 0.001g）于 15mL 塑料离心管中，加入 10mL 0.15mol/L 硝酸溶液，放置过夜。于 90℃ 恒温箱中热浸提 2.5h，每 0.5h 振摇 1min，提取完毕，取出冷却至室温。8 000r/min离心 15min。取 5mL 上清液置于离心管中，加入 5mL 正己烷，振摇 1min，8 000r/min 离心 15min，弃去上层正己烷。按此过程重复一次。吸取下层清液，经 0.45μm 有机滤膜过滤及 C_{18} 小柱净化后进行分析。按同一操作方法作空白试验。

27.3　仪器参考条件

27.3.1　液相色谱参考条件

色谱柱：阴离子交换色谱柱（柱长 250mm，内径 4mm）或等效柱。阴离子交换色谱保护柱（柱长 10mm，内径 4mm），或等效柱。

流动相组成：

a）等度洗脱流动相：15mmol/L 磷酸二氢铵溶液（pH 6.0），流动相洗脱方式：

等度洗脱。流动相流速：1.0mL/min；进样体积：100μL。等度洗脱适用于稻米及稻米加工食品。

b）梯度洗脱：流动相 A：1mmol/L 磷酸二氢铵溶液（pH 9.0）；流动相 B：20mmol/L 磷酸二氢铵溶液（pH 8.0）（梯度洗脱程序见附录 A 中的表 A.4）。流动相流速：1.0mL/min；进样体积：100μL。梯度洗脱适用于水产动物样品、含水产动物组成的样品、含藻类等海产植物的样品以及婴。

27.3.2　原子荧光检测参考条件

负高压：320V；砷灯总电流：90mA；主电流/辅助电流：55/35；原子化方式：火焰原子化；原子化器温度：中温。

载液：0% 盐酸溶液，流速 4mL/min；还原剂：30g/L 硼氢化钾溶液，流速 4mL/min；载气流速：400mL/min；辅助气流速：400mL/min。

27.4　标准曲线制作

取 7 支 10mL 容量瓶，分别准确加入 1.00mg/L 混合标准使用液 0.00mL、0.050mL、0.10mL、0.20mL、0.30mL、0.50mL 和 1.0mL，加水稀释至刻度，此标准系列溶液的浓度分别为 0.0ng/mL、5.0ng/mL、10ng/mL、20ng/mL、30ng/mL、50ng/mL 和 100ng/mL。

吸取标准系列溶液 100μL 注入液相色谱－原子荧光光谱联用仪进行分析，得到色谱图，以保留时间定性。以标准系列溶液中目标化合物的浓度为横坐标，色谱峰面积为纵坐标，绘制标准曲线。标准溶液色谱图见附录 B 中的图 B.1、图 B.2。

27.5　试样溶液的测定

吸取试样溶液 100μL 注入液相色谱－原子荧光光谱联用仪中，得到色谱图，以保留时间定性。根据标准曲线得到试样溶液中 As（Ⅲ）与 As（Ⅴ）含量，As（Ⅲ）与 As（Ⅴ）含量的加和为总无机砷含量，平行测定次数不少于两次。

28　分析结果的表述

试样中无机砷的含量按式（4）计算：

$$X = \frac{(c - c_0) \times V \times 1000}{m \times 1000 \times 1000} \tag{4}$$

式中：

X——样品中无机砷的含量（以 As 计），单位为毫克每千克（mg/kg）；

C_0——空白溶液中无机砷化合物浓度，单位为纳克每毫升（ng/mL）；
C——测定溶液中无机砷化合物浓度，单位为纳克每毫升（ng/mL）；
V——试样消化液体积，单位为毫升（mL）；
m——试样质量，单位为克（g）；
1 000——换算系数。

总无机砷含量等于 As（Ⅲ）含量与 As（Ⅴ）含量的加和。

计算结果保留两位有效数字。

29 精密度

在重复性条件下获得的两次独立测定结果的绝对差值不得超过算术平均值的20%。

30 其他

本方法检出限：取样量为1g，定容体积为20mL时，检出限为：稻米0.02mg/kg、水产动物0.03mg/kg、婴幼儿辅助食品0.02mg/kg；定量限为：稻米0.05mg/kg、水产动物0.08mg/kg、婴幼儿辅助食品0.05mg/kg。

第二法液相色谱－电感耦合等离子质谱法（LC－ICP/MS）

31 原理

食品中无机砷经稀硝酸提取后，以液相色谱进行分离，分离后的目标化合物经过雾化由载气送入ICP炬焰中，经过蒸发、解离、原子化、电离等过程，大部分转化为带正电荷的正离子，经离子采集系统进入质谱仪，质谱仪根据质荷比进行分离测定。以保留时间定性和质荷比定性，外标法定量。

注：除非另有说明，本方法所用试剂均为优级纯，水为GB/T 6682规定的一级水。

32.1 试剂

32.1.1 无水乙酸钠（$NaCH_3COO$）：分析纯。

32.1.2 硝酸钾（KNO_3）：分析纯。

32.1.3 磷酸二氢钠（NaH_2PO_4）：分析纯。

32.1.4 乙二胺四乙酸二钠（$C_{10}H_{14}N_2Na_2O_8$）：分析纯。

32.1.5 硝酸（HNO_3）。

32.1.6 正己烷［$CH_3(CH_2)_4CH_3$］。

32.1.7 无水乙醇（CH_3CH_2OH）。

32.1.8 氨水（$NH_3 \cdot H_2O$）。

32.2 试剂配制

32.2.1 硝酸溶液（0.15mol/L）：量取10mL硝酸，加水稀释至1 000mL。

32.2.2 流动相A相：含10mmol/L无水乙酸钠、3mmol/L硝酸钾、10mmol/L磷酸二氢钠、0.2mmol/L乙二胺四乙酸二钠的缓冲液（pH 10）。分别准确称取0.820g无水乙酸钠、0.303g硝酸钾、1.56g磷酸二氢钠、0.075g乙二胺四乙酸二钠，用水定容值1 000mL，氨水调节pH为10，混匀。经0.45μm水系滤膜过滤后，于超声水浴中超声脱气30min，备用。

32.2.3 氢氧化钾溶液（100g/L）：称取10g氢氧化钾，加水溶解并稀释至100mL。

32.3 标准品

32.3.1 三氧化二砷（As_2O_3）标准品：纯度≥99.5%。

32.3.2 砷酸二氢钾（KH_2AsO_4）标准品：纯度≥99.5%。

32.4 标准溶液配制

32.4.1　亚砷酸盐［As（Ⅲ）］标准储备液（100mg/L，按 As 计）：准确称取三氧化二砷 0.013 2g，加 1mL 氢氧化钾溶液（100g/L）和少量水溶解，转入 100mL 容量瓶中，加入适量盐酸调整其酸度近中性，加水稀释至刻度。4℃保存，保存期一年。或购买经国家认证并授予标准物质证书的标准溶液物质。

32.4.2　砷酸盐［As（Ⅴ）］标准储备液（100mg/L，按 As 计）：准确称取砷酸二氢钾 0.0240g，水溶解，转入 100mL 容量瓶中并用水稀释至刻度。4℃保存，保存期一年。或购买经国家认证并授予标准物质证书的标准物质。

As（Ⅲ）、As（Ⅴ）混合标准使用液（1.00mg/L，按 As 计）：分别准确吸取 1.0mL As（Ⅲ）标准储备液（100mg/L）、1.0mL As（Ⅴ）标准储备液（100mg/L）于 100ml 容量瓶中，加水稀释并定容至刻度。现用现配。

33　仪器和设备

注：所用玻璃器皿均需以硝酸溶液（1+4）浸泡 24h，用水反复冲洗，最后用去离子水冲洗干净。

33.1　液相色谱－电感耦合等离子质谱联用仪（LC－ICP/MS）：由液相色谱仪与电感耦合等离子质谱仪组成。

33.2　组织匀浆器。

33.3　高速粉碎机。

33.4　冷冻干燥机。

33.5　离心机：转速≥8 000r/min。

33.6　pH 计：精度为 0.01。

33.7　天平：感量为 0.1mg

33.8　恒温干燥箱（50～300℃）。

34　分析步骤

34.1　试样预处理

见 5.1。

34.2　试样提取 34.2.1 稻米样品

见 27.2.1。

34.2.2　水产动物样品

见 27.2.2。

34.2.3　婴幼儿辅助食品样品

见 27.2.3。

34.3　仪器参考条件

34.3.1　液相色谱参考条件

色谱柱：阴离子交换色谱分析柱（柱长 250mm，内径 4mm），或等效柱。阴离子交换色谱保护柱（柱长 10mm，内径 4mm）或等效柱。

流动相：（含 10mmol/L 无水乙酸钠、3mmol/L 硝酸钾、10mmol/L 磷酸二氢钠、0.2mmol/L 乙二胺四乙酸二钠的缓冲液，氨水调节 pH 为 10）：无水乙醇 =99：1（体积比）。

洗脱方式：等度洗脱。

进样体积：50μL。

34.3.2　电感耦合等离子体质谱仪参考条件

RF 入射功率 1 550W；载气为高纯氩气；载气流速 0.85L/min；补偿气 0.15L/min。泵速 0.3rps；检测质量数 m/z =75（As），m/z =35（Cl）。

34.4 标准曲线制作

分别准确吸取1.00mg/L混合标准使用液0.00mL、0.025mL、0.050mL、0.10mL、0.50mL和1.0mL于6个10mL容量瓶，用水稀释至刻度，此标准系列溶液的浓度分别为0.0ng/mL、2.5ng/mL、5ng/mL、10ng/mL、50ng/mL和100ng/mL。

用调谐液调整仪器各项指标，使仪器灵敏度、氧化物、双电荷、分辨率等各项指标达到测定要求。吸取标准系列溶液50μL注入液相色谱-电感耦合等离子质谱联用仪，得到色谱图，以保留时间定性。以标准系列溶液中目标化合物的浓度为横坐标，色谱峰面积为纵坐标，绘制标准曲线。标准溶液色谱图见附录B中的图B.3。

34.5 试样溶液的测定

吸取试样溶液50μL注入液相色谱-电感耦合等离子质谱联用仪，得到色谱图，以保留时间定性。根据标准曲线得到试样溶液中As（Ⅲ）与As（V）含量，As（Ⅲ）与As（V）含量的加和为总无机砷含量，平行测定次数不少于两次。

35 分析结果的表述

试样中无机砷的含量按式（5）计算：

$$X = \frac{(c - c_0) \times V \times 1\,000}{m \times 1\,000 \times 1\,000} \tag{5}$$

式中：

X——样品中无机砷的含量（以As计），单位为毫克每千克（mg/kg）；

C_0——空白溶液中无机砷化合物浓度，单位为纳克每毫升（ng/mL）；

C——测定溶液中无机砷化合物浓度，单位为纳克每毫升（ng/mL）；

V——试样消化液体积，单位为毫升（mL）；

m——试样质量，单位为克（g）；

1 000——换算系数。

总无机砷含量等于As（Ⅲ）含量与As（V）含量的加和。

计算结果保留两位有效数字。

36 精密度

在重复性条件获得的两次独立测定结果的绝对差值不得超过算术平均值的20%。

37 其他

本方法检出限：取样量为1g，定容体积为20mL时，方法检出限为：稻米0.01mg/kg、水产动物0.02mg/kg、婴幼儿辅助食品0.01mg/kg；方法定量限为：稻米0.03mg/kg、水产动物0.06mg/kg、婴幼儿辅助食品0.03mg/kg。

附录 A　微波消解参考条件

A. 1　粮食、蔬菜类试样微波消解参考条件见表 A. 1。

表 A. 1　粮食、蔬菜类试样微波消解参考条件

步骤	功率		升温时间/min	控制温度/℃	保持时间/min
1	1 200W	100%	5	120	6
2	1 200W	100%	5	160	6
3	1 200W	100%	5	190	20

A. 2　乳制品、肉类、鱼肉类试样微波消解参考条件见表 A. 2。

表 A. 2　乳制品、肉类、鱼肉类试样微波消解参考条件

步骤	功率		升温时间/min	控制温度/℃	保持时间/min
1	1 200W	100%	5	120	6
2	1 200W	100%	5	180	10
3	1 200W	100%	5	190	15

A. 3　油脂、糖类试样微波消解参考条件见表 A. 3。

表 A. 3　油脂、糖类试样微波消解参考条件

步骤	功率/%	温度/℃	升温时间/min	保温时间/min
1	50	50	30	5
2	70	75	30	5
3	80	100	30	5
4	100	140	30	7
5	100	180	30	5

A. 4　流动相梯度洗脱程序见表 A. 4。

表 A. 4　流动相梯度洗脱程序

组成	时间/min					
	0	8	10	20	22	32
流动相 A/%	100	100	0	0	100	100
流动相 B/%	0	0	100	100	0	0

附录 B 色谱图

B1 标准溶液色谱图（LC－AFS 法，等度洗脱）见图 B. 1。

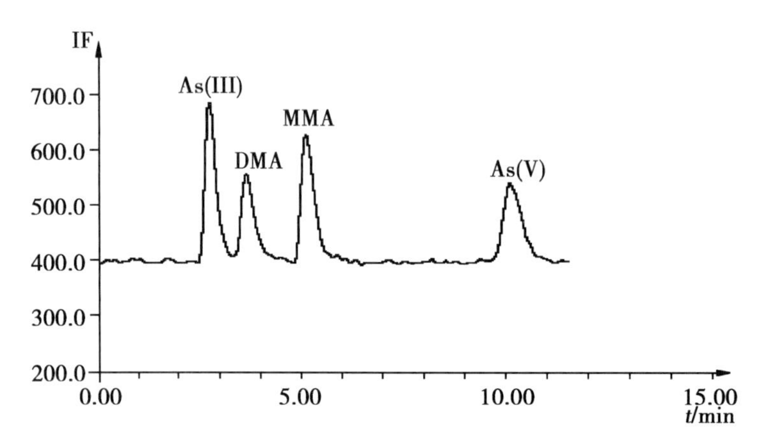

说明：

As（Ⅲ）——亚砷酸；

DMA——二甲基砷；

MMA——一甲基砷；

As（V）——砷酸。

图 B. 1 标准溶液色谱图（LC－AFS 法，等度洗脱）

B. 2 标准溶液色谱图（LC－AFS 法，梯度洗脱）见图 B. 2。

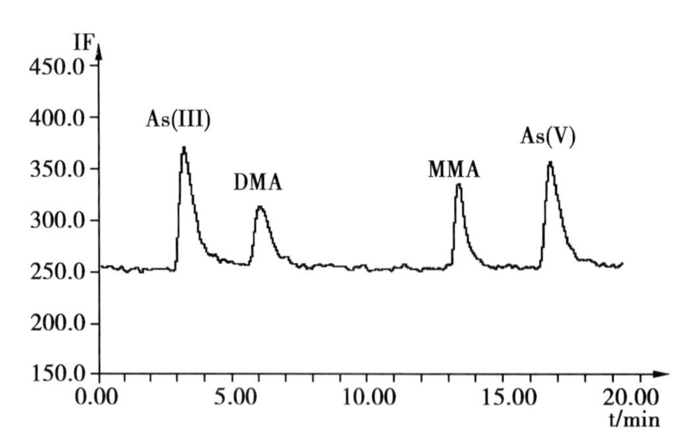

说明：

As（Ⅲ）——亚砷酸；

DMA——二甲基砷；

MMA——一甲基砷；

As（V）——砷酸。

图 B. 2 砷混合标准溶液色谱图（LC－AFS 法，梯度洗脱）

B.3 标准溶液色谱图（LC－ICP－MS 法）见图 B.3。

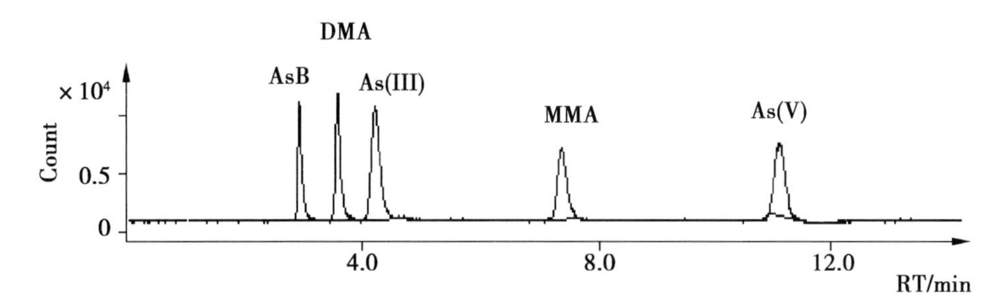

说明：
AsB——砷甜菜碱；
As（Ⅲ）——亚砷酸；
DMA——二甲基砷；
MMA——一甲基砷；
As（V）——砷酸。

图 B.3 砷混合标准溶液色谱图（LC－ICP－MS 法，等度洗脱）

中华人民共和国国家标准

GB 5009.24—2010

食品安全国家标准
食品中黄曲霉毒素 M_1 和 B_1 的测定

National food safety standard
Determination of aflatoxins M_1 and B_1 in foods

2010-03-26 发布　　2010-06-01 实施

中华人民共和国卫生部　发布

前　　言

本标准代替 GB/T 5009.24—2003《食品中黄曲霉毒素 M_1 与 B_1 的测定方法》。

本标准所代替的历次版本发布情况为：

——GB/T 5009.24—1985、GB/T 5009.24—1996、GB/T 5009.24—2003。

食品安全国家标准
食品中黄曲霉毒素 M_1 和 B_1 的测定

1 范围

本标准规定了牛乳及其制品、奶油及新鲜猪组织（肝、肾、血及瘦肉）等食品中黄曲霉毒素 M_1 与 B_1 的测定方法。

本标准适用于牛乳及其制品、奶油及新鲜猪组织（肝、肾、血及瘦肉）等食品中黄曲霉毒素 M_1 与 B_1 的测定。

2 原理

样品经提取、浓缩、薄层分离后，黄曲霉毒素 M_1 与 B_1 在紫外光（波长 365nm）下产生蓝紫色荧光，根据其在薄层上显示荧光的最低检出量来测定含量。

3 试剂和材料

3.1 甲醇：分析纯。

3.2 石油醚：分析纯。

3.3 三氯甲烷：分析纯。

3.4 无水硫酸钠：分析纯。

3.5 异丙醇：分析纯。

3.6 硅胶 G：层析用。

3.7 氯化钠及氯化钠溶液（40g/L）。

3.8 硫酸（1 +3）。

3.9 玻璃砂：用酸处理后洗净干燥，约相当 20 目。

3.10 黄曲霉毒素 M_1 标准溶液：用三氯甲烷配制成每毫升相当于 10μg 的黄曲霉毒素 M_1 标准溶液。以三氯甲烷作空白试剂，黄曲霉毒素 M_1 的紫外最大吸收峰的波长应接近 357nm，摩尔消光系数为 19950。避光，置于 4℃冰箱中保存。

3.11 黄曲霉毒素 M_1 与 B_1 混合标准使用液：用三氯甲烷配制成每毫升相当于各含 0.04μg 黄曲霉毒素 M_1 与 B_1。避光，置于 4C 冰箱中保存。

4 仪器和设备

4.1 10 目圆孔筛。

4.2 小型粉碎机。

4.3 玻璃板：5cm × 20cm。

4.4 展开槽：长 25cm，宽 6cm，高 4cm。

4.5 紫外光灯：100 ~ 125W，带 365nm 滤光片。

4.6 微量注射器。

5　分析步骤

整个操作需在暗室条件下进行。

5.1　样品提取

5.1.1　样品提取制备表，见表1。

表1　试样制备

样品名称	称样量（g）	加水量（mL）	加甲醇量（mL）	提取液量[a]（mL）	加40g/L氯化钠溶液量（mL）	浓缩体积（mL）	滴加体积（μL）	方法灵敏度（μg/kg）
牛乳	30	0	90	62	25	0.4	100	0.1
炼乳	30	0	90	52	35	0.4	50	0.2
牛乳粉	15	20	90	59	28	0.4	40	0.5
乳酪	15	5	90	56	31	0.4	40	0.5
奶油	10	45	55	80	0	0.4	40	0.5
猪肝	30	0	90	59	28	0.4	50	0.2
猪肾	30	0	90	61	26	0.4	50	0.2
猪瘦肉	30	0	90	58	29	0.4	50	0.2
猪血	30	0	90	61	26	0.4	50	0.2

[a]提取液量按式（1）计算：

$$X = \frac{8}{15} \times (90 + A + B) \tag{1}$$

式中：

X——提取液量，单位为毫升（mL）；

A——试样中的水分量，单位为毫升（mL）（牛乳、炼乳及猪组织的取样量为30g，牛乳粉、乳酪的取样量为15g）；

B——加水量，单位为毫升（mL）；

注：样品中的水分量参照《食物成分表》。

因各提取液中含48mL甲醇，需39mL水才能调到甲醇与水之体积比为（55+45），因此加入40g/L的氯化钠溶液的体积等于甲醇和水的总体积（87mL）减去提取液的体积（mL）。

5.1.2　乳与炼乳：称取30.00g混匀的样品，置于小烧杯中，再分别用90mL甲醇移于300mL具塞锥形瓶中，盖严防漏。振荡30min，用折叠式快速滤纸滤于100mL具塞量筒中。按表1收集62mL乳与52mL炼乳（各相当于16g样品）提取液。

5.1.3　乳粉：取15.00g样品，置于具塞锥形瓶中，加入20mL水，使样品湿润后再加入90mL甲醇，以下按5.1.3自“振荡30min……”起，依法操作，按表1收集59mL提取液（相当于8g样品）。

5.1.4　干酪：称取15.00g切细、过10目圆孔筛混匀样品，置于具塞锥形瓶中，加5mL水和90mL甲醇，以下按5.1.3自“振荡30min……”起依法操作，按表1收集56mL提取液（相当于8g样品）。

5.1.5　奶油：称取10.00g样品，置于小烧杯中，用40mL石油醚将奶油溶解并移于具塞锥形瓶中。加45mL水和55mL甲醇，振荡30min后，将全部液体移于分液漏斗中。再加入1.5g氯化钠摇动溶解，待分层后，按上表收集80mL提取液（相当于8g样品）于具塞量筒中。

5.1.6　新鲜猪组织：取新鲜或冷冻保存的猪组织样品（包括肝、肾、血、瘦肉）先切细，混匀后称取30.00g，置于小乳钵中，加玻璃砂少许磨细，新鲜全血用打碎机打匀，或用玻璃珠振摇抗凝。混匀后称取30.00g，将各样品置于300mL具塞锥形瓶中，加入90mL甲醇，以下按5.1.3自“振荡30min……”起依法操作。按上表收集59mL猪肝，61mL猪肾，58mL猪瘦肉及61mL猪血等提取液（各相当于16g样品）。

5.2 净化

5.2.1 用石油醚分配净化：将以上收集的提取液移入250mL分液漏斗中，再按各种食品加入一定体积的氯化钠溶液（40g/L）（表1）。再加入40mL石油醚，振摇2min，待分层后，将下层甲醇-氯化钠水层移于原量筒中，将上层石油醚溶液从分液漏斗上口倒出，弃去。再将量筒中溶液转移于原分液漏斗中。再重复用石油醚提取两次，每次30mL，最后将量筒中溶液仍移于分液漏斗中。奶油样液总共用石油醚提取两次，每次40mL。

5.2.2 用三氯甲烷分配提取：于原量筒中加入20mL三氯甲烷，摇匀后，再倒入原分液漏斗中，振摇2min。待分层后，将下层三氯甲烷移于原量筒中，再重复用三氯甲烷提取两次，每次10mL合并于原量筒中。弃去上层甲醇水溶液。

5.2.3 用水洗三氯甲烷层与浓缩制备：将合并后的三氯甲烷层倒回原分液漏斗中，加入30mL氯化钠溶液（40g/L），振摇30s，静置。待上层混浊液有部分澄清时，即可将下层三氯甲烷层收集于原量筒中。加入10g无水硫酸钠，振摇放置澄清后，将此液经装有少许无水硫酸钠的定量慢速滤纸过滤于100mL蒸发皿中。氯化钠水层用10mL三氯甲烷提取一次，并经过滤器一并滤于蒸发皿中。最后将无水硫酸钠也一起倒于滤纸上，用少量三氯甲烷洗量筒与无水硫酸钠，也一并滤于蒸发皿中，于65℃水浴上通风挥干，用三氯甲烷将蒸发皿中残留物转移于浓缩管中，蒸发皿中残渣太多，则经滤纸滤入浓缩管中。于65℃用减压吹气法将此液浓缩至0.4mL以下，再用少量三氯甲烷洗管壁后，浓缩定量至0.4mL备用。

5.3 测定

5.3.1 硅胶G薄层板的制备

薄层板厚度为0.3mm，105℃活化2h，在干燥器内可保存1~2d。

5.3.2 点板

取薄层板（5cm×20cm）两块，距板下端3cm的基线上各滴加两点，在距第一与第二板的左边缘0.8~1cm处各滴加10μL黄曲霉毒素M_1与B_1混合标准使用液，在距各板左边缘2.8~3cm处各滴加同一样液点（各种食品的滴加体积见表1），在第二板的第2点上再滴加10μL黄曲霉毒素M_1与B_1混合标准使用液。一般可将薄层板放在盛有干燥硅胶的层析槽内进行滴加，边加边用冷风机冷风吹干。

5.3.3 展开

5.3.3.1 横展：在槽内加入15mL事先用无水硫酸钠脱水的无水乙醚（每500mL无水乙醚中加20g无水硫酸钠）。将薄层板靠近标准点的长边置于槽内，展至板端后，取出挥干，再同上继续展开一次。

5.3.3.2 纵展：将横展两次挥干后的薄层板再用异丙醇-丙酮-苯-正己烷-石油醚（沸程60~90℃）-三氯甲烷（5+10+10+10+10+55）混合展开剂纵展至前沿距原点距离为10~12cm取出挥干。

5.3.3.3 横展：将纵展挥干后的板再用乙醚横展1~2次，展开方法同5.3.3.1。

5.3.4 观察与评定结果

5.3.4.1 在紫外光灯下将第一、第二板相互比较观察，若第二板的第二点在黄曲霉毒素M_1与B_1标准点的相应处出现最低检出量（M_1与B_1的比移值依次为0.25和0.43），而在第一板相同位置上未出现荧光点，则样品中黄曲霉毒素M_1与B_1含量在其所定的方法灵敏度以下（表1）。

5.3.4.2 如果第一板的相同位置上出现黄曲霉毒素M_1与B_1的荧光点，则第二板第二点的样液点是否各与滴加的标准点重叠，如果重叠，再进行以下的定量与确证试验。

5.3.5 稀释定量

样液中的黄曲霉毒素M_1与B_1荧光点的荧光强度与黄曲霉毒素M_1与B_1的最低检出量（0.0004μg）的荧光强度一致，则乳、炼乳、乳粉、干酪与奶油样品中黄曲霉毒素M_1与B_1的含量依次为0.1μg/kg、0.2μg/kg、0.5μg/kg、0.5μg/kg及0.5μg/kg；新鲜猪组织（肝、肾、血、瘦肉）样品均为0.2μg/kg（表1）。如样液中黄曲霉毒素M_1与B_1的荧光强度比最低检出量强，则根据其强度逐一进行测定，估计减少滴加微升数或经稀释后再滴加不同微升数，直至样液点的荧光强度与最低检出量点的荧光强度一致为止。

5.3.6　确证试验

在做完定性或定量的薄层板上，将要确证的黄曲霉毒素 M_1 和 B_1 的点用大头针圈出。喷以硫酸溶液（1+3），放置5min后，在紫外光灯下观察，若样液中黄曲霉毒素 M_1 和 B_1 点与标准点一样均变为黄色荧光，则进一步确证检出的荧光点是黄曲霉毒素 M_1 和 B_1。

6　分析结果的表述

黄曲霉毒素 M_1 或 B_1 的含量按式（2）进行计算。

$$X = 0.0004 \times \frac{V_1}{V_2} \times D \times \frac{1\ 000}{m} \tag{2}$$

式中：

X——黄曲霉毒素 M_1 或 B_1 含量，单位为微克每千克（μg/kg）；

V_1——样液浓缩后体积，单位为毫升（mL）；

V_2——出现最低荧光样液的滴加体积，单位为毫升（mL）；

D——浓缩样液的总稀释倍数；

m——浓缩样液中所相当的试样质量，单位为克（g）；

0.0004——黄曲霉毒素 M_1 或 B_1 的最低检出量，单位为微克（μg）。

中华人民共和国国家标准

GB 5413.37—2010

食品安全国家标准
乳和乳制品中黄曲霉毒素 M_1 的测定

National food safety standard
Determination of aflatoxin M_1 in milk and milk products

2010-03-26 发布　　2010-06-01 实施

中华人民共和国卫生部　发布

前　　言

本标准第一法对应于 ISO 14501：2007 Milk and milk powder - determination of aflatoxin M_1 content - clean - up by immunoaffinity chromatography and determination by high - performance liquid chromatography，本标准第一法与 ISO 14501：2007 的一致性程度为非等效；本标准第二法和第三法代替 GB/T 18980—2003；本标准第四法来自于 NY/T 1664—2008《牛乳中黄曲霉毒素 M_1 的快速检测　双流向酶联免疫法》。

本标准附录 A 和附录 B 为资料性附录。

食品安全国家标准
乳和乳制品中黄曲霉毒素 M_1 的测定

1 范围

本标准规定了乳和乳制品中黄曲霉毒素 M_1的测定方法。

标准第一法适用于乳和乳制品中黄曲霉毒素 M_1 的测定；第二法适用于乳、乳粉，以及低脂乳、脱脂乳、低脂乳粉和脱脂乳粉中黄曲霉毒素 M_1的测定；第三法适用于乳和乳粉中黄曲霉毒素 M_1 的测定；第四法适用于液态乳和乳粉中黄曲霉毒素 M_1的测定。

2 规范性引用文件

本标准中引用的文件对于本标准的应用是必不可少的。凡是注日期的引用文件，仅所注日期的版本适用于本标准。凡是不注日期的引用文件，其最新版本（包括所有的修改单）适用于本标准。

第一法 免疫亲和层析净化液相色谱 - 串联质谱法

3 原理

试样液体或固体试样提取液经均质、超声提取、离心，取上清液经免疫亲和柱净化，洗脱液经氮气吹干，定容，微孔滤膜过滤，经液相色谱分离，电喷雾离子源离子化，多反应离子监测（MRM）方式检测。基质加标外标法定量。

4 试剂和材料

除非另有规定，本方法所用试剂均为分析纯，水为 GB/T 6682 规定的一级水。

4.1 甲酸（HCOOH）。

4.2 乙腈（CH_3CN）：色谱纯。

4.3 石油醚（C_nH_{2n+2}）：沸程为 30 ~ 60℃。

4.4 三氯甲烷（$CHCl_3$）。

4.5 氮气：纯度≥99.9%。

4.6 黄曲霉毒素 M_1 标准样品：纯度≥98%。

4.7 乙腈 - 水溶液（1 + 4）：在 400mL 水中加入 100mL 乙腈。

4.8 乙腈 - 水溶液（1 + 9）：在 450mL 水中加入 50mL 乙腈。

4.9 0.1% 甲酸水溶液：吸取 1mL 甲酸（4.1），用水稀释至 1 000mL。

4.10 乙腈 - 甲醇溶液（50 + 50）：在 500mL 乙腈中加入 500mL 甲醇。

4.11 氢氧化钠溶液（0.5mol/L）：称取 2g 氢氧化钠溶解于 100mL 水中。

4.12 空白基质溶液

分别称取与待测样品基质相同的、不含所测黄曲霉毒素的阴性试样 8 份于 100mL 烧杯中。以下操作按 6.1 试液提取和 6.2 净化步骤进行。合并所得 8 份试样的纯化液，用 0.22μm 微孔滤膜的一次性滤头

（5.23）过滤。弃去前 0.5mL 滤液，接取少量滤液供液相色谱 - 质谱联用仪检测。

获得色谱 - 质谱图后，对照附录 A 中的图 A.2，在相应的保留时间处，应不含黄曲霉毒素 M_1。剩余滤液转移至棕色瓶中，在 -20℃电冰箱内保存，供配制标准系列溶液使用。

4.13　黄曲霉毒素 M_1 标准储备溶液：分别称取标准品黄曲霉毒素 M_1 0.10mg（精确至 0.01mg），用三氯甲烷（4.4）溶解定容至 10mL。此标准溶液浓度为 0.01mg/mL。溶液转移至棕色玻璃瓶中后，在 -20℃电冰箱内保存，备用。

4.14　黄曲霉毒素 M_1 标准系列溶液：吸取黄曲霉毒素 M_1 标准储备溶液（4.13）10μL 于 10mL 容量瓶中，用氮气将三氯甲烷吹至近干，空白基质溶液（4.12）定容至刻度，所得浓度为 10ng/mL 的 M_1 标准中间溶液。再用空白基质溶液（4.12）将黄曲霉毒素 M_1 标准中间溶液稀释为 0.5ng/mL、0.8ng/mL、1.0ng/mL、2.0ng/mL、4.0ng/mL、6.0ng/mL、8.0ng/mL 的系列标准工作液。

5　仪器和设备

5.1　液相色谱 - 质谱联用仪，带电喷雾离子源。

5.2　色谱柱：ACQUITYUPLC HSS T3①，柱长 100mm，柱内径 2.1mm；填料粒径 1.8μm，或同等性能的色谱柱。

5.3　天平：感量为 0.001g 和 0.00001g。

5.4　匀浆器。

5.5　超声波清洗器。

5.6　离心机：转速≥6 000r/min。

5.7　50mL 具塞 PVC 离心管。

5.8　水浴：温控 30℃ ±2℃，50℃ ±2℃，温度范围 25 ~ 60℃。

5.9　容量瓶：100mL。

5.10　玻璃烧杯：250mL，50mL。

5.11　带刻度的磨口玻璃试管：5mL，10mL，20mL。

5.12　移液管：1.0mL，2.0mL 和 50.0mL。

5.13　玻璃棒。

5.14　10 目圆孔筛。

5.15　250mL 分液漏斗。

5.16　100mL 圆底烧瓶。

5.17　旋转蒸发仪。

5.18　pH 计：精度为 0.01。

5.19　250mL 具塞锥形瓶。

5.20　免疫亲和柱：针筒式 3mL。

5.21　10mL 和 50mL 一次性注射器。

5.22　固相萃取装置（带真空系统）。

5.23　一次性微孔滤头：带 0.22 μm 微孔滤膜（水相系）。

6　分析步骤

6.1　试液提取

6.1.1　乳：称取 50g（精确至 0.01g）混匀的试样，置于 50mL 具塞离心管（5.7）中，在水浴（5.8）

① 给出这一信息是为了方便本标准的使用者，并不表示对该产品的认可，如果其他等效产品具有相同的效果，则可使用这些等效的产品。

中加热到35～37℃。在6 000r/min下离心15min。收集全部上清液，供净化用。

6.1.2　发酵乳（包括固体状、半固体状和带果肉型）：称取50g（精确至0.01g）混匀的试样，用0.5mol/L的氢氧化钠溶液（4.11）在酸度计（5.18）指示下调pH值至7.4，在9 500r/min下匀浆（5.4）5min，以下按6.1.1进行操作。

6.1.3　乳粉和粉状婴幼儿配方食品：称取10g（精确至0.01g）试样，置于250mL烧杯中。将50mL已预热到50℃的水加入到乳粉中，用玻璃棒将其混合均匀。如果乳粉仍未完全溶解，将烧杯置于50℃的水浴（5.8）中放置30min。溶解后冷却至20℃，移入100mL容量瓶中，用少量的水分次洗涤烧杯，洗涤液一并移入容量瓶中，用水定容至刻度，摇匀后分别移至两个50mL离心管（5.7）中，在6 000r/min下离心15min，混合上清液，用移液管移取50mL上清液供净化处理用。

6.1.4　干酪：称取经切细、过10目圆孔筛混匀的试样5g（精确至0.01g），置于50mL离心管（5.7）中，加2mL水和30mL甲醇，在9 500r/min下匀浆5min，超声提取30min，在6 000r/min下离心15min。收集上清液并移入250mL分液漏斗中。在分液漏斗中加入30mL石油醚（4.3），振摇2min，待分层后，将下层移于50mL烧杯中，弃去石油醚层。重复用石油醚提取2次。将下层溶液移到100mL圆底烧瓶中，减压浓缩至约2mL，浓缩液倒入离心管中，烧瓶用乙腈－水溶液（1+4）（4.7）5mL分2次洗涤，洗涤液一并倒入50mL离心管中，加水稀释至约50mL，在6 000r/min下离心5min，上清液供净化处理。

6.1.5　奶油：称取5g（精确至0.01g）试样，置于50mL烧杯中，用20mL石油醚（4.3）将其溶解并移于250mL具塞锥形瓶中。加20mL水和30mL甲醇，振荡30min后，将全部液体移于分液漏斗中，待分层后，将下层溶液全部移到100mL圆底烧瓶中，在旋转蒸发仪（5.17）中减压浓缩至约5mL，加水稀释至约50mL，供净化处理。

6.2　净化

6.2.1　免疫亲和柱的准备

将一次性的50mL注射器筒与亲和柱（5.20）上顶部相串联，再将亲和柱与固相萃取装置连接起来。

注：根据免疫亲和柱的使用说明书要求，控制试液的pH值。

6.2.2　试样的纯化

将以上6.1试液提取液移至50mL注射器筒（5.21）中，调节固相萃取装置的真空系统，控制试样以2～3mL/min稳定的流速过柱。取下50mL的注射器筒，装上10mL注射器筒。注射器筒内加入水，以稳定的流速洗柱，然后，抽干亲和柱。脱开真空系统，在亲和柱下部放入10mL刻度试管，上部装上另一个10mL注射器筒，加入4mL乙腈（4.2），洗脱黄曲霉毒素M_1，洗脱液收集在刻度试管中（5.11）中，洗脱时间不少于60s。然后用氮气缓缓地在30℃下将洗脱液蒸发至近干（如果蒸发至干，会损失黄曲霉毒素M_1），用乙腈－水溶液（1+9）稀释至1mL。

6.3　液相色谱参考条件

流动相：A液，0.1%甲酸溶液；B液，乙腈－甲醇溶液（1+1）。梯度洗脱：参见附录A中的表A.1。

流动相流动速度：0.3mL/min。柱温：35℃。

试液温度：20℃。

进样量：10μL。

6.4　质谱参考条件

检测方式：多离子反应监测（MRM），详见表1中母离子、子离子和碰撞能量。扫描图参见附录A中的图A.1。

表 1　离子选择参数

黄曲霉毒素	母离子	定量子离子	碰撞能量	定性子离子	碰撞能量	离子化方式
M_1	329.0	273.5	22	259.5	22	ESI +

离子源控制条件：参见附录 A 中的表 A.2。

6.5　定性

试样中黄曲霉毒素 M_1 色谱峰的保留时间与相应标准色谱峰的保留时间相比较，变化范围应在 ±2.5% 之内。

黄曲霉毒素 M_1 的定性离子的重构离子色谱峰的信噪比应大于等于 3（S/N≥3），定量离子的重构离子色谱峰的信噪比应大于等于 10（S/N≥10）。

每种化合物的质谱定性离子必须出现，至少应包括一个母离子和两个子离子，而且同一检测批次，对同一化合物，样品中目标化合物的两个子离子的相对丰度比与浓度相当的标准溶液相比，其允许偏差不超过表 2 规定的范围。

表 2　定性时相对离子丰度的最大允许偏差

相对离子丰度	>50%	>20% ~50%	>10% ~20%	≤10%
允许相对偏差	±20%	±25%	±30%	±50%

各检测目标化合物以保留时间和两对离子（特征离子对/定量离子对）所对应的 LC - MS/MS 色谱峰面积相对丰度进行定性。要求被测试样中目标化合物的保留时间与标准溶液中目标化合物的保留时间一致（一致的条件是偏差小于 20%），同时要求被测试样中目标化合物的两对离子对应 LC - MS/MS 色谱峰面积比与标准溶液中目标化合物的面积比一致。

6.6　试样测定

按照 6.3 和 6.4 确立的条件，测定试液（6.2）和标准系列溶液（4.14）中黄曲霉毒素 M_1 的离子强度，外标法定量。色谱图见附录 A 的图 A.2。

色谱参考保留时间：黄曲霉毒素 M_1 3.23min。

6.7　空白试验

不称取试样，按 6.5 的步骤做空白实验。应确认不含有干扰被测组分的物质。

6.8　标准曲线绘制

将标准系列溶液（4.14）由低到高浓度进样检测，以峰面积 - 浓度作图，得到标准曲线回归方程。

6.9　定量测定

待测样液中被测组分的响应值应在标准曲线线性范围内，超过线性范围时，则应将样液用空白基质溶液稀释后重新进样分析或减少取样量，重新按 6.1 进行处理后再进样分析。

7　分析结果的表述

外标法定量，按式（1）计算黄曲霉毒素 M_1 的残留量。

$$X = \frac{A \times V \times f \times 1}{m} \tag{1}$$

式中：

X——试样中黄曲霉毒素 M_1 的含量，单位为微克每千克（μg/kg）；

A——试样中黄曲霉毒素 M_1 的浓度，单位为纳克每毫升（ng/mL）；

V——样品定容体积，单位毫升（mL）；

f——样液稀释因子；
m——试样的称样量，单位克（g）。
以重复性条件下获得的两次独立测定结果的算术平均值表示，结果保留三位有效数字。

8 精密度

在重复性条件下获得的两次独立测定结果的绝对差值不得超过算术平均值的10%。

第二法 免疫亲和层析净化高效液相色谱法

9 原理

亲和柱内含有的黄曲霉毒素 M_1 特异性单克隆抗体交联在固体支持物上，当试样通过亲和柱时，抗体选择性的与黄曲霉毒素 M_1（抗原）键合，形成抗体－抗原复合体。用水洗柱除去柱内杂质，然后用洗脱剂洗脱吸附在柱上的黄曲霉毒素 M_1，收集洗脱液。用带有荧光检测器的高效液相色谱仪测定洗脱液中黄曲霉毒素 M_1 含量。

10 试剂和材料

除非另有规定，本方法所用试剂均为分析纯，水为 GB/T 6682 规定的一级水。
10.1 免疫亲和柱：亲和柱的最大容量不小于100ng 黄曲霉毒素 M_1（相当于50mL 浓度为2μg/L 的试样），当标准溶液含有4ng 黄曲霉毒素 M_1（相当于50mL 浓度为80ng/L 的试样）时回收率不低于80%。应该定期检查亲和柱的柱效和回收率，对于每个批次的亲和柱至少检查一次（见10.1.1 和10.1.2）。
10.1.1 柱效检查
用移液管（11.4）移取1.0mL 的黄曲霉毒素 M_1 标准储备液（10.5.2）到20mL 的锥形试管中（11.9）。用恒流的氮气（10.3）将液体慢慢吹干，然后用10mL 10%的乙腈水溶液（10.2.2）溶解残渣，用力摇荡。将该溶液加入到40mL 的水中，充分混匀，全部通过免疫亲和柱（10.1）。按说明书要求使用免疫亲和柱。淋洗免疫亲和柱后，洗脱黄曲霉毒素 M_1。将洗脱液进行适当稀释后，用高效液相色谱仪测定免疫亲和柱键合的黄曲霉毒素 M_1 含量。
计算黄曲霉毒素 M_1 的回收率，将其结果与10.1 中所要求的指标进行比较。
10.1.2 回收率检查
用移液管（11.4）移取0.8mL 0.005μg/mL 的黄曲霉毒素 M_1 标准工作液（10.5.3）到10mL 的水中，充分混匀，全部通过免疫亲和柱。按说明书使用免疫亲和柱。淋洗免疫亲和柱，洗脱下黄曲霉毒素 M_1。将洗脱液进行适当稀释后，用高效液相色谱仪测定免疫亲和柱键合的黄曲霉毒素 M_1 含量。计算黄曲霉毒素 M_1 的回收率，将其结果与10.1 中所要求的指标进行对比。
10.2 乙腈（CH_3CN）：色谱纯。
10.2.1 25%乙腈水溶液：将250mL 的乙腈（10.2）与750mL 的水混溶（使用前需要脱气）。
10.2.2 10%乙腈水溶液：将100mL 的乙腈（10.2）与900mL 的水混溶（使用前需要脱气）。
10.3 氮气（N_2）。
10.4 三氯甲烷：加入0.5%～1.0%质量比（与三氯甲烷质量比）的乙醇进行稳定。
10.5 黄曲霉毒素 M_1 标准溶液，纯度≥98%。
10.5.1 浓度的校正
黄曲霉毒素 M_1 三氯甲烷标准溶液浓度为10μg/mL。根据下面的方法，在最大吸收波段处测定溶液的吸光度，以确定黄曲霉毒素 M_1 的实际浓度。

用分光光度计（11.11）在 340～370nm 处测定，扣除三氯甲烷的空白本底，读取标准溶液的吸光度值。在接近 360nm 最大吸收波段 λmax 处，测得吸光度值为 A，根据式（2）计算浓度值：

$$c_i = \frac{A \times M \times 100}{\varepsilon} \tag{2}$$

式中：

c_i——黄曲霉毒素 M_1 实际浓度，单位为微克每毫升（μg/mL）；

A——在 λmax 处测得的吸光度值；

M——328g/mol，黄曲霉毒素 M_1 摩尔质量，单位为克每摩尔（g/mol）；

ε——19950，溶于三氯甲烷中的黄曲霉毒素 M_1 的吸光系数，单位为平方米每摩尔（m^2/mol）。

10.5.2　标准储备液

确定黄曲霉毒素 M_1 标准溶液的实际浓度值后（10.5.1），继续用三氯甲烷将其稀释为浓度为 0.1μg/mL 的储备液。储备液密封后于冰箱中 5℃以下避光保存。在此条件下，储备液可以稳定两个月。

10.5.3　黄曲霉毒素 M_1 标准工作液

从冰箱中取出标准储备液（10.5.2）放置至室温，移取一定量的储备液进行稀释制备成工作液。工作液临用前配制。

黄曲霉毒素 M_1 标准工作液配制：用移液管（11.4）准确移取 1.0mL 的储备液（10.5.2）到 20mL 的锥形试管中（11.9），用和缓的氮气（10.3）将溶液吹干，然后用 20.0mL 10% 的乙腈水溶液（10.2.2）将残渣重新溶解，30min 内振摇，混匀，配成浓度为 0.005μg/mL 的黄曲霉毒素 M_1 标准工作液。在用氮气对储备液吹干的过程中，一定要仔细操作，避免因温度降低太多而出现结露。

在作标准曲线时，黄曲霉毒素 M_1 的进样绝对含量分别是 0.05ng、0.1ng、0.2ng、0.4ng。根据高效液相色谱仪进样环的容积量，用工作液配置一系列适当浓度的黄曲霉毒素 M_1 标准溶液，稀释液用 10% 乙腈水溶液（10.2.2）。

11　仪器和设备

11.1　一次性注射器：10mL 和 50mL。

11.2　真空系统。

11.3　离心机：转速≥7 000r/min。

11.4　移液管：1.0mL、2.0mL 和 50.0mL。

11.5　玻璃烧杯：250mL。

11.6　容量瓶：100mL。

11.7　水浴：温控 30℃ ± 2℃，50℃ ±2℃，温度范围 36℃ ±1℃。

11.8　滤纸：中速定性滤纸。

11.9　带刻度的磨口锥形玻璃试管：5mL、10mL、20mL。

11.10　高效液相色谱仪

11.10.1　无脉冲泵：适合恒定体积流量约 1mL/min 的泵。

11.10.2　进样系统：具有固定或可变容积的进样环，进样体积 50～500μL。

11.10.3　反相色谱柱：填充 3 μm 或者 5 μm 的十八烷基硅胶，加有填充反相材料的保护柱。

11.10.4　荧光检测器：具有 365nm 激发波长、435nm 发射波长，在适当的色谱条件下能够测定 0.02ng 的黄曲霉毒素 M_1（相当于 5 倍噪音）。

11.11　紫外分光光度计：波长范围为 200～400nm。

11.12　天平：感量为 0.01g。

12 分析步骤

所有的操作分析均应在避光条件下进行。

12.1 试样制备

12.1.1 乳：将试样在水浴（11.7）中加热到35～37℃。用滤纸（11.8）过滤（根据情况，可以使用多层滤纸进行过滤），或者在7 000r/min离心15min。至少收集50mL试样，按照12.4继续操作。

12.1.2 乳粉：称取10g样品（精确到0.1g），置于250mL的烧杯（11.5）中。将50mL已预热到50℃的水多次少量地加入到乳粉中，用搅拌棒将其混合均匀。如果乳粉不能完全溶解，将烧杯在50℃的水浴（11.7）中放置至少30min，仔细混匀。将溶解的乳粉冷却至20℃后，移入100mL容量瓶（11.6）中，用少量的水分次淋洗烧杯，淋洗液一并移入容量瓶中，再用水定容至刻度。用滤纸（11.8）过滤乳，或者在7 000r/min下离心15min。至少收集50mL的乳试样，按照12.4继续进行分析。

12.1.3 发酵乳：按照“第一法”中6.1.2的前处理方法进行。

12.1.4 干酪：按照“第一法”中6.1.4的前处理方法进行。

12.1.5 奶油：按照“第一法”中6.1.5的前处理方法进行。

12.2 免疫亲和柱的准备

将一次性的50mL注射器筒（11.1）与亲和柱（10.1）的顶部相连，再将亲和柱与真空系统（11.2）连接起来。

12.3 试样的提取与纯化

用移液管移取50mL试样（12.1.1或12.1.2）到50mL注射器（11.1）中，调节真空系统（11.2），控制试样以2～3mL/min稳定的流速过柱。取下50mL的注射器，装上10mL注射器。注射器内加入10mL水，以稳定的流速洗柱，然后，抽干亲和柱。

脱开真空系统，装上另一个10mL注射器，加入4mL乙腈（10.2）。缓缓推动注射器栓塞，通过柱塞控制流速，洗脱黄曲霉毒素M_1，洗脱液收集在锥形管（11.9）中，洗脱时间不少于60s。然后用和缓的氮气（10.3）在30℃下将洗脱液蒸发至体积为50～500μL（如果蒸发至干，会损失黄曲霉毒素M_1）。再用水稀释10倍至最终体积为V_f（即500～5 000μL）。

注：如果注入高效液相色谱仪含黄曲霉毒素M_1的样品，乙腈含量超过10%，色谱峰变宽。如果水含量超过90%，则对色谱峰的形状没有影响。

12.4 高效液相色谱分析

12.4.1 色谱条件

色谱柱：C_{18}，长25 cm，内径4.6mm；

流动相：25%乙腈水溶液（10.2.1）；

流速：1mL/min。

12.4.2 黄曲霉毒素M_1的标准曲线

根据高效液相色谱仪进样环容积，选择适当进样体积数V_i，分别注入含有0.05ng、0.1ng、0.2ng和0.4ng的黄曲霉毒素M_1标准溶液。绘制成峰面积或峰高对黄曲霉毒素M_1质量的标准曲线。

12.4.3 色谱分析

根据样品洗脱液色谱图中黄曲霉毒素M_1的峰高或峰面积值，从标准曲线上得出样品洗脱液中所含有的黄曲霉毒素M_1质量数（ng）。

如果样品洗脱液的黄曲霉毒素M_1的峰面积或峰高值高于标准曲线范围，用水定容稀释样品洗脱液后，重新进样分析。

13 分析结果的表述

13.1 乳

应用式（3）计算被测样品中的黄曲霉毒素 M_1 的含量 ω_m。

$$\omega_m = \frac{m_A \times V_f \times 1}{V_i \times V} \tag{3}$$

式中：

ω_m——黄曲霉毒素 M_1 的含量，单位为微克每升（μg/L）；

m_A——样品洗脱液黄曲霉毒素 M_1 的峰面积或峰高从标准曲线上得出的黄曲霉毒素 M_1 的质量，单位为纳克（ng）；

V_i——样品洗脱液的进样体积，单位为微升（μL）；

V_f——样品洗脱液的最终体积，单位为微升（μL）；

V——通过免疫亲和柱被测样品的体积，单位为毫升（mL）。

式（3）适用于未经稀释的试样，否则应该乘以稀释倍数。

以重复性条件下获得的两次独立测定结果的算术平均值表示，结果保留三位有效数字。

13.2　乳粉

应用式（4）计算被测样品中的黄曲霉毒素 M_1 的含量 ω_p。

$$\omega_p = \frac{m_A \times V_f \times 1}{V_i \times m} \tag{4}$$

式中：

ω_p——黄曲霉毒素 M_1 的含量，单位为微克每千克（μg/kg）；

m——50mL 样液（12.3）中所含乳粉质量，单位为克（g）。

m_A、V_f、V_i 的含义与 13.1 中所定义的一样。

以重复性条件下获得的两次独立测定结果的算术平均值表示，结果保留三位有效数字。

14　精密度

各实验室试验结果的精密度总结于附录 B 中，这些数据不适用于其他的污染水平和被测样。

第三法　免疫层析净化荧光分光度法

15　原理

试样经过离心、脱脂、过滤，滤液经含有黄曲霉毒素 M_1 特异性单克隆抗体的免疫亲和柱层析净化，黄曲霉毒素 M_1 交联在层析介质中的抗体上。此抗体对黄曲霉毒素 M_1 具有专一性，当样品通过亲和柱时，抗体选择性的与所有存在的黄曲霉毒素 M_1（抗原）键合。用甲醇－水（1+9）将免疫亲和柱上杂质除去，以甲醇－水（8+2）通过免疫亲和柱洗脱，将溴溶液衍生后的洗脱液置于荧光光度计中测定黄曲霉毒素 M_1 含量。

16　试剂和材料

除非另有规定，本方法所用试剂均为分析纯，水为 GB/T 6682 规定的一级水。

16.1　甲醇（CH_3OH）：色谱纯。

16.2　氯化钠（NaCl）。

16.3　甲醇－水（1+9）：取 10mL 甲醇加入 90mL 水。

16.4　甲醇－水（8+2）：取 80mL 甲醇加入 20mL 水。

16.5　溴溶液储备液（0.01%）：称取适量溴，溶于水后，配成 0.01% 的储备液，避光保存。

16.6　溴溶液工作液（0.002%）：取 10mL 0.01% 的溴溶液储备液加入 40mL 水混匀，于棕色瓶中保存备用。现用现配。

16.7　二水硫酸奎宁［$(C_{20}H_{24}N_2O_2)_2 \cdot H_2SO_4 \cdot 2H_2O$］。

16.8　硫酸溶液（0.05mol/L）：取 2.8mL 浓硫酸，缓慢加入适量水中，冷却后定容至 1 000mL。

16.9　荧光光度计校准溶液：称取 0.340g 二水硫酸奎宁，用 0.05mol/L 硫酸溶液（16.8）溶解并定容至 100mL，此溶液荧光光度计读数相当于 2.0μg/L 黄曲霉毒素 M_1 标准溶液。0.05mol/L 硫酸溶液（16.8）荧光光度计读数相当于 0.0μg/L 黄曲霉毒素 M_1。

17　仪器和设备

17.1　荧光光度计。

17.2　离心机：转速≥7 000r/min。

17.3　玻璃纤维滤纸：直径 11 cm，孔径 1.5 μm。

17.4　黄曲霉毒素 M_1 免疫亲和柱。

17.5　空气压力泵。

17.6　玻璃试管：直径 12mm，长 75mm，无荧光特性。

17.7　玻璃注射器：10mL。

18　分析步骤

18.1　试样提取

18.1.1　乳：取 50.0mL 试样，加入 1.0g 氯化钠（16.2），7 000r/min 下离心 10min，小心移取用于分析的乳底脱脂层，不要碰触顶部脂肪层，将脱脂的乳以玻璃纤维滤纸（17.3）过滤，滤液备用。

18.1.2　乳粉：称取 5g 试样（精确至 0.01g），用 30～60℃水将其慢慢溶解，定容至 50mL，加入 1.0g 氯化钠（16.2），以下按 18.2 的步骤操作。

18.2　净化

将免疫亲和柱（17.4）连接于 10mL 玻璃注射器（17.7）下。准确移取 10.0mL 上述滤液（18.1）注入玻璃注射器中，将空气压力泵（17.5）与注射器连接，调节压力使溶液以约 6mL/min 流速缓慢通过免疫亲和柱（17.4），直至 2～3mL 空气通过柱体。以 10mL 甲醇－水（1＋9）（16.3）清洗柱子两次，弃去全部流出液，并使 2～3mL 空气通过柱体。准确加入 1.0mL（V1）甲醇－水（8＋2）（16.4）洗脱液洗脱，流速为 1～2mL/min，收集全部甲醇－水洗脱液于玻璃试管（17.6）中，备用。

18.3　测定

18.3.1　荧光光度计校准

在激发波长 360nm，发射波长 450nm 条件下，以 0.05mol/L 的硫酸溶液（16.8）为空白，调节荧光光度计的读数值为 0.0μg/L；以荧光光度计校准溶液（16.9）调节荧光光度计的读数值 2.0μg/L。

18.3.2　样液测定

取上述洗脱液加入 1.0mL（V）0.002% 溴溶液，1min 后立即于荧光光度计测定样液中黄曲霉毒素 M_1 含量 C_1。

18.3.3　空白试验

用水代替试样，按 18.1～18.3 步骤做空白试验。

19　分析结果的表述

19.1　乳

乳检测结果按式（5）计算：

$$X = \frac{(C_1 - C_0) \times V_1 \times 10}{V} \quad (5)$$

式中：

X_1——试样中黄曲霉毒素 M_1 含量，单位为微克每升（μg/L）；

C_1——荧光光度计中读取的样液中黄曲霉毒素 M_1 的浓度，单位为微克每升（μg/L）；

C_0——荧光光度计中读取的空白试验中黄曲霉毒素 M_1 的浓度，单位为微克每升（μg/L）；

V_1——最终净化甲醇－水（8＋2）洗脱液体积，单位为毫升（mL）；

V——通过亲和柱试样体积，单位为毫升（mL）；

10——仪器的读数系数。

以重复性条件下获得的两次独立测定结果的算术平均值表示，结果保留到小数点后一位。

19.2　乳粉

乳粉检测结果按式（6）计算：

$$X_2 = \frac{(C_2 - C_0) \times V_1 \times 10 \times V}{m} \quad (6)$$

式中：

X_2——试样中黄曲霉毒素 M_1 含量，单位为微克每千克（μg/kg）；

C_2——荧光光度计中读取的样液中黄曲霉毒素 M_1 的浓度，单位为微克每升（μg/L）；

C_0——荧光光度计中读取的空白试验中黄曲霉毒素 M_1 的浓度，单位为微克每升（μg/L）；

V_1——最终净化甲醇－水（8＋2）洗脱液体积，单位为毫升（mL）；

V——通过亲和柱试样体积，单位为毫升（mL）；

m——50mL 试样中所含乳粉的质量，单位为克每毫升（g/mL）；

10——仪器的读数系数。

以重复性条件下获得的两次独立测定结果的算术平均值表示，结果保留到小数点后一位。

第四法　双流向酶联免疫法

20　原理

利用酶联免疫竞争原理，样品中残留的黄曲霉毒素 M_1 与定量特异性酶标抗体反应，多余的游离酶标抗体则与酶标板内的包被抗原结合，通过流动洗涤，加入酶显色底物显色后，与标准点比较定性。

21　试剂和材料

除非另有规定，本方法所用试剂均为分析纯，水为 GB/T 6682 规定的二级水。

21.1　黄曲霉毒素 M_1 双流向酶联免疫试剂盒，2～7℃保存。

21.1.1　黄曲霉毒素 M_1 系列标准溶液。

21.1.2　酶联免疫试剂颗粒（含特异性酶标抗体）。

21.1.2.1　抗黄曲霉毒素 M_1 抗体。

警告：不应破损，否则立即销毁。

21.1.2.2　酶结合物。

21.1.3　酶显色底物。

22　仪器和设备

22.1　样品试管，带有密封盖，内置酶联免疫试剂颗粒（21.1.2）。

22.2　移液器（管），450μL ±50μL。
22.3　酶联免疫检测加热器，40℃ ±5℃。
22.4　双流向酶联免疫检测读数仪。

23　分析步骤

23.1　加热器（22.3）预热到45℃ ±5℃，并至少保持15min。
23.2　液体试样或乳粉试样复原后振摇混匀，移取450 μL 至样品试管（22.1）中，充分振摇，使其中的酶联免疫试剂颗粒（21.1.2）完全溶解。
23.3　将样品试管（22.1）和酶联免疫检测试剂盒（21.1）同时置于预热过的加热器内保温，保温时间5 ~6min。使试样中的黄曲霉毒素 M_1 和酶联免疫试剂颗粒中的酶标记黄曲霉毒素 M_1 抗体结合。
23.4　将样品试管内的全部内容物倒入试剂盒（21.1）的样品池中，样品将流经“结果显示窗口”向绿色的激活环流去。
23.5　当激活环的绿色开始消失变为白色时，立即用力按下激活环按键。
23.6　试剂盒（21.1）继续放置在加热器（22.3）中保温保持4min，使显色反应完成。
23.7　将试剂盒从加热器中取出水平放置，立即进行检测结果判读，结果判读应在1min 内完成。

24　分析结果的表述

24.1　目测判读结果

试样点的颜色深于质控点，或两者颜色相当，检测结果为阴性。

试样点的颜色浅于质控点，检测结果为阳性。

24.2　双流向酶联免疫检测读数仪判读结果数值≤1.05，显示 Negative，检测结果为阴性。数值 >1.05，显示 Positive，检测结果为阳性。

注：阳性样品需用第一法定量检测方法进一步确认。

25　其他

本标准第一法的定量限为0.01μg/kg（以乳计）；第二法乳粉中黄曲霉毒素 M_1 的最低检测限为0.08μg/kg，乳中黄曲霉毒素 M_1 的最低检测限为0.008μg/L；第三法乳中的黄曲霉毒素 M_1 的检出限为0.1 μg/L，乳粉中黄曲霉毒素 M_1 的检出限为0.1μg/kg；第四法的检出限为0.5μg/kg。

附录 A　（资料性附录）黄曲霉毒素 M_1 免疫亲和层析净化液相色谱－串联质谱法色谱图及参考条件

A. 1　黄曲霉毒素 M_1 免疫亲和层析净化液相色谱－串联质谱法色谱图及参考条件

免疫亲和层析净化液相色谱－串联质谱法黄曲霉毒素 M_1 子离子扫描图见图 A. 1。

免疫亲和层析净化液相色谱－串联质谱法黄曲霉毒素 M_1 色谱质谱图见图 A. 2。

免疫亲和层析净化液相色谱－串联质谱法液相色谱梯度洗脱条件见表 A. 1。

免疫亲和层析净化液相色谱－串联质谱法离子源控制条件见表 A. 2。

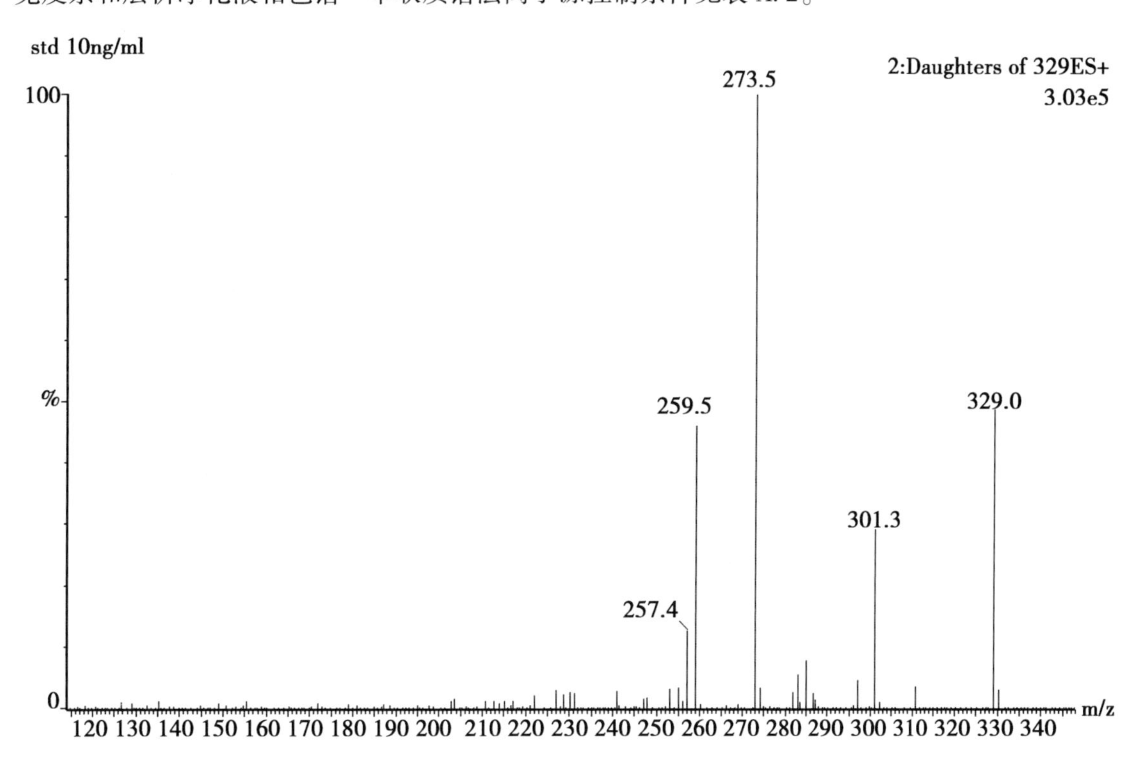

图 A. 1　黄曲霉毒素 M_1 子离子扫描图

表 A. 1　液相色谱梯度洗脱条件

时间（min）	流动相 A（%）	流动相 B（%）	梯度变化曲线
0	68. 0	32. 0	—
4. 20	55. 0	45. 0	6
5. 00	0. 0	100. 0	6
5. 70	0. 0	100. 0	1
6. 00	68. 0	32. 0	6

注：1 为即时变化，6 为线性变化

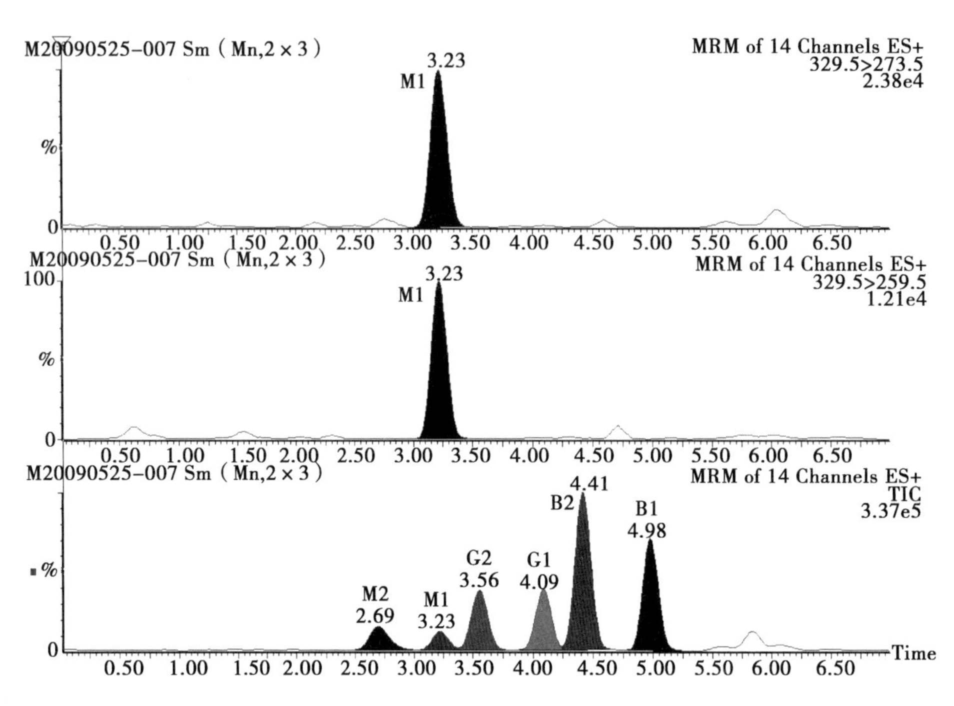

图 A. 2 黄曲霉毒素 M_1 色谱质谱图

表 A. 2 离子源控制条件

电离方式	电喷雾电离，负离子
毛细管电压（kV）	3. 5
锥孔电压（V）	45
射频透镜 1 电压（V）	12. 5
射频透镜 2 电压（V）	12. 5
离子源温度（℃）	120
锥孔反吹气流量（L/h）	50
脱溶剂气温度（℃）	350
脱溶剂气流量（L/h）	500
电子倍增电压（V）	650

附录 B　（资料性附录）多个不同实验室的试验结果

世界各地 16 个实验室参加了低脂肪（1%）和高脂肪（28%）乳粉样品的协同试验。高脂肪样品是用于制作参比物质的剩留物，所以黄曲霉毒素 M_1 的含量是已知的。

对于乳粉，其污染水平为 0.08～0.6μg/kg，即对于乳而言，污染水平为 8～60ng/L。试验结果根据 ISO 5725－1 和 ISO 5725－2 规定的统计方法获得，其精密度的数据列于表 B.1。

表 B.1　精密度数据

样品编号	1	2	3	4	5
实验室个数 a	12	4	13	11	14
平均值（ng/kg）	81	150	80	202	580
重复性值 r（ng/kg）	23	60.1	15	27	203
再现性值 R（ng/kg）	52	98	41	61	310
重复性变异系数（%）	9.9	14.0	6.8	4.7	12.5
复验性变异系数（%）	23	22.7	18.3	10.8	19.1

a 减少的实验室数是根据 Cochran 和 Grubbs 统计方法应该从样本中剔除的数据

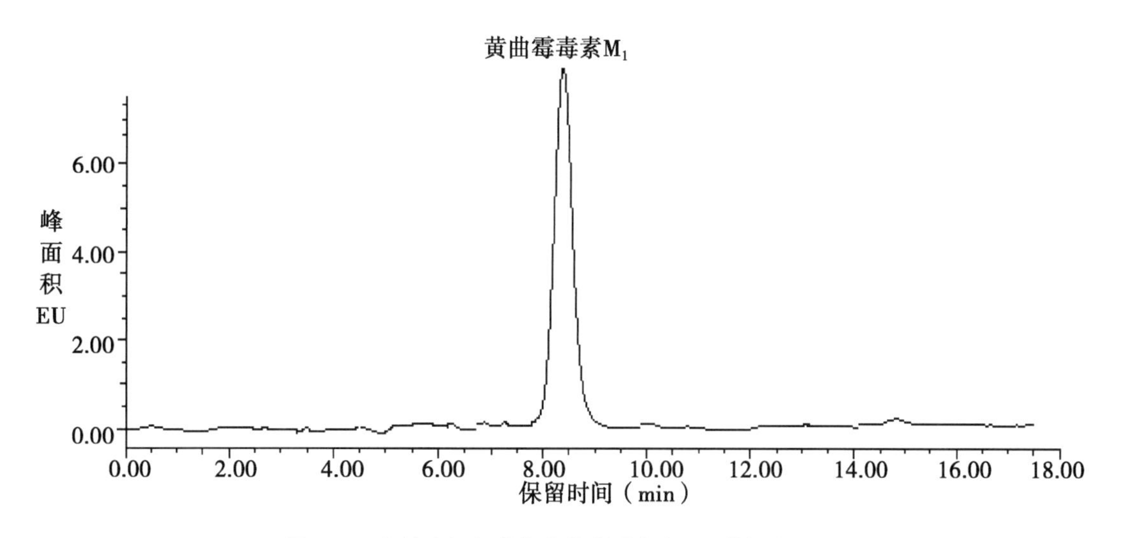

图 B.1　高效液相色谱分离黄曲霉毒素 M_1 的标准图

第二章

药物残留相关参数

1. 牛奶和奶粉中伊维菌素、阿维菌素、多拉菌素和乙酰氨基阿维菌素残留量的测定 液相色谱－串联质谱法 GBT 22968—2008

2. 牛奶和奶粉中呋喃它酮、呋喃西林、呋喃妥因和呋喃唑酮代谢物残留量的测定　液相色谱－串联质谱法 GBT 22987—2008

3. 动物源性食品中四环素类兽药残留量检测方法　液相色谱－质谱/质谱法与高效液相色谱法 GBT 21317－2007

4. 牛奶中磺胺类药物残留量的测定液相色谱－串联质谱法　农业部 781 号公告－12－2006

5. 牛奶和奶粉中头孢匹林、头孢氨苄、头孢洛宁、头孢喹肟残留量的测定　液相色谱－串联质谱法 GBT 22989—2008

6. 牛奶和奶粉中玉米赤霉醇、玉米赤霉酮、己烯雌酚、己烷雌酚、双烯雌酚残留量的测定　液相色谱－串联质谱法 GBT 22992—2008

7. GB/T 4789.27—2008 食品卫生微生物学检验　鲜乳中抗生素残留检验

ICS 67.050
X04

中华人民共和国国家标准

GB/T 22968—2008

牛奶和奶粉中伊维菌素、阿维菌素、多拉菌素和乙酰氨基阿维菌素残留量的测定　液相色谱-串联质谱法

Determination of ivermectin, abamectin, doramectin and eprinomectin residues in milk and milk powder—LC-MS-MS method

2008-12-31 发布　　2009-05-01 实施

中华人民共和国国家质量监督检验检疫总局
中国国家标准化管理委员会　发布

前　　言

本标准的附录 A、附录 B 为资料性附录。

本标准由中华人民共和国国家质量监督检验检疫总局提出并归口。

本标准起草单位：中华人民共和国秦皇岛出入境检验检疫局、中华人民共和国广东出入境检验检疫局。

本标准主要起草人：林峰、吴映璇、姚仰勋、欧阳少伦、林海丹、庞国芳。

牛奶和奶粉中伊维菌素、阿维菌素、多拉菌素和乙酰氨基阿维菌素残留量的测定 液相色谱－串联质谱法

1　范围

本标准规定了牛奶和奶粉中伊维菌素（ivermectin）、阿维菌素（abamectin）、多拉菌素（doramectin）和乙酰氨基阿维菌素（eprinomectin）残留量的液相色谱－串联质谱测定方法。

本标准适用于牛奶和奶粉中伊维菌素、阿维菌素、多拉菌素和乙酰氨基阿维菌素残留量的测定。

本标准的方法检出限：牛奶中伊维菌素、阿维菌素、多拉菌素和乙酰氨基阿维菌素均为5μg/kg，奶粉中伊维菌素、阿维菌素、多拉菌素和乙酰氨基阿维菌素均为40μg/kg。

2　规范性引用文件

下列文件中的条款通过本标准的引用而成为本标准的条款。凡是注日期的引用文件，其随后所有的修改单（不包括勘误的内容）或修订版均不适用于本标准，然而，鼓励根据本标准达成协议的各方研究是否可使用这些文件的最新版本。凡是不注日期的引用文件，其最新版本适用于本标准。

GB/T 6379.1　测量方法与结果的准确度（正确度与精密度）第1部分：总则与定义（GB/T 6379.1—2004，ISO 5725－1：1994，IDT）

GB/T 6379.2　测量方法与结果的准确度（正确度与精密度）第2部分：确定标准测量方法重复性与再现性的基本方法（GB/T 6379.2—2004，ISO 5725－2：1994，IDT）

GB/T 6682　分析实验室用水规格和试验方法（GB/T 6682—2008，ISO 3696：1987，MOD）。

3　原理

牛奶中残留的伊维菌素、阿维菌素、多拉菌素和乙酰氨基阿维菌素残留用乙腈－二氯甲烷提取后，正己烷脱脂，液相色谱－串联质谱检测，外标峰面积法定量。

奶粉中残留的伊维菌素、阿维菌素、多拉菌素和乙酰氨基阿维菌素用乙腈提取后，正己烷脱脂，样品溶液供液相色谱－串联质谱仪检测，外标峰面积法定量。

4　试剂和材料

除另有规定外，所有试剂均为分析纯，水为GB/T 6682规定的一级水。

4.1　乙腈：色谱纯。

4.2　二氯甲烷。

4.3　甲醇。

4.4　正己烷，使用前以乙腈饱和。

4.5　氯化钠。

4.6　乙腈－二氯甲烷溶液（4＋1）：分别量取80mL乙腈（4.1）、20mL二氯甲烷（4.2），混合均匀。

4.7　饱和氯化钠水溶液。

4.8　标准物质：伊维菌素、阿维菌素、多拉菌素、乙酰氨基阿维菌素，纯度≥99%。

4.9　100μg/mL 标准储备液：准确称取适量的伊维菌素、阿维菌素、多拉菌素和乙酰氨基阿维菌素标准品（精确至0.1mg），用乙腈分别配制成100μ/mL 的标准贮备液，在－18℃储存。

4.10　0.500μg/mL 混合标准工作液：准确吸取0.500mL 伊维菌素、阿维菌素、多拉菌素和乙酰氨基阿维菌素标准储备液（4.9）至100mL 容量瓶中，以乙腈稀释并定容，此混合工作液的浓度为0.500 μg/mL。在－20℃储存。

4.11　基质混合标准工作溶液：根据需要，吸取不同体积的混合标准工作液（4.10），用空白样品提取液配制成不同浓度的基质混合标准工作溶液，使用前配制。

4.12　滤膜：0.2μm。

5　仪器和设备

5.1　液相色谱－串联质谱仪：配有电喷雾电离源。

5.2　分析天平：感量0.1mg 和0.01g。

5.3　离心机：转速大于或等于4 000r/min。

5.4　超声波水浴。

5.5　涡旋混匀器。

5.6　氮吹浓缩仪。

6　试样的制备与保存

6.1　牛奶

取均匀样品约250g 装入洁净容器作为试样，密封置4℃下保存，并标明标记。

6.2　奶粉

取均匀样品约250g 转入洁净容器作为试样，密封，并标明标记。

制样操作过程中应防止样品受到污染或残留物含量发生变化。

7　测定步骤

7.1　提取

7.1.1　牛奶

准确称取2g 样品（准确至0.01g），置于25mL 离心管中，加入5mL 饱和氯化钠溶液（4.7），涡旋混匀1min，加入7.5mL 乙腈－二氯甲烷混合溶液（4.6）涡旋混匀1min，4 000r/min离心5min，上清液转移至50mL 氮吹管中，离心管中再加入7.5mL 乙腈－二氯甲烷混合溶液，涡旋混匀1min，4 000r/min 离心5min，上清液合并至50mL 氮吹管中，45℃氮气吹干。准确加入2.00mL 乙腈至氮 吹管中，涡旋混匀1min，加入3mL 乙腈饱和正己烷（4.4），涡旋混匀1min，静置30min，取下层溶液过0.2μm 滤膜后，供液相色谱－串联质谱测定。

7.1.2　奶粉

准确称取0.5g 样品（准确至0.001g），置于10mL 离心管中，加入3mL 乙腈，超声振荡5min，4 000r/min 离心5min，上清液转移至15mL 带盖离心管中，残渣再用2.0mL 乙腈提取一次，离心后的清液合并至15mL 带盖离心管中，用乙腈定容至5.0mL 刻度，混匀，加入3mL 乙腈饱和正己烷（4.4），涡旋混匀1min，静置30min，取下层溶液过0.2μm 滤膜后，供液相色谱－串联质谱测定。

7.2　测定条件

7.2.1　液相色谱参考条件

液相色谱参考条件如下。

a. 色谱柱：Intersil　C8－3，5 μm，150mm×4.6mm（内径）或相当者；

b. 柱温：40℃；

c. 进样量：25μL；

d. 流速：0.8mL/min；

e. 流动相：甲醇＋水，梯度洗脱程序见表1。

表1　梯度洗脱程序

时间（min）	甲醇（%）	水（%）
0.00	75	25
3.00	100	0
10.00	100	0
10.01	75	25
15.00	75	25

7.2.2　质谱参考条件

质谱参考条件如下。

a. 离子源：电喷雾电离源（ESI）；

b. 扫描方式：负离子扫描；

c. 检测方式：多反应监测 MRM；

d. 雾化气、气帘气、辅助加热气、碰撞气均为高纯氮气或其他合适气体；使用前应调节各气体流量以使质谱灵敏度达到检测要求；

e. 定性离子对、定量离子对、采集时间、去簇电压和碰撞能量见表2。

表2　伊维菌素、阿维菌素、多拉茵素、乙酰氨基阿维菌素参考质谱参数

化合物名称	定性离子对（m/z）	定量离子对（m/z）	采集时间（ms）	去簇电压（V）	碰撞能量（V）
伊维菌素	873.7/567.8	873.7/229.2	100	－75	－37
	873.7/229.2				－50
阿维菌素	871.7/565.2	871.7/565.2	100	－80	－40
	871.7/229.3				－54
多拉菌素	897.6/591.4	897.6/591.2	100	－70	－38
	897.6/229.0				－51
乙酰氨基阿维菌素	912.5/270.0	912.5/565.4	100	－82	－49
	912.5/565.4				－37

7.2.3　液相色谱－串联质谱测定

7.2.3.1　定性测定

每种被测组分选择1个母离子，2个以上子离子，在相同实验条件下，样品中待测物质的保留时间与标准溶液中对应的保留时间偏差在±2.5%之内；且样品谱图中各组分定性离子的相对丰度与浓度接近的标准溶液谱图中对应的定性离子的相对丰度进行比较，偏差不超过表3规定的范围，则可判定为样品中存在对应的待测物。

表3　定性确证时相对离子丰度的最大允许偏差　（%）

相对离子丰度 K	K＞50	20＜K＜50	10＜K＜20	K≤10
允许最大偏差	± 20	±25	± 30	± 50

7.2.3.2 定量测定

外标法定量：在仪器最佳工作条件下，对基质混合标准工作溶液（4.11）进样，以峰面积为纵坐标，基质混合标准工作溶液浓度为横坐标绘制标准工作曲线。用标准工作曲线对样品进行定量，样品溶液中待测物的响应值均应在仪器测定的线性范围内。伊维菌素、阿维菌素、多拉菌素和乙酰氨基阿维菌素的标准溶液的多反应监测（MRM）色谱图参见附录 A 中的图 A.1 至图 A.4。伊维菌素、阿维菌素、多拉菌素和乙酰氨基阿维菌素的添加浓度及其平均回收率的试验数据参见附录 B 中的表 B.1。

7.3 平行试验

按以上步骤，对同一试样进行平行试验测定。

7.4 空白试验

除不称取试样外，均按上述步骤进行。

8 结果计算

牛奶和奶粉中伊维菌素、阿维菌素、多拉菌素和乙酰氨基阿维菌素残留量的测定按式（1）计算：

$$X = c \times \frac{V}{m} \times \frac{1\,000}{1\,000} \qquad (1)$$

式中：

X——试样中被测组分残留量，单位为微克每千克（μg/kg）；

c——从标准工作曲线得到的被测组分溶液浓度，单位为纳克每毫升（ng/mL）；

V——样品溶液最终定容体积，单位为毫升（mL）；

m——样品溶液所代表最终试样的质量，单位为克（g）。

计算结果应扣除空白值。

9 精密度

9.1 一般规定

本标准的精密度数据是按照 GB/T 6379.1 和 GB/T 6379.2 的规定确定的，其重复性和再现性的值以 95% 的可信度来计算。

9.2 重复性

在重复性实验条件下，获得的两次独立测试结果的绝对差值不超过重复性限 r，被测物的添加浓度范围及重复性方程见表 4、表 5。

表 4 添加浓度范围及重复性和再现性方程（基质为牛奶） （μg/kg）

化合物名称	添加浓度范围	重复性限 r	再现性限 R
伊维菌素	5 ~ 50	r = 0.332m − 0.971	R = 0.346m + 0.182
阿维菌素	5 ~ 50	r = 0.271m − 0.318	R = 0.272m + 0.323
多拉菌素	5 ~ 50	r = 0.259m − 0.015	R = 0.308m + 0.599
乙酰氨基阿维菌素	5 ~ 50	r = 0.230m + 0.085	R = 0.408m − 1.24

注：m 为两次测定结果的算术平均值

表 5 添加浓度范围及重复性和再现性方程（基质为奶粉） （μg/kg）

化合物名称	添加浓度范围	重复性限 r	再现性限 R
伊维菌素	40 ~ 400	r = 0.215m − 0.662	R = 0.188m − 0.262
阿维菌素	40 ~ 400	r = 0.220m + 0.113	R = 0.266m + 0.333

（续表）

化合物名称	添加浓度范围	重复性限 r	再现性限 R
多拉菌素	40～400	r＝0.229m－0.122	R＝0.196m＋0.026
乙酰氨基阿维菌素	40～400	r＝0.111m＋0.437	R＝0.147m＋0.179

注：m 为两次测定结果的算术平均值

如果差值超过重复性限，应舍弃试验结果并重新完成两次单个试验的测定。

9.3　再现性

在再现性实验条件下，获得的两次独立测试结果的绝对差值不超过再现性限（R），被测物的添加浓度范围及再现性方程见表4、表5。

附录 A（资料性附录）标准溶液的多反应监测（MRM）色谱图

伊维菌素、阿维菌素、多拉菌素、乙酰氨基阿维菌素标准溶液的多反应监测（MRM）色谱图，见图 A.1 至图 A.4。

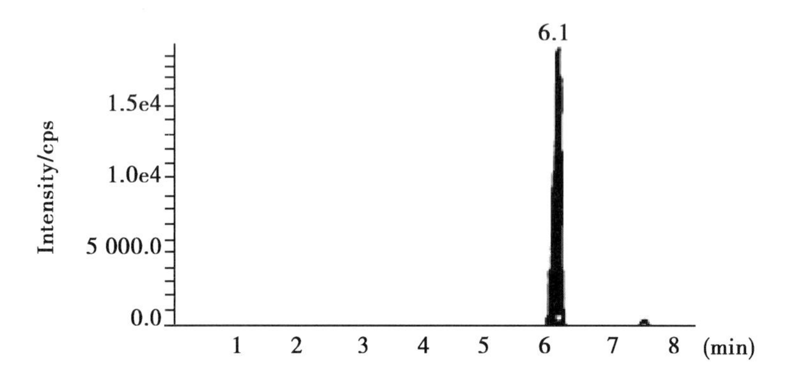

图 A.1　阿维菌素标准溶液的多反应监测（MRM）色谱图

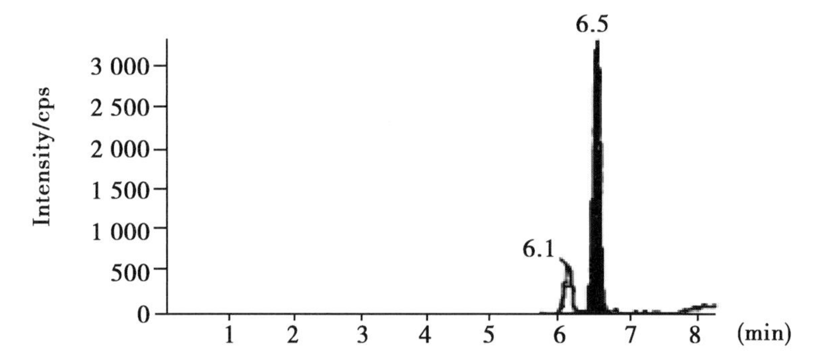

图 A.2　伊维菌素标准溶液的多反应监测（MRM）色谱图

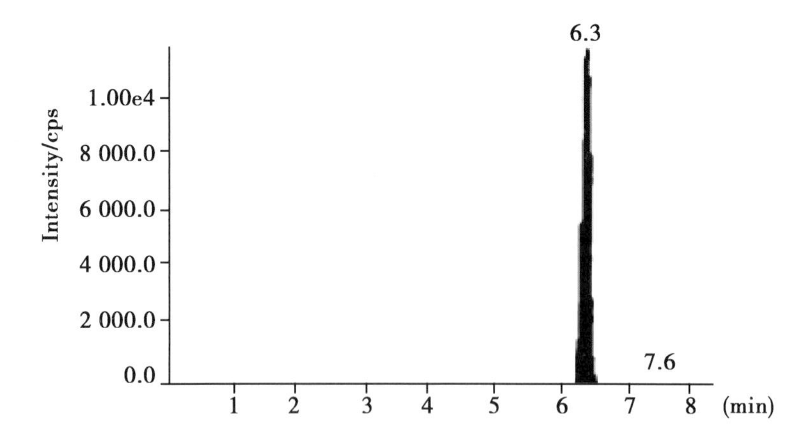

图 A.3　多拉菌素标准溶液的多反应监测（MRM）色谱图

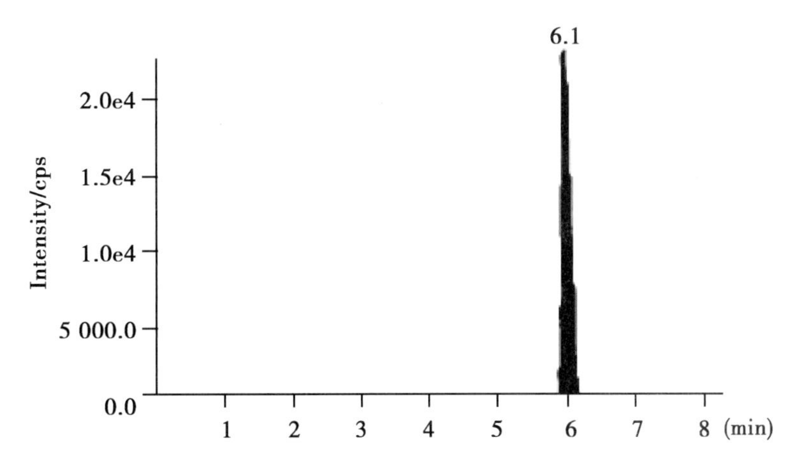

图 A. 4　乙酰氨基阿维菌素标准溶液的多反应监测（**MRM**）色谱图

附录 B（资料性附录） 回收率

本方法中伊维菌素、阿维菌素、多拉菌素、乙酰氨基阿维菌素的添加浓度及其平均回收率的试验数据，见表 B. 1。

表 B. 1 伊维菌素、阿维菌素、多拉菌素、乙酰氨基阿维菌素的添加浓度及其平均回收率的试验数据

样品基质	化合物名称	添加浓度（μg/kg）	平均回收率（%）
牛奶	伊维菌素	5	100. 6
		10	97. 2
		20	103. 0
		50	90. 1
	阿维菌素	5	82. 4
		10	97. 2
		20	87. 7
		50	88. 3
	多拉菌素	5	87. 6
		10	93. 7
		20	98. 3
		50	95. 3
	乙酰氨基阿维菌素	5	84. 5
		10	96. 0
		20	90. 2
		50	90. 1
奶粉	伊维菌素	40	96. 7
		80	105. 0
		160	86. 0
		400	86. 6
	阿维菌素	40	81. 8
		80	83. 3
		160	84. 9
		400	80. 6
	多拉菌素	40	88. 9
		80	89. 1
		160	89. 7
		400	87. 3
	乙酰氨基阿维菌素	40	86. 6
		80	86. 7
		160	89. 0
		400	85. 5

ICS 67.050
X 04

中华人民共和国国家标准

GB/T 22987—2008

牛奶和奶粉中呋喃它酮、呋喃西林、呋喃妥因和呋喃唑酮代谢物残留量的测定 液相色谱 - 串联质谱法

Determination for the residues of furaltadon, nitrofurazone, nitrofurantoin and furazolidone metabolites in milk and milk powder – LC – MS – MS method

2008 - 12 - 31 发布　　2009 - 05 - 01 实施

中华人民共和国国家质量监督检验检疫总局
中 国 国 家 标 准 化 管 理 委 员 会　发布

前　　言

本标准的附录 A、附录 B 和附录 C 为资料性附录。

本标准由中华人民共和国国家质量监督检验检疫总局提出并归口。

本标准起草单位：中华人民共和国秦皇岛出入境检验检疫局。

本标准主要起草人：张进杰、曹亚平、刘晓茂、曹彦忠、王静淑、杨志伟、庞国芳。

牛奶和奶粉中呋喃它酮、呋喃西林、呋喃妥因和呋喃唑酮代谢物残留量的测定 液相色谱-串联质谱法

1　范围

本标准规定了牛奶和奶粉中呋喃它酮代谢物（5-吗啡甲基-3-氨基-2-噁唑烷基酮，英文缩写为AMOZ）、呋喃西林代谢物（氨基脲，英文缩写为SEM）、呋喃妥因代谢物（1-氨基-2-内酰脲，英文缩写为AHD）和呋喃唑酮代谢物（3-氨基-2-噁唑烷基酮，英文缩写为AOZ）残留量液相色谱-串联质谱测定方法。

本标准适用于牛奶和奶粉中AMOZ、SEM、AHD和AOZ残留量的测定。

本标准的方法检出限：牛奶中AMOZ、SEM、AHD和AOZ的检出限均为0.2μg/kg；奶粉中AMOZ、SEM、AHD和AOZ的检出限均为1.6μg/kg。

注：本标准中呋喃它酮、呋喃西林、呋喃妥因和呋喃唑酮及代谢物中英名称及英文缩写参见附录A中的表A.1。

2　规范性引用文件

下列文件中的条款通过本标准的引用而成为本标准的条款。凡是注日期的引用文件，其随后所有的修改单（不包括勘误的内容）或修订版均不适用于本标准，然而，鼓励根据本标准达成协议的各方研究是否可使用这些文件的最新版本。凡是不注日期的引用文件，其最新版本适用于本标准。

GB/T 6379.1 测量方法与结果的准确度〈正确度与精密度〉第1部分：总则与定义（GB/T 6379.1—2004，ISO 5725-1：1994，IDT）。

GB/T 6379.2 测量方法与结果的准确度（正确度与精密度）第2部分：确定标准测量方法重复性与再现性的基本方法（GB/T 6379.2-2004，ISO 5725-2：1994，IDT）。

GB/T 6682 分析实验室用水规格和试验方法（GB/T 6682—2008，ISO 3696：1987，MOD）。

3　原理

牛奶或奶粉试样用三氯乙酸水解并脱蛋白，硝基呋喃类代谢物在酸性条件下用2-硝基苯甲醛衍生化，用Oasis HLB或性能相当的固相萃取柱净化。液相色谱-串联质谱仪（ESI+）检测。用内标法或外标法定量。

4　试剂和材料

除另有说明外，所用试剂均为优级纯。

4.1　水：GB/T 6682，一级。

4.2　甲醇：色谱纯。

4.3　乙腈：色谱纯。

4.4　乙酸乙酯：色谱纯。

4.5　磷酸氢二钾，K_2HP_4O。

4.6　乙酸。

4.7　二甲亚砜。

4.8　盐酸。

4.9　三氯乙酸，$C_2HCl_3O_2$。

4.10　氢氧化钠。

4.11　2－硝基苯甲醛（2－NP），$C_7H_5NO_3$：含量≥99%。

4.12　0.1mol/L 磷酸氢二钾溶液：称取 17.4g 磷酸氢二钾（4.5），用水溶解，定容至 1 000mL。

4.13　0.2mol/L 盐酸：量取 17mL 浓盐酸（4.8），用水定容至 1 000mL。

4.14　4mol/L 氢氧化钠溶被：称取 80g 氢氧化钠（4.10），用水溶解，定容至 500mL。

4.15　0.5mol/L 三氯乙酸溶液：称取 37.5g 三氯乙酸（4.9），用水溶解，定容至 500mL。

4.16　衍生剂：含 2－硝基苯甲醛 0.05mol/L。称取 0.075g 2－硝基苯甲醛（4.11）溶于 10mL 二 甲亚砜（4.7），现用现配。

4.17　样品定容溶液：取 10mL 乙腈（4.3），0.3mL 乙酸（4.6），用水稀释到 100mL。

4.18　标准物质：AMOZ（CAS：43056－63－9）、SEM（CAS：563－41－7）、AHD（CAS：2827－56－7）和 AOZ（CAS：80－65－9），纯度均≥99%。

4.19 同位素标记物标准物质：Ds－AMOZ，$^{13}C^{15}N$－SEM，$^{13}C_3$－AHD 和 D4 －AOZ。四种内标标准物质的纯度均≥99%。

4.20　1.0mg/mL 标准储备溶液：分别称取适量的四种硝基呋喃代谢物标准物质（4.18），分别用甲醇稀释成 1.0mg/mL 的标准储备溶液。避光保存于 －18℃ 冰柜中。

4.21　0.1μg/mL 混合标准溶液：分别吸取适量四种硝基呋喃代谢物的标准储备溶液（4.20），用甲醇稀释成 0.1μg/mL 的混合标准溶液，避光保存于－18℃ 冰柜中。

4.22　1.0mg/mL 同位素标记物混合内标储备溶液：分别称取适量的四种硝基呋喃代谢物的同位素标记物标准物质（4.19），分别用甲醇配成 1.0mg/mL 的标准储备液，避光保存于－18℃ 冰柜中。

4.23　0.1μg/mL 同位素标记物混合内标溶液：分别移取适量的四种硝基呋喃代谢物的同位素标记物内标储备溶液（4.22），用甲醇稀释成 0.1μg/mL 的混合内标标准溶液，避光保存于－18℃冰柜中。

4.24　Oasis HLB 固相萃取柱①。或相当者：60mg，3mL。使用前依次用 5mL 甲醇和 10mL 水预处理，保持柱体湿润。

4.25　滤膜：0.2μm。

5　仪器

5.1　液相色谱－串联四极杆质谱仪，配有电喷雾离子源。

5.2　分析天平：感量 0.1mg 和 0.01g。

5.3　液体混匀器。

5.4　固相萃取装置。

5.5　氮气吹干仪。

5.6　恒温振荡水浴。

5.7　真空泵：真空度应达到 80kPa。

5.8　微量注射器：25μL，100μL。

---

①　Oasis HLB 固相萃取柱是 Waters 公司产品的商品名称，给出这 一信息是为了方便本标准的使用者，并不是表示对该产品的认可。如果其他产品具有相同的效果，则可使用这些等效产品。

5.9　棕色具塞离心管：25mL，50mL。

5.10　pH 值计：测量精度 ± 0.02pH 值单位。

5.11　贮液器：50mL。

5.12　高速离心机：转速 10 000r/min 以上。

6　试样的制备与保存

6.1　试样的制备

实验室样品混合均匀，分出 0.5kg 作为试样。

6.2　试样保存

试样置于 -18℃ 冰柜，避光保存。

7　测定步骤

7.1　待测样品溶液的制备

7.1.1　牛奶样品脱蛋白、水解和衍生化

称取牛奶样品 8g（精确到 0.01g），置于 50mL 棕色离心管中，加入 15mL 三氯乙酸溶液（4.15）。向上述离心管中加入 0.2mL 衍生剂（4.16），再加入适量混合内标溶液（4.23），使四种硝基呋喃代谢物内标物最终定容浓度均为 2.0ng/mL。用液体混匀器混匀，置于 37℃ 恒温振荡水浴中避光反应 16h。离心管取出后放置至室温，在 10 000r/min 下离心 10min，上清液倒入另一棕色离心管中。

7.1.2　奶粉样品脱蛋白、水解和衍生化

称取奶粉样品 1g（精确到 0.01g），置于 50mL 棕色离心管中，加入 8mL 水，涡旋混合后，再加入 15mL 三氯乙酸溶液（4.15）。向上述离心管中加入 0.2mL 衍生剂（4.16），再加入适量混合内标溶液（4.23），使四种硝基呋喃代谢物内标物最终定容浓度均为 2.0ng/mL。用液体混匀器混匀，置于 37℃ 恒温振荡水浴中避光反应 16h。离心管取出后放置至室温，在 10 000r/min 下离心 10min，上清液倒入另一棕色离心管中。

7.1.3　样品溶液净化

上述衍生溶液加入 5mL 0.1mol/L 磷酸氢二钾溶液（4.12），用 4mol/L 氢氧化钠溶液（4.14）调节溶液 pH 值约为 7.4，在 10 000r/min 下离心 10min，上清液倒入下接 Oasis HLB 固相萃取柱（4.24）的贮液器中，在固相萃取装置上使样液以小子 2mL/min 的流速通过 Oasis HLB 固相萃取柱（4.24），待样液全部通过固相萃取柱后用 20mL 20% 甲醇水淋洗固相萃取柱，弃去全部流出液。抽干 Oasis HLB 固相萃取柱（4.24）15min。用 5mL 乙酸乙酯（4.4）洗脱，收集洗脱液于 25mL 棕色离心管中，在氮气吹干仪上 45℃ 水浴吹干，准确加入 1.0mL 样品定容溶液（4.17）溶解残渣，混匀 后过 0.2μm 滤膜（4.25）。供液相色谱 - 串联质谱测定。

7.2　混合基质标准校准溶渡的制备

7.2.1　牛奶混合基质标准校准溶液的制备

称取 5 个阴性牛奶样品，每个样品为 8g（精确到 0.01g）。分别加入适量混合标准溶液（4.21），制成四种硝基呋喃代谢物含量均为 0.1μg/kg、0.2μg/kg、0.5μg/kg、1.0μg/kg 和 2.0μg/kg 的基质标准溶液，再分别加入适量混合内标溶液（4.23），含量均为 2.0ng/mL。同 7.1.1 和 7.1.3 操作，作为牛奶标准校准曲线。

7.2.2　奶粉混合基质标准校准溶液的制备

称取 5 个阴性奶粉样品，每个样品为 1g（精确到 0.01g）。分别加入适量混合标准溶液（4.21），制成 4 种硝基呋喃代谢物含量均为 0.8μg/kg、1.6μg/kg、4.0μg/kg、8.0μg/kg 和 16.0μg/kg 的基质标准溶液，再分别加入适量混合内标溶液（4.23），含量均为 2.0ng/mL。同 7.1.2 和 7.1.3 操作，作为奶

粉标准校准曲线。

7.3 测定条件

7.3.1 液相色谱参考条件

液相色谱参考条件如下。

a. 色谱柱：Atlantis C_{18}，3.5μm，150mm×2.1mm（内径）或相当者；

b. 柱温：35℃；

c. 进样量：40μL；

d. 流动相：流动相A为0.1%甲酸水溶液，流动相B为0.1%甲酸乙腈溶液，梯度洗脱参考条件见表1。

表1 液相色谱梯度洗脱参考条件

时间（min）	流速（μL/min）	流动相A（%）	流动相B（%）
0.00	200	80	20
3.00	200	50	50
8.00	200	50	50
8.01	200	80	20
16.00	200	80	20

7.3.2 质谱参考条件

质谱参考条件如下。

a. 离子源：电喷雾离子源（ESI）；

b. 扫描方式：正离子扫描；

c. 检测方式：多反应监测（MRM）；

d. 电喷雾电压（IS）：5 000 V；

e. 辅助气（AUX）流速：7 L/min；

f. 辅助气温度（TEM）：480℃；

g. 聚焦电压（FP）：150 V；

h. 碰撞室出口电压（CXP）：11 V；

i. 去簇电压（DP）：45 V；

j. 四种硝基呋喃代谢物和内标衍生物的质谱参数见表2。

表2 四种硝基呋喃代谢物和内标衍生物的质谱参数

衍生后的硝基呋喃代谢物及同位素内标物名称	定性离子对（m/z）	定量离子对（m/z）	去簇电压（DP）（V）	采集时间（ms）	碰撞能盘（CE）（V）
2-NP-AMOZ	335/291 335/128	335/291	50	100	18 16
2-NP-SEM	209/192 209/166	209/166	40	150	17 15
2-NP-AHD	249/134 249/178	249/134	50	200	19 22
2-NP-AOZ	236/134 236/192	236/134	50	100	19 17
2-NP-Ds-AMOZ	340/296	340/296	45	100	18
2-NP-$^{13}C^{15}N$-SEM	212/168	212/168	45	100	15

（续表）

衍生后的硝基呋喃代谢物及同位素内标物名称	定性离子对（m/z）	定量离子对（m/z）	去簇电压（DP）（V）	采集时间（ms）	碰撞能盘（CE）（V）
2 - NP_ $^{13}C_3$ - AHD	252/134	252/134	40	100	32
2 - NP - D_4 - AOZ	240/134	240/134	40	100	22

7.4　液相色谱 - 串联质谱测定

7.4.1　定性确证

每种被测组分选择 1 个母离子，2 个以上子离子，在相同实验条件下，样品中待测物质和内标物的保留时间之比，也就是相对保留时间，与混合基质标准校准溶液中对应的相对保留时间偏差 ±2.5% 之内；且样品谱圈中各组分的相对离子丰度与浓度接近的混合基质标准校准溶液谱图中对应的相对离子丰度进行比，偏差不超过表 3 规定的范围，则可判定样品中存在对应的待测物。

表 3　定性确证时相对离子丰度的最大允许偏差　（%）

相对离子丰度　K	K > SO	20 < K < 50	10 < K < 20	K≤10
允许级大偏差	±20	±25	±30	± 50

7.4.2　定量测定

内标法定量：用仪器软件中的内标定量程序。

外标法定量：在仪器最佳工作条件下，对四种硝基呋喃代谢物的混合基质标准校准溶液进样测定，以混合基质标准校准溶液浓度为横坐标，以峰面积为纵坐标，绘制标准工作曲线，用标准工作曲线对待测样品进行定量，样品溶液中待测物的响应值均应在仪器测定的线性范围内。

四种硝基呋喃代谢物及内标衍生物的多反应监测（MRM）色谱图参见附录 B 中的图 B.1。四种硝基呋喃代谢物的添加浓度及其平均回收率的试验数据参见附录 C 中的表 C.1。

7.5　平行试验

按试样步骤，对同一试样进行平行试验测定。

7.6　空白试验

不称取样品，其余均按试样步骤进行。

7.7　回收率实验

阴性样品中添加标准溶液，除不加内标溶液外，均按 7.1 和 7.2 操作，测定后计算样品添加的回收率。

8　结果计算

四种硝基呋喃代谢物的测定按式（1）计算：

$$X = c_s \times \frac{A}{A_s} \times \frac{c_i}{c_{si}} \times \frac{A_{si}}{A_i} \times \frac{V}{m} \times \frac{1\,000}{1\,000} \quad (1)$$

式中：

X——试样中被测物残留盘，单位为微克每千克（μg/kg）；

c_{si}——基质标准工作溶液中被测物的浓度，单位为纳克每毫升（ng/mL）；

A——试样溶液中被测物的色谱峰面积；

A_s——基质标准工作溶液中被测物的色谱峰面积；

c——试样溶液中内标物的浓度，单位为纳克每毫升（ng/mL）；

c_{si}——基质标准工作溶液中内标物的浓度，单位为纳克每毫升（ng/mL）；

A_{si}——基质标准工作溶液中内标物的色谱峰面积；

A_i——试样溶液中内标物的色谱峰面积；

V——样液最终定容体积，单位为毫升（mL）；

m——试样溶液所代表试样的质量，单位为克（g）。

计算结果应扣除空白值。

9 精密度

9.1 一般规定

本标准的精密度数据是按 GB/T 6379.1 和 GB/T 6379.2 规定确定的，重复性和再现性的值以 95% 的可信度来计算。

9.2 重复性

在重复性条件下，获得的两次独立测试结果的绝对差值不超过重复性限 r，四种硝基呋喃代谢物的添加浓度范围及重复性方程见表 4。

表 4 添加浓度范围及重复性和再现性方程

硝基呋喃代谢物的衍生物名称	添加浓度范围（μg/kg）	重复性限 r	再现性限 R
2-NP-AMOZ	0.2~5.0	lgr =0.89501gm~1.0874	lgR =0.94481gm~0.7116
2-NP-SEM	0.2~5.0	lgr =1.12091gm~1.0110	lgR =0.97871gm~0.7317
2-NP-AHD	0.2~5.0	lgr =0.85021gm~1.0206	lgR =1.02931gm~0.7095
2-NP-AOZ	0.2~5.0	lgr =1.07101gm~0.8852	lgR =0.99331gm~0.7008

注：m 为两次测定结果的算术平均值

如果差值超过重复性限 r，应舍弃试验结果并重新完成两次单个试验的测定。

9.3 再现性

在再现性条件下，获得的两次独立测试结果的绝对差值不超过再现性限 R。四种硝基呋喃代谢物的添加浓度范围及再现性方程见表 4。

附录 A（资料性附录）四种硝基呋喃及代谢物的中英名称及英文缩写

呋喃它酮、呋喃西林、呋喃妥因和呋喃唑酮及代谢物的中英名称及英文缩写，见表 A. 1。

表 A. 1　呋喃它酮、呋喃西林、呋喃妥因和呋喃唑酮及代谢物的中英名称及英文缩写

四种硝基呋喃中文名称	四种硝基峡暗英文名称	四种硝基呋喃代谢物中文名称	四种硝基呋喃代谢物英文名称	英文缩写
呋喃它酮	furaltadon	5－吗琳甲基－3－氨基－2－嗯唑烷基酮	3－amino－5－morpho linom-ethyl－1，3－oxazolidin－2－one	AMOZ
呋喃西林	nitrofurazone	氨基脲	semicarbazide	SEM
呋喃妥因	nitrofurantoin	1－氨基－2－内酸脲	1－aminohydantoin	AHD
呋喃唑酮	urazolidone	3－氨基－2－嗯唑烷基酮	3－amino－2－oxazolidinone	AOZ

附录 B（资料性附录）多反应监测（MRM）色谱图

四种硝基呋喃代谢物及内标衍生物的多反应监测（MRM）色谱图，见图 B. 1。

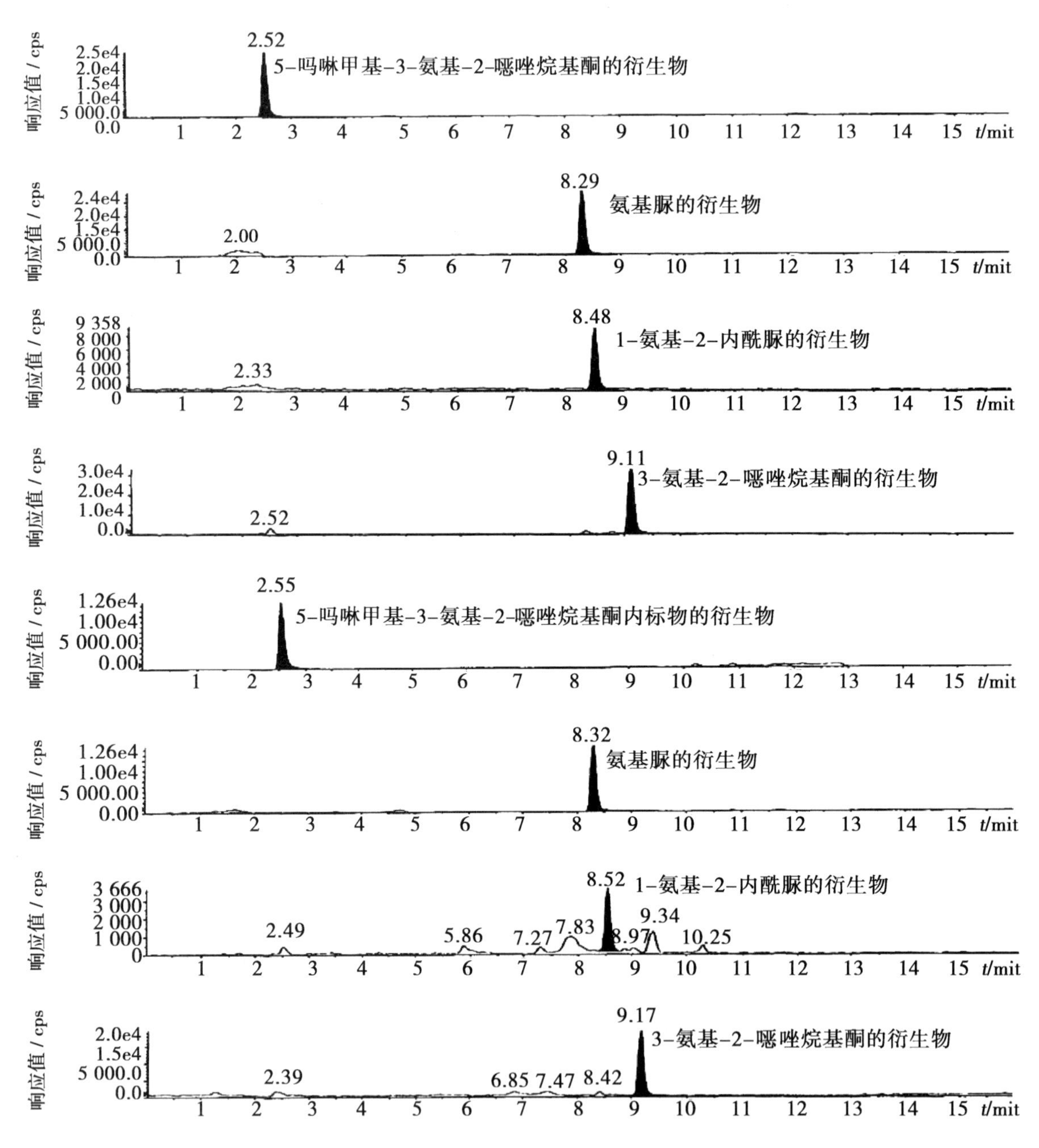

图 B. 1　四种硝基呋喃代谢物及内标物衍生物的多反应监测（MRM）色谱图

附录 C（资料性附录）回收率

四种硝基呋喃代谢物的添加浓度及其平均回收率的试验数据，见表 C.1。

表 C.1　四种硝基呋喃代谢物添加浓度及其平均回收率的试验数据

基质样品	添加浓度（μg/kg）	奶粉和牛奶样品中四种硝基呋喃代谢物的平均回收率（%）			
		2－NP－AMOZ	2－NP－SEM	2－NP－AHD	2－NP－AOZ
牛奶	0.2	96.4	92.8	91.8	96.1
	0.5	91.2	94.7	92.1	93.5
	1.0	98.2	97.4	93.2	92.1
	2.0	95.3	95.6	98.7	93.2
奶粉	1.6	96.1	91.2	92.4	94.7
	4.0	93.5	94.3	98.4	97.4
	8.0	97.4	92.5	94.3	91.2
	16.0	91.4.	93.8	92.8	94.3

ICS 67.120
X 04

中华人民共和国国家标准

GB/T 21317—2007

动物源性食品中四环素类兽药残留量检测方法 液相色谱-质谱/质谱法与高效液相色谱法

Determination of tetracyclines residues in food of animal origin-LC-MS/MS method and HPLC method

2007-10-29 发布　　2008-04-01 实施

中华人民共和国国家质量监督检验检疫总局
中国国家标准化管理委员会　发布

动物源性食品中四环素类兽药残留量检测方法 液相色谱－质谱/质谱法与高效液相色谱法

1　范围

本标准规定动物源性食品中四环素类兽药残留量检测的制样方法、高效液相色谱检测方法和液相色谱－质谱/质谱确证方法。

本标准适用于动物肌肉、内脏组织、水产品、牛奶等动物源性食品中二甲胺四环素、土霉素、四环素、去甲基金霉素，金霉素，甲烯土霉素、强力霉素 7 种四环素类兽药残留量的高效液相色谱测定和二甲胺 四环素、差向土霉素、土霉素、差向四环素、四环索、去甲基金霉素、差向金霉素、金霉素、甲烯土霉素、强力霉素 10 种四环素类药物残留量的液相色谱－质谱/质谱测定。

2　规范性引用文件

下列文件中的条款通过本标准的引用而成为本标准的条款，凡是注日期的引用文件，其随后所有的修改单（不包括勘误的内容）或修订版均不适用于本标准，然而，鼓励根据本标准达成协议的各方研究是否可使用这些文件的最新版本。凡是不注日期的引用文件，其最新版本适用于本标准。

GB/T6682 分析实验室用水规格和试验方法（GB/T 6682—1992，ncq ISO 3696：1987）。

3　原理

试样中四环素族抗生素残留用 0.1mol/L Na_2EDTA－Mcllvaine 续冲液（pH 值为 4.0 ±0.05）提取，经过滤和离心后，上清液用 HLB 固相萃取柱净化，高效液相色谱仪或液相色谱电喷雾质谱仪测定，外标峰面积法定量。

4　试剂和材料

除另有说明外，所用试剂均为分析纯，水为 GB/T 6682 规定的一级水。

4.1　甲醇：高效液相色谱纯。

4.2　乙腈：高效液相色谱纯。

4.3　乙酸乙酯。

4.4　乙二胺四乙酸二钠（$Na_2EDTA \cdot 2H_2O$）

4.5　三氟乙酸。

4.6　柠檬酸（$C_6H_8O_7 \cdot H_2O$）。

4.7　磷酸氢二钠（$Na_2HPO_4 \cdot 12H_2O$）。

4.8　柠檬酸溶液：0.1mol/L。称取 21.01g 柠檬酸（4.6），用水溶解，定容至 1 000mL。

4.9　磷酸氢二钠溶液：0.2mo1/L。称取 28.41 磷酸氧二钠（4.7），用水溶解，定容至 1 000mL。

4.10　Mcllvaine 缓冲溶液：将 1 000mL 0.1mol/L 柠檬酸溶液（4.8）与 625mL 0.2mol/L 磷酸氢二钠溶液（4.9）混合，必要时用氢氧化钠或盐酸调 pH 值 =4.0 ±0.05。

4.11　Na_2EDTA－Mcllvaine 缓冲溶液：0.1mol/L 称取 60.5g 乙二胺四乙酸二钠（4.4）放入 1 625mL

Mcllvaine 缓冲溶液（4.10）中，使其溶解，摇匀。

4.12　甲醇 + 水（1 +19）：量取5mL 甲醇（4.1）与95mL 水混合。

4.13　甲醇 + 乙酸乙酯（1 +9）：量取10mL 甲醇（4.1）与90mL 乙酸乙酯（4.3）混合。

4.14　OasisHLB 固相萃取柱：60mg，3mL，或相当者，使用前分别用5mL 甲醇和5mL 水预处理，保持柱体湿润。

4.15　三氟乙酸水溶液（10mmol/L）：准确吸取0.765mL 三氟乙酸于1 000mL 容量瓶中，用水溶解并定容至刻度。

4.16　甲醇 + 三氟乙酸水溶液（1 +19）：量取50mL 甲醇（4.1）与950mol 三氟乙酸水溶液（4.15）混合。

4.17　标准物质：二甲胺四环素（minocycline，CAS：10118 －90 －8），土霉素（oxytetracycline，CAS：6153 －64 －6），四环素（tetraeyclint，CAS：60 －54 －8），去甲基金霉素（detneclocycline，CAS：127 －33 －3），金霉素（chlortetracycline，CAS：57 －62 －5），甲烯土霉素（methacycline，CAS：914 －00 －1），强力霉素（doxycycline，CAS：564 －25 －0），差向四环素（4 －epitetracycline，CAS：64 －75 －5），差向土霉素（4 －epitetracycline；fracydinc，CAS：35259 －39 －3），差向金霉素（4 －epichlortctracy －cline，CAS：14297 －93 －9）。纯度均大于等于95%。

4.18　标准溶液

4.18.1　标准储备溶液：准确称取按其纯度折算为100%质量的二甲胺四环素、土霉素、四环素、去甲基金霉素。金霉素、甲烯土霉素、强力霉素、差向土霉素，差向四环素和差向金霉素各10.0mg，分别用甲醇溶解并定容至100mL，浓度相当于100mg/L，储备液在 －18℃以下贮存于棕色瓶中，可稳定12个月以上。

4.18.2　混合标准工作溶液：根据需要，用甲醇 + 三氟乙酸水溶液（4.16）将标准储备溶液（4.18.1）配制为适当浓度的混合标准工作溶液。混合标准工作溶液应使用前配制。

5　仪器

5.1　液相色谱串联四极杆质谱仪或相当者，配电喷雾离子源。

5.2　高效液相色谱仪：配二极管阵列检测器或紫外检测器。

5.3　分析天平：感量0.1mg，0.01g。

5.4　旋涡混合器。

5.5　低温离心机：最高转速5 000r/min，控温范围为 －40℃至室温。

5.6　吹氮浓缩仪。

5.7　固相萃取真空装置。

5.8　pH 计：测量精度 ±0.02。

5.9　组织捣碎机。

5.10　超声提取仪。

6　样品制备与贮存

制样操作过程中应防止样品受到污染或残留物含量发生变化。

6.1　动物肌肉、肝脏、肾脏和水产品

从所取全部样品中取出约500g，用组织捣碎机充分捣碎均匀，装入洁净容器中，密封，并标明标记，于 －18℃以下冷冻存放。

6.2　牛奶样品

从所取全部样品中取出约500g，充分混匀，装入洁净容器中，密封，并标明标记，于 －18℃以下冷冻存放。

7　测定步骤

7.1　提取

7.1.1　动物肝脏、肾脏、肌肉组织、水产品

称取均质试样 5g（精确到 0.01g），置于 50mL 聚丙烯离心管中，分别用约 20mL、20mL、10mL、0.1mol/L EDTA - Mcllvaine 缓冲溶液（4.11）冰水浴超声提取三次，每次旋涡混合 1min，超声提取 10min，3 000r/min 离心 5min（温度低于 15℃），合并上清液（注意控制总提取液的体积不超过 50mL），并定容至 50mL 混匀，5 000r/min 离心 10min（温度低于 15℃），用快速滤纸过滤，待净化。

7.1.2　牛奶

称取混匀试样 5g（精确到 0.01g），置于 50mL 比色管中，用 0.1mol/L EDTA - Mcllvaine 缓冲溶液（4.11）溶解并定容至 50mL，旋涡混合 1min，冰水浴超声 10min，转移至 50mL 聚丙烯离心管中，冷却至 0 ~ 4℃，5 000r/min 离心 10min（温度低于 15℃），用快速滤纸过滤，待净化。

7.2　净化

准确吸取 10mL 提取液（相当于 1g 样品）以 1 滴/$_s$的速度过 HLB 固相萃取柱（4.14），待样液完全流出后，依次用 5mL 水和 5mL 甲醇 + 水（4.12）淋洗，弃去全部流出液。2.0kPa 以下减压抽干 5min，最后用 10mL 甲醇 + 乙酸乙酯（4.13）洗脱。将洗脱液吹氮浓缩至干（温度低于 40℃），用 1.0mL（液相色谱 - 质谱/质谱法）或 0.5mL（高效液相色谱法）甲醇 + 三氟乙酸水溶液（4.16）溶解残渣，过 0.45μm 滤膜，待测定。

7.3　测定

7.3.1　液相色谱 - 质谱/质谱法

7.3.1.1　液相色谱条件

a. 色谱柱：InertsilC8 - 3，5 μm，150mm × 2.1mm（内径），或相当者；

b. 流动相：甲醇（4.1） + 10mmol/L 三氟乙酸（4.15），梯度洗脱（梯度时时表见表 1）。

表 1　分离 10 种四环素类药物的液相色谱洗脱梯度

时间（min）	甲醇（%）	10mmol/L 三氟乙酸（%）
0	5.0	93.0
5.0	30.0	70.0
10.0	33.5	66.5
12.0	65.0	35.0
17.5	65.0	35.0
18.0	5.0	95.0
25.0	5.0	95.0

c. 流速 300μL/min；

d. 柱温：30℃；

e. 进样量：30μL。

7.3.1.2　质谱条件

离子化模式：电喷雾电离正离子模式（ESI +）；质谱扫描方式：多反应监测（MRM）；分辨率：单位分辨率；其他参考质谱条件见附录 A。

7.3.1.3 定性测定

7.3.1.3.1 保留时间

待测样品中化合物色谱峰的保留时间与标准溶液相比变化范围应在 ±2.5% 之内。

7.3.1.3.2 信噪比

待测化合物的定性离子的重构离子色谱峰的信噪比应大于等于 3 (S/N≥3), 定量离子的重构离子色谱峰的信噪比应大于等于 10 (S/N≥10)。

7.3.1.3.3 定量离子、定性离子及子离子丰度比

每种化合物的质谱定性离子必须出现, 至少应包括一个母离子和两个子离子, 而且同一检测批次, 对同一化合物, 样品中目标化合物的两个子离子的相对丰度比与浓度相当的标准溶液相比, 其允许偏差不超过表 2 规定的范围。

表 2 定性时相对离子丰度的最大允许偏差

相对离子丰度	>50%	>20% ~50%	>10% ~20%	≤10%
允许的相对偏差	±20%	±25%	±30%	±50%

7.3.1.4 定量测定

根据样液中被测四环素类兽药残留的含量情况, 选定峰高相近的标准工作溶液。标准工作溶液和样液中四环素类兽药残留的响应值均应在仪器的检测线性范围内, 对标准工作溶液和样液等体积参插进样测定。各种四环素类药物的参考保留时间如下: 二甲胺四环素 9.6min、差向土霉素 11.6min, 土霉素 11.8min、差向四环素 10.9min、四环素 11.9min、去甲基金霉素 14.6min、差向金霉素 13.8min、金霉素 15.7min、甲烯土霉素 16.6min, 强力霉素 16.7min。标准溶液的色谱图参见图 B.1。

7.3.2 高效液相色谱法

7.3.2.1 液相色谙条件

a. 色谱柱 Jncrtsil C8 -3, 5μm, 250mm ×4.6mm (内径), 或相当者;

b. 流动相: 甲醇 (4.1) +乙腈 (4.2) +10mmol/L 三氟乙酸 (4.15), 洗脱梯度见表 3 (柱平衡时间 5min);

表 3 分离 7 种四环素类药物的液相色谱流动相洗脱梯度

时间 (min)	甲醇 (%)	乙腈 (%)	10mmol/L 三氟乙酸 (%)
0	1	4	35
5	6	24	70
9	7	28	65
12	0	35	65
15	0	35	65

c. 流速: 1.5mL/min;

d. 柱温: 30℃;

c. 进样量: 100μL;

f. 检测波长: 350nm。

7.3.2.2 高效液相色谱测定

根据样液中被测四环素类兽药残留的含量情况, 选定峰高相近的标准工作溶液。标准工作溶液和样液中四环素类兽药残留的响应值均应在仪器的检测线性范围内。对标准工作溶液和样液等体积参插进

行测定。在上述色谱条件下，二甲胺四环素、土霉素、四环素、去甲基金霉素、金霉素、甲基土霉素、强力霉素的参考保留时间分别约为 6.3min、7.5min、7.9min、8.7min、9.8min、10.4min、10.8min，标准溶液的色谱图参碱图 B.2。

8　空白试验

除不加试样外，均按上述测定步骤进行。

9　结果计算与表述

采用外标法定量，按式（1）计算四环素类兽药残留量。

$$X = \frac{A_X \times C_S \times V}{A_S \times m} \tag{1}$$

式中：

X——样品中待测组分的含量，单位为微克每千克（μg/kg）；

A_X——测定液中待测组分的峰面积；

c_S——标准液中待测组分的含量，单位为微克每升（μg/L）；

V——定容体积，单位为毫升（mL）；

A_S——标准液中待测组分的峰面积；

m——最终样液所代表的样品质量，单位为克（g）。

10　测定低限，回收率和精密度

10.1　测定低限

10.1.1　液相色谱 - 质谱/质谱法

二甲胺四环素、差向土霉素、土霉素、差向四环素、四环素、去甲基金霉素、差向金霉素、金霉素、甲烯土霉素和强力霉素的测定低限均为 50.0μg/kg。

10.1.2　高效液相色谱法

二甲胺四环素、土霉素、四环素、去甲基金霉素、金霉素、甲烯土霉素和强力霉素的测定低限均为 50.0μg/kg。

10.2　回收率和精密度

方法的回收率和精密度的试验数据见表 C.1。

附录 A（资料性附录）参考质谱条件[①]

参考质谱条件：

a. 雾化气（NEB）：6.00L/min（氮气）；

b. 气帘气（CUR）：10.00 L/mm（氮气）；

c. 喷雾电压（IS）：4 500V；

d. 去溶剂温度（TEM）：500℃；

e. 去溶剂气流：7.00L/min（氮气）；

f. 碰撞气（CAD）：6.00mL/min（氮气）；

g. 其他质谱参数见表 A.1。

表 A.1 四环素类药物的主要参考质谱参数

化合物	母离子（m/z）	子离子（m/z）	驻留时间（ms）	碰撞电压（eV）
二甲胺四环素	458	352	150	45
		441[a]	50	27
差向土霉素	461	426	50	31
		444[a]	50	28
土霉素	461	426	50	27
		443[a]	50	21
差向四环素	445	410[a]	50	19
		427	50	19
四环素	445	410[a]	50	29
		427	50	19
去甲基金霉素	465	430	50	31
		448[a]	50	25
差向金霉素	479	444	50	31
		462	50	27
金霉素	479	444[a]	50	33
		462	50	27
甲烯土霉素	443	381	150	33
		426[a]	50	25
强力霉素	445	154	150	37
		428[a]	50	29

注：对于不同质谱仪器，仪器参数可能存在差异，测定前应将质谱参数优化到最佳

[a]定量离子

① 所列参考质谱条件是在 API3000 型液质联用仪上完成的，此处列出试验用仪器型号仅为提供参考，并不涉及商业目的，鼓励标准使用者尝试不同厂家或型号的仪器。

附录 B（资料性附录）多重反应监甜（MRM）色谱图和液相色谱图

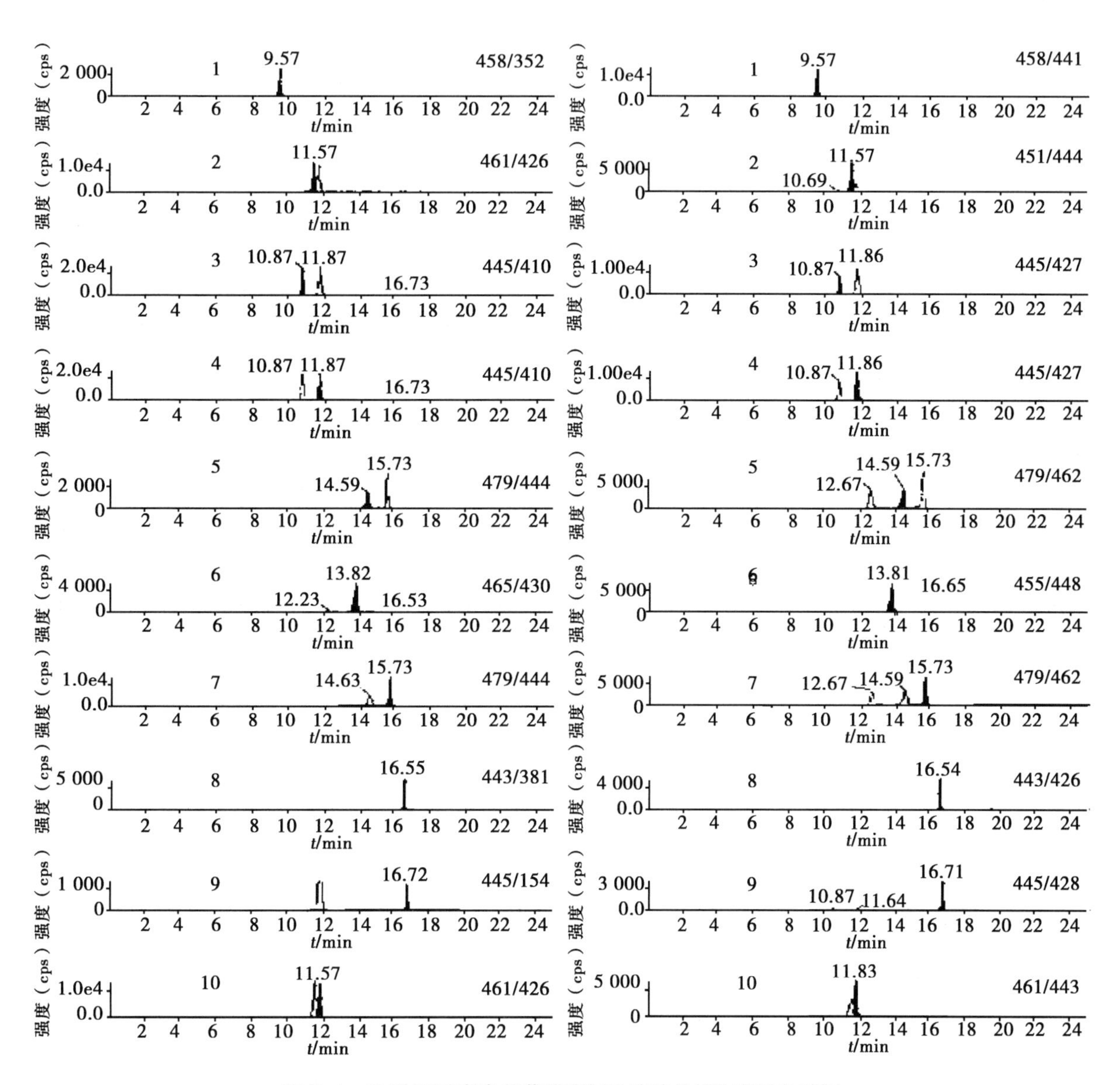

图 B.1　10 种四环素类兽药残留标准溶液的重构离子色谱图

1. 二甲胺四环素；2. 差向土霉素；3. 差向四环素；4. 四环素；5. 差向金霉素；6. 去甲基金霉素；7. 金霉素；8. 甲烯土霉素；9. 强力霉素；10. 土霉素

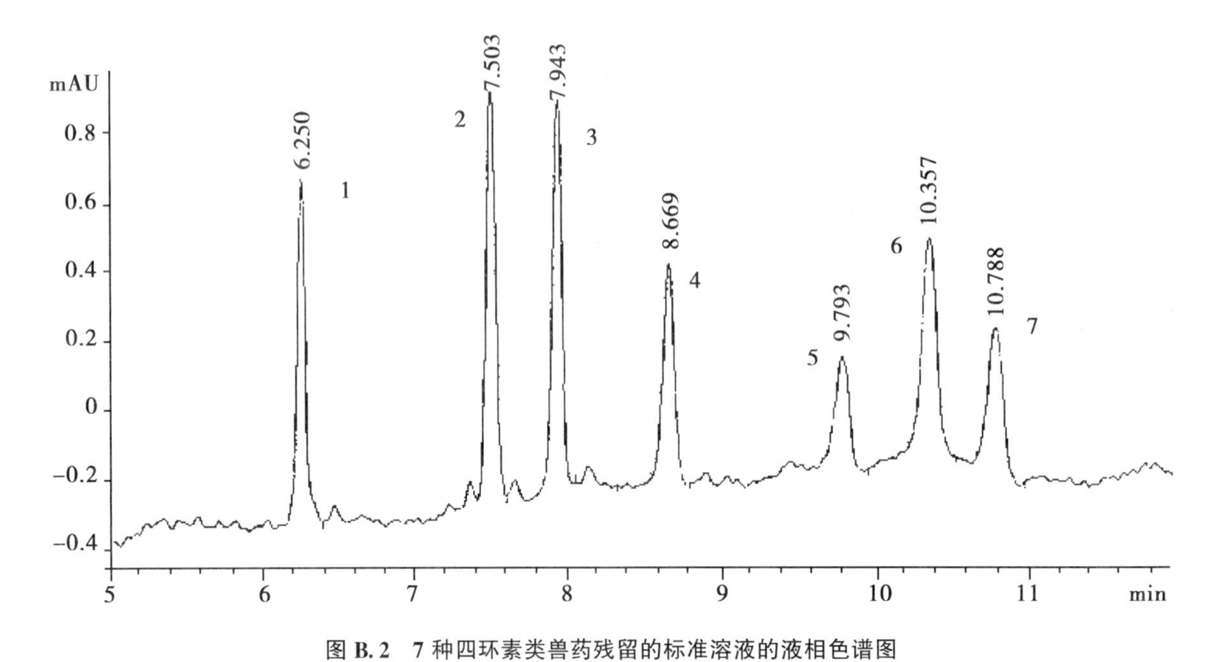

图 B.2　7 种四环素类兽药残留的标准溶液的液相色谱图

1. 二甲胺四环素；2. 土霉素；3. 四环素；4. 去甲基金霉素；5. 金霉素；6. 甲烯土霉素；7. 强力霉素

附录 C（资料性附录）方法的回收率和精密度的试验数据

表 C.1　方法的回收率和精密度的试验数据

样品种类	化合物	国标水平（μg/kg）	高效液相色谱法		液相色谱－质谱/质谱法	
			回收率范围（%）	相对标准偏差（%）	回收率范围（%）	相对标准偏差（%）
鸡肉	二甲胺四环素	50.0	94.0～109	4.7	91.0～93.8	5.1
		100	96.4～103	2.1	80.3～91.3	4.1
		200	94.5～99.5	1.7	80.5～96.0	5.3
	差向土霉素	—	—	—	80.0～99.4	8.7
		—	—	—	80.9～90.4	4.0
		—			82.5～91.5	3.0
	土霉素	50.0	89.4～106	5.7	70.4～98.0	9.5
		100	93.5～102	2.5	80.2～93.0	4.7
		200	93.5～99.5	1.9	84.5～94.5	3.1
	差向四环素	—	—	—	80.0～92.6	4.9
		—	—	—	80.5～87.3	2.4
		—	—	—	80.5～91.0	3.5
	四环素	50.0	80.4～92.4	4.7	80.2～93.0	4.7
		100	81.6～87.2	2.3	80.0～86.7	2.8
		200	85.0～93.5	3.2	82.0～96.5	5.9
	差向金霉素	—	—	—	80.0～94.2	4.9
		—	—	—	80.5～87.4	2.6
		—	—	—	80.0～95.0	6.0
	去甲基金霉素	50.0	80.4～93.0	4.5	81.4～94.8	5.5
		100	80.5～89	2.9	80.5～89.7	3.2
		200	80.0～89.0	3.0	80.0～94.0	5.2
	金霉素	50.0	80.2～96.4	5.8	80.4～92.2	4.9
		100	80.6～87	2.4	80.8～90.4	3.7
		200	82.5～91.0	3.0	81.0～93.5	4.0
	甲烯土霉素	50.0	80.8～89.4	3.3	80.4～93.0	4.5
		100	80.1～85.7	2.2	80.2～89.7	3.4
		200	80.0～87.0	2.5	80.5～88.5	2.8
	强力霉素	50.0	81.2～93.6	4.7	80.0～94.6	5.8
		100	80.8～92.5	4.5	85.2～94.2	3.0
		200	84.0～93.5	3.5	84.0～92.0	3.3

（续表）

样品种类	化合物	国标水平（μg/kg）	高效液相色谱法		液相色谱－质谱/质谱法	
			回收率范围（%）	相对标准偏差（%）	回收率范围（%）	相对标准偏差（%）
鸡肝	二甲胺四环素	50.0	88.6～99.0	4.2	80.8～93.6	5.5
		300	91.3～97.7	2.7	80.3～98.0	6.5
		600	94.3～96.8	0.8	80.8～97.7	6.8
	差向土霉素	—	—	—	81.4～107	9.0
		—	—	—	85.0～93.7	2.9
		—	—	—	80.2～95.7	5.5
	土霉素	50.0	84.8～100	5.3	81.0～98.8	6.7
		300	91.3～97.3	2.2	87.3～98.3	3.9
		600	80.8～89.3	3.3	80.8～90.5	4.1
	差向四环素	—	—	—	80.0～93.2	5.1
		—			80.3～91.7	5.0
		—	—	—	80.0～88.3	3.4
	四环素	50.0	81.8～101	7.1	80.2～93.2	4.9
		300	80.7～88.0	2.4	81.7～95.3	5.1
		600	80.5～86.0	2.1	81.5～95.2	4.8
	差向金霉素	—	—	—	80.2～96.0	6.0
		—	—	—	80.0～91.7	5.4
		—		—	80.0～95.3	7.0
	去甲基金霉素	50.0	80.2～98.4	7.0	80.4～93.0	5.3
		300	80.3～84.7	1.7	81.3～94.3	6.0
		600	80.2～83.8	1.5	80.0～89.7	4.0
	金霉素	50.0	80.6～101	6.9	80.6～107	10.0
		300	81.3～91.7	3.8	81.3～90.7	4.0
		600	84.7～91.7	2.5	81.5～102	8.3
	甲烯土霉素	50.0	80.0～89.6	3.6	70.4～98.0	8.8
		300	80.0～85.3	2.2	82.0～93.0	3.8
		600	80.5～83.8	1.3	80.0～84.8	2.0
	强力霉素	50.0	82.2～91.8	3.5	80.2～95.0	6.5
		300	81.0～85.3	1.8	80.3～98.3	6.2
		600	80.5～83.5	1.1	80.3～95.2	5.0

（续表）

样品种类	化合物	国标水平（μg/kg）	高效液相色谱法		液相色谱－质谱/质谱法	
			回收率范围（%）	相对标准偏差（%）	回收率范围（%）	相对标准偏差（%）
猪骨	二甲胺四环素	50.0	84.6～102	7.0	88.4～106	5.2
		600	98.8～103	1.5	80.2～89.2	3.7
		1 200	89.2～95.3	2.5	80.3～89.3	4.5
	差向土霉素	—	—	—	80.8～95.0	5.6
		—	—	—	80.2～86.2	2.7
		—	—	—	80.3～84.3	1.7
	土霉素	50.0	88.8～103	4.1	74.2～93.4	6.5
		600	98.7～103	1.4	80.2～87.7	2.9
		1 200	91.5～99.7	2.7	76.7～93.1	5.6
	差向四环素	—	—	—	80.4～93.4	5.2
		—	—	—	80.0～85.8	2.5
		—	—	—	80.1～83.1	1.1
	四环素	50.0	86.4～106	7.4	80.4～98.0	7.2
		600	80.3～84.2	1.5	81.3～90.8	3.3
		1 200	82.4～88.3	2.1	78.3～87.9	3.3
	差向金霉素	—	—	—	81.0～92.0	5.1
		—	—	—	80.0～84.8	2.0
		—	—	—	80.0～84.2	1.6
	去甲基金霉素	50.0	80.4～92.1	4.9	80.2～96.4	5.3
		600	80.0～83.2	1.3	80.2～85.5	2.3
		1 200	77.9～84.9	3.0	80.1～83.6	1.3
	金霉素	50.0	80.2～106	8.3	80.4～95.0	5.9
		600	80.0～84.2	1.7	80.2～84.7	1.9
		1 200	82.1～91.5	3.3	80.0～84.8	1.7
	甲烯土霉素	50.0	80.4～99.2	7.7	80.0～91.6	4.5
		600	80.0～85.2	2.1	80.0～85.7	2.5
		1 200	81.0～88.8	2.7	80.0～81.4	0.6
	强力霉素	50.0	84.8～105	7.4	80.6～92.8	4.6
		600	89.7～100	3.8	80.0～86.5	2.4
		1 200	81.9～88.3	2.9	80.5～83.2	1.3

（续表）

样品种类	化合物	国标水平（μg/kg）	高效液相色谱法		液相色谱－质谱/质谱法	
			回收率范围（%）	相对标准偏差（%）	回收率范围（%）	相对标准偏差（%）
鱼肉	二甲胺四环素	50.0	92.4～108	5.4	80.2～106	9.1
		100	77.3～90.5	4.9	86.9～98.1	4.2
		200	80.0～92.5	4.5	88.5～104	5.2
	差向土霉素	—	—	—	81.4～98.8	5.2
		—	—	—	80.1～86.2	3.0
		—	—	—	87.0～102	5.9
	土霉素	50.0	88.8～108	5.8	73.0～99.4	9.4
		100	80.0～99.8	7.5	80.6～94.6	4.9
		200	81.0～95.5	5.4	84.0～106	7.7
	差向四环素	—	—	—	80.6～93.0	5.1
		—			80.0～87.1	2.7
		—	—	—	85.5～96.5	3.3
	四环素	50.0	81.2～94.8	6.5	80.2～100	7.3
		100	80.5～91.0	3.6	80.4～96.1	6.5
		200	80.0～88.5	3.3	87.5～98.5	4.1
	差向金霉素	—	—	—	81.0～92.2	4.9
		—	—	—	80.5～87.5	3.1
		—			84.0～97.0	5.1
	去甲基金霉素	50.0	81.2～93.8	5.1	80.0～94.6	5.0
		100	80.5～88.4	3.1	80.2～86.5	2.9
		200	80.0～87.0	2.7	83.0～98.5	4.5
	金霉素	50.0	80.4～94.4	6.3	81.6～94.8	4.9
		100	80.1～88.4	3.4	80.9～88.5	2.8
		200	80.0～97.0	3.0	84.5～98.5	5.3
	甲烯土霉素	50.0	80.2～91.2	4.3	80.2～92.2	5.3
		100	80.8～89.7	3.0	80.1～84.8	1.6
		200	80.0～85.5	2.4	80.5～88.5	2.8
	强力霉素	50.0	81.0～100	6.8	80.8～97.2	6.8
		100	80.9～93.2	4.7	80.3～88.9	3.6
		200	80.0～90.5	4.3	80.5～90.5	4.1

（续表）

样品种类	化合物	国标水平（μg/kg）	高效液相色谱法		液相色谱－质谱/质谱法	
			回收率范围（%）	相对标准偏差（%）	回收率范围（%）	相对标准偏差（%）
牛奶	二甲胺四环素	50.0	81.8～100	6.8	81.0～93.8	5.0
		100	81.3～89.0	3.0	80.3～91.3	3.9
		200	81.5～89.5	3.2	80.5～96.0	3.5
	差向土霉素	—	—	—	80.0～99.4	4.5
		—	—	—	80.9～90.4	3.2
		—	—	—	82.5～91.5	3.3
	土霉素	50.0	88.2～109	7.0	70.4～98.0	7.1
		100	90.5～99.7	3.1	80.2～93.0	5.5
		200	90.5～98.5	2.9	84.5～94.5	3.5
	差向四环素	—	—	—	80.0～92.6	5.1
		—	—	—	80.5～87.3	3.9
		—	—	—	80.5～91.0	7.5
	四环素	50.0	81.8～99.6	7.1	80.2～93.0	5.2
		100	80.9～91.3	3.3	80.0～86.7	4.2
		200	80.5～92.5	3.6	82.0～96.5	4.2
	差向金霉素	—	—	—	80.0～94.2	4.4
		—	—	—	80.5～87.4	3.4
		—	—	—	80.0～95.0	4.1
	去甲基金霉素	50.0	81.6～95.6	5.5	81.4～94.8	5.5
		100	80.2～87.1	3.0	80.5～89.7	2.8
		200	80.0～89.5	3.3	80.0～94.0	2.8
	金霉素	50.0	81.4～98.8	6.3	80.4～92.2	5.5
		100	82.3～93.5	4.0	80.8～90.4	3.8
		200	80.0～92.0	4.9	81.0～93.5	2.2
	甲烯土霉素	50.0	80.4～95.5	5.4	80.4～93.0	4.8
		100	80.2～87.6	3.3	80.2～89.7	4.0
		200	80.5～91.5	4.2	80.5～88.5	1.9
	强力霉素	50.0	80.2～95.0	6.3	80.0～94.6	4.7
		100	84.2～98.7	6.2	85.2～94.2	4.6
		200	89.0～101	4.1	84.0～92.0	5.5

中华人民共和国国家标准

农业部781号公告—12—2006

牛奶中磺胺类药物残留量的测定 液相色谱-串联质谱法

Milk - Determination of sulfonamides residues - LC - MS/MS method

2006-12-16发布　　2006-12-16实施

中华人民共和国农业部　发布

前　　言

本标准中附录 A 为规范性附录，附录 B、附录 C 为资料性附录。

本标准由中华人民共和国农业部提出并归口。

本标准起草单位：农业部食品质量监督检验测试中心（上海）。

本标准主要起草人：孟瑾、韩奕奕、余深、刘罡一、吴榕、贾晶莹。

牛奶中磺胺类药物残留量的测定
液相色谱 - 串联质谱法

1 范围

本标准规定了牛奶中 9 种磺胺类药物残留量的液相色谱 - 串联质谱（LC - MS/MS）确认检测方法。

本标准适用于生鲜牛奶、巴氏杀菌乳、超高温瞬时灭菌乳（UHT 灭菌乳）中磺胺类药物残留量的测定。

本标准的方法检出限为 0.2 ~ 5μg/L，定量限为 10μg/L（见附录 A）。

2 规范性引用文件

下列文件中的条款通过本标准的引用而成为本标准的条款。凡是注日期的引用文件，其随后所有的修改单（不包括勘误的内容）或修订版均不适用于本标准，然而，鼓励根据本标准达成协议的各方研究 是否可使用这些文件的最新版本。凡是不注日期的引用文件，其最新版本适用于本标准。

GB/T 6682 分析实验室用水规格和试验方法。

3 原理

待测样品中加入乙腈，沉淀牛奶中的蛋白，离心后取上清液用液相色谱 - 串联质谱仪测定残留在滤液中的磺胺类药物，内标法定量。

4 试剂和材料

4.1 水：GB/T 6682，一级。

4.2 甲醇（CH_3OH）：色谱纯。

4.3 乙腈（CH_3CN）：色谱纯。

4.4 流动相：A 液 + B 液（20 + 80）

A 液（含 0.02% 甲酸的乙腈溶液）：吸取 0.2mL 甲酸（HCOOH）于 1 000mL 乙腈（4.3）中，充分摇匀，0.45μm 滤膜（4.17）过滤；

B 液（0.02% 甲酸）：吸取 0.2mL 甲酸（HCOOH）于 1 000mL 水中，充分摇匀，0.45μm 滤膜（4.17）过滤。

4.5 磺胺嘧啶标准物质：纯度≥99.5%。

4.6 磺胺二甲氧基嘧啶标准物质：纯度≥99.5%。

4.7 磺胺二甲嘧啶标准物质：纯度≥99.5%。

4.8 磺胺甲基嘧啶标准物质：纯度≥99.5%。

4.9 磺胺甲氧嘧啶标准物质：纯度≥99.5%。

4.10 磺胺甲基异噁唑标准物质：纯度≥99.5%。

4.11 磺胺吡啶标准物质：纯度≥98.0%。

4.12 磺胺二甲异嘧啶标准物质：纯度≥99.5%。

4.13　磺胺异噁唑标准物质：纯度≥99.5%。

4.14　$^{13}C_6$－磺胺甲噁唑贮备液：每毫升含$^{13}C_6$－磺胺甲噁唑100μg的乙腈（4.3）溶液，贮存于4℃的冰箱中，有效期24个月。

4.15　标准溶液

4.15.1　标准贮备液：准确称取各磺胺类药物标准物质（4.5、4.6、4.7、4.8、4.9、4.10、4.11、4.12、4.13）10.0mg，分别用甲醇（4.2）溶解并定容至100mL，混合均匀。该溶液每毫升分别含各标准物质100μg。存于4℃的冰箱中，有效期3个月。

4.15.2　混合标准液：准确吸取各标准贮备液（4.15.1）0.5mL，用水稀释并定容至50mL，混合均匀。该溶液每毫升含各标准物质10μg。贮存于4℃的冰箱中，有效期1个月。

4.15.3　标准曲线工作液：准确吸取混合标准液（4.15.2）0.0mL、0.1mL、0.4mL、0.8mL、2.0mL、3.0mL，分别用阴性牛奶样品稀释并定容至10mL，混合均匀。该溶液每毫升分别含各标准物质0ng、10ng、40ng、80ng、200ng、300ng。临用前配制。

4.16　内标工作液：准确吸取$^{13}C_6$－磺胺甲噁唑贮备液（4.14）0.1mL，用乙腈（4.3）稀释并定容至100mL，混合均匀。该溶液每毫升含$^{13}C_6$－磺胺甲噁唑100ng。贮存于4℃的冰箱中，有效期3个月。

4.17　滤膜：水相，0.45μm。

5　仪器和设备

5.1　分析天平：感量0.00001g。

5.2　单刻线移液管：容量0.1mL、0.2mL、0.5mL、1.0mL、2.0mL、5.0mL。

5.3　容量瓶：容量10mL、50mL、100mL。

5.4　烧杯：容量100mL。

5.5　聚丙烯塑料管：容量1.5mL。

5.6　具塞离心管：10mL。

5.7　高速离心机：转速15 000r/min。

5.8　涡流混合器。

5.9　液相色谱－串联四极杆质谱仪：配有电喷雾离子源。

6　分析步骤

6.1　试样

6.1.1　贮藏在冰箱中的牛奶，应在试验前预先取出，与室温平衡后、摇匀待取样。

6.1.2　准确吸取0.1mL样品于洁净聚丙烯塑料管（5.5）中，加入0.1mL内标工作液（4.16），用涡流混合器（5.8）混合5s，以15 000r/min离心1min。

6.1.3　准确吸取0.1mL上层清液于洁净聚丙烯塑料管（5.5）中，加入0.1mL乙腈（4.3），用涡流混合器（5.8）混合5s，以15 000r/min离心1min。

6.1.4　准确吸取0.1mL上层清液于洁净聚丙烯塑料管（5.5）中，加入0.1mL水（4.1），用涡流混合器（5.8）混合5s。取上清液，供液相色谱－串联质谱仪（5.9）测定。

6.2　标准工作溶液

准确吸取0.1mL各质量浓度标准曲线工作液（4.15.3），按步骤6.1.2~6.1.4操作，取上清液，供液相色谱－串联质谱仪（5.9）测定。

6.3　液相色谱－串联质谱测定

6.3.1　参考条件

6.3.1.1　液相色谱条件

色谱柱：C_{18}，5μm，10cm×0.2cm（i. d.），或性能相当者；

预柱：C_{18}，4.0mm×3.0mm（i. d.），或性能相当者；

流动相：按4.4方法配制、过滤；

流速：0.3mL/min；

进样体积：20μL。

6.3.1.2　质谱条件

离子源：电喷雾离子源；

扫描方式：正离子扫描；

检测方式：多反应监测；

喷雾口位置：3∶7；

雾化气压力：0.33MPa；

气帘气压力：0.22MPa；

碰撞气压力：0.62MPa；

辅助气流速：6L/min；

离子源电压：3 500V；

离子源温度：400℃；

监测离子对参见附录B。

注：色谱、质谱条件可根据实际情况作相应调整。

6.3.2　各成分保留时间的确定

在上述条件下，各磺胺类药物及内标物质的出峰顺序为：磺胺二甲嘧啶、磺胺嘧啶、磺胺吡啶、磺胺甲基嘧啶、磺胺二甲异嘧啶、磺胺甲氧嘧啶、$^{13}C_6$－磺胺甲噁唑、磺胺甲基异噁唑、磺胺异噁唑、磺胺二甲氧基嘧啶。9种磺胺类药物和内标物的参考保留时间参见附录B，LC－MS/MS质量色谱图参见附录C。

6.3.3　标准工作曲线的绘制

准确吸取20μL处理后的各浓度标准工作液（6.2）分别进样，以各标准物质的质量浓度（μg/L）为横坐标，各标准物质与$^{13}C_6$－磺胺甲噁唑的峰面积比值为纵坐标，分别绘制标准工作曲线。

6.3.4　样品测定

准确吸取20μL处理后的待测样品溶液（6.1.4）进样，得到待测样品溶液中各磺胺类药物和$^{13}C_6$－磺胺甲噁唑的峰面积，用标准工作曲线对样品进行定量。样品溶液中待测磺胺类药物的响应值均应在仪器测定的线性范围内。

6.4　空白试验

以阴性牛奶样品代替待测样品，按6.1～6.3步骤同时完成空白试验。

7　结果计算

7.1　标准工作曲线回归方程利用数据处理系统得到，形式如公式（1）：

$$y = bx + a \tag{1}$$

式中：

y——标准工作液中各磺胺类标准物质定量离子峰面积与$^{13}C_6$－磺胺甲噁唑定量离子峰面积的比值；

x——标准工作液中各磺胺类标准物质的浓度，单位为微克每升（μg/L）；

b——标准工作曲线回归方程中的斜率；

a——标准工作曲线回归方程中的截距。

7.2　待测样品中各磺胺类药物的残留量按公式（2）计算：

$$X = \frac{Y - a}{b} \tag{2}$$

式中：

X——待测样品溶液中各磺胺类药物的残留量，单位为微克每升（μg/L）；

Y——待测样品溶液中各横胺类药物定量离子峰面积与$^{13}C_6$－磺胺甲噁唑定量离子峰面积的比值。

注：计算结果应扣除空白，用平行测定的算术平均值表示，保留至小数点后两位。

8　准确度和精密度

8.1　准确度

本方法9种磺胺类药物的添加浓度为10～250μg时，相对回收率为85%～115%。

8.2　精密度

本方法的批间变异系数CV≤15%。

附录 A （规范性附录）
9 种磺胺类药物中英文名称和方法定量限、检出限

A. 1　9 种磺胺类药物中英文名称和方法定量限、检出限见表 A. 1。

表 A. 1　9 种磺胺类药物中英文名称和方法定量限、检出限

序号	中文名称	英文名称	定量限（μg/L）	检出限（t/L）
1	磺胺二甲嘧啶	Sulfadimidine	10. 0	0. 2
2	磺胺嘧啶	Sulfadiazine	10. 0	2. 0
3	磺胺吡啶	Sulfapyridine	10. 0	2. 0
4	磺胺甲基嘧啶	Sulfamemzine	10. 0	2. 0
5	磺胺二甲异嘧啶	Sulfisamidine	10. 0	1. 0
6	磺胺甲氧嘧啶	Sulfameter	10. 0	3. 0
7	磺胺甲基异噁唑	Sulfamethoxazole	10. 0	4. 0
8	磺胺异噁唑	Sulfisoxazole	10. 0	5. 0
9	磺胺二甲氧基嘧啶	Sulfadimethoxine	10. 0	2. 0
内标	$^{13}C_6$ – 磺胺甲噁唑	$^{13}C_6$ – Sulfamethoxazole	/	/

附录 B （资料性附录）
LC－MS/MS 测定的 9 种磺胺类药物和内标物监测离子对和保留时间

B.1　LC－MS/MS 测定的 9 种磺胺类药物和内标物监测离子对和保留时间参见表 B.1。

表 B.1　LC－MS/MS 测定的 9 种磺胺类药物和内标物监测离子对和保留时间

序号	名 称	参考保留时间(min)	定性离子对 1	定性离子对 2	定量离子对
1	磺胺二甲嘧啶	1.02	279/149	279/186	279/124
2	磺胺嘧啶	1.79	251/108	251/156	251/92
3	磺胺吡啶	1.93	250/108	250/92	250/156
4	磺胺甲基嘧啶	2.22	265/156	265/172	265/92
5	磺胺二甲异嘧啶	2.63	279/149	279/186	279/124
6	磺胺甲氧嘧啶	3.08	281/108	281/92	281/156
7	磺胺甲基异噁唑	5.78	254/108	254/92	254/156
8	磺胺异噁唑	6.93	268/113	268/108	268/156
9	磺胺二甲氧基嘧啶	11.07	311/108	311/92	311/156
内标	$^{13}C_6$－磺胺甲噁唑	5.76	260/92	260/108	260/162

附录 C（资料性附录）
9 种磺胺类药物标准物质 LC – MS/MS 质量色谱图

C.1　空白牛奶的 LC – MS/MS 质量色谱图参见图 C.1。

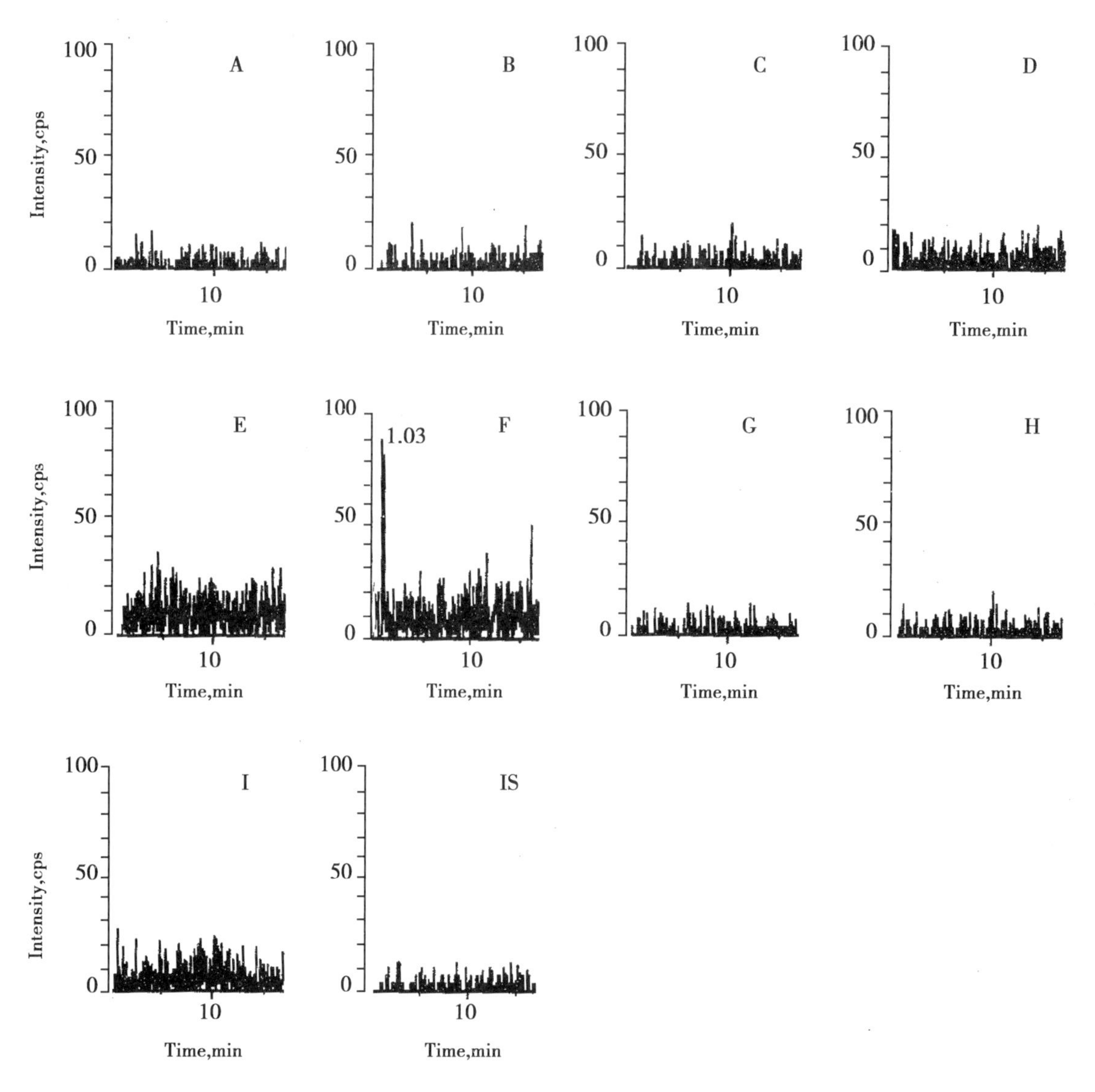

图 C.1　空白牛奶的 LC – MS/MS 质量色谱图

注：A. 磺胺嘧啶；B. 磺胺二甲氧基嘧啶；C. 磺胺二甲嘧啶；D. 磺胺甲基嘧啶；E. 磺胺甲氧嘧啶；F. 磺胺甲基异噁唑；G. 磺胺吡啶；H. 磺胺二甲异嘧啶；I. 磺胺异噁唑；IS. $^{13}C_6$ – 横胺甲噁唑

C. 2　添加浓度为 10μg/L 时 9 种磺胺类药物和内标物的 LC – MS/MS 质量色谱图参见图 C. 2。

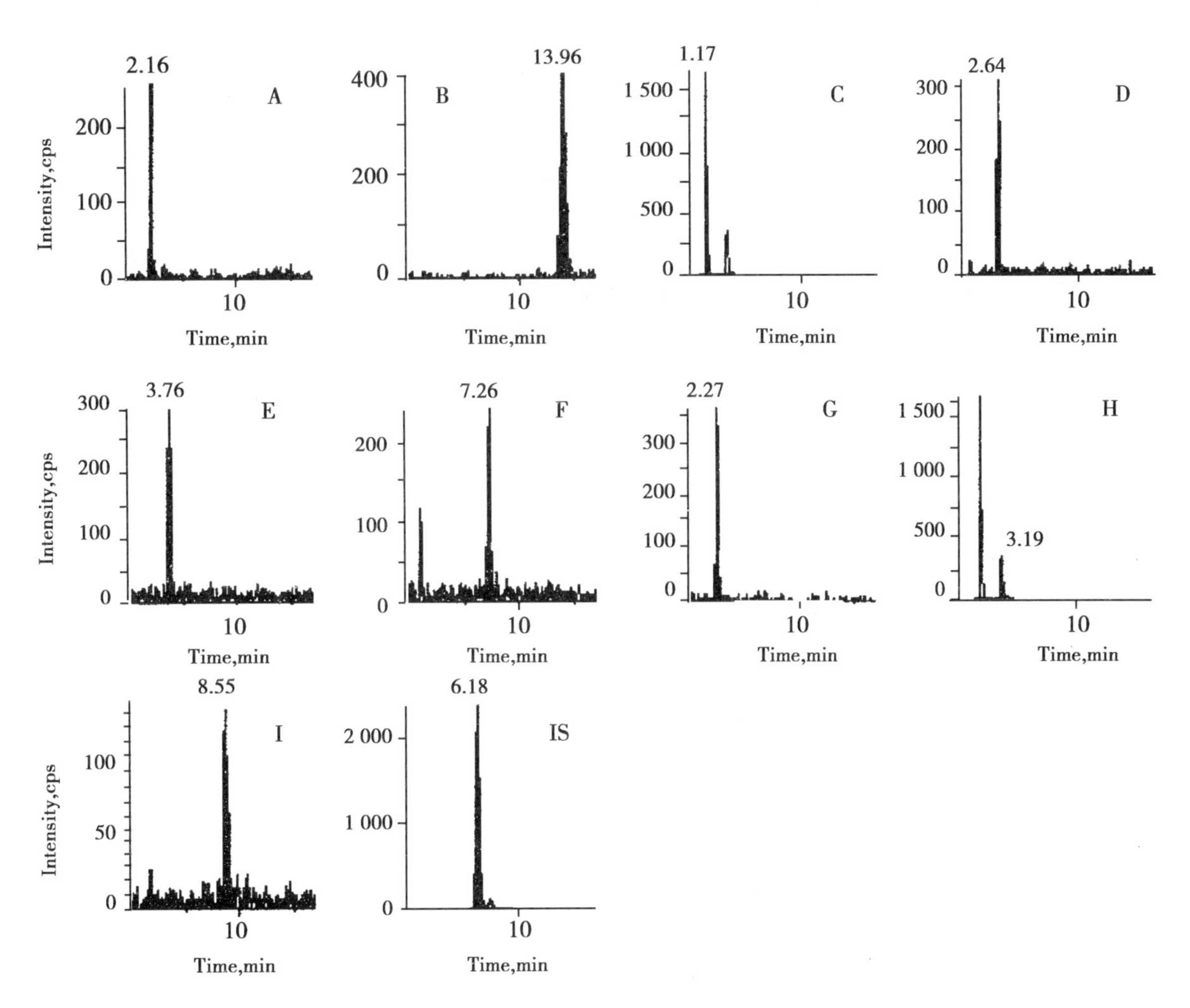

图 C. 2　添加浓度为 10μg/L 时 9 种磺胺类药物的内标物的 LC – MS/MS 质量色谱图

注：A. 磺胺嘧啶；B. 磺胺二甲氧基嘧啶；C. 磺胺二甲嘧啶；D. 磺胺甲基嘧啶；E. 磺胺甲氧嘧啶；F. 磺胺甲基异噁唑；G. 磺胺吡啶；H. 磺胺二甲异嘧啶；I. 磺胺异噁唑；IS. $^{13}C_6$ – 横胺甲噁唑

ICS 67.050
X 04

中华人民共和国国家标准

GB/T 22989—2008

牛奶和奶粉中头孢匹林、头孢氨苄、头孢洛宁、头孢喹肟残留量的测定 液相色谱-串联质谱法

Determination of cefapirin, cephalexin, cefalonium, cefquinome residues in milk and milk powder—LC-MS-MS method

2008-12-31 发布　　2009-05-01 实施

中华人民共和国国家质量监督检验检疫总局
中国国家标准化管理委员会　发布

前　言

本标准的附录 A、附录 B 为资料性附录。
本标准由中华人民共和国国家质量监督检验检疫总局提出并归口。
本标准起草单位：中华人民共和国秦皇岛出入境检验检疫局。
本标准主要起草人：李学民、母健、曹彦忠、刘晓茂、钱小清、庞国芳。

牛奶和奶粉中头孢匹林、头孢氨苄、头孢洛宁、头孢喹肟残留量的测定 液相色谱 - 串联质谱法

1 范围

本标准规定了牛奶和奶粉中头孢匹林、头孢氨苄、头孢洛宁、头孢喹肟残留量的液相色谱 - 串联质谱测定方法。

本标准适用于牛奶和奶粉中头孢匹林、头孢氨苄、头孢洛宁、头孢喹肟残留量的测定。

本标准牛奶的方法检出限：头孢匹林、头孢氨苄、头孢洛宁、头孢喹肟为 4.0μg/kg；奶粉的方法检出限为：头孢匹林、头孢氨苄、头孢洛宁、头孢喹肟为 32μg/kg。

2 规范性引用文件

下列文件中的条款通过本标准的引用而成为本标准的条款。凡是注日期的引用文件，其随后所有的修改单（不包括勘误的内容）或修订版均不适用于本标准，然而，鼓励根据本标准达成协议的各方研究是否可使用这些文件的最新版本。凡是不注日期的引用文件，其最新版本适用于本标准。

GB/T 6379.1 测量方法与结果的准确度（正确度与精密度）第 1 部分：总则与定义（GB/T 6379.1—2004，ISO 5725 - 1：1994，IDT）。

GB/T 6379.2 测量方法与结果的准确度（正确度与精密度）第 2 部分：确定标准测量方法重复性与再现性的基本方法（GB/T 6379.2—2004，ISO 5725 - 2：1994，IDT）。

GB/T6682 分析实验室用水规格和试验方法（GB/T 6682—2008，ISO 3696：1987，MOD）。

3 原理

试样中四种头孢菌素类药物残留，用乙腈、磷酸盐缓冲溶液提取，固相萃取柱净化，液相色谱 - 串联质谱仪测定，外标法定量。

4 试剂和材料

除另有说明外，所用试剂均为分析纯。

4.1 水：GB/T 6682，一级。

4.2 甲醇：色谱纯。

4.3 乙腈：色谱纯。

4.4 磷酸二氢钠（NaH_2PO_4）。

4.5 氢氧化钠：优级纯。

4.6 乙酸。

4.7 正己烷。

4.8 乙腈 - 水溶液（3 + 1）：量取 60mL 乙腈（4.3）和 20mL 水充分混合。

4.9 乙腈饱和的正己烷：取 100mL 正己烷（4.7）和 50mL 乙腈于 250mL 分液漏斗中，振摇 1min，静

置分层后，弃掉乙腈。

4.10　5mol/L 氢氧化钠溶液：称取 20g 氢氧化钠（4.5），用水溶解，定容至 100mL。

4.11　0.10mol/L 磷酸二氢钠缓冲溶液：称取 12.08 磷酸二氢钠（4.4），用水溶解，定容至 1 000mL。然后用氢氧化钠溶液（4.10）调节至 pH =8.5。

4.12　标准物质：头孢匹林（CAS：24356 -60 -3）、头孢氨苄（CAS：16549 -56 -7）、头孢洛宁（CAS：5575 -21 - 3）、头孢喹肟（CAS：118443 -89 -3），纯度大于等于99%。

4.13　1.0mg/mL 四种头孢菌素标准储备溶液：准确称取适量的每种标准物质（4.12），分别用水配制成浓度为 1.0mg/mL 的标准储备溶液。储备液贮存在 -18℃冰柜中。

4.14　四种头孢菌素标准混合工作溶液：根据需要吸取适量的每种头孢菌素标准储备溶液（4.13），用水制成适当浓度的混合标准工作溶液。

4.15　Oasis HLB 固相萃取柱①或相当者：500mg，6mL。使用前依次用 5mL 甲醇（4.2）、5mL 水和 10mL 磷酸二氢钠缓冲溶液（4.11）预处理，保持柱体湿润。

4.16　滤膜：0.2μm。

5　仪器

5.1　液相色谱 - 串联四极杆质谱仪，配有电喷雾离子源。

5.2　分析天平：感量 0.1mg、0.01g。

5.3　固相萃取真空装置。

5.4　贮液器：50mL。

5.5　微量注射器：25μL，100μL。

5.6　均质器。

5.7　高速冷冻离心机：带有 50mL 具塞离心管，转速达到 10 000r/min 以上。

5.8　刻度样品管：5mL，精度为 0.1mL。

5.9　旋转浓缩仪。

5.10　氮气浓缩仪。

6　试样制备与保存

6.1　试样的制备

从全部样品中取出有代表性样品约 1 kg，充分混匀，均分成两份，分别装入洁净容器内。密封后作为试样，标明标记。在抽样和制样的操作过程中，应防止样品受到污染或发生残留物含量的变化。

6.2　试样的保存

将试样于 -18℃保存。

7　测定步骤

7.1　试样溶液的提取

7.1.1　牛奶

称取 5g 试样（精确到 0.01g）置于 50mL 离心管中，加入 20mL 乙腈（4.3），使用均质器（5.6）均质 1min，提取液使用高速冷冻离心机（5.7）在 10℃10 000r/min 离心 10min，把上层提取液移至另一离心管中。用 15mL 乙腈 - 水溶液（4.8）重复提取一次，合并两次的提取液，并加入 10mL 乙腈饱和的

---

①　Oasis HLB 固相萃取柱是 Waters 公司产品的商品名称，给出这一信息是为了方便本标准的使用者，并不是表示对该产品的认可。如果其他产品具有相同的效果，则可使用这些等效产品。

正己烷（4.9），振荡1min，弃掉正己烷。把提取液移至100mL鸡心瓶中，在40℃用旋转浓缩仪（5.9）旋转蒸发除去乙腈。

7.1.2 奶粉

称取0.5g试样（精确到0.01g）置于50mL离心管中，加入4.0mL水，使奶粉充分溶解，加入20mL乙腈（4.3），使用均质器（5.6）均质1min，提取液使用高速冷冻离心机（5.7）在10℃ 10 000r/min离心10min，把上层提取液移至另一离心管中。用15mL乙腈－水溶液（4.8）重复提取一次，合并两次的提取液，并加入10mL乙腈饱和的正己烷（4.9），振荡1min，弃掉正己烷。把提取液移至100mL鸡心瓶中，在40℃用旋转浓缩仪（5.9）旋转蒸发除去乙腈。

7.2 试样溶液的净化

向已除去乙腈的样品溶液中加入20mL磷酸二氢钠缓冲溶液，然后用氢氧化钠溶液（4.10）调节至pH值=8.5。把样品提取液移至下接Oasis HLB固相萃取柱（4.15）的贮液器中，以3mL/min的流速通过固相萃取柱，先用5mL磷酸二氢钠缓冲溶液洗涤鸡心瓶并过柱，再用2mL水洗柱，弃去全部流出液。用2mL乙腈洗脱，收集洗脱液于刻度样品管（5.8）中，在40℃：氮气浓缩仪（5.10）吹干，用2mL水溶解残渣，摇匀后，过0.2μm滤膜（4.16），供液相色谱－串联质谱仪测定。

7.3 空白样品添加标准混合工作溶液的制备

7.3.1 牛奶

分别准确移取适量四种头孢菌素标准混合工作溶液（4.14），添加到5.0g样品中，按照7.1、7.2步骤操作，制得头孢匹林、头孢氨苄、头孢洛宁、头孢喹肟浓度分别为4.0μg/kg、8.0μg/kg、16μg/kg、40μg/kg四个样品添加标准混合工作溶液，供液相色谱－串联质谱仪测定。

7.3.2 奶粉

分别准确移取适量四种头孢菌素标准混合工作溶液（4.14），添加到0.5g样品中，按照7.1、7.2步骤操作，制得头孢匹林、头孢氨苄、头孢洛宁、头孢喹肟浓度分别为32 μg/kg、64 μg/kg、128μg/kg、320μg/kg四个样品添加标准混合工作溶液，供液相色谱－串联质谱仪测定。

7.4 测定条件

7.4.1 液相色谱参考条件

液相色谱参考条件如下。

a. 色谱柱：ZORBAX SB－C_{18}，3.5 μm，150mm×2.1mm（内径）或相当者；

b. 流动相组成、流速及梯度程序见表1；

c. 柱温：30℃；

d. 进样量：20μL。

表1 流动相梯度程序及流速

时间（min）	流速（pL/min）	水（含0.1%乙酸）（%）	乙腈（%）
0.00	200	95.0	5.0
2.00	200	95.0	5.0
2.01	200	40.0	60.0
8.00	200	40.0	60.0
8.01	200	95.0	5.0
15.00	200	95.0	5.0

7.4.2 质谱参考条件

质谱参考条件如下。

a. 离子源：电喷雾离子源；
b. 扫描方式：正离子扫描；
c. 检测方式：多反应监测；
d. 电喷雾电压：5 500 V；
e. 雾化气压力：0.055MPa；
f. 气帘气压力：0.079MPa；
g. 辅助气流速：6 L/min；
h. 离子源温度：400℃
i. 定性离子对、定量离子对和去簇电压（DP）、碰撞气能量（CE）见表2。

表2　四种头孢菌素的定性离子对、定量离子对、去簇电压、碰撞气能量

中文名称	英文名称	定性离子对（m/z）	定量离子对（w/z）	碰撞气能量（V）	去簇电压（V）
头孢匹林	cefapirin	424/292 424/152	424/292	23 34	45
头孢氨苄	cephalexin	348/158 348/174	348/158	14 22	40
头孢洛宁	cefalonium	459/152 459/123	459/152	29 18	35
头孢喹肟	cefquinome	529/134 529/396	529/134	21 19	49

7.4.3　液相色谱－串联质谱测定

7.4.3.1　定性测定

选择每种待测物质的一个母离子，两个以上子离子，在相同实验条件下，样品中待测物质的保留时间，与基质标准溶液中对应物质的保留时间偏差在±2.5%之内；样品谱图中各定性离子相对丰度与浓度接近的基质标准溶液的谱图中离子相对丰度相比，偏差不超过表3规定的范围，则可判定为样品中存在对应的待测物。

表3　定性确证时相对离子丰度的最大允许偏差　（%）

相对离子丰度（K）	K>50	20<K<50	10<K<20	K≤10
允许的最大偏差	±20	±25	±30	±50

7.4.3.2　定量测定

用7.3制备的基质标准混合工作溶液分别进样，以标准工作溶液浓度为横坐标，以峰面积为纵坐标，绘制标准工作曲线。用标准工作曲线对样品进行定量，样品溶液中四种头孢菌素的响应值均应在仪器测定的线性范围内。在上述色谱条件下，四种头孢菌素标准物质的多反应监测（MRM）色谱图参见附录A中的图A.1。

本方法的添加回收率数据参见附录B中的表B.1。

7.5　平行试验

按上述步骤，对同一试样进行平行试验测定。

7.6　空白试验

除不称取试样外，均按上述分析步骤进行。

8 结果计算

试样中四种头孢菌素残留量利用数据处理系统计算或按式（1）计算：

$$X = c \times \frac{V}{m} \times \frac{1\ 000}{1\ 000} \tag{1}$$

式中：

X——试样中被测组分残留量，单位为微克每千克（μg/kg）；

c——从标准工作曲线得到的试样溶液中被测组分的浓度，单位为纳克每毫升（ng/mL）；

V——试样溶液定容体积，单位为毫升（mL）；

m——最终试样溶液所代表的试样质量，单位为克（g）。

计算结果应扣除空白值。

9 精密度

9.1 一般规定

本标准的精密度数据是按照 GB/T 6379.1 和 GB/T 6379.2 规定确定的，其重复性和再现性的值是以 95% 的可信度来计算。

9.2 重复性

在重复性试验条件下，获得的两次独立测试结果的绝对差值不超过重复性限 r，试样中四种头孢菌素添加浓度范围及重复性方程见表 4。

表 4 四种头孢菌素添加浓度范围及重复性限和再现性限方程 （μg/kg）

化合物名称	添加浓度范围	重复性限 r	再现性限 R
头孢匹林	4.0～200	lg r = 1.0589 lgm − 1.1748	lg R = 1.0218 lgm − 0.6945
头孢氨苄	4.0～200	lg r = 1.0614 lgm − 1.1774	lg R = 1.0270 lgm − 0.7020
头孢洛宁	4.0～200	lg r = 1.0609 lgm − 1.1771	lg R = 1.0237 lgm − 0.6971
头孢喹肟	4.0～200	lg r = 1.0653 lgm − 1.1887	lg R = 1.0241 lgm − 0.6985

注：m 为两次测定结果的算术平均值

如果两次测定值的差值超过重复性限 r，应舍弃试验结果并重新完成两次单个试验的测定。

9.3 再现性

在再现性试验条件下，获得的两次独立测试结果的绝对差值不超过再现性限 R，试样中四种头孢菌素添加浓度范围及重复性方程见表 4。

附录 A（资料性附录）
标准物质的多反应监测（MRM）色谱图

四种头孢菌素标准物质的多反应监测（MRM）色谱图，见图 A. 1。

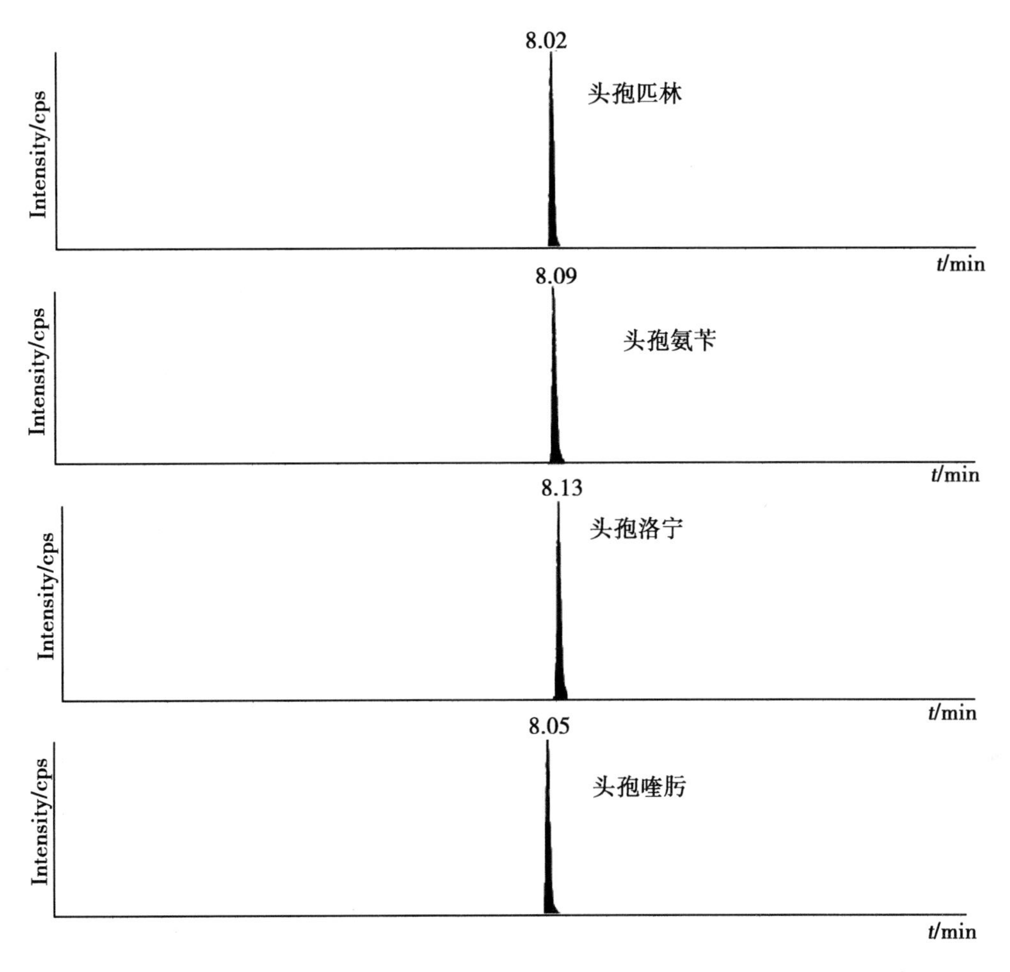

图 A. 1　四种头孢菌素标准物质的多反应监测（MRM）色谱图

附录 B（资料性附录）回收率

四种头孢菌素添加浓度及其平均回收率的试验数据，见表 B. 1。

表 B. 1　四种头孢菌素添加浓度及其平均回收率的试验数据

化合物名称	牛奶		奶粉	
	添加浓度（μg/kg）	平均回收率（%）	添加浓度（μg/kg）	平均回收率（%）
头孢匹林	4. 0	85. 2	32	84. 6
	8. 0	97. 5	64	90. 8
	16. 0	85. 1	128	98. 6
	40. 0	91. 7	320	86. 7
头孢氨苄	4. 0	86. 4	32	80. 2
	8. 0	89. 7	64	85. 6
	16. 0	91. 2	128	102. 3
	40. 0	101. 5	320	95. 3
头孢洛宁	4. 0	92. 3	32	85. 7
	8. 0	107. 6	64	101. 2
	16. 0	89. 3	128	87. 1
	40. 0	91. 7	320	97. 4
头孢喹肟	4. 0	97. 4	32	92. 6
	8. 0	86. 4	64	89. 5
	16. 0	101. 7	128	82. 4
	40. 0	97. 4	320	87. 6

X04
ICS 67.050

中华人民共和国国家标准

GB/T 22992—2008

牛奶和奶粉中玉米赤霉醇、玉米赤霉酮、己烯雌酚、己烷雌酚、双烯雌酚残留量的测定 液相色谱-串联质谱法

Determination of zearalanol, zearalanone, diethylstilbestrol, hexestrol and dienoestrol multi-residues in milk and milk powder - LC-MS-MS method

2008-12-31 发布　　　　2009-05-01 实施

中华人民共和国国家质量监督检验检疫总局
中国国家标准化管理委员会　发布

前　言

本标准的附录 A、附录 B 为资料性附录。

本标准由中华人民共和国国家质量监督检验检疫总局提出并归口。

本标准起草单位：中华人民共和国秦皇岛出入境检验检疫局、中华人民共和国天津出入境检验检疫局。

本标准主要起草人：许泓、吴延晖、何佳、张骏、张曼、林安清、庞国芳。

牛奶和奶粉中玉米赤霉醇、玉米赤霉酮、己烯雌酚、己烷雌酚、双烯雌酚残留量的测定 液相色谱－串联质谱法

1　范围

本标准规定了牛奶和奶粉中玉米赤霉醇（zearalanol）、玉米赤霉酮（zearalanonc）、己烯雌酚（diethylstilbestrol）、己烷雌酚（hexestrol）、双烯雌酚（dieno－estrol）残留量液相色谱－串联质谱测定方法。

本标准用于牛奶和奶粉中玉米赤霉醇、玉米赤霉酮、己烯雌酚、己烷雌酚、双烯雌酚残留量的测定。

本标准方法检出限：牛奶中玉米赤霉醇、玉米赤霉酮、己烷雌酚、己烯雌酚和双烯雌酚为 1.0 μg/L；奶粉中玉米赤霉醇、玉米赤霉酮、己烷雌酚、己烯雌酚和双烯雌酚为 8.0 μg/kg。

2　规范性引用文件

下列文件中的条款通过本标准的引用而成为本标准的条款。凡是注日期的引用文件，其随后所有的修改单（不包括勘误的内容）或修订版均不适用于本标准，然而，鼓励根据本标准达成协议的各方研究是否可使用这些文件的最新版本。凡是不注日期的引用文件，其最新版本适用于本标准。

GB/T 6379.1 测量方法与结果的准确度（正确度与精密度）第 1 部分：总则与定义（GB/T 6379.1—2004，ISO 5725－1：1994，IDT）。

GB/T 6379.2 测量方法与结果的准确度（正确度与精密度）第 2 部分：确定标准测量方法重复性与再现性的基本方法（GB/T 6379.2－2004，ISO 5725－2：1994，IDT）。

GB/T 6682 分析实验室用水规格和试验方法（GB/T 6682—2008，ISO 3696：1987，MOD）。

3　原理

用乙腈作为蛋白沉淀剂和提取剂进行提取，阴离子固相萃取柱进行净化，用液相色谱－串联质谱仪测定，内标法定量。

4　试剂和材料

除另有说明外，所用试剂均为分析纯。

4.1　水：GB/T 6682，一级。

4.2　甲醇：色谱纯。

4.3　乙腈：色谱纯。

4.4　氨水。

4.5　甲酸。

4.6　氢氧化钠。

4.7　5mol/L 氢氧化钠溶液：称取 200g 氢氧化钠，用蒸馏水定容到 1 L。

4.8　淋洗液：氨水－水（1+19）。

4.9　洗脱液：甲酸－甲醇（1+19）。

4.10　激素及代谢物标准物质：玉米赤霉醇（包括α－玉米赤霉醇和β－玉米赤霉醇，各50%）纯度大于等于97%；玉米赤霉酮，纯度大于等于97%；己烯雌酚，纯度大于等于99%；己烷雌酚，纯度大于等于98%；双烯雌酚，纯度大于等于98%。

4.11　标准溶液：分别准确称取适量的玉米赤霉醇、玉米赤霉酮、己烯雌酚、双烯雌酚和己烷雌酚标准物质，用甲醇（4.2）配制成1mg/mL标准贮备溶液。再根据需要以甲醇配制成不同浓度的混合标准溶液 作为标准工作溶液，保存于4℃冰箱中。

4.12　内标标准物质：α－玉米赤霉烯醇－4 氘代，纯度大于等于99%；己烯雌酚－8 氘代，纯度大于等于98%。

4.13　内标标准溶液：准确称取适量玉米赤霉烯醇－4 氘代和己烯雌酚－8 氘代标准物质，用甲醇（4.2）分别配制成1mg/mL标准贮备溶液。再以甲醇稀释成适用浓度的混合内标工作溶液，保存于4℃冰箱中。

4.14　基质提取液：空白样品，除不加入标准工作溶液（4.11）和内标工作溶液（4.13）外，其他操作同7.1.1及7.1.2处理后得到的溶液。

4.15　基质标准工作溶液：将标准工作溶液（1.11）及内标工作溶液（4.13）混合后在氮吹仪中吹干，以基质提取液（4.14）溶解，涡旋30s后即为基质标准工作溶液。

4.16　Oasis MAX阴离子固相萃取柱或相当者：60mg，3mL。

4.17　滤膜：0.2μm。

5　仪器

5.1　液相色谱－串联质谱联用仪：配有电喷雾电离源。

5.2　自动固相萃取仪或同相萃取装置。

5.3　氮气吹干仪。

5.4　涡旋振荡器。

5.5　离心机：转速大于3 500r/min。

5.6　高速离心机：转速大于9 000r/min，温度可控制在4℃。

6　试样的制备

6.1　牛奶

取50mL新鲜或解冻的牛奶混合均匀，3 500r/min离心5min，取下层。

6.2　奶粉

取12.5g奶粉于烧杯中，加适量35～50℃水将其慢慢溶解，转移至100mL容量瓶中，待冷却至室温，用水定容混匀。取50mL，以3 500r/min离心5min，取下层。

7　测定步骤

7.1　混合基质标准校准溶液的制备

7.1.1　样品量取

于50mL离心管中，分别加入不同量混合标准工作溶液（4.11），使各被测组分玉米赤霉醇、玉米赤霉酮、己烷雌酚、己烯雌酚和双烯雌酚的浓度为2.5ng/mL、5.0ng/mL、10ng/mL、25ng/mL、50ng/mL。再分别加入适量内标标准工作溶液（4.13），使其浓度均为10ng/mL，在氮吹仪上于40℃水浴中吹干。取5个阴性样品，每个样品为5mL，置于上述离心管中涡旋混合后，加10mL乙腈，涡旋混合

3min，3 500r/min 离心 10min，取上清液于离心管中，再向样品中加入 5mL 乙腈，同前操作，合并提取液，50℃下氮吹至体积小于 0.1mL。加水 10mL，用 5mol/L NaOH 调节 pH 值至 11.0，4℃ 9 000r/min 离心 5min，备用。

7.1.2　提取净化

固相萃取净化条件：先用 2mL 甲醇、2mL 水将柱子活化，流速均为 4mL/min。将 7.1.1 样品上清液上柱，流速为 3mL/min，依次用 1mL 淋洗液（4.8）、0.5mL 甲醇以 3mL/min 的速度淋洗，通入 20mL 空气以 4mL/min 的速度吹过 Oasis MAX 柱。用 4mL 洗脱液（4.9）洗脱，流速为 1mL/min，加入 30mL 空气以 6mL/min 的速度吹过 Oasis MAX 柱，收集洗脱液。将洗脱液在氮吹仪上于 40℃水浴中吹干，加入 1mL 流动相，涡旋 30s 溶解。溶液过 0.2μm 滤膜后，供液相色谱－串联质谱测定。

7.2　实测样品溶液的制备

取待测样品 5mL 于 50mL 离心管中，加入适量内标标准工作溶液（4.13），使其最终定容浓度均为 10ng/mL。按 7.1.1 及 7.1.2 操作。

7.3　空白基质溶液的制备

取阴性样品 5mL 于 50mL 离心管中，按 7.1.1 及 7.1.2 操作。

7.4　测定条件

7.4.1　液相色谱条件

液相色谱条件如下。

a. 色谱柱：ZORBAX Eclipse SB－C_8，3.5μm，150mm×4.6mm（内径）或相当者；

b. 柱温：25℃；

c. 流动相：乙腈－水（7+3）；

d. 流速：0.5mL/min；

e. 进样量：50μL。

7.4.2　质谱条件

质谱条件如下。

a. 离子化方式：电喷雾电离；

b. 扫描方式：负离子扫描；

c. 检测方式：多反应监测（MRM）；

d. 离子源温度：350℃；

c. 雾化气压力：0.083MPa；

f. 气帘气压力：0.1240MPa；

g. 辅助气 1 压力：0.2756MPa；

h. 辅助气 2 压力：0.2412MPa；

i. 喷雾器电流：－5μA；

j. 电喷雾电压：－4 500 V；

k. 定性离子对、定量离子对、碰撞能量和去簇电压见表 1。

表 1　5 种激素及代谢物的定性离子对、定量离子对、碰撞能量和去簇电压

化合物名称	定性离子对（m/z）	定量离子对（m/z）	碰撞能量（V）	去簇电压（V）
玉米赤霉醇	320.6/277.2	321.1/277.2	－42	－110
	321.1/161.0		－40	－100
玉米赤霉酮	318.7/160.8	318.7/160.8	－40	－110
	318.7/107.0		－45	－110

（续表）

化合物名称	定性离子对（m/z）	定量离子对（m/z）	碰撞能量（V）	去簇电压（V）
玉米赤霉烯醇-4氘代	322.9/159.9 322.9/130.1	322.9/159.9	-50 -43	-90 -90
己烯雌酚	266.9/251.0 266.9/237.1	266.7/251.0	-35 -40	-90 -90
双烯雌酚	264.7/249.1 264.7/235.0	264.7/249.1	-36 -36	-80 -80
己烷雌酚	269.0/118.9 269.0/134.0	269.0/134.0	-23 -52	-70 -70
己烯雌酚-8氘代	275.0/258.9 275.0/245.0	275.0/258.9	-37 -42	-90 -90

7.4.3　液相色谱-串联质谱测定

7.4.3.1　定性测定

每种被测组分选择1个母离子，2个以上子离子，在相同实验条件下，样品中待测物质和内标物的保留时间之比，也就是相对保留时间，与混合基质标准校准溶液中对应的相对保留时间偏差在±2.5%之内；且样品谱图中各组分定性离子的相对丰度与浓度接近的混合基质标准校准溶液谱图中对应的定性离子的相对丰度进行比较，偏差不超过表2规定的范围，则可判定为样品中存在对应的待测物。

表2　定性确证时相对离子丰度的最大允许偏差　（%）

相对离子丰度（K）	K>50	20<K<50	10<K<20	K≤10
最大偏差	±20	±25	±30	±50

7.4.3.2　定量测定

配制系列混合基质标准工作溶液（7.1）分别进样，绘制标准工作曲线。检查仪器性能，确定线性范围。用色谱数据工作站或选取与样品含量接近含有内标的标准工作液进行定量。样品溶液中玉米赤霉醇、玉米赤霉酮、己烯雌酚、己烷雌酚、双烯雌酚的响应值应在工作曲线范围内。标准品的液相色谱-串联质谱色谱图参见附录A中的图A.1。本方法检测牛奶中的激素及代谢物添加浓度及其平均回收率的试验数据参见附录B中的表B.1。

7.5　平行试验

按以上步骤，对同一试样进行平行试验测定。

7.6　空白试验

除不称取试样外，均按上述步骤同时完成空白试验。

8　结果计算

玉米赤霉醇、玉米赤霉酮、己烯雌酚、己烷雌酚、双烯雌酚的测定按式（1）计算：

$$X = c_s \times \frac{A}{A_s} \times \frac{c_i}{c_{Si}} \times \frac{A_{Si}}{A_i} \times \frac{V}{m} \times \frac{1\ 000}{1\ 000} \tag{1}$$

式中：

X——试样中被测物残留量，单位为微克每千克（μg/kg）；

c_s——基质标准工作溶液中被测物的浓度，单位为纳克每毫升（ng/mL）；

A——试样溶液中被测物的色谱峰面积；

A_s——基质标准工作溶液中被测物的色谱峰面积；

c_i——试样溶液中内标物的浓度，单位为纳克每毫升（ng/mL）；

c_{Si}——基质标准工作溶液中内标物的浓度，单位为纳克每毫升（ng/mL）；

A_{Si}——基质标准工作溶液中内标物的色谱峰面积；

A_i——试样溶液中内标物的色谱峰面积；

V——样液最终定容体积，单位为毫升（mL）；

m——试样溶液所代表试样的质量，单位为克（g）。

计算结果应扣除空白值。玉米赤霉醇和己烯雌酚将 2 种异构体面积或峰高值相加后以总量计算。

9　精密度

9.1　一般规定

本标准的精密度数据是按照 GB/T 6379.1 和 GB/T 6379.2 的规定确定的，重复性和再现性的值以 95% 的可信度来计算。

9.2　重复性

在重复性条件下，获得的两次独立测试结果的绝对差值不超过重复性限 r，玉米赤霉醇、玉米赤霉酮、己烯雌酚、己烷雌酚、双烯雌酚在牛奶中的添加浓度范围及重复性方程见表 3，在奶粉中的添加浓度范围及重复性方程见表 4。

表 3　牛奶中的添加浓度范围及重复性和再现性方程　（μg/L）

化合物名称	添加浓度范围	重复性限 r	再现性限 R
玉米赤霉醇	1.0 ~ 10	lg r = 0.9656 lgm − 1.0897	lg R = 0.9625 lgm − 0.7128
玉米赤霉酮	1.0 ~ 10	lg r = 0.9660 lgm − 1.1445	lg R = 0.9152 lgm − 0.6513
己烯雌酚	1.0 ~ 10	lg r = 0.9844 lgm − 1.0935	lg R = 0.2058 lgm + 0.0119
双烯雌酚	1.0 ~ 10	lg r = 0.0735 lgm + 0.0016	lg R = 1.0813 lgm − 0.7982
己烷雌酚	1.0 ~ 10	lg r = 0.9760 lgm − 1.0445	lg R = 0.9252 lgm − 0.6613

注：m 为两次测定结果的算术平均值

表 4　奶粉中的添加浓度范围及重复性和再现性方程　（μg/kg）

化合物名称	添加浓度范围	宽复性限 r	再现性限 R
玉米赤霉醇	10 ~ 100	lg r = 0.9656 lgm − 1.0897	lg R = 0.9625 lgm − 0.7128
玉米赤霉酮	10 ~ 100	lg r = 0.9660 lgm − 1.1445	lg R = 0.9152 lgm − 0.6513
己烯雌酚	10 ~ 100	lg r = 0.9844 lgm − 1.0935	lg R = 0.2058 lgm + 0.0119
双烯雌酚	10 ~ 100	lg r = 0.0735 lgm + 0.0016	lg R = 1.0813 lgm − 0.7982
己烷雌酚	10 ~ 100	lg r = 0.9760 lgm − 1.0445	lg R = 0.925 lgm − 0.6613

注：m 为两次测定结果的算术平均值

如果差值超过重复性限 r，应舍弃试验结果并重新完成两次单个试验的测定。

9.3　再现性

在再现性条件下，获得的两次独立测试结果的绝对差值不超过再现性限 R，玉米赤霉醇、玉米赤霉酮、己烯雌酚、己烷雌酚、双烯雌酚在牛奶中的添加浓度范围及再现性方程见表 3，在奶粉中的添加浓度范围及再现性方程见表 4。

附录 A （资料性附录） 标准物质液相色谱 - 串联质谱图

玉米赤霉醇、玉米赤霉酮、己烯雌酚、己烷雌酚、双烯雌酚标准物质液相色谱 - 串联质谱图，见图 A. 1。

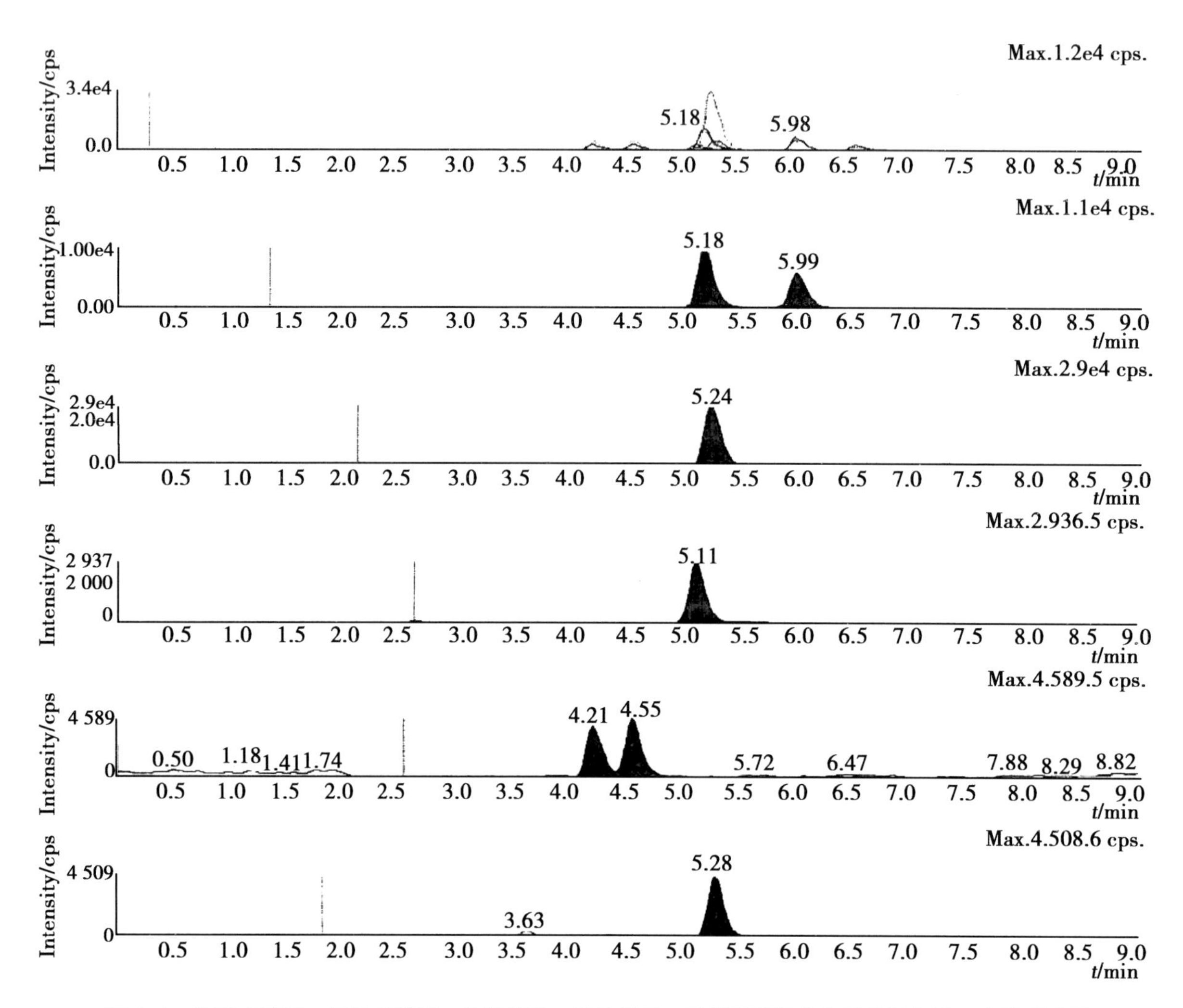

图 A. 1　玉米赤霉醇、玉米赤霉酮、己烯雌酚、己烷雌酚、双烯雌酚标准物质液相色谱 - 串联质谱图

附录B（资料性附录）回收率

本方法检测牛奶中的激素及代谢物添加浓度及其平均回收率的试验数据，见表B.1。

表B.1　添加浓度及其平均回收率的试验数据

化合物名称	添加浓度（μg/L）	平均回收率（%）
玉米赤霉醇	1.0	84.93
	2.0	88.58
	5.0	91.35
	10.0	97.80
玉米赤霉酮	1.0	76.10
	2.0	79.18
	5.0	101.0
	10.0	102.4
己烯雌酚	1.0	80.12
	2.0	78.67
	5.0	102.7
	10.0	96.35
双烯雌酚	1.0	74.83
	2.0	93.00
	5.0	99.53
	10.0	95.32
己烷雌酚	1.0	91.33
	2.0	72.67
	5.0	92.47
	10.0	100.6

ICS07.100.30
C 53

中华人民共和国国家标准

GB/T 4789.27—2008
代替 GB/T 4789.27—2003

食品卫生微生物学检验 鲜乳中抗生素残留检验

Microbiological examination of food hygiene – Examination of residue of antibiotics in fresh milk

2008 - 11 - 21 发布　　2009 - 03 - 01 实施

中华人民共和国
中国国家标准化管理委员会 发布

前　　言

本标准修改采用了国际分析家学会（AOAC）AOAC 982.18（（液体牛奶制品中的β－乳胶抗生素定性的颜色反应试验）（AOAC Official Method 982.18：Beta－lactam antibiotics in fluid milk products－Qualitative color reaction tests）作为第二法。

本标准与AOAC 982.18相比主要区别如下：

——扩大适用范围为鲜乳中能抑制嗜热脂肪芽孢杆菌卡利德变种（*Bacillus stearothermophilus* var. *calidolactis*）的抗生素的检验，也可用于复原乳、消毒灭菌乳、乳粉中抗生素的检测；

——修改了试剂盒加营养片方法，直接将含有试验菌株芽孢的培养基制备在小试管内；

——将“注：偶尔有特殊批次的试剂盒可能需要较长的温育时间才能完全显色。如果……每隔10min检查一次颜色显示情况，并记录每个批号产品所需要的最适当的温育时间。（Note：Ocasionally kits of aparticular Lot No. may require a longer incubation time for color to fully develop. If……Check color development at 10min intervals and record optimum incubation time required for each Lot No.）”程序修改为“如果颜色没有变化，须再于水浴中培养30min作最终观察”；

——删除青霉素酶确证程序。

本标准代替GB/T 4789.27—2003《食品卫生微生物学检验鲜乳中抗生素残留量检验》。本标准与GB/T 4789.27—2003相比主要修改如下：

——标准名称修改为“食品卫生微生物学检验鲜乳中抗生素残留检验”；

——增加了第二法，将原标准的嗜热乳酸链球菌方法确定为第一法；

——增加了附录A“培养基和试剂”。

本标准的附录A为规范性附录。

本标准由中华人民共和国卫生部提出并归口。

本标准由中华人民共和国卫生部负责解释。

本标准负责起草单位：福建省疾病预防控制中心。

本标准参加起草单位：中国疾病预防控制中心营养与食品安全所、中国检验检疫科学研究院、河南省疾病预防控制中心、湖北省疾病预防控制中心。

本标准主要起草人：马群飞、郭云昌、李瑾、田卫、廖兴广、马戈、田静。

本标准所代替标准的历次版本发布情况为：

——GB 4789.27—1984、GB/T 4789.27—1994、GB/T 4789.27—20030

食品卫生微生物学检验 鲜乳中抗生素残留检验

1 范围

本标准规定了鲜乳中抗生素残留的检验方法。

本标准的第一法适用于鲜乳中能抑制嗜热链球菌（*Streptococcus thermophilus*）的抗生素的检验；第二法适用于鲜乳中能抑制嗜热脂肪芽孢杆菌卡利德变种（*Bacillus stearothermophilus* var. *calidolactis*）的抗生素的检验，也可用于复原乳、消毒灭菌乳、乳粉中抗生素的检测。

第一法　嗜热链球菌抑制法

2 原理

样品经过80℃杀菌后，添加嗜热链球菌菌液。培养一段时间后，嗜热链球菌开始增殖。这时候加入代谢底物2，3，5－氯化三苯四氮唑（TTC），若该样品中不含有抗生素或抗生素的浓度低于检测限，嗜热链球菌将继续增殖，还原TTC成为红色物质。相反，如果样品中含有高于检测限的抑菌剂，则嗜热链球菌受到抑制，因此指示剂TTC不还原，保持原色。

3 设备和材料

除微生物实验室常规灭菌及培养设备外，其他设备和材料如下：

3.1　冰箱：2～5℃、－20～－5℃。

3.2　恒温培养箱：36℃±1℃。

3.3　带盖恒温水浴锅：36℃±1℃、80℃±2℃。

3.4　天平：感量0.1g、0.001g。

3.5　无菌吸管：1mL（具0.01mL刻度），10.0mL（具0.1mL刻度）或微量移液器及吸头。

3.6　无菌试管：18mm×180mm。

3.7　温度计：0～100℃。

3.8　旋涡混匀器。

4 菌种、培养基和试剂

4.1　菌种：嗜热链球菌。

4.2　灭菌脱脂乳：见第A.1章。

4.3　4% 2，3，5－氯化三苯四氮唑（TTC）水溶液：见第A.2章。

4.4　青霉素G参照溶液：见第A.3章。

5 检验程序

鲜乳中抗生素残留检验程序见图1。

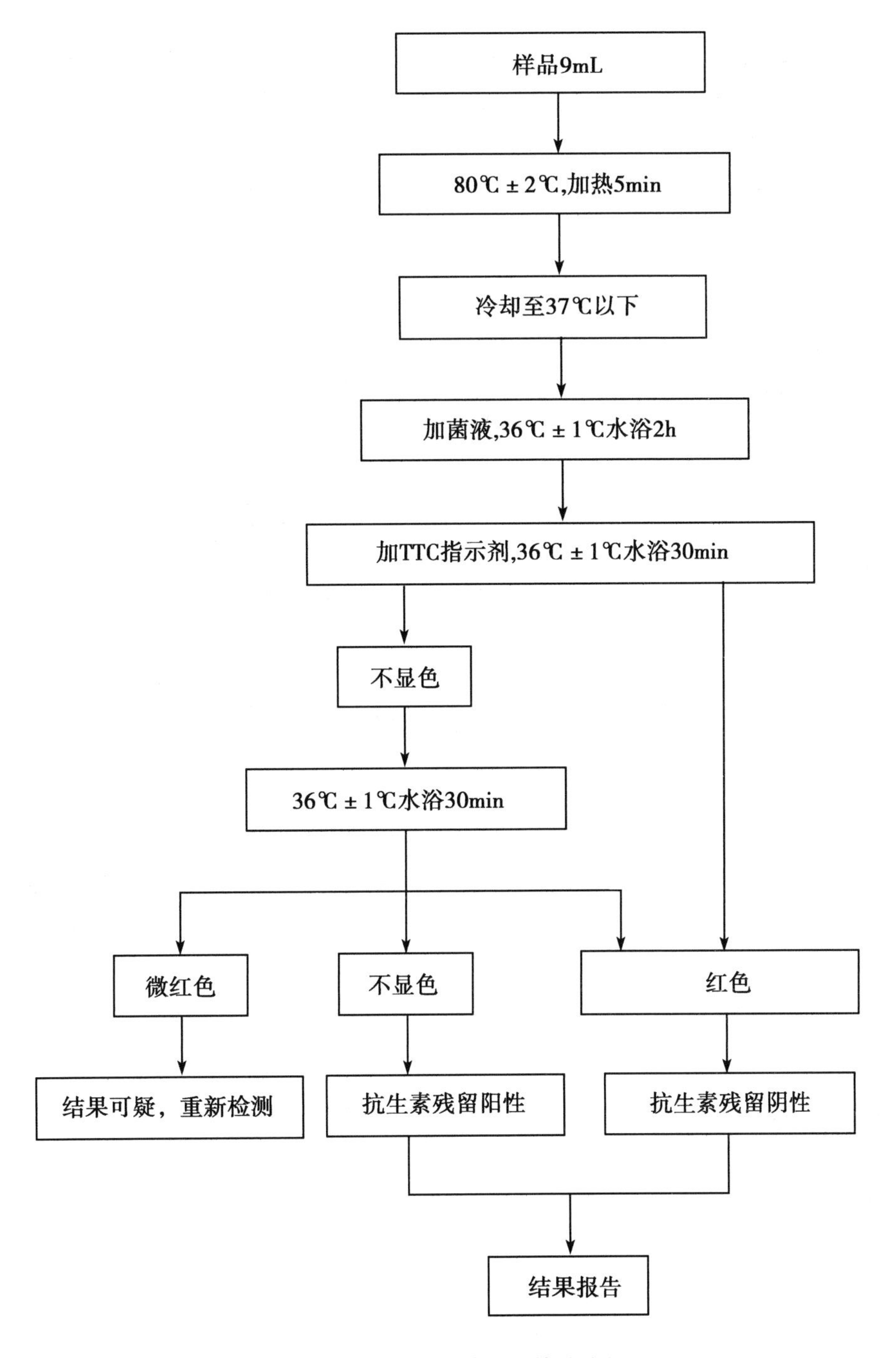

图1　鲜乳中抗生素残留检验流程

6　操作步骤

6.1　活化菌种

取一接种环嗜热链球菌菌种，接种在9mL灭菌脱脂乳中，置36℃ ±1℃恒温培养箱中培养12 ~15h后，置2 ~5℃冰箱保存备用。每15d转种一次。

6.2　测试菌液

将经过活化的嗜热链球菌菌种接种灭菌脱脂乳，36 ±1℃培养15h ±1h，加入相同体积的灭菌脱脂乳混匀，稀释成为测试菌液。

6.3 培养

取样品 9mL，置 18mm × 180mm 试管内，每份样品另外做一份平行样。同时再做阴性和阳性对照各一份，阳性对照管用 9mL 青霉素 G 参照溶液，阴性对照管用 9mL 灭菌脱脂乳。所有试管置 80℃ ±2℃ 水浴加热 5min，冷却至 37℃以下，加入测试菌液 1mL，轻轻旋转试管混匀。36℃ ±1℃水浴培养 2h，加 4% TTC 水溶液 0.3mL，在旋涡混匀器上混合 15s 或振动试管混匀。36℃ ±1℃水浴避光培养 30min，观察颜色变化。如果颜色没有变化，于水浴中继续避光培养 30min 作最终观察。观察时要迅速，避免光照过久出现干扰。

6.4 判断方法

在白色背景前观察，试管中样品呈乳的原色时，指示乳中有抗生素存在，为阳性结果。试管中样品呈红色为阴性结果。如最终观察现象仍为可疑，建议重新检测。

7 报告

最终观察时，样品变为红色，报告为抗生素残留阴性。样品依然呈乳的原色，报告为抗生素残留阳性。

本方法检测几种常见抗生素的最低检出限为：青霉素 0.004IU，链霉素 0.5IU，庆大霉素 0.4IU，卡那霉素 5IU。

第二法 嗜热脂肪芽孢杆菌抑制法

8 原理

培养基预先混合嗜热脂肪芽孢杆菌芽孢，并含有 pH 指示剂（溴甲酚紫）。加入样品并孵育后，若该样品中不含有抗生素或抗生素的浓度低于检测限，细菌芽孢将在培养基中生长并利用糖产酸，pH 指示剂的紫色变为黄色。相反，如果样品中含有高于检测限的抗生素，则细菌芽孢不会生长，pH 指示剂的颜色保持不变，仍为紫色。

9 设备和材料

除微生物实验室常规灭菌及培养设备外，其他设备和材料如下：

9.1 冰箱：2 ~ 5℃、-20 ~ -5℃。

9.2 恒温培养箱：36℃ ±1℃、56℃ ±1℃。

9.3 恒温水浴锅：65℃ ±2℃、80℃ ±2℃。

9.4 无菌吸管或 100μL、200μL 微量移液器及吸头。

9.5 无菌试管：18mm × 180mm、15mm × 100mm。

9.6 温度计：0 ~ 100℃。

9.7 离心机：转速 5 000r/min。

10 菌种、培养基和试剂

10.1 菌种：嗜热脂肪芽孢杆菌卡利德变种。

10.2 无菌磷酸盐缓冲液：见第 A.4 章。

10.3 灭菌脱脂乳：见第 A.1 章。

10.4 溴甲酚紫葡萄糖蛋白胨培养基：见第 A.5 章。

10.5 青霉素 G 参照溶液：见第 A.3 章。

11　检验程序

样品中抗生素残留检验程序见图2。

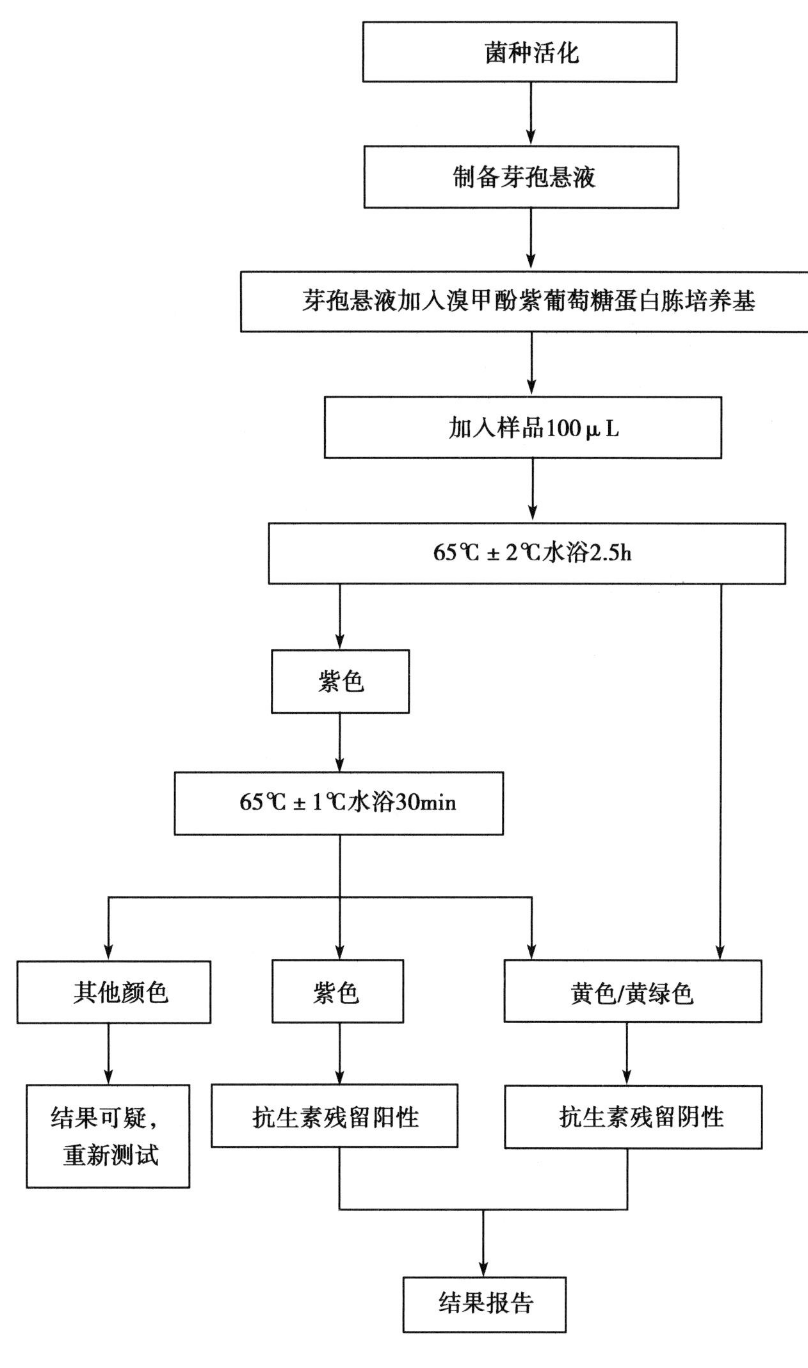

图2　样品检验流程

12　操作步骤

12.1　芽孢悬液

将嗜热脂肪芽孢杆菌菌种画线移种于营养琼脂平板表面，56℃±1℃培养24h后挑取乳白色半透明圆形特征菌落，在营养琼脂平板上再次划线培养，56℃ ±1℃培养24h后转入36℃ ±1℃培养3 ~4d，镜检芽孢产率达到95%以上时进行芽孢悬液的制备。每块平板用1 ~3mL无菌磷酸盐缓冲液洗脱培养基表面的菌苔（如果使用克氏瓶，每瓶使用无菌磷酸盐缓冲液10 ~20mL）。将洗脱液5 000r/min离心15min。取沉淀物加0.03mol/L的无菌磷酸盐缓冲液（pH值为7.2），制成10^9CFU/mL芽孢悬液，置80℃ ±2℃恒温水浴中10min后，密封防止水分蒸发，置2 ~5℃保存备用。

12.2 测试培养基

在溴甲酚紫葡萄糖蛋白胨培养基中加入适量芽孢悬液，混合均匀，使最终的芽孢浓度为8×10^5 ~ 2×10^6CFU/mL。混合芽孢悬液的溴甲酚紫葡萄糖蛋白胨培养基分装小试管，每管200μL，密封防止水分蒸发。配制好的测试培养基可以在2 ~5℃保存6个月。

12.3 培养操作

吸取样品100μL加入含有芽孢的测试培养基中，轻轻旋转试管混匀。每份检样做两份，另外再做阴性和阳性对照各一份，阳性对照管为100μL青霉素G参照溶液，阴性对照管为100μL无抗生素的脱脂乳。于65℃ ±2℃水浴培养2.5h，观察培养基颜色的变化。如果颜色没有变化，须再于水浴中培养30min作最终观察。

12.4 判断方法

在白色背景前从侧面和底部观察小试管内培养基颜色。保持培养基原有的紫色为阳性结果，培养基变成黄色或黄绿色为阴性结果，颜色处于二者之间，为可疑结果。对于可疑结果应继续培养30min再进行最终观察。如果培养基颜色仍然处于黄色－紫色之间，表示抗生素浓度接近方法的最低检出限，此时建议重新检测一次。

13 报告

最终观察时，培养基依然保持原有的紫色，可以报告为抗生素残留阳性。

培养基变为呈黄色或黄绿色时，可以报告为抗生素残留阴性。

本方法检测几种常见抗生素的最低检出限为：青霉素3μg/L，链霉素50μg/L，庆大霉素30μg/L，卡那霉素50μg/L。

附录 A
(规范性附录)
培养基和试剂

A.1　灭菌脱脂乳

A.1.1　成分

无抗生素的脱脂乳。

A.1.2　制法

经 115℃灭菌 20min。也可采用无抗生素的脱脂牛乳粉，以蒸馏水 10 倍稀释，加热至完全溶解，115℃灭菌 20min。

A.2　4% 2，3，5－氯化三苯四氮唑（TTC）水溶液

A.2.1　成分

2，3，5－氯化三苯四氮唑（TTC）	1g
灭菌蒸馏水	5mL

A.2.2　制法

称取 TTC，溶于灭菌蒸馏水中，装褐色瓶内于 2～5℃保存。如果溶液变为半透明的白色或淡褐色，则不能再用。临用时用灭菌蒸馏水 5 倍稀释，成为 4% 水溶液。

A.3　青霉素 G 参照溶液

A.3.1　成分

青霉素 G 钾盐	30.0mg
无菌磷酸盐缓冲液	适量
无抗生素的脱脂乳	适量

A.3.2　制法

精密称取青霉素 G 钾盐标准品，溶于无菌磷酸盐缓冲液中，使其浓度为 100～1 000IU/mL。再将该溶液用灭菌的无抗生素的脱脂乳稀释至 0.006IU/mL，分装于无菌小试管中，密封备用。－20℃保存不超过 6 个月。

A.4　无菌磷酸盐缓冲液

A.4.1　成分

磷酸二氢钠	2.83g
磷酸二氢钾	1.36g
蒸馏水	1 000mL

A.4.2　制法

将上述成分混合，调节 pH 值至 7.3±0.1，121℃高压灭菌 20min。

A.5　溴甲酚紫葡萄糖蛋白胨培养基

A.5.1　成分

蛋白胨	10.0g

葡萄糖	5.0g
2%溴甲酚紫乙醇溶液	0.6mL
琼脂	4.0g
蒸馏水	1 000mL

A.5.2　制法

在蒸馏水中加入蛋白胨、葡萄糖、琼脂，加热搅拌至完全溶解，调节 pH 值至 7.1 ±0.1，然后再加入溴甲酚紫乙醇溶液，混匀后，115℃高压灭菌 30min。

第三章

违禁添加相关参数

1. 原料乳与乳制品中三聚氰胺检测方法　GB/T 22388—2008

2. 原料乳中三聚氰胺快速检测　液相色谱法　GB/T 22400—2008

3. 牛奶和奶粉中 12 种 β－兴奋剂残留量的测定　液相色谱－串联质谱法　GB/T 22965—2008

4. 生乳中革皮水解物鉴定－L－羟脯氨酸含量的测定方法

5. 生乳中碱类物质的测定方法

6. 生乳中硫氰酸根的测定方法

7. 乳及乳制品中舒巴坦敏感 β－内酰胺酶类物质的检验方法——杯碟法

ICS67．100
C　　53

中华人民共和国国家标准

GB/T 22388—2008

原料乳与乳制品中三聚氰胺检测方法

Determination of melamine in raw milk and dairy products

2008-10-07 发布　　　　2008-10-07 实施

中华人民共和国国家质量监督检验检疫总局
中国国家标准化管理委员会　发布

前　言

本标准包括三个方法：第一法　高效液相色谱法，第二法　液相色谱－质谱/质谱法，第三法　气相色谱－质谱联用法。检测时，应根据检测对象及其限量的规定，选用与其相适应的检测方法。

本标准的附录 A 为资料性附录。

本标准由全国食品安全应急标准化工作组、全国质量监管重点产品检验方法标准化技术委员会提出并归口。

本标准第一法起草单位：中国检验检疫科学研究院、中国疾病预防控制中心、国家食品质量安全监督检验中心、北京市疾病预防控制中心、国家乳制品质量监督检验中心、浙江省质量技术监督检测研究院、国家加工食品质量监督检验中心（广州）。

本标准第一法主要起草人：宋书锋、鲁杰、安娟、杨大进、李淑娟、张晶、刘艳琴、杨红梅、杨金宝、鄂来明、廖上富、陈小珍、蔡依军、郭新东、吴玉銮。

本标准第二法起草单位：中国检验检疫科学研究院、北京市疾病预防控制中心、国家食品质量安全监督检验中心、中国疾病预防控制中心、中华人民共和国江苏出入境检验检疫局。

本标准第二法主要起草人：彭涛、吴永宁、邵兵、王浩、李晓娟、郭启雷、苗虹、赵云峰、丁涛、李立、蒋原。

本标准第三法起草单位：上海市质量监督检验技术研究院、国家食品质量安全监督检验中心、中国检验检疫科学研究院。

本标准第三法主要起草人：巢强国、常宇文、雷涛、陈冬东、赵玉琪、周耀斌、穆同娜、葛宇、曹程明、张辉、麦成华、曹红。

原料乳与乳制品中三聚氰胺检测方法

1　范围

本标准规定了原料乳、乳制品以及含乳制品中三聚氰胺的三种测定方法，即高效液相色谱法（HPLC 法）、液相色谱 - 质谱/质谱法（LC - MS/MS 法）和气相色谱 - 质谱联用法［包括气相色谱 - 质谱法（GC - MS 法），气相色谱 - 质谱/质谱法（GC - MS/MS 法）］。

本标准适用于原料乳、乳制品以及含乳制品中三聚氰胺的定量测定；液相色谱 - 质谱/质谱法、气相色谱 - 质谱联用法（包括气相色谱 - 质谱/质谱法）同时适用于原料乳、乳制品以及含乳制品中三聚氰胺的定性确证。

本标准高效液相色谱法的定量限为 2mg/kg，液相色谱 - 质谱/质谱法的定量限为 0.01mg/kg，气相色谱 - 质谱法的定量限为 0.05mg/kg（其中气相色谱 - 质谱/质谱法的定量限为 0.005mg/kg）。

2　规范性引用文件

下列文件中的条款通过本标准的引用而成为本标准的条款。凡是注日期的引用文件，其随后所有的修改单（不包括勘误的内容）或修订版均不适用于本标准，然而，鼓励根据本标准达成协议的各方研究是否可使用这些文件的最新版本。凡是不注日期的引用文件，其最新版本适用于本标准。

GB/T 6682　分析实验室用水规格和试验方法（GB/T 6682—2008，ISO 3696：1987，MOD）。

3　第一法　高效液相色谱法（HPLC 法）

3.1　原理

试样用三氯乙酸溶液 - 乙腈提取，经阳离子交换固相萃取柱净化后，用高效液相色谱测定，外标法定量。

3.2　试剂与材料

除非另有说明，所有试剂均为分析纯，水为 GB/T 6682 规定的一级水。

3.2.1　甲醇：色谱纯。

3.2.2　乙腈：色谱纯。

3.2.3　氨水：含量为 25% ~28%。

3.2.4　三氯乙酸。

3.2.5　柠檬酸。

3.2.6　辛烷磺酸钠：色谱纯。

3.2.7　甲醇水溶液：准确量取 50mL 甲醇和 50mL 水，混匀后备用。

3.2.8　三氯乙酸溶液（1%）：准确称取 10g 三氯乙酸于 1L 容量瓶中，用水溶解并定容至刻度，混匀后备用。

3.2.9　氨化甲醇溶液（5%）：准确量取 5mL 氨水和 95mL 甲醇，混匀后备用。

3.2.10　离子对试剂缓冲液：准确称取 2.10g 柠檬酸和 2.16g 辛烷磺酸钠，加入约 980mL 水溶解，调节 pH 值至 3.0 后，定容至 1L 备用。

3.2.11　三聚氰胺标准品：CAS 108 - 78 - 01，纯度大于 99.0%。

3.2.12 三聚氰胺标准储备液：准确称取100mg（精确到0.1mg）三聚氰胺标准品于100mL容量瓶中，用甲醇水溶液（3.2.7）溶解并定容至刻度，配制成浓度为1mg/mL的标准储备液，于4℃避光保存。

3.2.13 阳离子交换固相萃取柱：混合型阳离子交换固相萃取柱，基质为苯磺酸化的聚苯乙烯－二乙烯基苯高聚物，填料质量为60mg，体积为3mL，或相当者。使用前依次用3mL甲醇、5 mL水活化。

3.2.14 定性滤纸。

3.2.15 海砂：化学纯，粒度0.65～0.85mm，二氧化硅（SiO_2）含量为99%。

3.2.16 微孔滤膜：0.2μm，有机相。

3.2.17 氮气：纯度大于等于99.999%。

3.3 仪器和设备

3.3.1 高效液相色谱（HPLC）仪：配有紫外检测器或二极管阵列检测器。

3.3.2 分析天平：感量为0.0001g和0.01g。

3.3.3 离心机：转速不低于4 000r/min。

3.3.4 超声波水浴。

3.3.5 固相萃取装置。

3.3.6 氮气吹干仪。

3.3.7 涡旋混合器。

3.3.8 具塞塑料离心管：50mL。

3.3.9 研钵。

3.4 样品处理

3.4.1 提取

3.4.1.1 液态奶、奶粉、酸奶、冰淇淋和奶糖等

称取2g（精确至0.01g）试样于50mL具塞塑料离心管中，加入15mL三氯乙酸溶液（3.2.8）和5mL乙腈，超声提取10min，再振荡提取10min后，以不低于4 000r/min离心10min。上清液经三氯乙酸溶液润湿的滤纸过滤后，用三氯乙酸溶液定容至25mL，移取5mL滤液，加入5mL水混匀后做待净化液。

3.4.1.2 奶酪、奶油和巧克力等

称取2g（精确至0.01g）试样于研钵中，加入适量海砂（试样质量的4～6倍）研磨成干粉状，转移至50mL具塞塑料离心管中，用15mL三氯乙酸溶液（3.2.8）分数次清洗研钵，清洗液转入离心管中，再往离心管中加入5mL乙腈，余下操作同3.4.1.1中“超声提取10min，……加入5mL水混匀后做待净化液”。

注：若样品中脂肪含量较高，可以用三氯乙酸溶液饱和的正己烷液－液分配除脂后再用SPE柱净化。

3.4.2 净化

将3.4.1中的待净化液转移至固相萃取柱（3.2.13）中。依次用3mL水和3mL甲醇洗涤，抽至近干后，用6mL氨化甲醇溶液（3.2.9）洗脱。整个固相萃取过程流速不超过1mL/min。洗脱液于50℃下用氮气吹干，残留物（相当于0.4g样品）用1mL流动相定容，涡旋混合1min，过微孔滤膜（3.2.16）后，供HPLC测定。

3.5 高效液相色谱测定

3.5.1 HPLC参考条件

a. 色谱柱：C_8柱，250mm×4.6mm［内径（i.d.）］，5μm，或相当者。

C_{18}柱，250mm×4.6mm［内径（i.d.）］，5μm，或相当者。

b. 流动相：C_8柱，离子对试剂缓冲液（3.2.10）－乙腈（85+15，体积比），混匀。

C_{18}柱，离子对试剂缓冲液（3.2.10）－乙腈（90＋10，体积比），混匀。

c. 流速：1.0mL/min。

d. 柱温：40℃。

e. 波长：240nm。

f. 进样量：20μL。

3.5.2　标准曲线的绘制

用流动相将三聚氰胺标准储备液逐级稀释得到的浓度为0.8μg/mL、2μg/mL、20μg/mL、40μg/mL、80μg/mL的标准工作液，浓度由低到高进样检测，以峰面积－浓度作图，得到标准曲线回归方程。基质匹配加标三聚氰胺的样品HPLC色谱图参见附录A中的图A.1。

3.5.3　定量测定

待测样液中三聚氰胺的响应值应在标准曲线线性范围内，超过线性范围则应稀释后再进样分析。

3.5.4　结果计算

试样中三聚氰胺的含量由色谱数据处理软件或按式（1）计算获得：

$$X = \frac{A \times c \times V \times 1\ 000}{A_s \times m \times 1\ 000} \times f \tag{1}$$

试中：

X——试样中三聚氰胺的含量，单位为毫克每千克（mg/kg）；

A——样液中三聚氨氰胺的峰面积；

c——标准溶液中三聚氰胺的浓度，单位为微克每毫升（μg/rnL）；

V——样液最终定容体积，单位为毫升（mL）；

A_s——标准溶液中三聚氰胺的峰面积；

m——试样的质量，单位为克（g）；

f——稀释倍数。

3.6　空白实验

除不称取样品外，均按上述测定条件和步骤进行。

3.7　方法定量限

本方法的定量限为2mg/kg。

3.8　回收率

在添加浓度2～10mg/kg浓度范围内，回收率在80%～110%之间，相对标准偏差小于10%。

3.9　允许差

在重复性条件下获得的两次独立测定结果的绝对差值不得超过算术平均值的10%。

4　第二法　液相色谱－质谱/质谱法（LC－MS/MS法）

4.1　原理

试样用三氯乙酸溶液提取，经阳离子交换固相萃取柱净化后，用液相色谱－质谱/质谱法测定和确证，外标法定量。

4.2　试剂与材料

除非另有说明，所有试剂均为分析纯，水为GB/T 6682规定的一级水。

4.2.1　乙酸。

4.2.2　乙酸铵。

4.2.3　乙酸铵溶液（10mmol/L）：准确称取0.772g乙酸铵于1L容量瓶中，用水溶解并定容至刻度，混匀后备用。

4.2.4 其他同3.20。

4.3 仪器和设备

4.3.1 液相色谱-质谱/质谱（LC-MS/MS）仪：配有电喷雾离子源（ESI）。

4.3.2 其他同3.3。

4.4 样品处理

4.4.1 提取

4.4.1.1 液态奶、奶粉、酸奶、冰淇淋和奶糖等

称取1g（精确至0.01g）试样于50mL具塞塑料离心管中，加入8mL三氯乙酸溶液（3.2.8）和2mL乙腈，超声提取10min，再振荡提取10min后，以不低于4000r/min离心10min。上清液经三氯乙酸溶液润湿的滤纸过滤后，做待净化液。

4.4.1.2 奶酪、奶油和巧克力等

称取1g（精确至0.01g）试样于研钵中，加入适量海砂（试样质量的4~6倍）研磨成干粉状，转移至50mL具塞塑料离心管中，加入8mL三氯乙酸溶液（3.2.8）分数次清洗研钵，清洗液转入离心管中，再加入2 mL乙腈，余下操作同4.4.1.1中“超声提取10min，……做待净化液”。

注：若样品中脂肪含量较高，可以用三氯乙酸溶液饱和的正己烷液-液分配除脂后再用SPE柱净化。

4.4.2 净化

将4.4.1中的待净化液转移至固相萃取柱（3.2.13）中。依次用3mL水和3mL甲醇洗涤，抽至近干后，用6mL氨化甲醇溶液（3.2.9）洗脱。整个固相萃取过程流速不超过1mL/min。洗脱液于50℃下用氮气吹干，残留物（相当于1g试样）用1mL流动相定容，涡旋混合1min，过微孔滤膜（3.2.16）后，供LC-MS/MS测定。

4.5 液相色谱-质谱/质谱测定

4.5.1 LC参考条件

a. 色谱柱：强阳离子交换与反相C_{18}混合填料，混合比例（1：4），150mm×2.0mm [内径（i.d.）]，5μm，或相当者。

b. 流动相：等体积的乙酸铵溶液（4.2.3）和乙腈充分混合，用乙酸调节至pH=3.0后备用。

c. 进样量：10μL。

d. 柱温：40℃。

e. 流速：0.2mL/min。

4.5.2 MS/MS参考条件

a. 电离方式：电喷雾电离，正离子。

b. 离子喷雾电压：4kV。

c. 雾化气：氮气，2.815 kg/cm^2（40psi）。

d. 干燥气：氮气，流速10L/min，温度350 ℃。

e. 碰撞气：氮气。

f. 分辨率：Q1（单位）Q3（单位）。

g. 扫描模式：多反应监测（MRM），母离子m/z 127，定量子离子m/z 85，定性子离子m/z 68。

h. 停留时间：0.3s。

i. 裂解电压：100V。

j. 碰撞能量：m/z 127 >85为20V，m/z 127 >68为35V。

4.5.3 标准曲线的绘制

取空白样品按照4.4处理。用所得的样品溶液将三聚氰胺标准储备液（3.2.12）逐级稀释得到的浓

度为0.01μg/mL、0.05μg/mL、0.1μg/mL、0.2μg/mL、0.5μg/mL的标准工作液，浓度由低到高进样检测，以定量子离子峰面积－浓度作图，得到标准曲线回归方程。基质匹配加标三聚氰胺的样品LC－MS/MS多反应监测质量色谱图参见附录A中的图A.2。

4.5.4　定量测定

待测样液中三聚氰胺的响应值应在标准曲线线性范围内，超过线性范围则应稀释后再进样分析。

4.5.5　定性判定

按照上述条件测定试样和标准工作溶液，如果试样中的质量色谱峰保留时间与标准工作溶液一致（变化范围在±2.5%之内）；样品中目标化合物的两个子离子的相对丰度与浓度相当标准溶液的相对丰度一致，相对丰度偏差不超过表1的规定，则可判断样品中存在三聚氰胺。

表1　定性离子相对丰度的最大允许偏差

相对离子丰度	>50%	>20%～50%	>10%～20%	≤10%
允许的相对偏差	±20%	±25%	±30%	±50%

4.5.6　结果计算同3.5.4。

4.6　空白实验

除不称取样品外，均按上述测定条件和步骤进行。

4.7　方法定量限

本方法的定量限为0.01mg/kg。

4.8　回收率

在添加浓度0.01～0.5mg/kg浓度范围内，回收率在80%～110%之间，相对标准偏差小10%。

4.9　允许差

在重复性条件下获得的两次独立测定结果的绝对差值不得超过算术平均值的15%。

5　第三法　气相色谱－质谱联用法（GC－MS和GC－MS/MS法）

5.1　原理

试样经超声提取、固相萃取净化后，进行硅烷化衍生，衍生产物采用选择离子监测质谱扫描模（SIM）或多反应监测质谱扫描模式（MRM），用化合物的保留时间和质谱碎片的丰度比定性，外标法定量。

5.2　试剂与材料

除非另有说明，所有试剂均为分析纯，水为GB/T 6682规定的一级水。

5.2.1　吡啶：优级纯。

5.2.2　乙酸铅。

5.2.3　衍生化试剂：N，O－双三甲基硅基三氟乙酰胺（BSTFA）＋三甲基氯硅烷（TMCS）（99＋1），色谱纯。

5.2.4　乙酸铅溶液（22g/L）：取22g乙酸铅用约300mL水溶解后定容至1L。

5.2.5　三聚氰胺标准溶液：准确吸取三聚氰胺标准储备液（3.2.12）1mL于100mL容量瓶中，用甲醇定容至刻度，此标准溶液1mL相当于10μg三聚氰胺标准品，于4℃冰箱内储存，有效期3个月。

5.2.6　氩气：纯度大于等于99.999%。

5.2.7　氦气：纯度大于等于99.999%。

5.2.8　其他同3.2。

5.3　仪器和设备

5.3.1　气相色谱－质谱（GC－MS）仪：配有电子轰击电离离子源（EI）。

5.3.2 气相色谱-质谱/质谱（GC-MS/MS）仪：配有电子轰击电离离子源（EI）。

5.3.3 电子恒温箱。

5.3.4 其他同3.3。

5.4 样品处理

5.4.1 GC-MS法

5.4.1.1 提取

5.4.1.1.1 液态奶、奶粉、酸奶和奶糖等

称取5g（精确至0.01g）样品于50mL具塞比色管，加入25mL三氯乙酸溶液（3.2.8），涡旋振荡30s，再加入15mL三氯乙酸溶液，超声提取15min，加入2mL乙酸铅溶液（5.2.4），用三氯乙酸溶液定容至刻度。充分混匀后，转移上层提取液30~50mL离心试管，以不低于4 000r/min离心10min。上清液待净化。

5.4.1.1.2 奶醋、奶油和巧克力等

称取5g（精确至0.01g）样品于50mL具塞比色管中，用5mL热水溶解（必要时可适当加热），再加入20mL三氯乙酸溶液（3.2.8），涡旋振荡30s，再加入15mL三氯乙酸溶液超声提取及以下操作同。

5.4.1.1.3 若样品中脂肪含量较高，可以先用乙醚脱脂后再用三氯乙酸溶液提取。

5.4.1.2 净化

准确移取5mL的待净化滤液至固相萃取柱（3.2.13）中。再用3mL水、3mL甲醇淋洗，弃淋洗液，抽近干后用3mL氨化甲醇溶液（3.2.9）洗脱，收集洗脱液，50℃下氮气吹干。

5.4.2 GC-MS/MS法

5.4.2.1 奶粉、奶醋、奶油、巧克力和奶糖等

称取0.5g（精确至0.01g）试样，加入5mL甲醇水溶液（3.2.7），涡旋混匀2min后，超声提取15~20min，以不低于4 000r/min离心10min，取上清液200μL用微孔滤膜（3.2.16）过滤，50℃下氮气吹干。

5.4.2.2 液态奶和酸奶等

称取1g（精确至0.01g）试样，加入5mL甲醇，涡旋混匀2min后，超声提取及以下操作同5.4.2.1。

5.4.3 衍生化

取上述氮气吹干残留物，加入600μL的吡啶和200μL衍生化试剂（5.2.3），混匀，70℃反应30min后，供GC-MS或GC-MS/MS法定量检测或确证。

5.5 气相色谱-质谱测定

5.5.1 仪器参考条件

5.5.1.1 GC-MS参考条件

a. 色谱柱：5%苯基二甲基聚硅氧烷石英毛细管柱，30m×0.25mm［内径（i.d.）］×0.25μm，或相当者。

b. 流速：1.0mL/min。

c. 程序升温：70℃保持1min，以10℃/min的速率升温至200℃，保持10min。

d. 传输线温度：280℃。

e. 进样口温度：250℃。

f. 进样方式：不分流进样。

g. 进样量：1μL。

h. 电离方式：电子轰击电离（EI）。

i. 电离能量：70eV。

j. 离子源温度：230℃。

k. 扫描模式：选择离子扫描，定性离子 m/z 99、171、327、342，定量离子 m/z 327。

5.5.1.2 GC－MS/MS 参考条件

a. 色谱柱：5% 苯基二甲基聚硅氧烷石英毛细管柱，30m×0.25mm［内径（i.d.）］×0.25μm，或相当者。

b. 流速：1.3mL/min。

c. 程序升温：75℃保持 1min，以 30℃/min 的速率升温至 220℃，再以 5℃/min 的速率升温至 250℃，保持 2min。

d. 进样口温度：250℃。

e. 接口温度：250 ℃。

f. 进样方式：不分流进样。

g. 进样量：1μL。

h. 电离方式：电子轰击电离（EI）。

i. 电离能量：70eV。

j. 离子源温度：220℃。

k. 四级杆温度：150℃。

l. 碰撞气：氩气，0.2394Pa（1.8mTorr）。

m. 碰撞能量：15V。

n. 扫描方式：多反应监测（MRM），定量离子 m/z 342 > 327，定性离子 m/z 342 > 327，342 > 171。

5.5.2 标准曲线的绘制

5.5.2.1 GC－MS 法

准确吸取三聚氰胺标准溶液（5.2.5）0mL、0.4mL、0.8mL、1.6mL，4mL、8mL、16mL，分别置于 7 个 100mL 容量瓶中，用甲醇稀释至刻度。各取 1mL 用氮气吹干，按照 5.4.3 步骤衍生化。配制成衍生化产物浓度分别为 0μg/mL、0.05μg/mL、0.1μg/mL、0.2μg/mL、0.5μg/mL、1μg/mL、2μg/mL 的标准溶液。反应液供 GC－MS 测定。以标准工作溶液浓度为横坐标，定量离子质量色谱峰面积为纵坐标，绘制标准工作曲线。标准溶液的 GC－MS 选择离子质量色谱图参见附录 A 中的图 A.3，三聚氰胺衍生物选择离子质谱图参见附录 A 中的图 A.4。

5.5.2.2 GC－MS/MS 法

准确吸取三聚氰胺标准溶液（5.2.5）0mL、0.04mL、0.08mL、0.4mL、0.8mL、4mL、8mL，分别置于 7 个 100mL 容量瓶中，用甲醇稀释至刻度。各取 1mL 用氮气吹干，按照 5.4.3 步骤衍生化。配制成衍生化产物浓度分别为 0μg/mL、0.005μg/mL、0.01μg/mL、0.05μg/mL、0.1μg/mL、0.5μg/mL、1μg/mL 的标准溶液。反应液供 GC－MS/MS 测定。以标准工作溶液浓度为横坐标，定量离子质量色谱峰面积为纵坐标，绘制标准工作曲线。标准溶液的 GC－MS/MS 多反应监测质量色谱图参见附录 A 中的图 A.50。

5.5.3 定量测定

待测样液中三聚氰胺的响应值应在标准曲线线性范围内，超过线性范围则应对净化液稀释，重新衍生化后再进样分析。

5.5.4 定性判定

5.5.4.1 GC－MS 法

以标准样品的保留时间和监测离子（m/z 99、171、327 和 342）定性，待测样品中 4 个离子（m/z 99、171、327 和 342）的丰度比与标准品的相同离子丰度比相差不大于 20%。

5.5.4.2 GC－MS/MS 法

以标准样品的保留时间以及多反应监测离子（m/z 342 > 327、342 > 171）定性，其他定性判定原则同4.5.5。

5.5.5 结果计算

同3.5.4。

5.6 空白实验

除不称取样品外，均按上述测定条件和步骤进行。

5.7 方法定量限

本方法中，气相色谱质谱法（GC－MS法）的定量限为0.05mg/kg，气相色谱－质谱/质谱法(GC－MS/MS法）的定量限为0.005mg/kg。

5.8 回收率

GC－MS法：在添加浓度0.05～2mg/kg浓度范围内，回收率在70%～110%之间，相对标准偏差小于10%。

GC－MS/MS法：在添加浓度0.005～1mg/kg浓度范围内，回收率在90%～105%之间，相对标准偏差小于10%。

5.9 允许差

在重复性条件下获得的两次独立测定结果的绝对差值不得超过算术平均值的15%。

附录 A　（资料性附录）三聚氰胺标准品色谱图

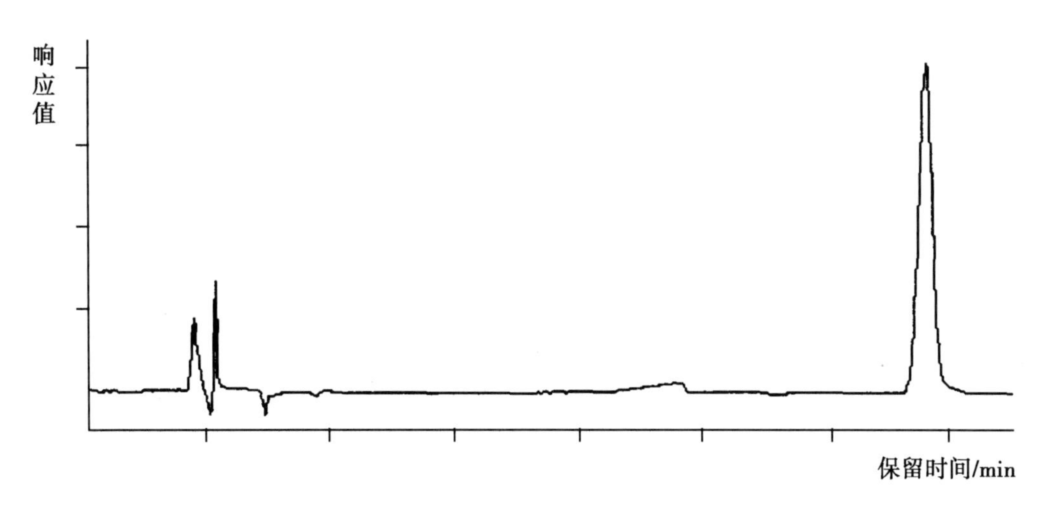

图 A.1　基质匹配加标三聚氰胺的样品 HPLC 色谱图

（检测波长 240nm，保留时间 13.6min，C_8 色谱柱）

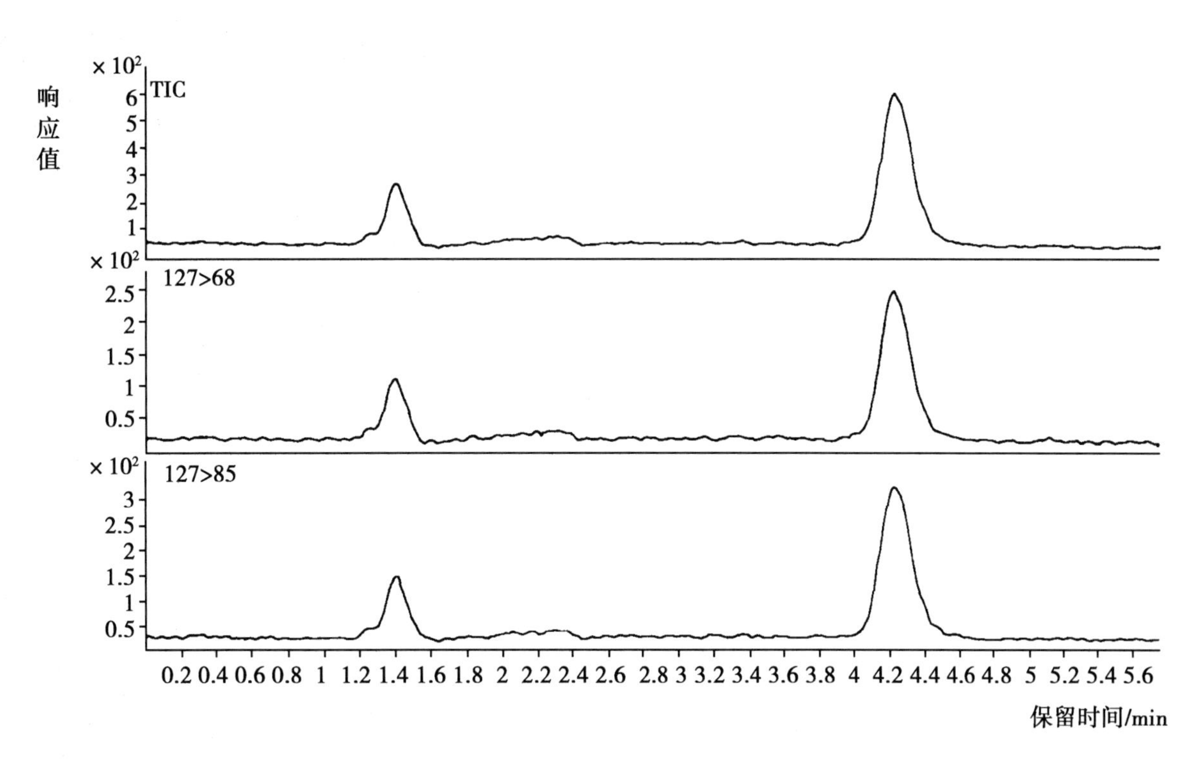

图 A.2　基质匹配加标三聚氰胺的样品 LC－MS/MS 多反应监测质量色谱图

（保留时间 4.2min，定性离子 m/z 127 >85 和 m/z 127 >68）

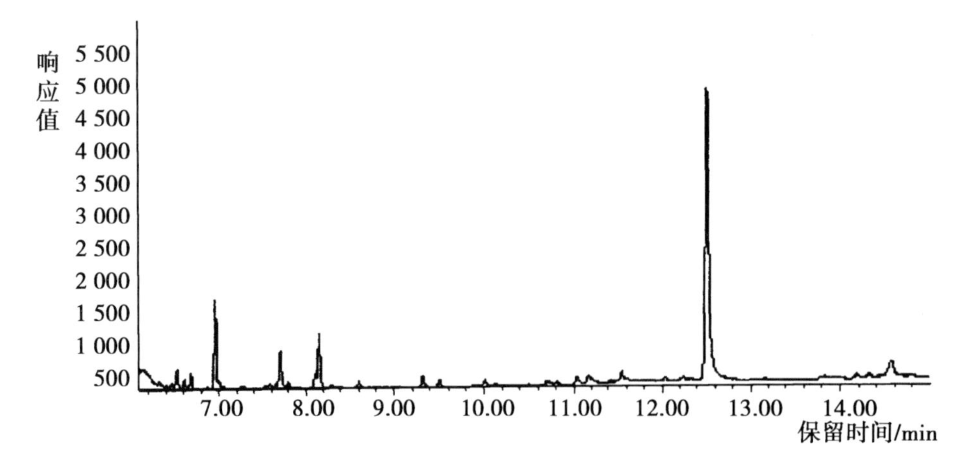

图 A.3　三聚氰胺衍生物 GC－MS 选择离子色谱图

（保留时间 12.514min）

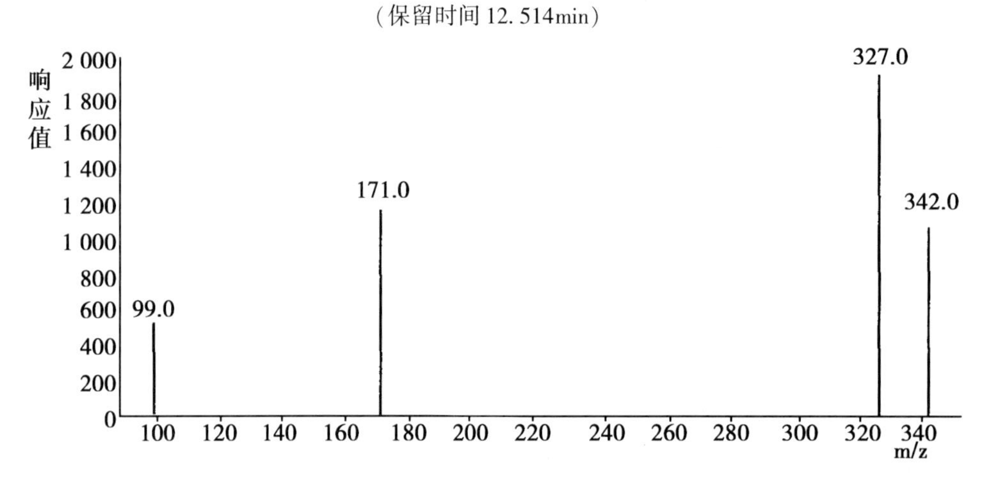

图 A.4　三聚氰胺衍生物 GC－MS 选择离子质谱图

（定性离子：m/z 99.0、0、171.0、327.0 和 342.0）

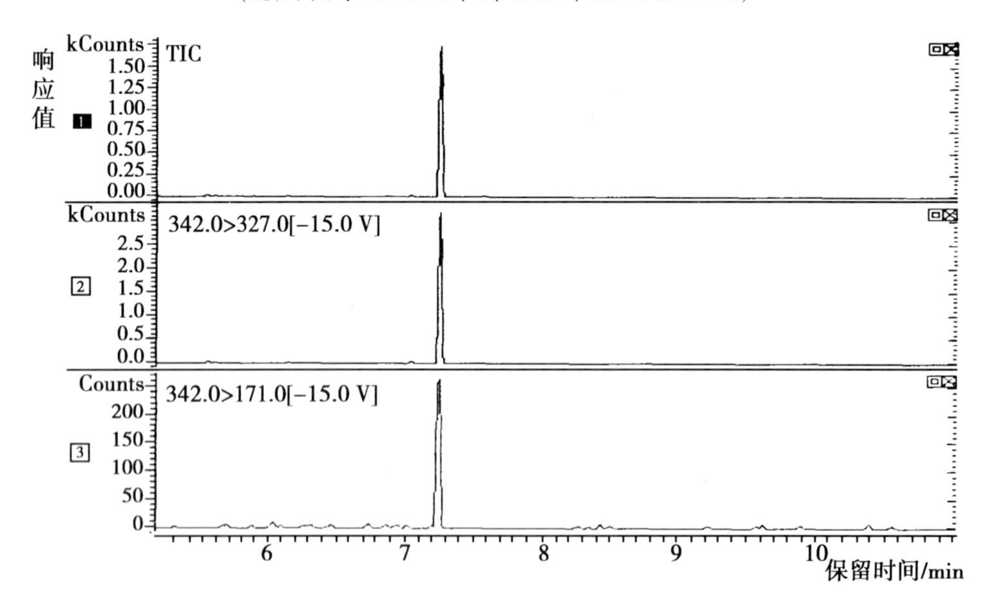

图 A.5　三聚氰胺衍生物 GC－MS/MS 多反应监测质量色谱图

（保留时间 7.25min，定性离子 m/z 342 > 171 和 m/z 342 > 327）

ICS67.100
C53

中华人民共和国国家标准

GB/T 22400—2008

原料乳中三聚氰胺快速检测　液相色谱法

Rapid determination of melamine in raw milk—High performance liquid chromatography method

2008-10-15 发布　　　2008-10-15 实施

中华人民共和国国家质量监督检验检疫总局
中国国家标准化管理委员会　发布

前　　言

本标准的附录 A 为资料性附录。

本标准由中国计量科学研究院提出。

本标准由全国仪器分析测试标准化技术委员会归口。

本标准主要起草单位：中国计量科学研究院。

本标准参加起草单位：中华人民共和国陕西出入境检验检疫局、中国人民解放军总医院、北京市产品质量监督检验所、国家地质实验测试中心、北京理工大学、中华人民共和国北京出入境检验检疫局、北京大学、北京市营养源研究所、军事医学科学院、北京科技大学、清华大学。

本标准主要起草人：李红梅、张庆合、汤桦、何雅娟、全灿、李秀琴、黄挺、苏福海、戴新华、马康、李晓敏、宋德伟、徐蓓。

原料乳中三聚氰胺快速检测液相色谱法

1　范围

本标准规定了液相色谱法快速检测原料乳中三聚氰胺的方法。

本标准适用于原料乳，也适用于不含添加物的液态乳制品。

本标准定量检测范围为0.30～100.0mg/kg，方法检测限为0.05mg/kg。

注：当原料乳中三聚氰胺的含量大于100.0mg/kg时，具体操作方法见6.2.2.3.2。

2　规范性引用文件

下列文件中的条款通过本标准的引用而成为本标准的条款。凡是注日期的引用文件，其随后所有的修改单（不包括勘误的内容）或修订版均不适用于本标准，然而，鼓励根据本标准达成协议的各方研究是否可使用这些文件的最新版本。凡是不注日期的引用文件，其最新版本适用于本标准。

GB/T 6379.1　测量方法与结果的准确度（正确度与精密度）第1部分：总则与定义（GB/T 6379.1—2004，ISO 5725-1：1994，IDT）。

GB/T 6379.2　测量方法与结果的准确度（正确度与精密度）第2部分：确定标准测量方法重复性与再现性的基本方法（GB/T 6379.2—2004，ISO 5725-2：1994，IDT）。

GB/T 6682　分析实验室用水规格和试验方法（GB/T 6682—2008，ISO 3696：1987，MOD）。

3　原理

用乙腈作为原料乳中的蛋白质沉淀剂和三聚氰胺提取剂，强阳离子交换色谱柱分离，高效液相色谱-紫外检测器或二极管阵列检测器检测，外标法定量。

4　试剂和材料

除另有说明外，所用试剂均为分析纯或以上规格，水为GB/T 6682规定的一级水。

4.1　乙腈（CH_3CN）：色谱纯。

4.2　磷酸（H_3PO_4）。

4.3　磷酸二氢钾（KH_2PO_4）。

4.4　三聚氰胺标准物质（$C_3H_6N_6$）：纯度大于或等于99%。

4.5　三聚氰胺标准贮备溶液（1.00×10^3mg/L）：称取100mg（准确至0.1mg）三聚氰胺标准物质，用水完全溶解后，100mL容量瓶中定容至刻度，混匀，4℃条件下避光保存，有效期为1个月。

4.6　标准工作溶液：使用时配制。

4.6.1　标准溶液A（2.00×10^2mg/L）：准确移取20.0mL三聚氰胺标准贮备溶液（4.5），置于100mL容量瓶中，用水稀至刻度，混匀。

4.6.2　标准溶液B（0.50mg/L）：准确移取0.25mL标准溶液A（4.6.1），置于100mL容量瓶中，用水稀释至刻度，混匀。

4.6.3　按表1分别移取不同体积的标准溶液A（4.6.1）于容量瓶中，用水稀释至刻度，混匀。按表2分别移取不同体积的标准溶液B（4.62）于容量瓶中，用水稀释至刻度，混匀。

表 1 标准工作溶液配制（高浓度）

标准溶液 A 体积（mL）	0.10	0.25	1.00	1.25	5.00	12.5
定容体积（mL）	100	100	100	50.0	50.0	50.0
标准工作溶液浓度（mg/L）	0.20	0.50	2.00	5.00	20.0	50.0

表 2 标准工作溶液配制（低液度）

标准溶液 B 体积（mL）	1.00	2.00	4.00	20.0	40.0
定容体积（mL）	100	100	100	100	100
标准工作溶液浓度（mg/L）	0.005	0.01	0.02	0.10	0.20

4.7 磷酸盐缓冲液（0.05mol/L）：称取 6.8g（准确至 0.01g）磷酸二氢钾（4.3），加水 800mL 完全溶解后，用磷酸（4.2）调节 pH 值至 3.0，用水稀释至 1L，用滤膜（4.9）过滤后备用。
4.8 一次性注射器：2mL。
4.9 滤膜：水相，0.45μm。
4.10 针式过滤器：有机相，0.45μm。
4.11 具塞刻度试管：50mL。

5 仪器

5.1 液相色谱仪：配有紫外检测器或二极管阵列检测器。
5.2 分析天平：感量 0.0001g 和 0.01g。
5.3 pH 值计：测量精度 ±0.02。
5.4 溶剂过滤器。

6 测定步骤

6.1 试样的制备

称取混合均匀的 15g（准确至 0.01g）原料乳样品，置于 50mL 具塞刻度试管（4.11）中，加入 30mL 乙腈（4.1），剧烈振荡 6min，加水定容至满刻度，充分混匀后静置 3min，用一次性注射器（4.8）吸取上清液用针式过滤器（4.10）过滤后，作为高效液相色谱分析用试样。

6.2 高效液相色谱测定
6.2.1 色谱条件
6.2.1.1 色谱柱：强阳离子交换色谱柱，SCX，250mm×4.6mm（内径），5μm，或性能相当者。

注：宜在色谱柱前加保护柱（或预柱），以延长色谱柱使用寿命。

6.2.1.2 流动相：磷酸盐缓冲溶液（4.7）－乙腈（70+30，体积比），混匀。
6.2.1.3 流速：1.5mL/min。
6.2.1.4 柱温：室温。
6.2.1.5 检测波长：240nm。
6.2.1.6 进样量：20μL。
6.2.2 液相色谱分析测定
6.2.2.1 仪器的准备

开机，用流动相平衡色谱柱，待基线稳定后开始进样。

6.2.2.2 定性分析

依据保留时间一致性进行定性识别的方法。根据三聚氰胺标准物质的保留时间，确定样品中三聚氰胺的色谱峰（参见附录 A）。必要时应采用其他方法进一步定性确证。

6.2.3.3　定量分析

校准方法为外标法。

6.2.3.3.1　校准曲线制作

根据检测需要，使用标准工作溶液（4.6.3）分别进样，以标准工作溶液浓度为横坐标，以峰面积为纵坐标，绘制校准曲线。

6.2.3.3.2　试样测定

使用试样（6.1）分别进样，获得目标峰面积。根据校准曲线计算被测试样中三聚氨腔的含量（mg/kg）。

试样中待测三聚氰胺的响应值均应在方法线性范围内。

注：当试样中三聚氰胺的响应值超出方法的线性范围的上限时，可减少称样量再进行提取与测定。

6.2.3　结果计算

6.2.3.1　计算公式

结果按式（1）计算：

$$X = c \times \frac{V}{m} \times \frac{1\,000}{1\,000} \tag{1}$$

式中：

X——原料乳中三聚氰胺的含量，单位为毫克每千克（mg/kg）；

c——从校准曲线得到的三聚氰胺溶液的浓度，单位为毫克每升（mg/L）；

V——试样定容体积，单位为毫升（mL）；

m——样品称量质量，单位为克（g）。

6.2.3.2　计算结果有效数字

通常情况下计算结果保留三位有效数字；结果在 0.1 ~ 1.0mg/kg 时，保留两位有效数字；结果小于 0.1mg/kg 时，保留一位有效数字。

6.3　平行试验

按以上步骤，对同一样品进行平行试验测定。

6.4　空白试验

除不称取样品外，均按上述步骤同时完成空白试验。

6.5　方法检测限

本方法的检测限为 0.05mg/kg。

6.6　回收率

在添加浓度 0.30 ~ 100.0mg/kg 范围内，回收率在 93.0% ~ 103% 之间，相对标准偏差小于 10%。

7　精密度

本标准精密度数据按照 GB/T 6379.1 和 GB/T 6379.2 规定确定，其重复性和再现性值以 95% 的置信度计算。

7.1　重复性

在重复性条件下，获得的两次独立测量结果的绝对差值不超过重复性限 r，样品中三聚氰胺含量范围及重复性方程见表 3。

如果两次测定值的差值超过重复性限 r，应舍弃试验结果并重新完成两次单个试验的测定。

7.2　再现性

在再现性的条件下，获得的两次独立测试结果的绝对差值不超过再现性限 R，样品中三聚氰胺的含量范围及再现性方程见表3。

表3 三聚氰胺含量范围及重复性和再现性方程

成分	含量范围（mg/kg）	重复性限（γ）	再现性限（*R*）
三聚氰胺	0.3～100.0	lgr = -1.260 + 0.9286lgm	lgR = -0.7044 + 0.7744lgm

注：m表示两次测定结果的算术平均值，单位为mg/kg

7.3 重复性与再现性参考值

表4列出了m在不同范围时的r与R值，供参考。

表4 m在不同范围时的r与R值

m（mg/kg）	0.30～0.40	0.40～0.50	0.50～1.00	1.00～2.00	2.00～2.50	2.50～10.0
r	0.02	0.02	0.03	0.05	0.10	0.13
R	0.08	0.10	0.12	0.20	0.34	0.40
m（mg/kg）	10.0～20.0	20.0～40.0	40.0～60.0	60.0～80.0	80.0～100.0	
r	0.47	0.89	1.69	2.46	3.22	
R	1.17	2.01	3.44	4.71	3.88	

8 试验报告

试验报告应包括以下内容。

a. 鉴别样品、实验室和分析日期等资料；

b. 遵守本标准规定的程度；

c. 分析结果及其表示；

d. 测定中观察到的异常现象；

e. 对分析结果可能有影响而本标准未包括的操作或者任选的操作。

9 质量保证

9.1 操作人员应具备从事相应实验技术的能力，并符合国家相关规定。

9.2 仪器及相关计量器具应通过检定或校准，并在有效使用期内。

9.3 宜采用有证标准物质，若采用自配标样，应使用有证标准物质对自配标样进行验证。

9.4 原料乳样采集和保存应严格执行本标准和国家相关规定，实施全过程质量保证。

10 注意事项

10.1 如果保留时间或柱压发生明显的变化，应检测离子交换色谱柱的柱效以保证检测结果的可靠性。

10.2 使用不同的离子交换色谱柱，其保留时间有较大的差异，应对色谱条件进行优化。

10.3 强阳离子交换色谱的流动相为酸性体系，每天结束实验时应以中性流动相冲洗仪器系统进行维护保养。

附录 A　（资料性附录）三聚氰胺参考色谱图

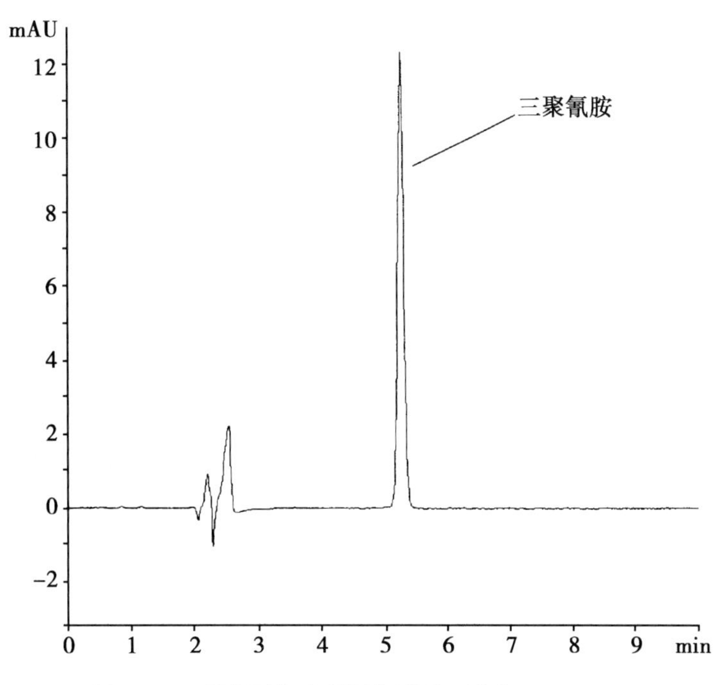

图 A.1　三聚氰胺标准样品色谱图（浓度 5.00mg/kg）

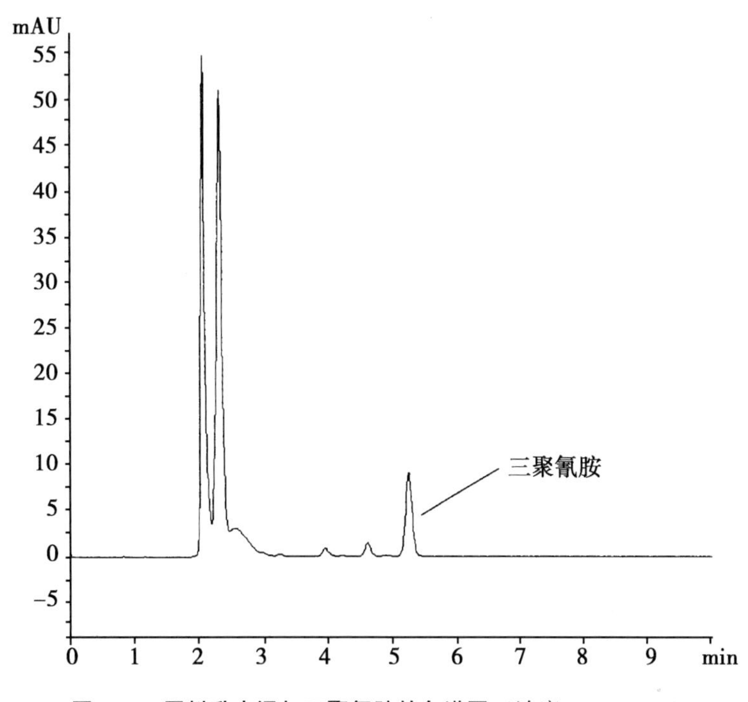

图 A.2　原料乳中添加三聚氰胺的色谱图（浓度 4.00mg/kg）

中华人民共和国国家标准

GB/T 22965—2008

牛奶和奶粉中12种β-兴奋剂残留量的测定　液相色谱-串联质谱法

Determination of 12 β-agonists residues in milk and milk powder-LC-MS-MS method

2008-12-31 发布　　2009-05-01 实施

中华人民共和国国家质量监督检验检疫总局
中国国家标准化管理委员会　发布

前　　言

本标准的附录 A、附录 B 为资料性附录。

本标准由国家质量监督检验检疫总局提出并归口。

本标准起草单位：中华人民共和国秦皇岛出入境检验检疫局、中华人民共和国福建出入境检验检疫局。

本标准主要起草人：杨方、刘正才、林永辉、余孔捷、黄杰、李耀平、陈健、庞国芳。

牛奶和奶粉中 12 种 β－兴奋剂残留量的测定液相色谱－串联质谱法

1 范围

本标准规定了牛奶和奶粉中 12 种 β－兴奋剂残留量的液相色谱－串联质谱的测定方法。

本标准适用于牛奶和奶粉中 12 种 β－兴奋剂多残留的测定。12 种 β 兴奋剂药物包括溴布特罗（brombuterol）、塞曼特罗（cimaterol）、克仑特罗（clenbuterol）、克仑潘特（clenpenterol）、羟甲基氨克仑特罗（hydroxymethylclenbuterol）、苯氧丙酚胺（isoxsuprine）、马布特罗（mabuterol）、莱克多巴胺（ractopamin）、利托君（ritodrine）、沙丁胺醇（salbutamol）、特布他林（terbutaline）和妥布特罗（tulobuterol）。

本标准的方法检出限：牛奶中莱克多巴胺、沙丁胺醇、塞曼特罗、克仑潘特和克仑特罗的检出限为 0.05μg/kg，溴布特罗、妥布特罗、马布特罗、特布他林、利托君、苯氧丙酚胺和羟甲基氨克仑特罗的检出限为 0.25μg/kg，奶粉中莱克多巴胺、沙丁胺醇、塞曼特罗、克仑潘特和克仑特罗的检出限为 0.4μg/kg，溴布特罗、妥布特罗、马布特罗、特布他林、利托君、苯氧丙酚胺和羟甲基氨克仑特罗的检出限为 2.0μg/kg。

2 规范性引用文件

下列文件中的条款通过本标准的引用而成为本标准的条款。凡是注日期的引用文件，其随后所有的修改单（不包括勘误的内容）或修订版均不适用于本标准，然而，鼓励根据本标准达成协议的各方研究是否可使用这些文件的最新版本。凡是不注日期的引用文件，其最新版本适用于本标准。

GB/T 6379.1 测量方法与结果的准确度（正确度与精密度）第 1 部分：总则与定义（GB/T 6379.1—2004，ISO 5725－1：1994，IDT）。

GB/T 6379.2 测量方法与结果的准确度（正确度与精密度）第 2 部分：确定标准测量方法重复性与再现性的基本方法（GB/T 6379.2—2004，ISO 5725－2：1994，IDT）。

GB/T 6682 分析实验室用水规格和试验方法（GB/T 6682—2008，ISO 3696：1987，MOD）。

3 原理

样品经稀酸水解、高氯酸沉淀蛋白后，残留的 β－兴奋剂以乙酸乙酯与异丙醇混合溶剂萃取，混合型阳离子交换反相吸附固相萃取柱净化，液相色谱－串联质谱测定，内标法定量。.

4 试剂和材料

除非另有说明，所用试剂均为分析纯，水为 GB/T 6682 规定的一级水，

4.1 甲醇：色谱纯。

4.2 异丙醇。

4.3 乙酸乙酯。

4.4 乙腈：色谱纯。

4.5 甲酸。

4.6　高氯酸。
4.7　盐酸。
4.8　氢氧化钠。
4.9　乙酸铵：色谱纯。
4.10　氨水。
4.11　氯化钠。
4.12　10mol//L 氢氧化钠溶液：称取 40g 氢氧化钠至 100mL 水中，温匀。
4.13　0.1mol/L 高氯酸溶液：移取 0.4mL 高氯酸至 100mL 水中，混匀。
4.14　0.1mol/L 盐酸溶液：移取 0.85mL 盐酸至 100mL 水中，混匀。
4.15　5mmol/L 乙酸铵溶液：称取 0.385g 乙酸铵至约 800mL 水中，加入 2mL 甲酸，定容至 1 000mL，混匀。
4.16　甲醇 -0.1% 甲酸溶液：移取 0.1mL 甲酸于约 50mL 水中，加入 10mL 甲醇，以水定容 100mL，混匀。
4.17　标准物质：溴布特罗、塞曼特罗、克仑特罗、克仑潘特、羟甲基氨克仑特罗、苯氧丙酚胺、马布特罗、莱克多巴胺、利托君、沙丁胺醇、特布他林和妥布特罗，纯度大于 98.0%。
4.18　内标标准物质：盐酸克仑特罗 - D9、盐酸莱克多巴胺 - D5、沙丁胺醇 - D3，纯度大于 98.0%。
4.19　标准储备液（100μg/mL）：准确称取适量的溴布特罗、塞曼特罗、克仑特罗、克仑潘特、羟甲基氨克仑特罗、苯氧丙酚胺、马布特罗、莱克多巴胺、利托君、沙丁胺醇、特布他林和妥布特罗，用甲醇分别配制成 100μg/mL 的标准储备液，-20℃冰箱中保存。
4.20　混合标准储备液（1μg/mL）：分别准确量取 1.0mL 的标准储备液至 100mL 容量瓶中，用甲醇稀释至刻度，-20℃冰箱中保存。
4.21　内标储备液（100μg/mL）：准确称取适量的克仑特罗 - D9、莱克多巴胺 - D5、沙丁腊醇 - D3 对照品，用甲醇配制成 100μg/mL 的标准储备液，-20℃冰箱中保存。
4.22　内标工作液（10ng/mL）：分别准确量取适量的同位素内标储备液至同一容量瓶中，用甲醇稀释定容成浓度为 10ng/mL 的同位素内标工作液，- 20 ℃下冰箱中保存。
4.23　基质标准工作溶液：以空白基质溶液将混合标准储备液与内标工作液稀释至适当浓度，临用现配。
4.24　混合型阳离子交换反相吸附固相萃取柱：60mg/3mL，使用前依次用 3mL 甲醇和 3mL 水活化，保持柱体湿润。
4.25　滤膜：0.2μm。

5　仪器和设备

5.1　高效液相色谱 - 串联质谱仪：配电喷雾电离（ESI）源。
5.2　天平：感量 0.1mg 和 0.01g。
5.3　组织捣碎机。
5.4　高速冷冻离心机：转速可达 15 000r/min，制冷可达 4℃。
5.5　离心机：5 000r/min。
5.6　旋涡振荡器。
5.7　电热恒温振荡水槽。
5.8　pH 值计。
5.9　旋转蒸发仪。
5.10　固相萃取装置。

5.11　氮吹仪。

6　试样制备和保存

6.1　试样制备

取不少于500g有代表性的牛奶或奶粉，充分混匀，分为两份，置于样品瓶中，密封，并做上标记。

6.2　试样保存

牛奶置于4℃冰柜中避光保存，奶粉则在室温下置于干燥器保存。

7　测定步骤

7.1　提取

7.1.1　牛奶

准确称取10g（精确到0.01g）牛奶样品于50mL聚丙烯离心管内，加入50μL 10 ng/mL的内标物，加入20mL 0.1mol/L盐酸溶液（4.14）。涡旋混匀，于37℃下避光水浴振荡16h（过夜）。取出冷却至室温涡旋混匀。4℃下15 000r/min离心10min。分取10mL上清液转移至另一50mL离心管内。加入5mL 0.1mol/L高氯酸溶液（4.13）。用10mol/L氢氧化钠溶液（4.12）调节pH值至9.7±0.3. 加入约2g氯化钠，再加入25mL异丙酶－乙酸乙酯（3+2），涡动提取2min。4 500r/min离心5min，取出上滑液至另一50mL离心管中。再在下层水相中加15mL乙酸乙酯－异丙醇（7+3），涡动提取1min，4 500r/min离心5min，合并有机相。40℃下旋转蒸发至近干，加入5mL 0.1mol/L盐酸溶液（4.14），涡动1min，待净化。

7.1.2　奶粉

取12.5g奶粉于烧杯中，加适量35～50℃水将其溶解，待冷却至重温后，加水至总质量为100g。充分混匀后准确称取10g（精确到0.01g）样品于50mL聚丙烯离心管中，按7.1.1步骤进行处理。

7.2　净化

将7.1所得溶液以约1mL/min的流速全部过混合型阳离子交换反相吸附固相萃取柱（4.24），依次用3mL水、3mL 2%甲酸水溶液和2mL甲醇淋洗，抽干，用5mL 5％氨水甲醇溶液（体积分数）洗脱，洗脱液于40℃下以氮气吹至近干，以0.5mL甲醇－0.1%甲酸溶液（1+9）溶解，涡动温匀，过0.2μm滤膜（4.25），供液相色谱－串联质谱仪测定。

7.3　空白基质溶液的制备

称取阴性样品10g（精确至0.01g），按7.1和7.2步骤操作。

7.4　测定条件

7.4.1　液相色谱参考条件

a. 色谱柱：Acquity UPLC BEH C_{18}，1.7μm，2.1mm×55mm（内径）或相当者；

b. 流动相：A为5mmol/L乙酸铵溶液（4.15），B为0.1%甲酸乙腈（体积分数），梯度洗脱，洗脱程序见表1。

表1　梯度洗脱程序

时间（min）	A（%）	B（%）
0.00	85	15
1.0	8	1
2.0	3	7
2.5	3.0	7
3	85	1
5	85	15

c. 流速：0.25mL/min；

d. 柱温：30℃；

e. 进样量：10μL。

7.4.2　质谱参考条件

a. 离子源：电喷雾源（ESI），正离子模式；

b. 扫描方式：多反应监测（MRM）；

c. 毛细管电压：1.5kV；

d. 源温度：120℃；

e. 去溶剂温度：450℃；

f. 锥孔气流（氮气）：45 L/h；

g. 去溶剂气流（氮气）：700 L/h；

h. 碰撞气压（氩气）：2.20×10^{-6} Pa；

i. 驻留时间：0.20s。

7.4.3　液相色谱－串联质谱测定

7.4.3.1　定性测定

每种被测组分选择1个母离子，2个以上子离子，在相同试验条件下，样品中待测物质的保留时间与混合基质标准校准溶液中对应浓度标准校准溶液的保留时间偏差在±2.5%之内；且样品谱圈中各组分定性离子的相对丰度与浓度接近的混合基质标准校准溶液谱图中对应的定性离子的相对丰度进行比较，偏差不超过表2规定的范围，则可判定为样品中存在对应的待测物。

表2　定性确证时相对离子丰度的最大允许偏差　　以%表示

相对离子丰度K	K>50	20<K<50	10<K<20	K ≤10
允许的相对偏差	±20	±25	±30	±50

7.4.3.2　定量测定

内标法定量：用混合标准工作溶液分别进样，以分析化合物和内标化合物的峰面积比为纵坐标，以分析化合物和内标化合物的浓度比为横坐标作标准工作曲线，用标准工作曲线对样品进行定量，标准工作液和待测液中12种药物的响应值均应在仪器线性响应范围内。12种β－兴奋剂类药物的保留时间、母离子和子离子见表3。12种β－兴奋剂类药物标准物质的多反应监测（MRM）色谱图参见附录A中的图A.1，添加浓度及其平均回收率的试验数据参见附录B中的表B.1。

表3　12种β－兴奋剂保留时间、定性定量离子对及锥孔电压、碰撞能量

化合物名称	保留时间（min）	定性离子对（m/s）	定量离子对（m/z）	锥孔电压（V）	碰撞能量（eV）
莱克多巴胺	2.00	302/164	302/164	25	15
		302/284			12
沙丁胺醇	0.75	240/148	240/148	20	18
		240/166			13
塞曼特罗	0.84	220/160	220/160	18	15
		220/202			10
克仑潘特	2.25	291/203	291/203	20	15
		291/273			10

（续表）

化合物名称	保留时间（min）	定性离子对（m/s）	定量离子对（m/z）	锥孔电压（V）	碰撞能量（eV）
克仑特罗	2. 15	277/203	277/203	26	15
		277/259			11
溴布特罗	2.20	367/293	367/293	18	18
		367/349			13
妥布特罗	2.13	228/119	228/154	21	25
		228/154			16
马布特罗	2.25	311/237	311/237	20	16
		311/293			11
特布他林	0.78	226/125	226/152	20	22
		226/152			16
利托君	1. 25	288/121	288/270	20	20
		288/270			12
苯氧丙酚胺	2. 22	302/150	302/150	20	22
		302/284			14
羟甲基氨克仑特罗	1. 95	293/203	293/203	18	15
		293/275			12
克仑特罗 - D9	2.13	286/204	286/204	26	15
沙丁胺醇 - D3	0.75	243/151	243/151	20	18
莱克多巴胺 - D5	2.00	308/168	308/168	25	15

采用克仑特罗 - D9 定量的化合物有：克仑潘特、克仑特罗、溴布特罗、妥布特罗、马布特罗、苯氧丙酚胺。

采用沙丁胺醇 - D5 定量的化合物有：沙丁胺醇、塞曼特罗、特布他林。

采用莱克多巴胺 - D5 定量的化合物有：莱克多巴胺、利托君、羟甲基氨克仑特罗。

7.5　平行试验

按以上步骤，对同一试样进行平行试验测定。

8　结果计算

试样中 β - 兴奋剂类药物残留量利用数据处理系统计算或按式（1）计算：

$$X = c \times \frac{V}{m} \times \frac{1\ 000}{1\ 000} \tag{1}$$

式中：

X——试样中被测组分残留量，单位为微克每千克（μg/kg）；

c——从标准工作曲线得到的被测组分溶液浓度，单位为纳克每毫升（ng/mL）；

V——试样溶液定容体积，单位为毫升（mL）；

m——试样溶液最终所代表试样的质量，单位为克（g）。

计算结果应扣除空白值。

9 精密度

9.1 一般规定

本标准的精密度数据是按照 GB/T 6379.1 和 GB/T 6379.2 的规定确定的，重复性和再现性的值以 95% 的可信度来计算。

9.2 重复性

在重复性试验条件下，获得的两次独立测试结果的绝对差值不超过重复性限 r，被测物的添加浓度范围及重复性方程见表 4。

表 4 12 种 β－兴奋剂类药物的添加浓度范围及重复性和再现性方程 (μg/kg)

化合物名称	样品基质	添加浓度范围	重复性限 γ	再现位限 R
莱克多巴胺	牛奶	0.05～0.5	lgr＝0.9423 lgm－0.7681	lgR＝0.9808 lgm－0.5091
	奶粉	0.4～4.0	lgr＝1.0250 lgrn－10.706	lgR＝1.0194 lgm－0.5622
沙丁胺醇	牛奶	0.05～0.5	lgr＝0.9634 lgm－0.4150	lgR＝0.9812 lgm－0.4887
	奶粉	0.4～4.0	lgr＝1.0291 lgm－0.7085	lgR＝0.9754 lgm－0.5519
塞曼特罗	牛奶	0.05～0.5	lgr＝1.0971 lgm－0.6762	lgR＝0.9191 lgm－0.4941
	奶粉	0.4～4.0	lgr＝1.1077 lgm－0.6913	lgR＝0.9225 lgm－0.4898
克仑潘特	牛奶	0.05～0.5	lgr＝0.9467 lgm－0.6084	lgR＝1.0066 lgm－0.4705
	奶粉	0.4～4.0	lgr＝1.1021 lgm－0.6751	lgR＝1.0096 lgm－0.4702
克仑特罗	牛奶	0.05～0.5	lgr＝0.9884 lgm－0.7787	lgR＝1.0564 lgm－0.5136
	奶粉	0.4～4.0	lgr＝1.0816 lgm－0.6544	lgR＝1.0757 lgm－0.5569
溴布特罗	牛奶	0.25～2.5	lgr＝0.8930 lgm－0.7134	lgR＝1.0330 lgm－0.4531
	奶粉	2.0～20.0	lgr＝0.9310 lgm－0.6180	lgR＝1.0842 lgm－0.5120
妥布特罗	牛奶	0.25～2.5	lgr＝0.9054 lgm－0.493 6	lgR＝0.9751 lgm－0.5611
	奶粉	2.0～20.0	lgr＝1.1843 lgm－0.6298	lgR＝0.9575 lgm－0.4913
马布特罗	牛奶	0.25～2.5	lgr＝0.9825 lgm－0.6372	lgR＝0.9335 lgm－0.4684
	奶粉	2.0～20.0	lgr＝0.9124 lgm－0.6297	lgR＝0.9722 lgm－0.4504
特布他林	牛奶	0.25～2.5	lgr＝0.9366 lgm－0.7328	lgR＝0.9715 lgm－0.4991
	奶粉	2.0～20.0	lgr＝0.9934 lgm－0.7355	lgR＝0.9570 lgm－0.5358
利托君	牛奶	0.25～2.5	lgr＝0.9585 lgm－0.7316	lgR＝0.9326 lgm－0.4887
	奶粉	2.0～20.0	lgr＝1.0999 lgm－0.7742	lgR＝1.0122 lgm－0.6059
苯氯丙酚胺	牛奶	0.25～2.5	lgr＝0.9632 lgm－0.7558	lgR＝0.9840 lgm－0.5208
	奶粉	2.0～20.0	lgr＝0.9789 lgm－0.6768	lgR＝0.9506 lgm－0.5540
羟甲基氨克仑特罗	牛奶	0.25～2.5	lgr＝0.9891 lgm－0.7396	lgR＝1.0012 lgm－0.4684
	奶粉	2.0～20.0	lgr＝0.9186 lgm－0.4970	lgR＝0.9677 lgm－0.4824

如果差值超过重复性限，应舍弃试验结果并重新完成两次单个试验的测定。

9.3 再现性

在再现性试验条件下，获得的两次独立测试结果的绝对差值不超过再现性限 R，被测物的添加浓度范围及再现性方程见表 4。

附录 A （资料性附录）标准物质的多反应监测（MRM）色谱图

12 种 β－兴奋剂类药物标准物质的多反应监测（MRM）色谱图见图 A. 1。

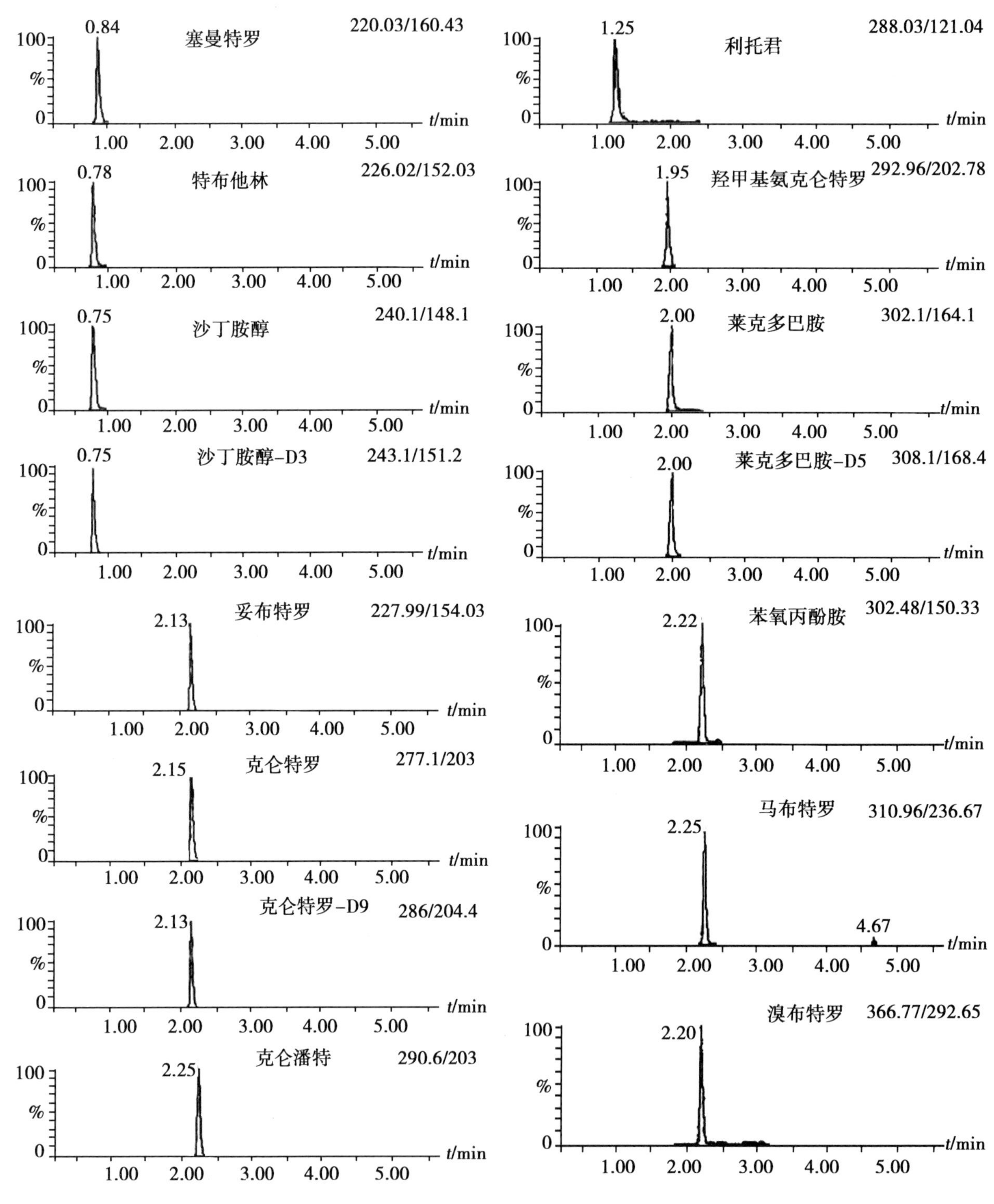

图 A. 1　12 种 β－兴奋剂类药物标准物质的多反应监测（MRM）色谱图

附录 B　（资料性附录）回收率

12 种 β – 兴奋剂类药物的添加浓度及其平均回收率范围的试验数据见表 B. 1。

表 B. 1　12 种 – 兴奋剂类药物的添加浓度及其平均回收率范围的试验数据

化合物名称	添加浓度（μg/kg）	平均回收率（%）	
		牛奶	奶粉
莱克多巴胺	0. 10	91. 8	92. 2
	0. 20	89. 3	91. 8
	0. 50	92. 7	91. 4
	1. 0	91. 9	94. 6
沙丁胺醇	0. 10	89. 7	93. 2
	0. 20	90. 5	91. 9
	0. 50	90. 3	92. 3
	1. 0	91. 6	93. 0
塞曼特罗	0. 10	86. 4	86. 7
	0. 20	86. 3	87. 9
	0. 50	86. 8	87. 6
	1. 0	87. 5	86. 3
克仑潘特	0. 10	86. 7	88. 5
	0. 20	91. 7	87. 5
	0. 50	91. 0	88. 5
	1. 0	89. 9	88. 1
克仑特罗	0. 10	93. 0	94. 1
	0. 20	94. 7	91. 9
	0. 50	93. 2	91. 8
	1. 0	93. 6	91. 3
溴布特罗	0. 10	87. 7	86. 6
	0. 20	88. 9	84. 9
	0. 50	88. 5	88. 2
	1. 0	87. 1	86. 2
妥布特罗	0. 50	88. 1	88. 9
	1. 0	89. 9	85. 1
	2. 5	87. 8	90. 4
	5. 0	91. 2	90. 7
马布特罗	0. 50	87. 6	82. 2
	1. 0	89. 7	82. 8
	2. 5	83. 7	86. 2
	5. 0	86. 7	88. 0

（续表）

化合物名称	添加浓度（μg/kg）	平均回收率（%）	
		牛奶	奶粉
特布他林	0.50	85.5	87.2
	1.0	88.7	84.6
	2.5	87.0	88.5
	5.0	86.4	86.7
利托君	0.50	86.0	88.6
	1.0	87.6	86.1
	2.5	82.5	85.5
	5.0	89.0	83.8
苯氧丙酚胺	0.50	87.9	87.9
	1.0	88.8	87.3
	2.5	88.1	87.2
	5.0	89.8	87.1
羟甲基氨克仑特罗	0.50	85.1	86.0
	1.0	87.7	87.9
	2.5	87.4	88.9
	5.0	86.6	86.1

生乳中革皮水解物鉴定 – L – 羟脯氨酸含量的测定方法

1　范围

本标准规定了生乳中 L – 羟脯氨酸的测定方法。

本标准适用于生乳中 L – 羟脯氨酸的测定和生乳中掺入革皮水解物的鉴定。

2　规范性引用文件

下列文件对于本文件的应用是必不可少的。凡是注日期的引用文件，仅所注日期的版本适用于本文件。凡是不注日期的引用文件，其最新版本（包括所有的修改单）适用于本文件。GB/T 6682 分析实验室用水规格和试验方法。

3　原理

样品经酸水解，游离出的 L – 羟脯氨酸经氯胺 T 氧化，生成含有吡咯环的氧化物。生成物与对二甲胺基苯甲醛反应生成红色化合物，在波长 560nm 处测定吸光度，与标准系列比较定量。

4　试剂和材料

除非另有说明，在分析中仅使用确认为分析纯的试剂，水为 GB/T 6682 中规定的二级水。

4.1　盐酸：优级纯。

4.2　0.02mol/L 盐酸：量取盐酸（4.1）1.7mL 用水定容至 1L，摇匀。

4.3　缓冲溶液：将 50.0g 一水合柠檬酸、26.3g 氢氧化钠和 146.1g 乙酸钠溶于水，定容至 1L，再依次加入 200mL 水和 300mL 正丙醇，混匀。

4.4　氯胺 T 溶液：将 1.41g 氯胺 T，溶于 10mL 水中，依次加入 10mL 正丙醇和 80mL 缓冲溶液（4.3）混匀，现用现配。

4.5　显色剂：称取 10.0g 对二甲胺基苯甲醛，用 35mL 高氨酸溶解，缓慢加入 65mL 异丙醇混匀，现用现配。

4.6　10mol/L 氢氧化钠溶液：准确称置 40.0g 氢氧化钠用水溶解冷却后定容至 100mL。

4.7　1mol/L 氢氧化钠溶液：准确称量 4.0g 氢氧化钠，用水溶解后定容至 100mL。

4.8　L – 羟脯氨酸标准品：CAS 号 51 – 35 – 4，纯度≥99.0%。

4.9　L – 羟脯氨酸标准储备液（500mg/L）：准确称取 50.0mgL – 羟脯氨酸标准品（4.8）用 0.02moL/L 盐酸溶液（4.2）溶解，定容至 100mL。于 4℃ 冰箱内贮存，有效期 6 个月。

4.10　L – 羟脯氨酸标准工作液（5.00mg/L）：准确吸取标准储备液（4.9）1.00mL 于 100mL 容量瓶中，用 0.02mol/L 盐酸浴液（4.2）定容至刻度，现用现配。

5　仪器

5.1　分析天平：感量 0.1mg。

5.2　三角瓶：容量 100mL，长颈，小口。

5.3　电热恒温干燥箱：可控温于110℃±3℃。
5.4　定性滤纸：直径11cm。
5.5　容量瓶：50mL、100mL。
5.6　具塞比色管：10mL、25mL。
5.7　酸度计。
5.8　恒温水浴锅：可控温于60℃±1℃。
5.9　分光光度计：可调波长560nm。
5.10　比色皿：光程为1cm。
5.11　玻璃水解管：配有聚四氟乙烯密封盖。

6　分析步骤

6.1　水解样品

准确吸取5.00mL混匀的生乳样品于玻璃水解管（5.11）中，加5.00mL盐酸（4.1）摇匀密封后，置于110℃电热恒温干燥箱（5.3）中水解12h（加热1h后取出轻轻摇动玻璃水解管），取出冷却。摇匀后，打开玻璃水解管，用滤纸（5）的过滤至100mL容量瓶中，用水反复冲洗玻璃水解管和漏斗，定容至刻度，摇匀。吸取5.00mL水解液于100mL三角瓶中。用浓度为10mol/L和1mol/L氢氧化钠溶液调节pH值至8.0+0.2，转移到100mL容量瓶中，用水定容至刻度，摇匀，作为试液备用。

6.2　测定

6.2.1　标准曲线的绘制

准确吸取L－羟脯氨酸标准工作液（4.10）0.00mL、5.00mL、10.00mL、15.00mL、20.00mL和30.00mL分别置于100mL容量瓶中，用水定容，摇匀。浓度分别为0.00mg/L、0.25mg/L、0.50mg/L、0.75mg/L、1.00mg/L和1.50mg/L取上述不同浓度的溶液各5.00mL，分别加入至25mL具塞比色管中，加入氯胺T溶液（4.4）2.00mL，摇匀后于室温放置20min。再加 入显色剂（4.5）2.00mL，摇匀，塞上塞子于60℃恒温水浴锅中加热20min后取出。置入20℃左右水中冷却，用分光光度计在560nm波长处测定吸光度制，40min内完成测定，以吸光度值为纵坐标，浓度为横坐标绘制标准曲线。

6.2.2　试液测定

从试液（6.1）中吸取5.00mL于25mL具塞比色管中，加入氯胺T溶液（4.4）2.00mL。摇匀后于室温放置20min，再加入显色剂（4.5）2.00mL，摇匀塞上塞子于60℃恒温水浴锅中加热20min后取出，迅速置入20℃左右水中冷却，用分光光度计在560nm波长处测定吸光度值，40min内完成测定，同时做空白试验。

7. 计算

样品中L－羟脯氨酸的含量以质量浓度X计，单位为毫克每升（mg/L），按式（1）计算：

$$X = \frac{c \times V_2 \times V_4}{V_1 \times V_3} \tag{1}$$

式中：

c——从标准曲线上查得的浓度，单位为毫克每升（mg/L）；
V_1——吸取样品的体积，单位为毫升（mL）；
V_2——样品水解后的定容体积，单位为毫升（mL）；
V_3——吸取水解液的体积，单位为毫升（mL）；
V_4——水解液调pH值定容的体积，单位为毫升（mL）。

以重复性条件下获得的两次独立测定结果的算术平均值表示，结果保留三位有效数字。

8　精密度

在重复性条件下获得的两次独立测定结果的绝对差值不得超过算术平均值的 10% 。

9　其他

本方法检出限为 15mg/L。

生乳中碱类物质的测定方法

1 范围

本标准适用于生乳中碱类物质的测定。

2 原理

3 鲜乳中如加碱，可使溴麝香草酚蓝指示剂变色，由颜色的不同，判断加碱量的多少试剂溴麝香草酚蓝－乙醇溶液（0.4g/L）。

4 分析步骤

量取5mL试样，置试管中，将试管保持倾斜位置，沿管壁小心加入5滴溴麝香草酚蓝－乙醇溶液，将试管轻轻倾斜转2～3回，使其更好地互相接触，切勿使液体相互混合，然后将试管垂直放置，2min后根据环层指示剂颜色的特征确定结果，同时用未掺碱的鲜乳做空白对照试验。

按环层颜色变化界限判定结果，见附表。

附表

鲜乳中含碳酸氢钠的浓度（%）	接面环层颜色特征	鲜乳中含碳酸氢钠的浓度（%）	接面环层颜色特征
无	黄色	0.50	青绿色
0.00	黄绿色	0.70	淡绿色
0.05	淡绿色	1.00	青色
0.10	绿色	1.50	深青色
0.30	深绿色		

生乳中硫氰酸根的测定方法

1　适用范围

本方法适用于生乳中硫氰酸钠的检测。本方法检出限为0.5mg/L。

2　原理

生乳样品经乙腈沉淀蛋白，冷冻离心去除脂肪后，过滤，用离子色谱仪测定，外标法定量。

3　试剂和材料

除特殊注明外，本标准所用试剂均为分析纯。水为去离子水，符合GB/T 6682中用水规定。

3.1　硫氰酸钾

3.2　乙腈（色谱纯）

3.3　硫氰酸根标准储备溶液：将硫氰酸钾（KSCN，纯度≥99.0%）于101～103℃烘箱内烘干2h，在干燥器内冷却至室温，准确称取干燥后的硫氰酸钾0.16732g于烧杯中，加水溶解，转移定容于1 000mL容量瓶内，混匀。该硫氰酸根标准储备溶液浓度为100mg/L，置于4℃保存，有效期一个月。

3.4　硫氰酸根标准工作溶液：分别吸取硫氰酸根标准储备溶液（3.3）0μL、20μL、50μL、100μL、400μL、800μL和1 000μL于7个100mL容量瓶内，用水定容，混匀。得到浓度分别为0mg/L、0.020mg/L、0.050mg/L、0.100mg/L、0.400mg/L、0.800mg/L和1.000mg/L的硫氰酸根标准工作溶液，该标准工作溶液现用现配。

4　仪器设备

4.1　离子色谱仪：配淋洗液发生器和电导检测器。

4.2　高速冷冻离心机：12 000g。

4.3　5mL注射器。

4.4　水性过滤器：0.22μm。

4.5　分析天平：感量0.0001g。

4.6　容量瓶：1 000mL，100mL。

4.7　烘箱。

5　操作步骤

5.1　试样处理

取2.00mL试样于10mL离心管中，加入2.50mL乙腈（3.2）沉淀蛋白，涡旋混匀。取上清液0.50mL，用水稀释10倍至5.00mL，涡旋混匀，在4℃的条件下离心10min，12 000r/min，用注射器吸取约2mL的上清液，过水性过滤器（4.4），滤液待测。同时做空白。

5.2　试样测定

5.2.1　离子色谱条件

a. 色谱柱：DionexlonPacAS－16型色谱柱（内径4mm）和IonPacAG－16型保柱（内径4mm），或

相当的色谱柱。

b. 抑制器：ASRSⅡ型4mm自循环式抑制器，或相当的抑制器，抑制器电流力105mA。

c. 流动相：氢氧化钾，浓度为40mmol/L，流速为1.0mL/min；等度洗脱进样量：25μL。

d. 柱温：30.0℃。

e. 电导池温度：35.0℃。

5.2.2 定量测定

外标法比较定量。

6 计算结果

试样中硫氰酸根的含量以硫氰酸钠的质量浓度×计，数值以毫克每升（mg/L）表示，按下式计算：

$$X = \frac{A \times p \times M_{NaSCN}}{A_S \times M_{SCN^-}} \times D$$

式中：

X——样品中硫氰酸钠的质量浓度，mg/L；

J——样品峰面积，μS×min；

A_s——硫氰酸根标准溶液峰面积，μS×min；

p——硫氰酸根标准溶液质量浓度，mg/L；

M_{NaSCN}——硫氰酸钠摩尔质量，81.07g/mol；

M_{SCN}——硫氰酸根摩尔质量，58.01g/mol；

D——稀释倍数。

结果用平行测定的算术平均值表示，保留两位有效数字。

7 精密度

在复性条件下获得的两次独立测定结果的绝对差值不大于算术平均值的10%。

资料性附录 A

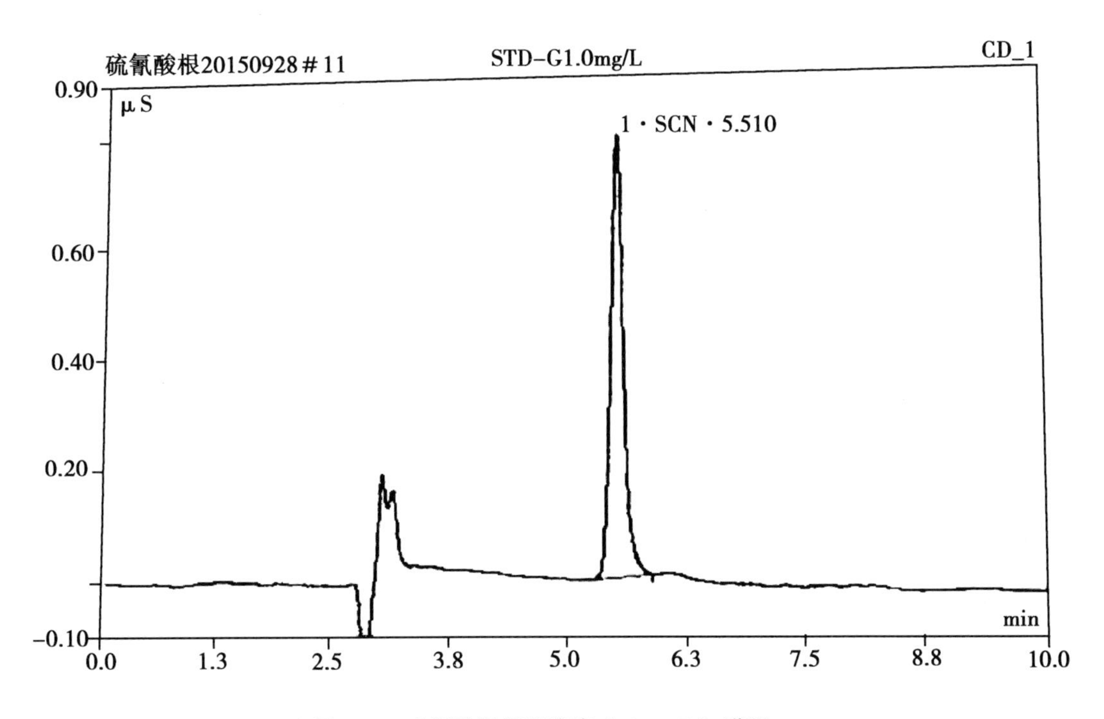

图 A.1　硫氰酸根标准溶液（10mg/L）谱图

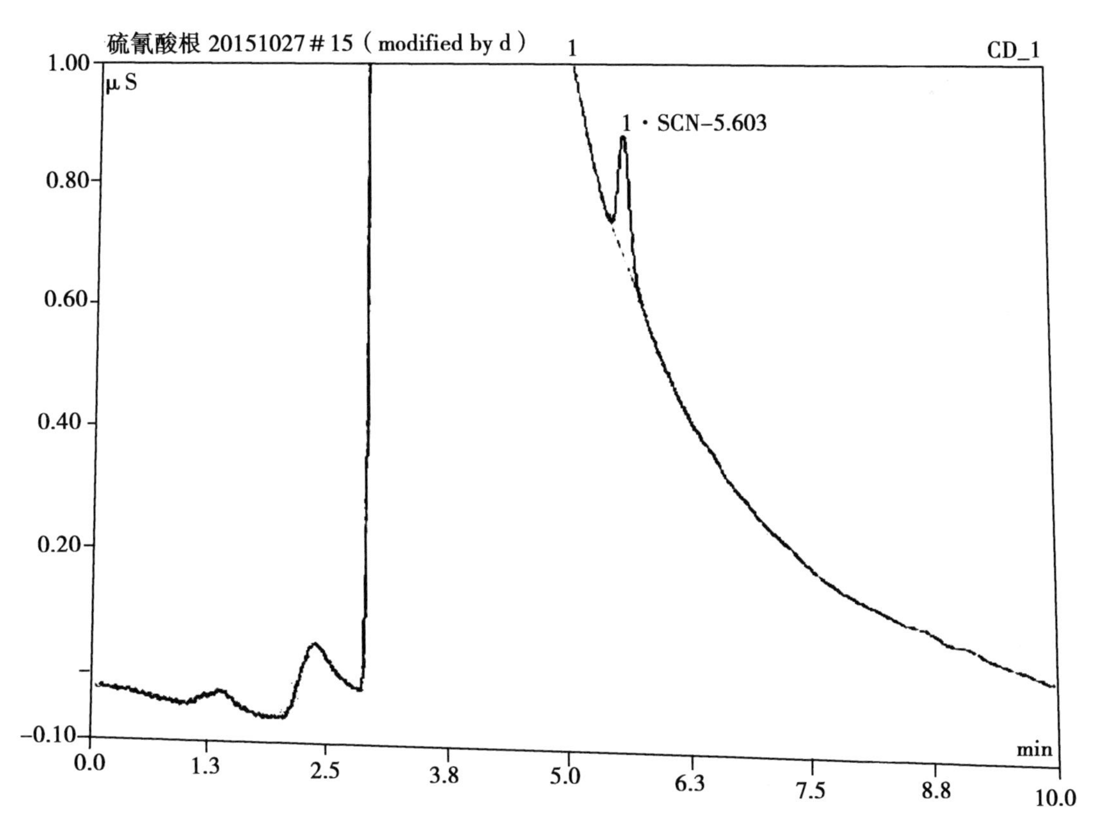

图 A.2　生乳样品加标硫氰酸根谱图

乳及乳制品中舒巴坦敏感 β－内酰胺酶类物质检验方法——杯碟法

1 范围

本标准规定了乳及乳制品中舒巴坦敏感 β－内酰胺酶类药物的检验方法杯碟法。

本标准适用于乳及乳制品中舒巴坦敏感 β－内酰胺酶类物质的检验。

本标准的方法检出限：4U/mL。

2 规范性引用文件

下列文件中的条款通过本标准的引用而成为本标准的条款。凡是注日期的引用文件，其随后所有的修改单（不包括勘误的内容）或修订版均不适用于本标准，然而，鼓励根据本标准达成协议的各方研究是否可使用这些文件的最新版本。凡是不注日期的引用文件，其最新版本适用于本标准。GB/T 6682—1992 分析实验室用水规格和试验方法（neq ISO 3696：1987）

3 原理

该方法采用对青霉素类药物绝对敏感的标准菌株，利用舒巴坦特异性抑制 β－内酰胺酶的活性，并加入青霉素作为对照，通过比对加入 β－内酰胺酶抑制剂与未加入抑制剂的样品所产生的抑制圈的大小来间接测定样品是否含有 β－内酰胺酶类药物。

4 试剂和材料

除另有规定外，所用试剂均为分析纯，水为 GB/T 6682 中规定的三级水。

4.1 试验菌种

藤黄微球菌（Micrococcus）CMCC（13）28001，传代次数不得超过 14 次。

4.2 标准物质

4.2.1 青霉素对照品。

4.2.2 β－内酰胺酶标准品。

4.2.3 舒巴坦对照品。

4.3 工作溶液的配制

4.3.1 磷酸盐缓冲溶液：pH 值 =6.0，称取 8.0g 无水磷酸二氢钾，2.0g 无水磷酸氢二甲溶解于水中并定容至 1 000mL。

4.3.2 生理盐水：8.5g/L。称取 8.5g 氯化钠，溶解于 1 000mL。

4.4 标准溶液的配制

4.4.1 青霉素标准溶液：准确称取适量（精确矩 0.1mg）青霉素标准物质（4.2.1），用磷酸盐缓冲溶液（4.3.1）溶解并定容为 0.1mg/mL 的标准溶液。当天配制，当天使用。

4.4.2 β－内酰胺酶标准溶液：准确称取或称取适量 β－内酰胺酶标准物质（4.2.2），用磷酸盐绶冲溶液（4.3.1）溶解并定容为 16000U/mL 的标准溶液。当天配制，当天使用。如果购买的 β－内酰胺酶不是标准物质，则应按照附录 B 方法进行标定后，再配制成 16 000U/mL 的标准溶液。

4.4.3　舒巴坦标准溶液：准确称取适量（精确至0.1mg）舒巴坦标准物质（4.2.3），用磷酸盐缓冲溶液（4.3.1）溶解并定容为1mg/mL的标准溶液，分装后－20℃保存备用，不可反复冻融使用。

4.5　培养基

4.5.1　营养琼脂培养基：见第A.1章。

4.5.2　抗生素检测用培养基：见第A.2章。

4.6　菌悬液的制备

将试验菌菌种（4.1）接种于营养琼脂斜面（4.5.1）上，经（36±1）℃培养18～24h，用生理盐水（4.3.2）洗下菌苔即为菌悬液，测定菌悬液浓度，终浓度应大于1×10^{10}CFU/mL，4℃保存，贮存期限2周。

5　主要仪器

5.1　抑菌圈测量仪。

5.2　生化培养箱：(36±1)℃。

5.3　高压灭菌器。

5.4　培养皿：内径90mm，底部平整光滑的玻璃皿，具陶瓦盖。

5.5　牛津杯：不细小管，外径（8.0±0.1）mm，内径（6.0±0.1）mm，高度（10.0±0.1）mm。

5.6　麦氏比浊仪或标准比浊仪。

5.7　pH计。

6　测定步骤

6.1　样品的制备

将待检样品充分混匀，取1mL待检样品于1.5mL离心管中共4管，分别标为：A、B、C、D，每个样品做三个平行，共12管，同时每次检验应取纯水1mL加入到1.5mL离心管中最为对照如样品为乳粉，则将乳粉按1∶10的比例稀释。如样品为酸性乳制品，应调节pH值至6～7。

6.2　检验用平板的制备

取90mm灭菌玻璃培养皿，底层加10mL灭菌的抗生素检测用培养基Ⅱ（4.5.2），凝固后上层加入5mL含有浓度为1×10^{8}CFU/mL的藤黄微球菌CMCC（B）28001抗生素检测用培养基（4.5.2），凝固后备用。

6.3　样品的测定

按照下列序分别将青霉素标准溶液（4.4.1）、β－内酸胺酶标准溶液（4.4.2）、舒巴坦标准溶液（4.4.3）加入到样品（6.1）及纯水（6.1）中：

A 青霉素5μL。

B 舒巴坦25μL、青霉素5μL。

C β－内酰胺酶25μL、青霉素G 5μL。

D β－内酰胺酶25μL、舒巴坦25μL、青霉素5μL。

并将上述A－D试样各200μL加入放置于6.2上的4个8mm钢管中，(36±1)℃培养18～22h，测量抑菌圈直径。每个样品，取三次平行试验平均值。

7　结果报告

纯水样品结果应为：(A)、(B)、(D）均应产生抑菌圈；(A）的抑菌圈4（B）的抑菌圈相比，差异在3mm以内（含3mm），且重复性良好；(C）的抑菌圈小于（D）的抑菌圈，差异在3mm以上（含3mm），且重复性良好。如为此结果，则系统成立，可对样品结果进行如下判定。

7.1 如果样品结果中（B）和（D）均产生抑菌圈，且（C）与（D）抑菌圈差异在3mm以上（含3mm）时，可按7.1.1、7.1.2判定结果。

7.1.1 （A）的抑菌圈小于（B）的抑菌圈差异在3mm以上（含3mm），且重复性良好，应判定该试样添加有β-内酰胺酶，报告β-内酰胺酶类药物检验结果阳性。

7.1.2 （A）的抑菌圈同（B）的抑菌圈差异小于3mm，且重复性良好，应判定该试样未添加有β-内酰胺酶，报告β-内酰胺酶类药物检验结果阴性。

7.2 如果（A）和（B）均不产生抑菌圈应将样品稀释后再进行检测。

附录 A　（规范性附录）培养基

A.1　营养琼脂

蛋白胨	10g
牛肉膏	3g
氯化钠	5g
琼脂	15 ~ 20g
蒸馏水	1 000mL

制作：分装试管每管 5 ~ 8mL，120℃高压灭菌 15min，灭菌后摆放斜面

A.2　抗生素检测培养基

蛋白胨	10g
牛肉浸膏	3g
氯化钠	5g
酵母膏	3g
葡萄糖	1g
琼脂粉	14g
蒸馏水	1 000mL

制作：120℃高压灭菌 15min，其最终 pH 值约为 6.6

附录 B （规范性附录）青霉素酶活力标定方法

1 溶液的配制

（1）青霉素溶液的制备。称取青霉素钠（钾）标准品适量，用磷酸盐缓冲液（pH 值 =7.0）溶解成每 mL 中含 1 万单位的溶液。

（2）青霉素酶稀释的制备。取青霉素酶溶液，按估计单位用磷酸盐缓冲溶液（pH 值 =7.0）稀释成 1mL 中含青霉素酶 8 000 ~ 12 000U 的溶液，在 37℃下预热。

（3）碘滴定液（0.005mol/L）。精密量取碘（0.05mol/L）10mL，置 100mL 容量瓶中，用醋酸钠缓冲液（pH 值 =4.5）稀释至刻度。

（4）磷酸盐缓冲液（pH 值 =7.0）。取磷酸氢二钾 7.36g 与磷酸二氢钾 3.14g，加水使成 1 000mL。

（5）醋酸钠缓冲液（pH 值 =4.5）。取冰醋酸 13.86mL，加水使成 250mL；另取醋酸钠 27.30g，加水 200mL，两液混合均匀。

2 标定步骤

精密量取青霉素 1 万 U/mL 溶液 50mL，置 100mL 容量瓶中，预热至 37℃后，精密加入已预热的青霉素酶稀释液 25mL，迅速混匀，在 37℃放置 1h，精密量取 3mL，立即加至已精密量取的碘滴定液（0.005mol/L）25mL，在室温暗处放置 15min，用硫代硫酸钠滴定液（0.01mol/L）滴定，至近终点时，加淀粉指示液。继续滴定至蓝色消失。空白试验，取已预热 的青霉素溶液 2mL，在 37℃放置 1h，精密加入上述碘滴定液 25mL，然后精密加青霉素酶稀释液 1mL，在室温暗处放置 15min，用硫代硫酸钠滴定液（0.01mol/L）滴定。

按照下式计算：

$$E = (B - A) \times M \times F \times D \times 100$$

式中：

E——青霉素酶活力，U/（mL·h）；

B——空白滴定所消耗的上述硫代硫酸钠滴定液的容量（mL）；

A——供试品滴定所消耗的上述硫代硫酸钠滴定液的容量（mL）；

M——硫代硫酸钠滴定液的浓度（mol/L）；

F——在相同条件下，每 1mL 的上述滴定液（0.005mol/L）相当于青霉素的效价，U；

D——青霉素酶溶液的稀释倍数。

第四章

理化检测相关参数

1. 食品卫生检验方法　理化部分　总则　GB/T 5009. 1—2003
2. 食品安全国家标准　生乳　GB 19301—2010
3. 食品安全国家标准　食品中水分的测定　GB 5009. 3—2010
4. 食品安全国家标准　食品中灰分的测定　GB 5009. 4—2010
5. 食品安全国家标准　食品中蛋白质的测定　GB 5009. 5—2010
6. 食品安全国家标准　婴幼儿食品和乳品中脂肪的测定　GB 5413. 3—2010
7. 食品安全国家标准　乳和乳制品杂质度的测定　GB 5413. 30—2010
8. 食品安全国家标准　食品相对密度的测定　GB 5009. 2—2016
9. 食品安全国家标准　食品酸度的测定　GB 5009. 239—2016
10. 食品安全国家标准　生乳冰点的测定　GB 5413. 38—2016
11. 食品安全国家标准　乳和乳制品中非脂乳固体的测定　GB 5413. 39—2010
12. 乳及乳制品中共轭亚油酸（CLA）含量测定　气相色谱法　NY/T 1671—2008
13. 乳与乳制品中蛋白质的测定　双缩脲比色法　NY/T 1678—2008
14. 出口乳及乳制品中乳糖的测定方法　SN/T 0871—2012
15. 乳与乳制品中淀粉的测定酶—比色法　NY/T 802—2004
16. 生鲜牛乳中体细胞测定方法　NY/T 800—2004
17. 乳及乳制品中植物油的检验气相色谱法　GB/T 22035—2008

ICS 67.040
C53

中华人民共和国国家标准

GB/T 5009.1—2003
代替 GB/T 5009.1-1996

食品卫生检验方法　理化部分　总则

Methods of food hygienic analysis - Physical and chemical section - General principles

2003-08-11 发布　　　2004-01-01 实施

中华人民共和国卫生部
中国国家标准化管理委员会　发布

前　　言

本标准代替 GB/T 5009. 1—1996《食品卫生检验方法　理论部分　总则》

本标准与 GB/T 5009. 1—1996 相比主要修改如下：

按照 GB/T 20001. 4—2001《标准编写规则第 4 部分：化学分析方法》对原标准的结构进行了修改。

本标准的附录 A 为规范性附录，附录 B 和附录 C 为资料性附录。

本标准由中华人民共和国卫生部提出并归口。

本标准由卫生部食品卫生监督检验所负责起草。

本标准于 1985 年首次发布，于 1996 年第一次修订，本次为第二次修订。

食品卫生检验方法　理化部分　总则

1　范围

本标准规定了食品卫生检验方法理化部分的检验基本原则和要求。

本标准适用于食品卫生检验方法理化部分。

2　规范性引用文件

下列文件中的条款通过本标准的引用而成为本标准的条款。凡是注日期的引用文件，其随后所有的修改单（不包括勘误的内容）或修订版均不适用于本标准，然而，鼓励根据本标准达成协议的各方研究是否可使用这些文件的最新版本。凡是不注日期的引用文件，其最新版本适用于本标准。

GB/T 601　化学试剂　标准滴定溶液的制备

GB/T 602　化学试剂　杂质测定用标准溶液的制备

GB/T 5009.3—2003　食品中水分的测定

GB/T 5009.6—2003　食品中脂肪的测定

GB/T 5009.20—2003　食品中有机磷农药残留量的测定

GB/T 5009.26—2003　食品中 N－亚硝胺类的测定

GB/T 5009.34—2003　食品中亚硫酸盐的测定

GB/T 8170　数值修约规则

JJF1027　测量误差及数据处理

3　检验方法的一般要求

3.1　称取：用天平进行的称量操作，其准确度要求用数值的有效数位表示，如称取 20.0g……指称量准确至 ±0.1g，“称取 20.00g……”指称量准确至 ±0.01g。

3.2　准确称取：用天平进行的称量操作，其准确度为 ±0.0001g。

3.3　恒量：在规定的条件下，连续两次干燥或灼烧后称定的质量差异不超过规定的范围。

3.4　量取：用量筒或量杯取液体物质的操作。

3.5　吸取：用移液管、刻度吸量管取液体物质的操作。

3.6　试验中所用的玻璃量器如滴定管、移液管、容量瓶、刻度吸管、比色管等所量取体积的准确度应符合国家标准对该体积破璃量器的准确度要求。

3.7　空白试验、除不加试样外，采用完全相同的分析步骤、试剂和用量（滴定法中标准滴定液的用量除外），进行平行操作所得的结果。用于扣除试样中试剂本底和计算检验方法的检出限。

4　检验方法的选择

4.1　标准方法如有两个以上检验方法时，可根据所具备的条件选择使用，以第一法为仲裁方法。

4.2　标准方法中根据适用范固设几个并列方法时，要依据适用范围选择适宜的方法。在 GB/T 5009.3、GB/T 5009.6、GB/T 5009.20、GB/T 5009.26、GB/T 5009.34 中由于方法的适用范围。不同，第一法与其他方法属并列关系（不是仲裁方法）。此外，未指明第一法的标准方法与其他方法也属并列关系。

5 试剂的要求及其溶液浓度的基本表示方法

5.1 检验方法中所使用的水，未注明其他要求时，系指蒸馏水或去离子水。未指明溶液用何种溶剂配制时，均指水溶液。

5.2 检验方法中来指明具体浓度的硫酸、硝酸、盐酸、氨水时，均指市售试剂规格的浓度（参见附录C）。

5.3 液体的滴：系指蒸馏水自标准滴管流下的一滴的量，在20℃时20滴约相当于1mL。

5.4 配制溶液的要求

5.4.1 配制溶液时所使用的试剂和溶剂的纯度应符合分析项目的要求。应根据分析任务、分析方法、对分析结果准确度的要求等选用不同等级的化学试剂。

5.4.2 试剂瓶使用硬质玻璃。一般碱液和金属溶液用聚乙烯瓶存放。需避光试剂贮于棕色瓶中。

5.5 溶液浓度表示方法

5.5.1 标准滴定溶液浓度的表示（参见附录B），应符合GB/T 601的要求。

5.5.2 标准溶液主要用于测定杂质含量，应符合GB/T 602的要求。

5.5.3 几种固体试剂的混合质量份数或液体试剂的混合体积份数可表示为（1+1）、（4+2+1）等。

5.5.4 溶液的浓度可以质量分数或体积分数为基础给出，表示方法应是“质量（或体权）分数是0.75”或“质量（或体积）分数是75%”。质量和体积分数还能分别用5 μg/g或4.2mL/m^{3}这样的形式表示。

5.5.5 溶液浓度可以质量、容量单位表示，可表示为克每升或以其适当分倍数表示（g/L或mg/mL等）。

5.5.6 如果溶液由另一种特定溶液稀释配制，应按照下列惯例表示：

“稀释$V_1 \rightarrow V_2$”表示，将体积为V_1的特定溶液以某种方式稀释，最终混合物的总体积为V_2；

“稀释V_1+V_2”表示，将体积为V_1的特定溶液加到体积为V_2的溶液中（1+1）、（2+5）等。

6 温度和压力的表示

6.1 一般温度以摄氏度表示，写作℃；或以开氏度表示，写作K（开氏度=摄氏度+273.15）。

6.2 压力单位为帕斯卡，表示为Pa（kPa、MPa）。

1atm =760mmHg

=101 325Pa=101.325kPa=0.101325MPa（atm为标准大气压，mmHg为毫米汞柱）

7 仪器设备要求

7.1 玻璃量器

7.1.1 检验方法中所使用的滴定管、移液管、容量瓶、刻度吸管、比色管等玻璃量器均应按国家有关规定及规程进行检定校正。

7.1.2 玻璃量器和玻璃器皿应经彻底洗净后才能使用，洗涤方法和洗涤液配制参见附录C。

7.2 控温设备

检验方法所使用的马弗炉、恒温干燥箱、恒温水浴锅等均应按国家有关规程进行测试和检定校正。

7.3 测量仪器

天平、酸度计、温度计、分光光度计、色谱仪等均应按国家有关规程进行测试和检定校正。

7.4 检验方法中所列仪器

为该方法所需要的主要仪器，一般实验室常用仪器不再列入。

8　样品的要求

8.1　采样应注意样品的生产日期、批号、代表性和均匀性（掺伪食品和食物中毒样品除外）。采集的数量应能反映该食品的卫生质量和满足检验项目对样品量的需要，一式三份，供检验、复验、备查或仲裁，一般散装样品每份不少于0.5kg。

8.2　采样容器根据检验项目，选用硬质玻璃瓶或聚乙烯制品。

8.3　液体、半流体饮食品如植物油、鲜乳、酒或其他饮料，如用大桶或大罐盛装者，应先充分混匀后再采样。样品应分别盛放在三个干净的容器中。

8.4　粮食及固体食品应自每批食品上、中、下三层中的不同部位分别采取部分样品，混合后按四分法对角取样，再进行几次混合，最后取有代表性样品。

8.5　肉类、水产等食品应按分析项目要求分别采取不同部位的样品或混合后采样。

8.6　罐头、瓶装食品或其他小包装食品，应根据批号随机取样，同一批号取样件数，250g以上的包装不得少于6个，250g以下的包装不得少于10个。

8.7　掺伪食品和食物中毒的样品采集，要具有典型性。

8.8　检验后的样品保存：一般样品在检验结束后，应保留一个月，以备需要时复检。易变质食品不予保留，保存时应加封并尽量保持原状。检验取样一般皆系指取可食部分，以所检验的样品计算。

8.9　感官不合格产品不必进行理化检验，直接判为不合格产品。

9　检验要求

9.1　严格按照标准方法中规定的分析步骤进行检验，对试验中不安全因素（中毒、爆炸、腐蚀、烧伤等）应有防护措施。

9.2　理化检验实验室应实行分析质量控制。

9.3　检验人员应填写好检验记录。

10　分析结果的表述

10.1　测定值的运算和有效数字的修约应符合GB/T 8170、JJF 1027的规定，技术参数和数据处理见附录A。

10.2　结果的表述：报告平行样的测定值的算术平均值，并报告计算结果表示到小数点后的位数或有效位数，测定值的有效数的位数应能满足卫生标准的要求。

10.3　样品测定值的单位应使用法定计量单位。

10.4　如果分析结果在方法的检出限以下，可以用“未检出”表述分析结果，但应注明检出限数值。

附录 A （规范性附录）检验方法中技术参数和数据处理

A.1 灵敏度的规定

把标准曲线回归方程中的斜率（b）作为方法灵敏度〈参照第 A.5 章），即单位物理量的响应值。

A.2 检出限

把 3 倍空白值的标准偏差（测定次数 $n \geqslant 20$）相对应的质量或浓度称为检出限。

A.2.1 色谱法（GC. HPLC）

设：色谱仪最低响应值为 $S=3N$（N 为仪器噪音水平），则检出限按式（A.1）进行计算。

$$检出限=\frac{最低相应值}{b}=\frac{S}{b} \tag{A.1}$$

式中：

b——标准曲线回归方程中的斜率，响应值/μg 或响应值/ng；

s——为仪器噪音的 3 倍，即仪器能辨认的最小的物质信号。

A.2.2 吸光法和荧光法

按国际理论与应用化学家联合（IUPAC）规定。

A.2.2.1 全试剂空白响应值

全试剂空白响应值按式（A.2）进行计算：

$$X_L=\bar{X}+K_S \tag{A.2}$$

式中：

X_L——全试剂空白相应值（按 3.7 操作以溶剂调节零点）；

$\bar{X}_i$——测定 n 次空白溶液的平均值（$n \geqslant 20$）；

s——n 次空白值的标准偏差；

K——根据一定置信度确定的系数。

A.2.2.2 检出限

检出限按式（A.3）进行计算：

$$L=\frac{X_L-\bar{X}_i}{b}=\frac{K_S}{b} \tag{A.3}$$

式中：

L——检出限

X_L、X_i、K、s、b——同式（A.2）注释；

K——一般为 3。

A.3 精密度

同一样品的各测定值的符合程度为精密度。

A.3.1 测定

在某一实验室，使用同一操作方法，测定同一稳定样品时，允许变化的因素有操作者、时间、试剂、仪器等，测定值之间的相对偏差即为该方法在实验室内的精度。

A.3.2 表示

A. 3. 2. 1　相对偏差

相对偏差按式（A. 4）进行计算：

$$相对偏差(\%) = \frac{X_i - \bar{X}}{X} \times 100 \qquad (A.4)$$

式中：

X_i——某一次的测定值；

$\bar{X}$——测定值的平均值。

平行样相对误差按式（A. 5）进行计算：

$$平行样相对误差(\%) = \frac{|X_1 - X_2|}{\frac{X_1 + X_2}{2}} \times 100 \qquad (A.5)$$

A. 3. 2. 2　标准偏差

A. 3. 2. 2. 1　算术平均值：多次测定值的算术平均值可按式（A. 6）计算：

$$X = \frac{X_1 + X_2 + \cdots\cdots + X_n}{n} = \frac{\sum_{i=1}^{n} X_i}{n} \qquad (A.6)$$

式中：

$\bar{X}$——n 次重复测定结果的算术平均值；

n——重复测定次数；

X_i——n 次测定中第 i 个测定值。

A. 3. 2. 2. 2　标准偏差：它反映随机误差的大小，用标准差（S）表示，按式（A. 7）进行计算：

$$S = \sqrt{\frac{\sum_{i=1}^{n}(X_i - \bar{X})^2}{n-1}} = \sqrt{\frac{\sum_{i=1}^{n} X_i^2 - (\sum_{i=1}^{n} X_i)^2/n}{n-1}} \qquad (A.7)$$

式中：

$\bar{X}$——n 次重复测定结果的算术平均值，

n——重复测定次数；

X_i——n 次测定中第 i 个测定值；

S——标准差。

A. 3. 2. 3　相对标准偏差

相对标准偏差按式（A. 8）进行计算：

$$RSD = \frac{S}{X} \times 100 \qquad (A.8)$$

式中：

RSD——相对标准偏差；

S、$\bar{X}$——同 A. 3. 2. 2. 2。

A. 4　准确度

测定的平均值与其值相符的程度。

A. 4. 1　测定

某一稳定样品中加入不同水平已知量的标准物质（将标准物质的量作为真值）称加标样品；同时

测定样品和加标样品；加标样品扣除样品值后与标准物质的误差即为该方法的准确度。

A.4.2　用回收率表示方法的准确度

加入的标准物质的回收率按式（A.9）的进行计算：

$$P = \frac{X_1 - X_0}{m} \times 100\% \quad (A.9)$$

式中：

P——加入的标准物质的回收率；

m——加入的标准物质的量；

X_1——加标试样的测定值；

X_0——未加标试样的测值。

A.5　直接回归方程的计算

在绘制标准曲线时，可用直线回归方程式计算，然后根据计算结果绘制。用最小二乘法计算直线回归方程的公式见式（A.10）至式（A.13）。

$$y = a + bX \quad (A.10)$$

$$a = \frac{\sum X^2(\sum Y) - (\sum X)(\sum XY)}{n\sum X^2 - (\sum X)^2} \quad (A.11)$$

$$b = \frac{n(\sum XY) - (\sum X)(\sum Y)}{n\sum X^2 - (\sum X)^2} \quad (A.12)$$

$$r = \frac{n(\sum XY) - (\sum X)(\sum Y)}{\sqrt{[n\sum X^2 - (\sum X)^2][n\sum Y^2 - (\sum Y)^2]}} \quad (A.13)$$

式中：

X——自变量，为横坐标上的值；

Y——应变量，为纵坐标上的值；

b——直线的斜率；

a——直线在 Y 轴上的截距；

n——测定值；

r——回归直线的相关系数。

A.6　有效数字

食品理化检验中直接或间接测定的量，一般都用数字表示，但它与数学中的“数”不同，而仅仅表示量度的近似值。在测定值中只保留一位可疑数字，如0.0123 与 1.23 都为三位有效数字。当数字末端的“0”不作为有效数字时，要改写成用乘以 10^n 来表示。如 24 600 取三位有效数字，应写作 2.46×10^4。

A.6.1　运算规则

A.6.1.1　除有特殊规定外，一般可疑数表示末位 1 个单位的误差。

A.6.1.2　复杂运算时，其中间过程多保留一位有效数，最后结果须取应有的位数。

A.6.1.3　加减法计算的结果，其小数点以后保留的位数，应与参加运算各数中小数点后位数最少的相同。

A.6.1.4　乘除法计算的结果，其有效数字保留的位数，应与参加运算各数中有效数字位数最少的相同。

A. 6. 2　方法测定中按其仪器准确度确定了有效数的位数后，先进行运算，运算后的数值再修约。

A. 7　数字修约规则

A. 7. 1　在拟舍弃的数字中，若左边第一个数字小于 5（不包括 5）时，则舍去，即所拟保留的末位数字。

例如：将 14. 2432 修约到保留一位小数。

修约前	修约后
14. 2432	14. 2

A. 7. 2　在拟舍弃的数字中，若左边第一个数字大于 5（不包括 5）则进一，即所拟保留的末位数字加一。例如：将 26. 4843 修约到只保留一位小数。

修约前	修约后
26. 4843	26. 5

A. 7. 3　在拟舍弃的数字中，若左边第一位数字等于 5，其右边的数字并非全部为零时，则进一，即所拟保留的末位数字加一。

例如：将 1. 0501 修约到只保留一位小数。

修约前	修约后
1. 0501	1. 1

A. 7. 4　在拟舍弃的数字中，若左边第一个数字等于 5，其右边的数字皆为零时，所拟保留的末位数字若为奇数则进一，若为偶数（包括“0”）则不进。

例如：将下列数字修约到只保留一位小数。

修约前	修约后
0. 3500	0. 4
0. 4500	0. 4
1. 0500	1. 0

A. 7. 5　所拟舍弃的数字，若为两位以上数字时，不得连续进行多次修约，应根据所拟舍弃数字中左边第一个数字的大小，按上述规定一次修约出结果。

例如：将 15. 4546 修约成整数。

正确的做法是：

修约前	修约后
15. 4546	15

不正确的做法是：

修约前	一次修约	二次修约	三次修约	四次修约（结果）
15. 4546	15. 4545	15. 46	15. 5	16

附录 B （资料性附录）标准滴定溶液

检验方法中某些标准滴定溶液的配制及标定应按下列规定进行，应符合 GB/T 601 的要求。

B.1 盐酸标准滴定溶液

B.1.1 配制

B.1.1.1 盐酸标准滴定溶液 [c（HCl）=1mol/L]：量取 90mL 盐酸，加适量水并稀释至 1 000mL。

B.1.1.2 盐酸标准滴定溶液 [c（HCl）=0.5mol/L]：量取 45mL 盐酸，加适量水并稀释至 1 000mL。

B.1.1.3 盐酸标准滴定溶液 [c（HCl）=0.1mol/L]：量取 9mL 盐酸，加适量水并稀释至 1000mL。

B.1.1.4 溴甲酚绿－甲基红混合指示液：量取 30mL 溴甲酚绿乙醇溶液（2g/L，加入 20mL 甲基红乙醇溶液（1g/L），混匀。

B.1.2 标定

B.1.2.1 盐酸标准滴定溶液 [c（HCl）=1mol/L]：准确称取约 1.5g 在 270～300℃干燥至恒量的基准无水碳酸钠，加 50mL 水使之溶解，如 10 滴溴甲酚绿－甲基红混合指示液，用本溶液滴定至溶液由绿色转变为紫红色，煮沸 2min，冷却至室温，继续滴定至溶液由绿色变为暗紫色。

B.1.2.2 盐酸标准溶液 [c（HCl）=0.5mol/L]：按 B.1.2.1 操作，但基准无水碳酸钠量改为约 0.8g。

B.1.2.3 盐酸标准溶液 [c（HCl）=0.1mol/L]：按 B.1.2.1 操作，但基准无水碳酸钠量改为约 0.15g。

B.1.2.4 同时做试剂空白试验。

B.1.3 计算

盐酸标准滴定溶液的浓度按式（B.1）计算。

$$C_1 = \frac{m}{(V_1 - V_2) \times 0.0530} \tag{B.1}$$

式中：

C_1——盐酸标准滴定溶液的实际浓度，单位为摩尔每升（mol/L）；

m——基准无水碳酸钠的质量，单位为克（g）；

V_1——盐酸标准溶液用量，单位为毫升（mL）；

V_2——试剂空白试验中盐酸标准溶液用量，单位为毫升（mL）；

0.0530——与 1.00mL 盐酸标准滴定溶液 [c（HCl）=0.1mol/L] 相当的基准无水碳酸钠的质量，单位为克（g）。

B.2 盐酸标准滴定溶液 [c（HCl）=0.02mol/L、c（HCl）=0.01mol/L]

临用前取盐酸标准溶液 [c（HCl）=0.1mol/L]（B.1.1.3）加水稀释制成。必要时重新标定浓度。

B.3 硝酸标准滴定溶液

B.3.1 配制

B.3.1.1 硫酸标准滴定溶液 [c（$1/2H_2SO_4$）=1mol/L]：量取 30mL 硫酸，缓缓注入适量水中，冷却至室温后用水稀释至 1 000mL，混匀。

B.3.1.2 硫酸标准滴定溶液 [c（$1/2H_2SO_4$）=0.5mol/L]：按 B.3.1.1 操作，但硫酸量改为 15mL。

B.3.1.3 硫酸标准滴定溶液 [c（$1/2H_2SO_4$）=0.1mol/L]：按 B.3.1.1 操作，但硫酸量改为 3mL。

B.3.2 标定

B.3.2.1 硫酸标准滴定榕液 [c（$1/2H_2SO_4$）=1.0mol/L]；按 B.1.2.1 操作。

B.3.2.2　硫酸标准滴定溶液［c（$1/2H_2SO_4$）=0.5mol/L］；按 B.1.2.2 操作。
B.3.2.3　硫酸标准滴定溶液［c（$1/2H_2SO_4$）=0.1mol/L］；按 B.1.2.3 操作。
B.3.3　计算
硫酸标准滴定溶液浓度按式（B.2）计算。

$$C_2 = \frac{m}{(V_1 - V_2) \times 0.0530} \tag{B.2}$$

式中：
C_2——硫酸标准滴定溶液的实际浓度，单位为摩尔每升（mol/L）；
m——基准无水碳酸钠的克数，单位为克（g）；
V_1——硫酸标准溶液用量，单位为毫升（mL）；
V_2——试剂空白试验中硫酸标准溶液用量，单位为毫升（mL）；
0.0530——与 1.00mL 硫酸标准溶液［c（$1/2H_2SO_4$）=1mol/L］相当的基准无水碳酸钠的质量，单位为克（g）。

B.4　氢氧化钠标准滴定溶液

B.4.1　配制
B.4.1.1　氢氧化钠饱和溶液：称取 120g 氢氧化钠，加 100mL 水，振摇使之溶解成饱和溶液，冷却后置于聚乙烯塑料瓶中，密塞，放置数日，澄清后备用。
B.4.1.2　氢氧化钠标准溶液［c（NaOH）=1mol/L］：吸取 56mL 澄清的氢氧化钠饱和溶液，加适量新煮沸过的冷水至 1 000mL，摇匀。
B.4.1.3　氢氧化钠标准溶液［c（NaOH）=0.5mol/L］：按 B.4.1.2 操作，但吸取澄清的氢氧化钠饱和溶液改为 28mL。
B.4.1.4　氢氧化钠标准溶液［c（NaOH）=0.1mol/L］：按 B.4.1.2 操作，但吸取澄清的氢氧化钠饱和溶液，改为 5.6mL。
B.4.1.5　酚酞指示液：称取酚酞 1g 溶于适量乙醇中再稀释至 100mL。
B.4.2　标定
B.4.2.1　氢氧化钠标准溶液［c（NaOH）=1mol/L］：准确称取约 6g 在 105～110℃ 干燥至恒量的基准邻苯二甲酸氢钾，加 80mL 新煮沸过的冷水，使之尽量溶解，加 2 滴酚酞指示液，用本溶液滴定至溶液呈粉红色，0.5min 不褪色。
B.4.2.2　氢氧化钠标准溶液［c（NaOH）=0.5mol/L］：按 B.4.2.1 操作，但基准邻苯二甲酸氢钾量改为约 3g。
B.4.2.3　氢氧化钠标准溶液［c（NaOH）=0.1mol/L］：按 B.4.2.1 操作，但基准邻苯二甲酸氢钾量改为约 0.6g。
B.4.2.4　同时做空白试验。
B.4.3　计算
氢氧化钠标准滴定溶液的浓度按式（B.3）计算。

$$C_3 = \frac{m}{(V_1 - V_2) \times 0.2042} \tag{B.3}$$

式中：
C_3——氢氧化钠标准滴定溶液的实际浓度，单位为摩尔每升（mol/L）；
m——基准邻苯二甲酸氢钾的质量，单位为克（g）；
V_1——氢氧化钠标准溶液用量，单位为毫升（mL）；

V_2——空白试验中氢氧化钠标准溶液用量，单位为毫升（mL）；
0.2042——与1.00mL氢氧化钠标准滴定溶液［c（NaOH）=1mol/L］相当的基准邻苯二甲酸氢钾的质量，单位为克（g）。

B.5 氢氧化钠标准滴定溶液［c（NaOH）=0.02mol/L、c（NaOH）=0.01mol/L］

临用前取氢氧化钠标准溶液。［c（NaOH）=0.1mol/L］，加新煮沸过的冷水稀释制成，必要时用盐酸标准滴定溶液［c（HCl）=0.02，mol/L、c（HCl）=0.01mol/L］标定浓度。

B.6 氢氧化钾标准滴定溶液［c（KOH）=0.1mol/L］

B.6.1 配制

称取6g氢氧化钾，加入新煮沸过的冷水溶解，并稀释至1 000mL，混匀。

B.6.2 标定

按B.4.2.3和B.4.2.4操作。

B.6.3 计算

按B.4.3中式（B.3）计算。

B.7 高锰酸钾标准滴定溶液［c（1/5$KMnO_4$）= 0.1mol/L］

B.7.1 配制

称取约3.3g高锰酸钾，加1 000mL水。煮沸15min. 加塞静置2d以上，用垂融漏斗过滤，置于具玻璃塞的棕色瓶中密塞保存。

B.7.2 标定

准确称取约0.2g在110℃干燥至恒量的基准草酸钠。加入250mL新煮沸过的冷水、10mL硫酸，搅拌使之溶解。迅速加入约25mL高锰酸钾溶液，待褪色后，加热至65℃，继续用高锰酸钾溶液滴定至溶液呈微红色，保持0.5min不褪色。在滴定终了时，溶液温度应不低于55℃。同时做空白试验。

B.7.3 计算

高锰酸钾标准滴定溶液的浓度按式（B.4）的计算。

$$C_4 = \frac{m}{(V_1 - V_2) \times 0.0670} \tag{B.4}$$

式中：

C_4——高锰酸钾标准滴定溶液的实际浓度，单位为摩尔每升（mol/L）；
m——基准草酸钠的质量，单位为克（g）；
V_1——高锰酸钾标准溶液用量，单位为毫升（mL）；
V_2——试剂空白试验中高锰酸钾标准溶液用量，单位为毫升（mL）；
0.0670——与1.00mL高锰酸钾标准滴定溶液［c（1/5$KMnO_4$）=1mol/L］相当的基准草酸钠的质量，单位为克（g）。

B.8 高锰酸钾标准滴定溶液［c（1/5$KMnO_4$）=0.01mol/L］

临用前取高锰酸钾标准溶液［c（1/5$KMnO_4$）= 0.1mol/L］稀释制成，必要时重新标定浓度。

B.9 草酸标准滴定溶液［c（1/2$H_2C_2O_4 \cdot 2H_2O$）=0.1mol/L］

B.9.1 配制

称取约6.4g草酸，加适量的水使之溶解并稀释至1 000mL，混匀。

B. 9. 2　标定

吸取25. 00mL草酸标准溶液，按B. 7. 2自“加入250mL新煮沸过的冷水……”操作。

B. 9. 3　计算

草酸标准滴定溶液的浓度按式（B. 5）计算。

$$C_5 = \frac{(V_1 - V_2) \times C}{V} \tag{B. 5}$$

式中：

C_s——草酸标准滴定溶液的实际浓度，单位为摩尔每升（mol/L）；

V_1——高锰酸钾标准溶液用量，单位为毫升（mL）；

V_2——试剂空白试验中高锰酸钾标准溶液用量，单位为毫升（mL）；

c——高锰酸钾标准滴定溶液的浓度，单位为摩尔每升（mol/L）；

V——草酸标准溶液用量，单位为毫升（mL）。

B. 10　草酸标准滴定溶液［c（$1/2H_2C_2O_4 \cdot 2H_2O$）＝0. 01mol/L］

临用前取草酸标准滴定溶液［c（$1/2H_2C_2O_4 \cdot 2H_2O$）＝0. 1mol/L］稀释制成。

B. 11　硝酸银标准滴定溶液［c（$AgNO_3$）＝0. 1mol/L］

B. 11. 1　配制

B. 11. 1. 1　称取17. 5g硝酸银，加入适量水使之溶解，并稀释至1 000mL，混匀，避光保存。

B. 11. 1. 2　需用少量硝酸银标准溶液时，可准确称取约4. 3g在硫酸干燥器中干燥至恒重的硝酸银（优级纯），加水使之溶解，移至250mL容量瓶中，并稀释至刻度，混匀，避光保存。

B. 11. 1. 3　淀粉指示液：称取0. 5g可溶性淀粉，加入约5mL水，搅匀后缓缓倾入100mL沸水中，随加随搅拌，煮沸2min，放冷，备用。此指示液应临用时配制。

B. 11. 1. 4　荧光黄指示液：称取0. 5g荧光黄，用乙醇溶解并稀释至100mL。

B. 11. 2　标定

B. 11. 2. 1　采用且11. 1. 1配制的硝酸银标准溶液的标定：准确称取约0. 2g在270℃干燥至恒量的基准氧化钠，加入50mL水使之溶解。加入5mL淀粉指示液，边摇动边用硝酸银标准溶液避光滴定，近终点时，加入3滴荧光黄指示液，继续滴定混浊液由黄色变为粉红色。

B. 11. 2. 2　采用B. 11. 1. 2　配制的硝酸银标准溶液不需要标定。

B. 11. 3　计算

B. 11. 3. 1　由B. 11. 1. 1配制的硝酸银标准滴定溶液的浓度按式（B. 6）计算。

$$C_6 = \frac{m}{V \times 0.05844} \tag{B. 6}$$

式中：

C_6——硝酸银标准滴定溶液的实际浓度，单位为摩尔每升（mol/L）；

m——基准氧化钠的质量，单位为克（g）；

V——硝酸银标准溶液用量，单位为毫升（mL）；

0. 05844——与1. 00mL硝酸银标准滴定溶液［c（$AgNO_3$）＝1mol/L］相当的基准氧化钠的质量，单位为克（g）。

B. 11. 3. 2　由B. 11. 1. 2配制的硝酸银标准滴定溶液的浓度按式（B. 7）计算。

$$C_7 = \frac{m}{V \times 0.1699} \tag{B. 7}$$

式中：

C_7——硝酸银标准滴定溶液的实际浓度，单位为摩尔每升（mol/L）；

m——硝酸银（优级纯）的质量，单位为克（g）；

V——配制成的硝酸银标准溶液的体积，单位为毫升（mL）；

0.1699——与1.00mL硝酸银标准滴定溶液。［c（$AgNO_3$）＝0.1000mol/L］相当的硝酸银的质量，单位为克（g）。

B.12 硝酸银标准滴定溶液［c（$AgNO_3$）＝0.02mol/L；c（$AgNO_3$）＝0.01mol/L］

临用前取硝酸银标准滴定溶液［c（$AgNO_3$）＝0.1mol/L］稀释制成。

B.13 典标准滴定溶液［c（$1/2I_2$）＝0.1mol/L］

B.13.1 配制

B.13.1.1 称取13.5g碘，加36g碘化钾、50mL水，溶解后加入3滴盐酸及适量水稀释至1 000mL。用垂融漏斗过滤，置于阴凉处，密闭，避光保存。

B.13.1.2 酚酞指示液：称取1g酚酞用乙醇溶解并稀释至100mL。

B.13.1.3 淀粉指示液：同B.11.1.3。

B.13.2 标定

准确称取约0.15g在105℃干燥1h的基准三氧化二砷，加入10mL氢氧化钠溶液（40g/L），微热使之溶解。加入20mL水及2滴酚酞指示液，加入适量硫酸（1＋35）至红色消失，再加2g碳酸氢钠、50mL水及2mL淀粉指示液。用碘标准溶液滴定至溶液显浅蓝色。

B.13.3 计算

碘标准滴定溶液浓度按式（B.8）的计算。

$$C_8 = \frac{m}{V \times 0.04946} \qquad (B.8)$$

式中：

C_8——碘标准滴定溶液的实际浓度，单位为摩尔每升（mol/L）；

m——基准三氧化二砷的质量，单位为克（g）；

V——碘标准溶液用量，单位为毫升（mL）；

0.04946——与0.100mL碘标准滴定溶液［C（$1/2I_2$）＝1.000mol/L］相当的三氧化砷的质量，单位为克（g）。

B.14 碘标准滴定溶液［c（$1/2I_2$）＝0.2mol/L］

临用前取碘标准滴定溶液［c（$1/2I_2$）＝0.1mol/L］稀释制成。

B.15 硫代硫酸钠标准滴定溶液［C（$Na_2S_2O_2 \cdot 5H_2O$）＝0.100mol/L］

B.15.1 配制

B.15.1.1 称取26g硫代硫酸钠及0.2g碳酸钠，加入适量新煮沸过的冷水使之溶解，并稀释至1 000mL，混匀，放置一个月后过滤备用。

B.15.1.2 淀粉指示液同B.11.1.3。

B.15.1.3 硫酸（1＋8）：吸取10mL疏酸，慢慢倒入80mL水中

B.15.2 标定

B.15.2.1 准确称取约0.15g在120℃干燥至恒量的基准重铬酸钾，置于500mL碘量瓶中，加入50mL

水使之溶解。加入2g碘化钾，轻轻振摇使之溶解。再加入20mL硫酸（1+8），密塞，摇匀，放置暗处10min后用250mL水稀释。用硫代硫酸钠标准溶液滴至溶液呈浅黄绿色，再加入3mL淀粉指示液，继续滴定至蓝色消失而显亮绿色。反应液及稀释用水的温度不应高于20℃。

B.15.2.2　同时做试剂空白试验。

B.15.3　计算

硫代硫酸钠标准滴定溶液的浓度按式（B.9）计算。

$$C_9=\frac{m}{(V_1-V_2)\times 0.04903} \tag{B.9}$$

式中：

C_9——硫代硫酸钠标准滴定溶液的实际浓度，单位为摩尔每升（mol/L）；

m——基准重铬酸钾的质量，单位为克（g）；

V_1——硫代疏酸钠标准溶液用量，单位为毫升（mL）；

V_2——试剂空白试验中硫代硫酸钠标准溶液用量，单位为毫升（mL）；

0.04903——与1.00mL硫代硫酸钠标准滴定溶液［c（$Na_2S_2O_3\cdot 5H_2O$）=1.000mol/L］相当的重铬酸钾的质量，单位为克（g）。

B.16　硫代硫酸钠标准溶液［c（$Na_2S_2O_3\cdot 5H_2O$）=0.02mol/L、c（$Na_2S_2O_3\cdot 5H_2O$）=0.01mol/L］

临用前取0.10mol/L硫代硫酸钠标准溶液，加新煮沸过的冷水稀释制成。

B.17　乙二胺四乙酸二钠标准滴定溶液（$C_{10}H_{14}N_2O_8Na_2\cdot 2H_2O$）

B.17.1　配制

B.17.1.1　乙二胺四乙酸二钠标准滴定溶液［C（$C_{10}H_{14}N_2O_8Na_2\cdot 2H_2O$）=0.05mol/L］：称取20g乙二胺四乙酸二钠（$C_{10}H_{14}N_2O_8Na_2\cdot 2H_2O$），加入1 000mL水，加热使之溶解，冷却后摇匀。置于玻璃瓶中，避免与橡皮塞、橡皮管接触。

B.17.1.2　乙二胺四乙酸二钠标准滴定溶液［C（$C_{10}H_{14}N_2O_8Na_2\cdot 2H_2O$）=0.02mol/L］：按B.17.1.1操作，但乙二胺四乙酸二钠量改为8g。

B.17.1.3　乙二胺四乙酸二钠标准滴定溶液［C（$C_{10}H_{14}N_2O_8Na_2\cdot 2H_2O$）=0.01mol/L］：按B.17.1.1操作，但乙二胺四乙酸二钠量改为4g。

B.17.1.4　氨水-氯化铵缓冲液（pH=10）：称取5.4g氯化铵，加适量水溶解后，加入35mL氨水，再加水稀释至100mL。

B.17.1.5　氨水（4→10）：量取40mL氨水，加水稀释至100mL。

B.17.1.6　铬黑T指示剂：称取0.1g铬黑T［6-硝基-1-（1-萘酚-4-偶氮）-2-萘酚-4-磺酸钠］，加入10g氯化钠，研磨混合。

B.17.2　标定

B.17.2.1　乙二胺四乙酸二钠标准滴定溶液［C（$C_{10}H_{14}N_2O_8Na_2\cdot 2H_2O$）=0.05mol/L］：准确称取约0.4g在800℃灼烧至恒量的基准氧化锌，置于小烧杯中，加入1mL盐酸，溶解后移入100mL容量瓶，加水稀释至刻度，混匀。吸取30.00~35.00mL此溶液，加入70mL水，用氨水（4→10）中和至pH值7~8，再加10mL氨水氧化铵缓冲液（pH=10）。用乙二胺四乙酸二钠标准溶液滴定，接近终点时加入少许铬黑T指示剂，继续滴定至溶液自紫色转变为纯蓝色。

B.17.2.2　乙二胺四乙酸二钠标准滴定溶液［C（$C_{10}H_{14}N_2O_8Na_2\cdot 2H_2O$）=0.02mol/L］：按B.17.2.1操作，但基准氧化锌量改为0.16g；盐酸量改为0.4mL。

B. 17. 2. 3　乙二胺四乙酸二钠标准滴定溶液［C（$C_{10}H_{14}N_2O_8Na_2 \cdot 2H_2O$）＝0. 02mol/L］：按 B. 17. 2. 2 操作，但容量瓶改为200mL。

B. 17. 2. 4　同时做试剂空白试验。

B. 17. 3　计算

乙二胺四乙酸二钠标准滴定溶液放度按式（B. 10）计算。

$$c_{10} = \frac{m}{(V_1 - V_2) \times 0.08138} \quad (B.10)$$

式中：

C_{10}——乙二胺四乙酸二钠标准滴定溶液的实际浓度，单位为摩尔每升（mol/L）；

m——用于滴定的基准氧化锌的质量，单位为毫克（mg）；

V_1——乙二胺四乙酸二钠标准溶液用量，单位为毫升（mL）；

V_2——试剂空白试验中乙二胺四乙酸二钠标准溶液用量，单位为毫升（mL）；

0. 08138——与 1. 00mL 乙二胺四乙酸二钠标准滴定溶液。［C（$C_{10}H_{14}N_2O_8Na_2 \cdot 2H_2O$）＝1. 000 mol/L］相当的基准氧化锌的质量，单位为克（g）。

附录 C　（资料性附录）常用酸碱浓度表

C.1　常用酸碱浓度表（市售商品）

表 C.1

试剂名称	分子量	含量（%）（质量分数）	相对密度	浓度（mol/L）
冰乙酸	60.05	99.5	1.05（约）	17（CH_3COOH）
乙酸	60.05	36	1.04	6.3（CH_3COOH）
甲酸	46.02	90	1.20	23（HCOOH）
盐酸	36.5	36～38	1.18（约）	12（HCl）
硝酸	63.02	65～68	1.4	16（HNO_3）
高氯酸	100.5	70	1.67	12（$HClO_4$）
磷酸	98.0	85	1.70	15（H_3PO_4）
硫酸	98.1	96～98	1.84（约）	18（H_2SO_4）
氨水	17.0	25～28	0.8～8（约）	15（$NH_3 \cdot H_2O$）

C.2　常用洗涤液的配制和使用方法

C.2.1　重铬酸钾－浓硫酸溶液（100g/L）（洗液）：称取化学纯重铬酸钾 100g 于烧杯中，加入 100mL 水，微加热，使其溶解。把烧杯放于水盆中冷却后，慢慢加入化学纯硫酸，边加边用玻璃棒搅动，防止硫酸溅出，开始有沉淀析出，硫酸加到一定量沉淀可溶解，加硫酸至溶液总体积为 1 000mL。

该洗液是强氧化剂，但氧化作用比较慢，直接接触器皿数分钟至数小时才有作用，取出后要用自来水充分冲洗 7～10 次，最后用纯水淋洗 3 次。

C.2.2　肥皂洗涤液、碱洗涤液、合成洗涤剂洗涤液：配制一定浓度，主要用于油脂和有机物的洗涤。

C.2.3　氢氧化钾－乙醇洗涤液（100g/L）：取 100g 氢氧化钾，用 50mL 水溶解后，加工业乙醇至 1L。它适用洗涤油垢、树脂等。

C.2.4　酸性草酸或酸性羟胺洗涤液：称取 10g 草酸或 1g 盐酸羟胺，溶于 10mL 盐酸（1＋4）中，该洗液洗涤氧化性物质。对沾污在器皿上的氧化剂，酸性草酸作用较慢，羟胺作用快且易洗净。

C.2.5　硝酸洗涤液：常用浓度（1＋9）或（1＋4），主要用于浸泡清洗测定金属离子时的器皿。一般浸泡过夜，取出用自来水冲洗，再用去离子水或亚沸水冲洗。

洗涤后玻璃仪器应防止二次污染。

中华人民共和国国家标准

GB 19301—2010

食品安全国家标准
生乳

National food safety standard
Raw milk

2010－03－26 发布　　　　2010－06－01 实施

中华人民共和国卫生部发布

前　　言

本标准代替 GB 19301—2003《鲜乳卫生标准》及第 1 号修改单。

本标准与 GB 19301—2003 相比，主要变化如下：

——标准名称改为《生乳》；

——增加了“术语和定义”；

——“污染物限量”直接引用 GB 2762 的规定；

——“真菌毒素限量”直接引用 GB 2761 的规定；

——“农药残留限量”直接引用 GB 2763 及国家有关规定和公告；

——修改了“微生物指标”。

本标准所代替标准的历次版本发布情况为：

——GBn 33—1977、GB 19301—2003。

食品安全国家标准
生乳

1 范围

本标准适用于生乳，不适用于即食生乳。

2 规范性引用文件

本标准中引用的文件对于本标准的应用是必不可少的。凡是注日期的引用文件，仅所注日期的版本适用于本标准。凡是不注日期的引用文件，其最新版本（包括所有的修改单）适用于本标准。

3 术语和定义

生乳 raw milk

从符合国家有关要求的健康奶畜乳房中挤出的无任何成分改变的常乳。产犊后七天的初乳、应用抗生素期间和休药期间的乳汁、变质乳不应用作生乳。

4 技术要求

4.1 感官要求：应符合表1的规定。

表1 感官要求

项目	要求	检验方法
色泽	呈乳白色或微黄色	取适量试样置于50mL烧杯中，在自然光下观察色泽和组织状态。闻其气味，用温开水漱口，品尝滋味
滋味、气味	具有乳固有的香味，无异味	
组织状态	呈均匀一致液体，无凝块、无沉淀、无正常视力可见异物	

4.2 理化指标：应符合表2的规定。

表2 理化指标

项目		指标	检验方法
冰点[a,b]（℃）		-0.500～-0.560	GB 5413.38
相对密度（20℃/4℃）	≥	1.027	GB 5413.33
蛋白质（g/100g）	≥	2.8	GB 5009.5
脂（g/100g）	≥	3.1	GB 5413.3
杂质度（mg/kg）	≤	4.0	GB 5413.30
非脂乳固体（g/100g）	≥	8.1	GB 5413.39
酸度/（°T）			
牛乳[b]		12～18	GB 5413.34
羊乳		6～13	

[a] 挤出3h后检测。

[b] 仅适用于荷斯坦奶牛

4.3　污染物限量：应符合 GB 2762 的规定。

4.4　真菌毒素限量：应符合 GB 2761 的规定。

4.5　微生物限量：应符合表 3 的规定。

表 3　微生物限量

项目		限量［CFU/g（mL）］	检验方法
菌落总数	≤	2×10^6	GB 4789.2

4.6　农药残留限量和兽药残留限量

4.6.1　农药残留量应符合 GB 2763 及国家有关规定和公告。

4.6.2　兽药残留量应符合国家有关规定和公告。

中华人民共和国国家标准

GB 5009.3—2010

食品安全国家标准
食品中水分的测定

National food safety standard
Determination of moisture in foods

2010-03-26发布　　　　2010-06-01实施

中华人民共和国卫生部发布

前　　言

本标准代替 GB/T 5009. 3—2003《食品中水分的测定》和 GB/T 14769—1993《食品中水分的测定方法》。本标准与 GB/T 5009. 3—2003 相比主要修改如下：

——增加了卡尔费休法作为“第四法”；

——对直接干燥法中的温度范围进行了修改；

——明确了第一法和第二法公式中的单位；

——对减压干燥法的适用范围进行了修改。

本标准所代替标准的历次版本发布情况为：

——GB/T 5009. 3—1985、GB/T 5009. 3—2003；

——GB/T 14769—1993。

食品安全国家标准
食品中水分的测定

1 范围

本标准规定了食品中水分的测定方法。

本标准中直接干燥法适用于在101～105℃下，不含或含其他挥发性物质甚微的谷物及其制品、水产品、豆制品、乳制品、肉制品及卤菜制品等食品中水分的测定，不适用于水分含量小于0.5g/100g的样品。

减压干燥法适用于糖、味精等易分解的食品中水分的测定，不适用于添加了其他原料的糖果，如奶糖、软糖等试样测定，同时该法不适用于水分含量小于0.5g/100g的样品。

蒸馏法适用于含较多挥发性物质的食品如油脂、香辛料等水分的测定，不适用于水分含量小于1g/100g的样品。

卡尔·费休法适用于食品中水分的测定，卡尔·费休容量法适用于水分含量大于1.0×10^{-3}g/100g的样品，卡尔·费休库伦法适用于水分含量大于1.0×10^{-5}g/100g的样品。

第一法　直接干燥法

2 原理

利用食品中水分的物理性质，在101.3kPa（一个大气压），温度101～105℃下采用挥发方法测定样品中干燥减失的重量，包括吸湿水、部分结晶水和该条件下能挥发的物质，再通过干燥前后的称量数值计算出水分的含量。

3 试剂和材料

除非另有规定，本方法中所用试剂均为分析纯。

3.1 盐酸：优级纯。

3.2 氢氧化钠（NaOH）：优级纯。

3.3 盐酸溶液（6mol/L）：量取50mL盐酸，加水稀释至100mL。

3.4 氢氧化钠溶液（6mol/L）：称取24g氢氧化钠，加水溶解并稀释至100mL。

3.5 海砂：取用水洗去泥土的海砂或河砂，先用盐酸（3.3）煮沸0.5h，用水洗至中性，再用氢氧化钠溶液（3.4）煮沸0.5h，用水洗至中性，经105℃干燥备用。

4 仪器和设备

4.1 扁形铝制或玻璃制称量瓶。

4.2 电热恒温干燥箱。

4.3 干燥器：内附有效干燥剂。

4.4 天平：感量为0.1mg。

5　分析步骤

5.1　固体试样：取洁净铝制或玻璃制的扁形称量瓶，置于 101 ~ 105℃干燥箱中，瓶盖斜支于瓶边，加热 1.0h，取出盖好，置干燥器内冷却 0.5h，称量，并重复干燥至前后两次质量差不超过 2mg，即为恒重。将混合均匀的试样迅速磨细至颗粒小于 2mm，不易研磨的样品应尽可能切碎，称取 2 ~ 10g 试样（精确至 0.0001g），放入此称量瓶中，试样厚度不超过 5mm，如为疏松试样，厚度不超过 10mm，加盖，精密称量后，置 101 ~ 105℃干燥箱中，瓶盖斜支于瓶边，干燥 2 ~ 4h 后，盖好取出，放入干燥器内冷却 0.5h 后称量。然后再放入 101 ~ 105℃干燥箱中干燥 1h 左右，取出，放入干燥器内冷却 0.5h 后再称量。并重复以上操作至前后两次质量差不超过 2mg，即为恒重。

注：两次恒重值在最后计算中，取最后一次的称量值。

5.2　半固体或液体试样：取洁净的称量瓶，内加 10g 海砂及一根小玻棒，置于 101 ~ 105℃干燥箱中，干燥 1.0h 后取出，放入干燥器内冷却 0.5h 后称量，并重复干燥至恒重。然后称取 5 ~ 10g 试样（精确至 0.0001g），置于蒸发皿中，用小玻棒搅匀放在沸水浴上蒸干，并随时搅拌，擦去皿底的水滴，置 101 ~ 105℃干燥箱中干燥 4h 后盖好取出，放入干燥器内冷却 0.5h 后称量。以下按 5.1 自“然后再放入 101 ~ 105℃干燥箱中干燥 1h 左右……”起依法操作。

6　分析结果的表述

试样中的水分的含量按式（1）进行计算。

$$X = \frac{m_1 - m_2}{m_1 - m_3} \times 100 \tag{1}$$

式中：

X——试样中水分的含量，单位为克每百克（g/100g）；

m_1——称量瓶（加海砂、玻棒）和试样的质量，单位为克（g）；

m_2——称量瓶（加海砂、玻棒）和试样干燥后的质量，单位为克（g）；

m_3——称量瓶（加海砂、玻棒）的质量，单位为克（g）。

水分含量≥1g/100g 时，计算结果保留三位有效数字；水分含量 < 1g/100g 时，结果保留两位有效数字。

7　精密度

在重复性条件下获得的两次独立测定结果的绝对差值不得超过算术平均值的 5%。

第二法　减压干燥法

8　原理

利用食品中水分的物理性质，在达到 40 ~ 53kPa 压力后加热至 60℃ ±5℃，采用减压烘干方法去除试样中的水分，再通过烘干前后的称量数值计算出水分的含量。

9　仪器和设备

9.1　真空干燥箱。

9.2　扁形铝制或玻璃制称量瓶。

9.3　干燥器：内附有效干燥剂。

9.4　天平：感量为0.1mg。

10　分析步骤

10.1　试样的制备：粉末和结晶试样直接称取；较大块硬糖经研钵粉碎，混匀备用。

10.2　测定：取已恒重的称量瓶称取2～10g（精确至0.0001g）试样，放入真空干燥箱内，将真空干燥箱连接真空泵，抽出真空干燥箱内空气（所需压力一般为40～53kPa），并同时加热至所需温度60℃±5℃。关闭真空泵上的活塞，停止抽气，使真空干燥箱内保持一定的温度和压力，经4h后，打开活塞，使空气经干燥装置缓缓通入至真空干燥箱内，待压力恢复正常后再打开。取出称量瓶，放入干燥器中0.5h后称量，并重复以上操作至前后两次质量差不超过2mg，即为恒重。

11　分析结果的表述

同6。

12　精密度

在重复性条件下获得的两次独立测定结果的绝对差值不得超过算术平均值的10%。

第三法　蒸馏法

13　原理

利用食品中水分的物理化学性质，使用水分测定器将食品中的水分与甲苯或二甲苯共同蒸出，根据接收的水的体积计算出试样中水分的含量。本方法适用于含较多其他挥发性物质的食品，如油脂、香辛料等。

14　试剂和材料

甲苯或二甲苯（化学纯）：取甲苯或二甲苯，先以水饱和后，分去水层，进行蒸馏，收集馏出液备用。

15　仪器和设备

15.1　水分测定器：如图1所示（带可调电热套）。水分接收管容量5mL，最小刻度值0.1mL，容量误差小于0.1mL。

15.2　天平：感量为0.1mg。

16　分析步骤

准确称取适量试样（应使最终蒸出的水在2～5mL，但最多取样量不得超过蒸馏瓶的2/3），放入250mL锥形瓶中，加入新蒸馏的甲苯（或二甲苯）75mL，连接冷凝管与水分接收管，从冷凝管顶端注入甲苯，装满水分接收管。

加热慢慢蒸馏，使每秒钟的馏出液为两滴，待大部分水分蒸出后，加速蒸馏约每秒钟4滴，当水分全部蒸出后，接收管内的水分体积不再增加时，从冷凝管顶端加入甲苯冲洗。如冷凝管壁附有水滴，可用附有小橡皮头的铜丝擦下，再蒸馏片刻至接收管上部及冷凝管壁无水滴附着，接收管水平面保持10min不变为蒸馏终点，读取接收管水层的容积。

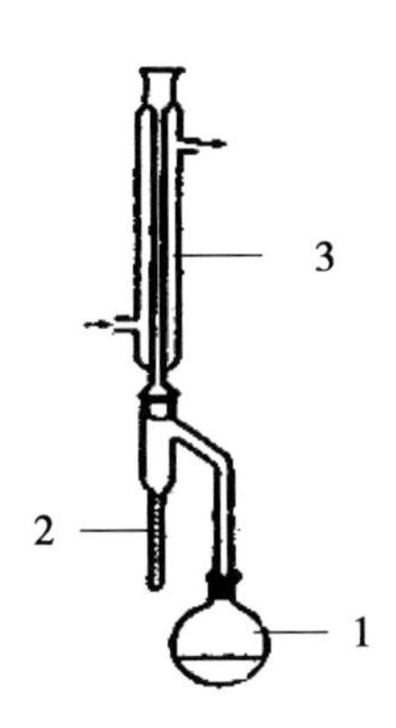

1. 250mL 蒸馏瓶；2. 水分接收管，有刻度；3. 冷凝管

图 1　水分测定器

17　分析结果的表述

试样中水分的含量按式（2）进行计算。

$$X = \frac{V}{m} \times 100 \tag{2}$$

式中：

X——试样中水分的含量，单位为毫升每百克（mL/100g）（或按水在 20℃ 的密度 0.998，20g/mL 计算质量）；

V——接收管内水的体积，单位为毫升（mL）；

m——试样的质量，单位为克（g）。

以重复性条件下获得的两次独立测定结果的算术平均值表示，结果保留三位有效数字。

18　精密度

在重复性条件下获得的两次独立测定结果的绝对差值不得超过算术平均值的 10%。

第四法　卡尔·费休法

19　原理

根据碘能与水和二氧化硫发生化学反应，在有吡啶和甲醇共存时，1mol 碘只与 1mol 水作用，反应式如下：

$C_5H_5N \cdot I_2 + C_5H_5N \cdot SO_2 + C_5H_5N + H_2O + CH_3OH \rightarrow 2C_5H_5N \cdot HI + C_5H_6N[SO_4CH_3]$

卡尔·费休水分测定法又分为库仑法和容量法。库仑法测定的碘是通过化学反应产生的，只要电解液中存在水，所产生的碘就会和水以 1∶1 的关系按照化学反应式进行反应。当所有的水都参与了化学反应，过量的碘就会在电极的阳极区域形成，反应终止。容量法测定的碘是作为滴定剂加入的，滴定剂中碘的浓度是已知的，根据消耗滴定剂的体积，计算消耗碘的量，从而计量出被测物质水的含量。

20　试剂和材料

20.1　卡尔·费休试剂。

20.2　无水甲醇（CH_4O）：优级纯。

21 仪器和设备

21.1 卡尔·费休水分测定仪。

21.2 天平：感量为0.1mg。

22 分析步骤

22.1 卡尔·费休试剂的标定（容量法）

在反应瓶中加一定体积（浸没铂电极）的甲醇，在搅拌下用卡尔·费休试剂滴定至终点。加入10mg水（精确至0.0001g），滴定至终点并记录卡尔·费休试剂的用量（V）。卡尔·费休试剂的滴定度按式

（3）计算：

$$T = \frac{M}{V} \tag{3}$$

式中：

T——卡尔·费休试剂的滴定度，单位为毫克每毫升（mg/mL）；

M——水的质量，单位为毫克（mg）；

V——滴定水消耗的卡尔·费休试剂的用量，单位为毫升（mL）。

22.2 试样前处理

可粉碎的固体试样要尽量粉碎，使之均匀。不易粉碎的试样可切碎。

22.3 试样中水分的测定

于反应瓶中加一定体积的甲醇或卡尔·费休测定仪中规定的溶剂浸没铂电极，在搅拌下用卡尔·费休试剂滴定至终点。迅速将易溶于上述溶剂的试样直接加入滴定杯中；对于不易溶解的试样，应采用对滴定杯进行加热或加入已测定水分的其他溶剂辅助溶解后用卡尔·费休试剂滴定至终点。建议采用库仑法测定试样中的含水量应大于10μg，容量法应大于100 μg。对于某些需要较长时间滴定的试样，需要扣除其漂移量。

22.4 漂移量的测定

在滴定杯中加入与测定样品一致的溶剂，并滴定至终点，放置不少于10min后再滴定至终点，两次滴定之间的单位时间内的体积变化即为漂移量（D）。

23 分析结果的表述

固体试样中水分的含量按式（4），液体试样中水分的含量按式（5）进行计算。

$$X = \frac{(V_1 - D \times t) \times T}{M} \times 100 \tag{4}$$

$$X = \frac{(V_1 - D \times t) \times T}{V_2 \rho} \times 100 \tag{5}$$

式中：

X——试样中水分的含量，单位为克每百克（g/100g）；

V_1——滴定样品时卡尔·费休试剂体积，单位为毫升（mL）；

T——卡尔·费休试剂的滴定度，单位为克每毫升（g/mL）；

M——样品质量，单位为克（g）；

V_2——液体样品体积，单位为毫升（mL）；

D——漂移量，单位为毫升每分钟（mL/min）；

t——滴定时所消耗的时间，单位为分钟（min）；

ρ——液体样品的密度，单位为克每毫升（g/mL）。

水分含量≥1g/100g时，计算结果保留三位有效数字；水分含量<1g/100g时，计算结果保留两位有效数字。

24　精密度

在重复性条件下获得的两次独立测定结果的绝对差值不得超过算术平均值的10%。

中华人民共和国国家标准

GB 5009.4—2010

食品安全国家标准
食品中灰分的测定

National food safety standard
Determination of ash in foods

2010-03-26 发布　　2010-06-01 实施

中华人民共和国卫生部　发布

前　　言

本标准代替 GB/T 5009.4—2003《食品中灰分的测定》和 GB/T 14770—1993《食品中灰分的测定方法》。

本标准与 GB/T 5009.4—2003 相比主要修改如下：

——本标准不适用淀粉及其衍生物中灰分的测定；

——按照样品不同灰分含量，修改了称样量；

——按照 GB/T 14770—1993 增加了含磷量较高的豆类及其制品、肉禽制品、蛋制品、水产品、乳及乳制品中灰分的测定；

——修改了计算公式；

——修改了精密度。

本标准所代替标准的历次版本发布情况为：

——GB/T 5009.4—1985、GB/T 5009.4—2003；

——GB/T 14770—1993。

食品安全国家标准
食品中灰分的测定

1 范围

本标准规定了食品中灰分的测定方法。

本标准适用于除淀粉及其衍生物之外的食品中灰分含量的测定。

2 原理

食品经灼烧后所残留的无机物质称为灰分。灰分数值系用灼烧、称重后计算得出。

3 试剂和材料

3.1 乙酸镁［$(CH_3COO)_2Mg \cdot 4H_2O$］：分析纯。

3.2 乙酸镁溶液（80g/L）：称取 8.0g 乙酸镁（3.1）加水溶解并定容至 100mL，混匀。

3.3 乙酸镁溶液（240g/L）：称取 24.0g 乙酸镁（3.1）加水溶解并定容至 100mL，混匀。

4 仪器和设备

4.1 马弗炉：温度≥600℃。

4.2 天平：感量为 0.1mg。

4.3 石英坩埚或瓷坩埚。

4.4 干燥器（内有干燥剂）。

4.5 电热板。

4.6 水浴锅。

5 分析步骤

5.1 坩埚的灼烧：取大小适宜的石英坩埚或瓷坩埚置马弗炉中，在 550℃ ±25℃ 下灼烧 0.5h，冷却至 200℃左右，取出，放入干燥器中冷却 30min，准确称量。重复灼烧至前后两次称量相差不超过 0.5mg 为恒重。

5.2 称样：灰分大于 10g/100g 的试样称取 2～3g（精确至 0.0001g）；灰分小于 10g/100g 的试样称取 3～10g（精确至 0.0001g）。

5.3 测定

5.3.1 一般食品

液体和半固体试样应先在沸水浴上蒸干。固体或蒸干后的试样，先在电热板上以小火加热使试样充分炭化至无烟，然后置于马弗炉中，在 550℃ ±25℃ 灼烧 4h。冷却至 200℃左右，取出，放入干燥器中冷却 30min，称量前如发现灼烧残渣有炭粒时，应向试样中滴入少许水湿润，使结块松散，蒸干水分再次灼烧至无炭粒即表示灰化完全，方可称量。重复灼烧至前后两次称量相差不超过 0.5mg 为恒重。按式（1）计算。

5.3.2 含磷量较高的豆类及其制品、肉禽制品、蛋制品、水产品、乳及乳制品。

5.3.2.1　称取试样后，加入 1.00mL 乙酸镁溶液（3.3）或 3.00mL 乙酸镁溶液（3.2），使试样完全润湿。放置 10min 后，在水浴上将水分蒸干，以下步骤按 5.3.1 自“先在电热板上以小火加热……”起操作。按式（2）计算。

5.3.2.2　吸取 3 份与 5.3.2.1 相同浓度和体积的乙酸镁溶液，做 3 次试剂空白试验。当 3 次试验结果的标准偏差小于 0.003g 时，取算术平均值作为空白值。若标准偏差超过 0.003g 时，应重新做空白值试验。

6　分析结果的表述

试样中灰分按式（1）、（2）计算。

$$X_1 = \frac{m_1 - m_2}{m_3 - m_2} \times 100 \tag{1}$$

$$X_2 = \frac{m_1 - m_2 - m_3}{m_3 - m_2} \times 100 \tag{2}$$

式中：

X_1（测定时未加乙酸镁溶液）——试样中灰分的含量，单位为克每百克（g/100g）；

X_2（测定时加入乙酸镁溶液）——试样中灰分的含量，单位为克每百克（g/100g）；

m_0——氧化镁（乙酸镁灼烧后生成物）的质量，单位为克（g）；

m_1——坩埚和灰分的质量，单位为克（g）；

m_2——坩埚的质量，单位为克（g）；

m_3——坩埚和试样的质量，单位为克（g）。

试样中灰分含量≥10g/100g 时，保留三位有效数字；试样中灰分含量＜10g/100g 时，保留二位有效数字。

7　精密度

在重复性条件下获得的两次独立测定结果的绝对差值不得超过算术平均值的 5%。

中华人民共和国国家标准

GB 5009.5—2010

食品安全国家标准
食品中蛋白质的测定

National food safety standard
Determination of protein in foods

2010-03-26 发布　　2010-06-01 实施

中华人民共和国卫生部　发布

前 言

本标准代替 GB/T 5009. 5—2003《食品中蛋白质的测定》、GB/T 14771—1993《食品中蛋白质的测定方法》和 GB/T 5413. 1—1997《婴幼儿配方食品和乳粉蛋白质的测定》。

本标准与 GB/T 5009. 5—2003 相比主要修改如下：

——在第一法中增加了自动蛋白质测定仪的方法；

——增加了燃烧法，作为第三法；

——修改了换算系数；

——对计算结果的有效数字规定进行了修改；

——增加 pH 计对滴定终点的判定。

本标准所代替标准的历次版本发布情况为：

——GB/T 5009. 5—1985、GB/T 5009. 5—2003；

——GB 5413. 1—1985、GB/T 5413. 1—1997；

——GB/T 14771—1993。

食品安全国家标准
食品中蛋白质的测定

1 范围

本标准规定了食品中蛋白质的测定方法。

本标准第一法和第二法适用于各种食品中蛋白质的测定，第三法适用于蛋白质含量在10g/100g以上的粮食、豆类、奶粉、米粉、蛋白质粉等固体试样的筛选测定。

本标准不适用于添加无机含氮物质、有机非蛋白质含氮物质的食品测定。

第一法 凯氏定氮法

2 规范性引用性文件

本标准中引用的文件对于本标准的应用是必不可少的。凡是注日期的引用文件，仅所注日期的版本适用于本标准。凡是不注日期的引用文件，其最新版本（包括所有的修改单）适用于本标准。

3 原理

食品中的蛋白质在催化加热条件下被分解，产生的氨与硫酸结合生成硫酸铵。碱化蒸馏使氨游离，用硼酸吸收后以硫酸或盐酸标准滴定溶液滴定，根据酸的消耗量乘以换算系数，即为蛋白质的含量。

4 试剂和材料

除非另有规定，本方法中所用试剂均为分析纯，水为GB/T 6682规定的三级水。

4.1 硫酸铜（$CuSO_4 \cdot 5H_2O$）。

4.2 硫酸钾（K_2SO_4）。

4.3 硫酸（H_2SO_4 密度为1.84g/L）。

4.4 硼酸（H_3BO_3）。

4.5 甲基红指示剂（$C_{15}H_{15}N_3O_2$）。

4.6 溴甲酚绿指示剂（$C_{21}H_{14}Br_4O_5S$）。

4.7 亚甲基蓝指示剂（$C_{16}H_{18}ClN_3S \cdot 3H_2O$）。

4.8 氢氧化钠（NaOH）。

4.9 95%乙醇（C_2H_5OH）。

4.10 硼酸溶液（20g/L）：称取20g硼酸，加水溶解后并稀释至1 000mL。

4.11 氢氧化钠溶液（400g/L）：称取40g氢氧化钠加水溶解后，放冷，并稀释至100mL。

4.12 硫酸标准滴定溶液（0.0500mol/L）或盐酸标准滴定溶液（0.0500mol/L）。

4.13 甲基红乙醇溶液（1g/L）：称取0.1g甲基红，溶于95%乙醇，用95%乙醇稀释至100mL。

4.14 亚甲基蓝乙醇溶液（1g/L）：称取0.1g亚甲基蓝，溶于95%乙醇，用95%乙醇稀释至100mL。

4.15　溴甲酚绿乙醇溶液（1g/L）：称取0.1g溴甲酚绿，溶于95%乙醇，用95%乙醇稀释至100mL。

4.16　混合指示液：2份甲基红乙醇溶液（4.13）与1份亚甲基蓝乙醇溶液（4.14）临用时混合。也可用1份甲基红乙醇溶液（4.13）与5份溴甲酚绿乙醇溶液（4.15）临用时混合。

5　仪器和设备

5.1　天平：感量为1mg。

5.2　定氮蒸馏装置：如下页图所示。

5.3　自动凯氏定氮仪。

6　分析步骤

6.1　凯氏定氮法

6.1.1　试样处理：称取充分混匀的固体试样0.2~2g、半固体试样2~5g或液体试样10~25g（相当于30~40mg氮），精确至0.001g，移入干燥的100mL、250mL或500mL定氮瓶中，加入0.2g硫酸铜（4.1）、6g硫酸钾（4.2）及20mL硫酸（4.3），轻摇后于瓶口放一小漏斗，将瓶以45°角斜支于有小孔的石棉网上。小心加热，待内容物全部炭化，泡沫完全停止后，加强火力，并保持瓶内液体微沸，至液体呈蓝绿色并澄清透明后，再继续加热0.5~1h。取下放冷，小心加入20mL水。放冷后，移入100mL容量瓶中，并用少量水洗定氮瓶，洗液并入容量瓶中，再加水至刻度，混匀备用。同时做试剂空白试验。

6.1.2　测定：按图1装好定氮蒸馏装置，向水蒸气发生器内装水至2/3处，加入数粒玻璃珠，加甲基红乙醇溶液（4.13）数滴及数毫升硫酸（4.3），以保持水呈酸性，加热煮沸水蒸气发生器内的水并保持沸腾。

6.1.3　向接收瓶内加入10.0mL硼酸溶液（4.10）及1~2滴混合指示液（4.16），并使冷凝管的下端插入液面下，根据试样中氮含量，准确吸取2.0~10.0mL试样处理液由小玻杯注入反应室，以10mL水洗涤小玻杯并使之流入反应室内，随后塞紧棒状玻塞。将10.0mL氢氧化钠溶液（4.11）倒入小玻杯，提起玻塞使其缓缓流入反应室，立即将玻塞盖紧，并加水于小玻杯以防漏气。夹紧螺旋夹，开始蒸馏。蒸馏10min后移动蒸馏液接收瓶，液面离开冷凝管下端，再蒸馏1min。然后用少量水冲洗冷凝管下端外部，取下蒸馏液接收瓶。以硫酸或盐酸标准滴定溶液（4.12）滴定至终点，其中2份甲基红乙醇溶液（4.13）与1份亚甲基蓝乙醇溶液（4.14）指示剂，颜色由紫红色变成灰色，pH值=5.4；1份甲基红乙醇溶液（4.13）与5份溴甲酚绿乙醇溶液（4.15）指示剂，颜色由酒红色变成绿色，pH值=5.1。同时作试剂空白。

6.2　自动凯氏定氮仪法

称取固体试样0.2~2g、半固体试样2~5g或液体试样10~25g（相当于30~40mg氮），精确至0.001g。按照仪器说明书的要求进行检测。

7　分析结果的表述

试样中蛋白质的含量按式（1）进行计算。

$$X = \frac{(V_1 - V_2) \times c \times 0.0140}{m \times V_3/100} \times F \times 100 \tag{1}$$

式中：

X——试样中蛋白质的含量，单位为克每百克（g/100g）；

V_1——试液消耗硫酸或盐酸标准滴定液的体积，单位为毫升（mL）；

V_2——试剂空白消耗硫酸或盐酸标准滴定液的体积，单位为毫升（mL）；

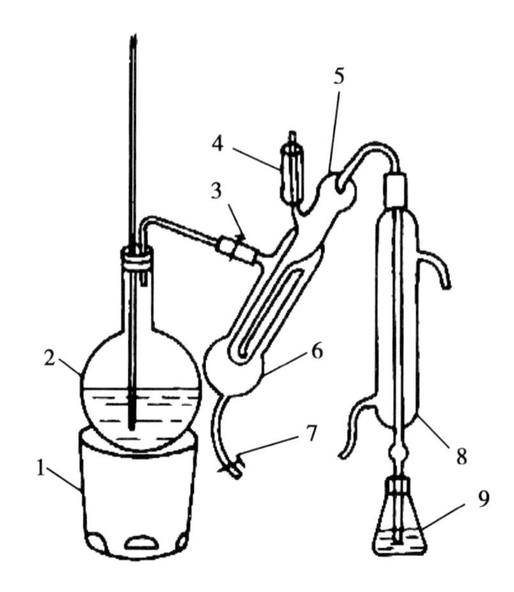

图1　定氮蒸馏装置

1. 电炉；2. 水蒸气发生器（2L 烧瓶）；3. 螺旋夹；4. 小玻杯及棒状玻塞；5. 反应室；6. 反应室外层；7. 橡皮管及螺旋夹；8. 冷凝管；9. 蒸馏液接收瓶

V_3——吸取消化液的体积，单位为毫升（mL）；

c——硫酸或盐酸标准滴定溶液浓度，单位为摩尔每升（mol/L）；

0.0140——1.0mL 硫酸［c（$1/2H_2SO_4$）=1.000mol/L］或盐酸［c（HCl）=1.000mol/L］标准滴定溶液相当的氮的质量，单位为克（g）；

m——试样的质量，单位为克（g）；

F——氮换算为蛋白质的系数。一般食物为 6.25；纯乳与纯乳制品为 6.38；面粉为 5.70；玉米、高粱为 6.24；花生为 5.46；大米为 5.95；大豆及其粗加工制品为 5.71；大豆蛋白制品为 6.25；肉与肉制品为 6.25；大麦、小米、燕麦、裸麦为 5.83；芝麻、向日葵为 5.30；复合配方食品为 6.25。

以重复性条件下获得的两次独立测定结果的算术平均值表示，蛋白质含量≥1g/100g 时，结果保留三位有效数字；蛋白质含量<1g/100g 时，结果保留两位有效数字。

8　精密度

在重复性条件下获得的两次独立测定结果的绝对差值不得超过算术平均值的 10%。

第二法　分光光度法

9　原理

食品中的蛋白质在催化加热条件下被分解，分解产生的氨与硫酸结合生成硫酸铵，在 pH 值为 4.8 的乙酸钠－乙酸缓冲溶液中与乙酰丙酮和甲醛反应生成黄色的 3，5－二乙酰－2，6－二甲基－1，4－二氢化吡啶化合物。在波长 400nm 下测定吸光度值，与标准系列比较定量，结果乘以换算系数，即为蛋白质含量。

10　试剂和材料

除非另有规定，本方法中所用试剂均为分析纯，水为 GB/T 6682 规定的三级水。

10.1　硫酸铜（$CuSO_4 \cdot 5H_2O$）。
10.2　硫酸钾（K_2SO_4）。
10.3　硫酸（H_2SO_4 密度为1.84g/L）：优级纯。
10.4　氢氧化钠（NaOH）。
10.5　对硝基苯酚（$C_6H_5NO_3$）。
10.6　乙酸钠（$CH_3COONa \cdot 3H_2O$）。
10.7　无水乙酸钠（CH_3COONa）。
10.8　乙酸（CH_3COOH）：优级纯。
10.9　37%甲醛（HCHO）。
10.10　乙酰丙酮（$C_5H_8O_2$）。
10.11　氢氧化钠溶液（300g/L）：称取30g氢氧化钠加水溶解后，放冷，并稀释至100mL。
10.12　对硝基苯酚指示剂溶液（1g/L）：称取0.1g对硝基苯酚指示剂溶于20mL 95%乙醇中，加水稀释至100mL。
10.13　乙酸溶液（1mol/L）：量取5.8mL乙酸（10.8），加水稀释至100mL。
10.14　乙酸钠溶液（1mol/L）：称取41g无水乙酸钠（10.7）或68g乙酸钠（10.6），加水溶解后并稀释至500mL。
10.15　乙酸钠－乙酸缓冲溶液：量取60mL乙酸钠溶液（10.14）与40mL乙酸溶液（10.13）混合，该溶液pH值为4.8。
10.16　显色剂：15mL甲醛（10.9）与7.8mL乙酰丙酮（10.10）混合，加水稀释至100mL，剧烈振摇混匀（室温下放置稳定3d）。
10.17　氨氮标准储备溶液（以氮计）（1.0g/L）：称取105℃干燥2h的硫酸铵0.4720g加水溶解后移于100mL容量瓶中，并稀释至刻度，混匀，此溶液每毫升相当于1.0mg氮。
10.18　氨氮标准使用溶液（0.1g/L）：用移液管吸取10.00mL氨氮标准储备液（10.17）于100mL容量瓶内，加水定容至刻度，混匀，此溶液每毫升相当于0.1mg氮。

11　仪器和设备

11.1　分光光度计。
11.2　电热恒温水浴锅：100±0.5℃。
11.3　10mL具塞玻璃比色管。
11.4　天平：感量为1mg。

12　分析步骤

12.1　试样消解

称取经粉碎混匀过40目筛的固体试样0.1～0.5g（精确至0.001g）、半固体试样0.2～1g（精确至0.001g）或液体试样1～5g（精确至0.001g），移入干燥的100mL或250mL定氮瓶中，加入0.1g硫酸铜、1g硫酸钾及5mL硫酸（10.3），摇匀后于瓶口放一小漏斗，将定氮瓶以45°角斜支于有小孔的石棉网上。缓慢加热，待内容物全部炭化，泡沫完全停止后，加强火力，并保持瓶内液体微沸，至液体呈蓝绿色澄清透明后，再继续加热半小时。取下放冷，慢慢加入20mL水，放冷后移入50mL或100mL容量瓶中，并用少量水洗定氮瓶，洗液并入容量瓶中，再加水至刻度，混匀备用。按同一方法做试剂空白试验。

12.2　试样溶液的制备

吸取2.00～5.00mL试样或试剂空白消化液于50mL或100mL容量瓶内，加1～2滴对硝基苯酚指示剂溶液（10.12），摇匀后滴加氢氧化钠溶液（10.11）中和至黄色，再滴加乙酸溶液（10.13）至溶液无色，用水稀释至刻度，混匀。

12.3　标准曲线的绘制

吸取0.00mL、0.05mL、0.10mL、0.20mL、0.40mL、0.60mL、0.80mL和1.00mL氨氮标准使用溶液（相当于0.00μg、5.00μg、10.0μg、20.0μg、40.0μg、60.0μg、80.0μg和100.0μg氮），分别置于10mL比色管中。加4.0mL乙酸钠－乙酸缓冲溶液（10.15）及4.0mL显色剂（10.16），加水稀释至刻度，混匀。置于100℃水浴中加热15min。取出用水冷却至室温后，移入1cm比色杯内，以零管为参比，于波长400nm处测量吸光度值，根据标准各点吸光度值绘制标准曲线或计算线性回归方程。

12.4　试样测定

吸取0.50～2.00mL（约相当于氮＜100μg）试样溶液和同量的试剂空白溶液，分别于10mL比色管中。以下按12.3自“加4mL乙酸钠－乙酸缓酸溶液（pH＝4.8）及4mL显色剂……”起操作。试样吸光度值与标准曲线比较定量或代入线性回归方程求出含量。

13　分析结果的表述

试样中蛋白质的含量按式（2）进行计算。

$$X=\frac{(c-c_0)}{m\times\frac{V_2}{V_1}\times\frac{V_4}{V_3}\times 1\,000\times 1\,000}\times 100\times F \qquad (2)$$

式中：

X——试样中蛋白质的含量，单位为克每百克（g/100g）；

c——试样测定液中氮的含量，单位为微克（μg）；

c_0——试剂空白测定液中氮的含量，单位为微克（μg）；

V_1——试样消化液定容体积，单位为毫升（mL）；

V_2——制备试样溶液的消化液体积，单位为毫升（mL）；

V_3——试样溶液总体积，单位为毫升（mL）；

V_4——测定用试样溶液体积，单位为毫升（mL）；

m——试样质量，单位为克（g）；

F——氮换算为蛋白质的系数。一般食物为6.25；纯乳与纯乳制品为6.38；面粉为5.70；玉米、高粱为6.24；花生为5.46；大米为5.95；大豆及其粗加工制品为5.71；大豆蛋白制品为6.25；肉与肉制品为6.25；大麦、小米、燕麦、裸麦为5.83；芝麻、向日葵为5.30；复合配方食品为6.25。

以重复性条件下获得的两次独立测定结果的算术平均值表示，蛋白质含量≥1g/100g时，结果保留三位有效数字；蛋白质含量＜1g/100g时，结果保留两位有效数字。

14　精密度

在重复性条件下获得的两次独立测定结果的绝对差值不得超过算术平均值的10%。

第三法　燃烧法

15　原理

试样在900～1 200℃高温下燃烧，燃烧过程中产生混合气体，其中的碳、硫等干扰气体和盐类被吸收管吸收，氮氧化物被全部还原成氮气，形成的氮气气流通过热导检测仪（TCD）进行检测。

16　仪器和设备

16.1　氮/蛋白质分析仪。

16.2　天平：感量为0.1mg。

17　分析步骤

按照仪器说明书要求称取0.1～1.0g充分混匀的试样（精确至0.0001g），用锡箔包裹后置于样品盘上。试样进入燃烧反应炉（900～1 200℃）后，在高纯氧（≥99.99%）中充分燃烧。燃烧炉中的产物（NOx）被载气CO_2运送至还原炉（800℃）中，经还原生成氮气后检测其含量。

18　分析结果的表述

试样中蛋白质的含量按式（3）进行计算。

$$X = C \times F \tag{3}$$

式中：

X——试样中蛋白质的含量，单位为克每百克（g/100g）；

C——试样中氮的含量，单位为克每百克（g/100g）；

F——氮换算为蛋白质的系数。一般食物为6.25；纯乳与纯乳制品为6.38；面粉为5.70；玉米、高粱为6.24；花生为5.46；大米为5.95；大豆及其粗加工制品为5.71；大豆蛋白制品为6.25；肉与肉制品为6.25；大麦、小米、燕麦、裸麦为5.83；芝麻、向日葵为5.30；复合配方食品为6.25。

以重复性条件下获得的两次独立测定结果的算术平均值表示，结果保留三位有效数字。

19　精密度

在重复性条件下获得的两次独立测定结果的绝对差值不得超过算术平均值的10%。

20　其他

本方法第一法当称样量为5.0g时，定量检出限为8mg/100g。本方法第二法当称样量为5.0g时，定量检出限为0.1mg/100g。

中华人民共和国国家标准

GB 5413.3—2010

食品安全国家标准
婴幼儿食品和乳品中脂肪的测定

National food safety standard
Determination of fat in foods for infants and young children, milk and milk products

2010-03-26 发布　　2010-06-01 实施

中华人民共和国卫生部　发布

前　　言

本标准代替 GB/T 5009.46—2003《乳与乳制品卫生标准的分析方法》中脂肪的测定、GB/T 5409—85《牛乳检验方法》中脂肪的测定、GB/T 5416—85《奶油检验方法》中脂肪的测定、GB/T 5413.3—1997《婴幼儿配方食品和乳粉脂肪的测定》。

本标准的附录 A 为资料性附录。本标准所代替标准的历次版本发布情况为：

——GB/T 5409—85；

——GB/T 5413.3—1997；

——GB/T 5416—85；

——GB 5009.46—1985、GB/T 5009.46—1996、GB/T 5009.46—2003。

食品安全国家标准
婴幼儿食品和乳品中脂肪的测定

1 范围

本标准规定了巴氏杀菌乳、灭菌乳、生乳、发酵乳、调制乳、乳粉、炼乳、奶油、稀奶油、干酪和婴幼儿配方食品中脂肪的测定方法。

本标准第一法适用于巴氏杀菌乳、灭菌乳、生乳、发酵乳、调制乳、乳粉、炼乳、奶油、稀奶油、干酪和婴幼儿配方食品中脂肪的测定；第二法适用于巴氏杀菌乳、灭菌乳、生乳中脂肪的测定。

2 规范性引用文件

本标准中引用的文件对于本标准的应用是必不可少的。凡是注日期的引用文件，仅所注日期的版本适用于本标准。凡是不注日期的引用文件，其最新版本（包括所有的修改单）适用于本标准。

第一法

3 原理

用乙醚和石油醚抽提样品的碱水解液，通过蒸馏或蒸发去除溶剂，测定溶于溶剂中的抽提物的质量。

4 试剂和材料

除非另有规定，本方法所用试剂均为分析纯，水为 GB/T 6682 规定的三级水。

4.1 淀粉酶：酶活力≥1.5 U/mg。

4.2 氨水（NH_4OH）：质量分数约 25%。

注：可使用比此浓度更高的氨水。

4.3 乙醇（C_2H_5OH）：体积分数至少为 95%。

4.4 乙醚（$C_4H_{10}O$）：不含过氧化物，不含抗氧化剂，并满足试验的要求。

4.5 石油醚（CnH_{2n+2}）：沸程 30 ~60℃。

4.6 混合溶剂：等体积混合乙醚（4.4）和石油醚（4.5），使用前制备。

4.7 碘溶液（I_2）：约 0.1mol/L。

4.8 刚果红溶液（$C_{32}H_{22}N_6Na_2O_6S_2$）：将 1g 刚果红溶于水中，稀释至 100mL。

注：可选择性地使用。刚果红溶液可使溶剂和水相界面清晰，也可使用其他能使水相染色而不影响测定结果的溶液。

4.9 盐酸（6mol/L）：量取 50mL 盐酸（12mol/L）缓慢倒入 40mL 水中，定容至 100mL，混匀。

5 仪器和设备

5.1 分析天平：感量为 0.1mg。

5.2　离心机：可用于放置抽脂瓶或管，转速为500～600r/min，可在抽脂瓶外端产生80～90g的重力场。

5.3　烘箱。

5.4　水浴。

5.5　抽脂瓶：抽脂瓶应带有软木塞或其他不影响溶剂使用的瓶塞（如硅胶或聚四氟乙烯）。软木塞应先浸于乙醚中，后放入60℃或60℃以上的水中保持至少15min，冷却后使用。不用时需浸泡在水中，浸泡用水每天更换一次。

注：也可使用带虹吸管或洗瓶的抽脂管（或烧瓶），但操作步骤有所不同，见附录A中规定。接头的内部长支管下端可成勺状。

6　分析步骤

6.1　用于脂肪收集的容器（脂肪收集瓶）的准备

于干燥的脂肪收集瓶中加入几粒沸石，放入烘箱中干燥1h。使脂肪收集瓶冷却至室温，称量，精确至0.1mg。

注：脂肪收集瓶可根据实际需要自行选择。

6.2　空白试验

空白试验与样品检验同时进行，使用相同步骤和相同试剂，但用10mL水代替试样。

6.3　测定

6.3.1　巴氏杀菌乳、灭菌乳、生乳、发酵乳、调制乳

称取充分混匀试样10g（精确至0.0001g）于抽脂瓶中。

6.3.1.1　加入2.0mL氨水（4.2），充分混合后立即将抽脂瓶放入65℃±5℃的水浴中，加热15～20min，不时取出振荡。取出后，冷却至室温。静止30s后可进行下一步骤。

6.3.1.2　加入10mL乙醇（4.3），缓和但彻底地进行混合，避免液体太接近瓶颈。如果需要，可加入两滴刚果红溶液（4.8）。

6.3.1.3　加入25mL乙醚（4.4），塞上瓶塞，将抽脂瓶保持在水平位置，小球的延伸部分朝上夹到摇混器上，按约100次/min振荡1min，也可采用手动振摇方式。但均应注意避免形成持久乳化液。抽脂瓶冷却后小心地打开塞子，用少量的混合溶剂冲洗塞子和瓶颈，使冲洗液流入抽脂瓶。

6.3.1.4　加入25mL石油醚（4.5），塞上重新润湿的塞子，按6.3.1.3所述，轻轻振荡30s。

6.3.1.5　将加塞的抽脂瓶放入离心机中，在500～600r/min下离心5min。否则将抽脂瓶静止至少30min，直到上层液澄清，并明显与水相分离。

6.3.1.6　小心地打开瓶塞，用少量的混合溶剂（4.6）冲洗塞子和瓶颈内壁，使冲洗液流入抽脂瓶。如果两相界面低于小球与瓶身相接处，则沿瓶壁边缘慢慢地加入水，使液面高于小球和瓶身相接处（图1），以便于倾倒。

6.3.1.7　将上层液尽可能地倒入已准备好的加入沸石的脂肪收集瓶中，避免倒出水层（图2）。

6.3.1.8　用少量混合溶剂冲洗瓶颈外部，冲洗液收集在脂肪收集瓶中。要防止溶剂溅到抽脂瓶的外面。

6.3.1.9　向抽脂瓶中加入5mL乙醇，用乙醇冲洗瓶颈内壁，按6.3.1.2所述进行混合。重复6.3.1.3～6.3.1.8操作，再进行第二次抽提，但只用15mL乙醚和15mL石油醚。

6.3.1.10　重复6.3.1.2～6.3.1.8操作，再进行第三次抽提，但只用15mL乙醚和15mL石油醚。

注：如果产品中脂肪的质量分数低于5%，可只进行两次抽提。

6.3.1.11　合并所有提取液，既可采用蒸馏的方法除去脂肪收集瓶中的溶剂，也可于沸水浴上蒸发至干来除掉溶剂。蒸馏前用少量混合溶剂冲洗瓶颈内部。

6.3.1.12　将脂肪收集瓶放入102±2℃的烘箱中加热1h，取出脂肪收集瓶，冷却至室温，称量，精确

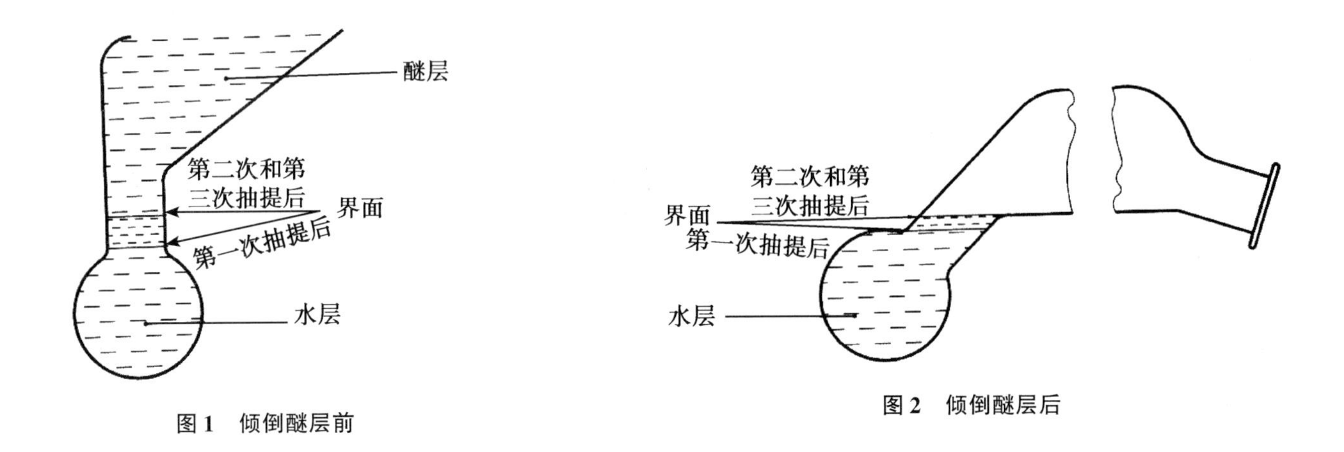

图1 倾倒醚层前　　图2 倾倒醚层后

至 0.1mg。

6.3.1.13 重复6.3.1.12操作，直到脂肪收集瓶两次连续称量差值不超过0.5mg，记录脂肪收集瓶和抽提物的最低质量。

6.3.1.14 为验证抽提物是否全部溶解，向脂肪收集瓶中加入 25mL 石油醚，微热，振摇，直到脂肪全部溶解。如果抽提物全部溶于石油醚中，则含抽提物的脂肪收集瓶的最终质量和最初质量之差，即为脂肪含量。

6.3.1.15 若抽提物未全部溶于石油醚中，或怀疑抽提物是否全部为脂肪，则用热的石油醚洗提。小心地倒出石油醚，不要倒出任何不溶物，重复此操作 3 次以上，再用石油醚冲洗脂肪收集瓶口的内部。最后，用混合溶剂冲洗脂肪收集瓶口的外部，避免溶液溅到瓶的外壁。将脂肪收集瓶放入102℃ ±2℃的烘箱中，加热1h，按6.3.1.12 和6.3.1.13 所述操作。

6.3.1.16 取6.3.1.13 中测得的质量和6.3.1.15 测得的质量之差作为脂肪的质量。

注：选择带有虹吸管或洗瓶附件的抽脂管时，步骤如附录 A（标准的附录）所述。

6.3.2 乳粉和乳基婴幼儿食品

称取混匀后的试样，高脂乳粉、全脂乳粉、全脂加糖乳粉和乳基婴幼儿食品：约 1g（精确至0.0001g），脱脂乳粉、乳清粉、酪乳粉：约1.5g（精确至0.0001g）。

6.3.2.1 不含淀粉样品

加入 10mL 65℃ ±5℃的水，将试样洗入抽脂瓶的小球中，充分混合，直到试样完全分散，放入流动水中冷却。

6.3.2.2 含淀粉样品

将试样放入抽脂瓶中，加入约0.1g的淀粉酶（4.1）和一小磁性搅拌棒，混合均匀后，加入8～10mL 45℃的蒸馏水，注意液面不要太高。盖上瓶塞于搅拌状态下，置65℃水浴中2h，每隔10min摇混一次。为检验淀粉是否水解完全可加入两滴约0.1mol/L的碘溶液（4.7），如无蓝色出现说明水解完全，否则将抽脂瓶重新置于水浴中，直至无蓝色产生。冷却抽脂瓶。

以下操作同6.3.1.1～6.3.1.16。

6.3.3 炼乳

脱脂炼乳、全脂炼乳和部分脱脂炼乳称取3～5g、高脂炼乳称取约1.5g（精确至0.0001g），用10mL 蒸馏水，分次洗入抽脂瓶小球中，充分混合均匀。

以下操作同6.3.1.1～6.3.1.16。

6.3.4 奶油、稀奶油

先将奶油试样放入温水浴中溶解并混合均匀后，称取试样约0.5g样品（精确至0.0001g），稀奶油称取 1g 于抽脂瓶中，加入 8～10mL 45℃的蒸馏水。加 2mL 氨水充分混匀。

以下操作同 6. 3. 1. 1～6. 3. 1. 14。

6. 3. 5　干酪

称取约 2g 研碎的试样（精确至 0. 0001g）于抽脂瓶中，加 10mL 盐酸（4. 9），混匀，加塞，于沸水中加热 20～30min。以下操作按 6. 3. 1. 2～6. 3. 1. 16 操作。

7　分析结果表述

样品中脂肪含量按式（1）计算：

$$X = \frac{(m_1 - m_2) - (m_3 - m_4)}{m} \times 100 \tag{1}$$

式中：

X——样品中脂肪含量，单位为克每百克（g/100g）；

m——样品的质量，单位为克（g）；

m_1——6. 3. 1. 13 中测得的脂肪收集瓶和抽提物的质量，单位为克（g）；

m_2——脂肪收集瓶的质量，或在有不溶物存在下，6. 3. 1. 15 中测得的脂肪收集瓶和不溶物的质量，单位为克（g）；

m_3——空白试验中，脂肪收集瓶和 6. 3. 1. 13 中测得的抽提物的质量，单位为克（g）；

m_4——空白试验中脂肪收集瓶的质量，或在有不溶物存在时，6. 3. 1. 15 中测得的脂肪收集瓶和不溶物的质量，单位为克（g）。

以重复性条件下获得的两次独立测定结果的算术平均值表示，结果保留三位有效数字。

8　精密度

在重复性条件下获得的两次独立测定结果之差应符合：

脂肪含量 ≥15%，≤0. 3g/100g；脂肪含量 5%～15%，≤0. 2g/100g；脂肪含量 ≤5%，≤0. 1g/100g。

9　其他

实验过程注意事项：

9. 1　空白试验检验试剂

要进行空白试验，以消除环境及温度对检验结果的影响。

进行空白试验时在脂肪收集瓶中放入 1g 新鲜的无水奶油。必要时，于每 100mL 溶剂中加入 1g 无水奶油后重新蒸馏，重新蒸馏后必须尽快使用。

9. 2　空白试验与样品测定同时进行

对于存在非挥发性物质的试剂可用与样品测定同时进行的空白试验值进行校正。抽脂瓶与天平室之间的温差可对抽提物的质量产生影响。在理想的条件下（试剂空白值低，天平室温度相同，脂肪收集瓶充分冷却），该值通常小于 0. 5mg。在常规测定中，可忽略不计。

如果全部试剂空白残余物大于 0. 5mg，则分别蒸馏 100mL 乙醚和石油醚，测定溶剂残余物的含量。用空的控制瓶测得的量和每种溶剂的残余物的含量都不应超过 0. 5mg。否则应更换不合格的试剂或对试剂进行提纯。

9. 3　乙醚中过氧化物的检验

取一只玻璃小量筒，用乙醚冲洗，然后加入 10mL 乙醚，再加入 1mL 新制备的 100g/L 的碘化钾溶剂，振荡，静置 1min，两相中均不得有黄色。

也可使用其他适当的方法检验过氧化物。

在不加抗氧化剂的情况下，为长久保证乙醚中无过氧化物，使用前三天按下法处理：

将锌箔削成长条，长度至少为乙醚瓶的一半，每升乙醚用 $80cm^2$ 锌箔。

使用前，将锌片完全浸入每升中含有 10g 五水硫酸铜和 2mL 质量分数为 98% 的硫酸中 1min，用水轻轻彻底地冲洗锌片，将湿的镀铜锌片放入乙醚瓶中即可。也可以使用其他方法，但不得影响检测结果。

第二法

10 原理

在乳中加入硫酸破坏乳胶质性和覆盖在脂肪球上的蛋白质外膜，离心分离脂肪后测量其体积。

11 试剂和材料

11.1 硫酸（H_2SO_4）：分析纯，ρ_{20}约 1.84g/L。

11.2 异戊醇（$C_5H_{12}O$）：分析纯。

12 仪器和设备

12.1 乳脂离心机。

12.2 盖勃氏乳脂计：最小刻度值为 0.1%，见图 3。

12.310.75mL 单标乳吸管。

13 分析步骤

于盖勃氏乳脂计中先加入 10mL 硫酸（11.1），再沿着管壁小心准确加入 10.75mL 样品，使样品与硫酸不要混合，然后加 1mL 异戊醇（11.2），塞上橡皮塞，使瓶口向下，同时用布包裹以防冲出，用力振摇使呈均匀棕色液体，静置数分钟（瓶口向下），置 65 ~ 70℃ 水浴中 5min，取出后置于乳脂离心机中以 1 100r/min 的转速离心 5min，再置于 65 ~ 70℃ 水浴水中保温 5min（注意水浴水面应高于乳脂计脂肪层）。取出，立即读数，即为脂肪的百分数。

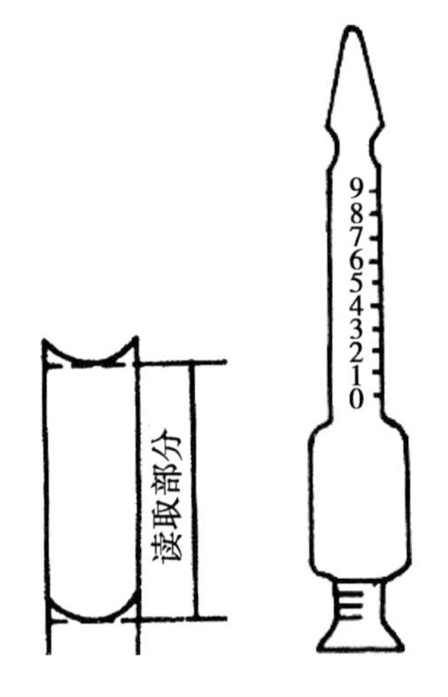

图 3 盖勃氏乳脂计

14 精密度

在重复性条件下获得的两次独立测定结果的绝对差值不得超过算术平均值的 5%。

附录 A　（资料性附录）使用带虹吸管或洗瓶的抽脂管的操作步骤

A.1　步骤

A.1.1　脂肪收集瓶的准备：见 6.1。
A.1.2　空白试验：见 6.2 和 9.2。
A.1.3　测定
A.1.3.1　巴氏杀菌、灭菌乳、生乳、发酵乳、调制乳：称取充分混匀样品 10g（精确至 0.001g）于抽脂管底部。

乳粉及乳基婴幼儿食品：称取混匀后的样品高脂乳粉、全脂乳粉、全脂加糖乳粉和乳基婴幼儿配方食品：约 1g，脱脂乳粉、乳清粉、酪乳粉：约 1.5g（精确至 0.001g），于抽脂管底部，加入 10mL 65℃ ±5℃的水，充分混合，直到样品完全分散，放入流动水中冷却。

炼乳：脱脂炼乳称取约 10g、全脂炼乳和部分脱脂炼乳称取 3 ~5g；高脂炼乳称取约 1.5g（精确至 0.001g），于抽脂管底部。加入 10mL 水，充分混合均匀。

奶油、稀奶油：先将奶油样品放入温水浴中溶解并混合均匀后，奶油称取约 0.5g 样品，稀奶油称取 1g 于抽脂管底部（精确至 0.001g）。上述样品接以下 A.1.3.1.1 操作。

干酪：称取约 2g 研碎的样品（精确至 0.001g）。加水 9mL、氨水 2mL，用玻璃棒搅拌均匀后微微加热使酪蛋白溶解，用盐酸（4.9）中和后再加盐酸（4.9）10mL，加海砂 0.5g，盖好玻璃盖，以文火煮沸 5min，冷却后将烧杯内容物移入抽脂管底部，用 25mL 乙醚冲洗烧杯，洗液并入抽脂管中，以下操作按 A.1.3.1.4“加软木塞”以后操作。

A.1.3.1.1　加入 2mL 氨水，与管底部已稀释的样品彻底混合。加入氨水后，应立即进行下步操作。
A.1.3.1.2　将抽脂管放入 65℃ ±5℃的水浴中，加热 15 ~20min，偶尔振荡样品管，然后冷却至室温。
A.1.3.1.3　加入 10mL 乙醇，在管底部轻轻彻底地混合，必要时加入两滴刚果红溶液。
A.1.3.1.4　加入 25mL 乙醚，加软木塞（已被水饱和），或用水浸湿的其他瓶塞，上下反转 1min，不要过度（避免形成持久性乳化液）。必要时，将管子放入流动的水中冷却，然后小心地打开软木塞，用少量的混合溶剂（使用洗瓶）冲洗塞子和管颈，使冲洗液流入管中。
A.1.3.1.5　加入 25mL 石油醚，加塞（塞子重新用水润湿），按 A.1.3.1.3 所述轻轻振荡 30s。
A.1.3.1.6　将加塞的管子放入离心机中，在 500 ~600r/min 下离心 1 ~5min。或静止至少 30min，直到上层液澄清，并明显地与水相分离，冷却。
A.1.3.1.7　小心地打开软木塞，用少量混合溶剂洗塞子和管颈，使冲洗液流入管中。
A.1.3.1.8　将虹吸管或洗瓶接头插入管中，向下压长支管，直到距两相界面的上方 4mm 处，内部长支管应与管轴平行。

小心地将上层液移入含有沸石的脂肪收集瓶中，也可用金属皿。避免移入任何水相。用少量混合溶剂冲洗长支管的出口，收集冲洗液于脂肪收集瓶中。

A.1.3.1.9　松开管颈处的接头，用少量的混合溶剂冲洗接头和内部长支管的较低部分，重新插好接头，将冲洗液移入脂肪收集瓶中。用少量的混合溶剂冲洗出口，冲洗液收集于瓶中，必要时，按 6.3.1.11 所述，通过蒸馏或蒸发去除部分溶剂。
A.1.3.1.10　再松开管颈处的接头，微微抬高接头，加入 5mL 乙醇，用乙醇冲洗长支管，如 A.1.3.1.3 所述混合。
A.1.3.1.11　重复 A.1.3.1.4 ~A.1.3.1.9 步骤进行第二次抽提，但仅用 15mL 乙醇和 15mL 石油醚，抽提之后，在移开管接头时，用乙醚冲洗内部长支管。

A. 1. 3. 1. 12 重复 A. 1. 3. 1. 4 ~ A. 1. 3. 1. 9 步骤，不加乙醇，进行第三次抽提，仅用15mL 乙醇和15mL 石油醚。

注：如果产品中脂肪的质量分数低于5%，可省略第三次抽提。

A. 1. 3. 1. 13 以下按6. 3. 1. 11 ~6. 3. 1. 15 所述进行。

中华人民共和国国家标准

GB 5413.30—2010

食品安全国家标准
乳和乳制品杂质度的测定

National food safety standard
Determination of impurities in milk and milk products

2010-03-26 发布　　　　2010-06-01 实施

中华人民共和国卫生部　发布

前　言

本标准代替 GB/T 5413.30—1997《乳与乳粉杂质度的测定》。
本标准的附录 A 和附录 B 为规范性附录。
本标准所代替标准的历次版本发布情况为：
——GB/T 5413.30—1997。

食品安全国家标准
乳和乳制品杂质度的测定

1　范围

本标准规定了乳和乳制品杂质度的测定方法。

本标准适用于巴氏杀菌乳、灭菌乳、生乳、炼乳及乳粉杂质度的测定，不适用于含非乳蛋白质、淀粉类成分、不溶性有色物质及影响过滤的添加物质。

2　规范性引用文件

本标准中引用的文件对于本标准的应用是必不可少的。凡是注日期的引用文件，仅所注日期的版本适用于本标准。凡是不注日期的引用文件，其最新版本（包括所有的修改单）适用于本标准。

3　原理

试样经过滤板过滤、冲洗，根据残留于过滤板上的可见带色杂质的数量确定杂质量。

4　仪器和设备

4.1　过滤设备：杂质度过滤机或配有可安放过滤板漏斗的 2 000 ~ 2 500mL 抽滤瓶。

4.2　过滤板：直径 32mm，单位面积质量为 135g/m^2，符合附录 A 的要求，过滤时通过面积的直径为 28.6mm。

4.3　杂质度标准板。

4.4　杂质度标准板的制作方法见附录 B。

4.5　天平：感量为 0.1g。

5　分析步骤

液体乳样量取 500mL；乳粉样称取 62.5g（精确至 0.1g），用 8 倍水充分调和溶解，加热至 60℃；炼乳样称取 125g（精确至 0.1g），用 4 倍水溶解，加热至 60℃，于过滤板上过滤，为使过滤迅速，可用真空泵抽滤，用水冲洗过滤板，取下过滤板，置烘箱中烘干，将其上杂质与标准杂质板比较即得杂质度。当过滤板上杂质的含量介于两个级别之间时，判定为杂质含量较多的级别。

6　分析结果的表述

与杂质度标准比较得出的过滤板上的杂质量，即为该样品的杂质度。

7　精密度

按本标准所述方法对同一样品所作的两次重复测定，其结果应一致，否则应重复再测定两次。

附录A　（规范性附录）杂质度过滤板的检验

A.1　试剂盒材料

A.1.1　润湿剂：1%溶液。使用一种湿雾剂或其他合适的润湿剂。

A.1.2　植物胶溶液：将0.75g角豆胶或其他合适的胶加到100mL水中，然后用搅拌器搅拌。通过抽真空或加热处理，使溶液排出气泡。煮沸、冷却，然后加2mL 40%甲醛溶液。

为了便于在没有搅拌的情况下在水中分离，可将0.75g角豆胶溶入100mL容量瓶内的几毫升乙醇中。用水稀释至刻度，充分混合。然后按上述步骤继续操作。

A.1.3　蔗糖溶液：将750g市售白砂糖溶于750mL水中。

A.1.4　精制杂质混合物：用地面牛粪、泥土及木炭经过干燥箱（100℃）烘干，制备混合物，每种材料分别过筛，收集能通过106μm（140目）但不能通过75μm（200目）的筛子成分，做法如下：放100g以下的牛粪或泥土，50g以下的木炭，过筛。在106μm（140目）的筛子外套装75μm（200目）的另一个筛子，覆盖、固定接收装置。用手振荡筛子的套，以每分钟敲打120次的速度过筛。一次操作大约用量20g，以过106μm（140目）筛子的碎片继续在75μm（200目）的筛子上过5min。使用第二次过筛所保留的成分，按表A.1最大程度的混合均匀。

表A.1　第二次过筛后所保留成分的比例

杂质	含量（%）
牛粪	66
泥土	28
木炭	6

将2g上述混合物放入到100mL容量瓶中，用5mL润湿剂（A.1.1）润湿。加入46mL植物胶溶液，然后用蔗糖溶液（A.1.3）将液面加到瓶颈口。加几滴乙醇，再用蔗糖溶液加至刻度，充分混合。将溶液倒入一个250mL烧杯或有螺旋盖的瓶子中，允许带进少量空气，用一个小的机械搅拌器以200～300r/min的速度搅拌，直到杂质在明亮的反射光下均匀分布为止。搅拌时，不要使细小颗粒堆积在烧杯底部的旋涡处。用吸管（出口直径3mm）移取10mL（大约相当于200mg杂质混合物）于容量瓶中，用水定容到1 000mL。

A.2　仪器和设备

A.2.1　天平：感量为0.1mg。

A.2.2　干燥器：含有效干燥剂。

A.2.3　干燥箱。

A.2.4　过滤装置。

A.2.5　过滤板。

A.2.6　滤纸：直径7 cm或9 cm。

A.3　分析步骤

A.3.1　将滤纸（A.2.6）放在一个布氏漏斗中，用大约200mL的水冲洗，然后放入100℃烘箱中烘干至恒重。

A. 3. 2　将 60mL 精制杂质混合物（A. 1. 4）经过充分搅拌后，通过安装在过滤装置上的过滤板（A. 2. 5）过滤，相当于 12mg 杂质。用一个清洁的三角瓶收集滤液。将滤液转移到烧杯中，用水冲洗该三角瓶两次，将洗液全部加入到烧杯中。

A. 3. 3　将滤液再一次通过固定在布氏漏斗中的经清洗、干燥，并称好质量的滤纸（A. 3. 1）。用水充分冲洗烧杯和滤纸，然后将滤纸放入 100℃烘箱中烘干至恒重。

A. 3. 4　至少检验两个以上过滤板。

A. 4　评价

通过三个或三个以上过滤板杂质的平均量不超过 2. 8mg。根据精制的杂质混合物制备的标准板不应在表面下层出现杂质。

附录 B （规范性附录）杂质度标准板的制作

B.1 材料

使焦粉、灰土、牛粪、木炭通过一定的筛子，然后在 100℃烘箱中烘干，并按下列比例配合混匀。

焦粉占 40%，其中：

通过 850μm（20 目）筛而不通过 425μm（40 目）筛的占 10%；通过 425μm（40 目）筛而不通过 250μm（60 目）筛的占 30%；灰土占 30%，可通过 425μm（40 目）筛。

牛粪占 20%，其中：

通过 850μm（20 目）目筛而不通过 425μm（40 目）筛的占 2%；通过 425μm（40 目）筛而不通过 250（60 目）筛的占 8%；

通过 250μm（60 目）筛而不通过 180μm（80 目）筛的占 10%；木炭占 10%，其中：

通过 850μm（20 目）筛而不通过 425μm（40 目）筛的占 4%；

通过 425μm（40 目）筛而不通过 250（60 目）筛的占 6%。

B.2 步骤

B. 2. 1 将已准备好的各种杂质混匀（总量以 50g 为宜），从中准确称取 1. 000g，直接倒入 500mL 容量瓶中，加蒸馏水 2mL 和体积分数为 0. 75% 经过过滤的阿拉伯胶液 23mL，再以质量分数为 50% 的经过过滤的蔗糖液加至刻度并混匀，此液杂质浓度为 2mg/mL。

B. 2. 2 取浓度为 2mg/mL 的杂质液 10mL，以 500g/L 过滤的蔗糖液稀释至 100mL，则此液杂质的浓度为 0. 2mg/mL。

B. 2. 3 取浓度为 0. 2mg/mL 的杂质液 10mL，以 500g/L 过滤的蔗糖液稀释至 100mL，则此液杂质的浓度为 0. 02mg/mL。

B. 2. 4 以 500mL 牛乳或 62. 5g 乳粉为取样量，按表 B. 1 制备各标准杂质板。

表 B. 1 各标准杂质板的制备比例

标准板号	杂质相对质量浓度牛乳（mg/L）；乳粉（mg/kg）		杂质绝对含量（mg）	量取混合杂质液的数量（mL）
	500mL 牛乳	62. 5g 乳粉		
1	0. 25	2	0. 125	6. 25
2	0. 75	6	0. 375	18. 75
3	1. 50	12	0. 750	3. 75
4	2. 0	16	1. 000	5. 00

中华人民共和国国家标准

GB 5009.2—2016

食品安全国家标准
食品相对密度的测定

National food safety standard
Determination of specificgravity in food

2016－08－31 发布　　　　2016－09－20 实施

中华人民共和国卫生部　发布

前　　言

本标准代替 GB/T 5009. 2—2003《食品的相对密度的测定》、GB 5413. 33—2010《食品安全国家标准　生乳相对密度的测定》和 NY 82. 5—1998《果汁测定方法　相对密度的测定》

本标准与 GB/T 5009. 2—2003、GB 5413. 33—2010 相比，主要变化如下：

——标准名称修改为“食品安全国家标准 食品相对密度的测定 ”；

——将食品、生乳、果汁中相对密度检测方法整合为统一标准，共三种方法，并且整合了 NY 82. 5—1998 的方法。

食品安全国家标准
食品相对密度的测定

1　范围

本标准规定了液体试样相对密度的测定方法。

本标准适用于液体试样相对密度的测定。

第一法　密度瓶法

2　原理

在20℃时分别测定充满同一密度瓶的水及试样的质量，由水的质量可确定密度瓶的容积即试样的体积，根据试样的质量及体积可计算试样的密度试样密度，与水密度比值为试样相对密度。

3　仪器和设备

3.1　密度瓶：精密密度瓶，如图1所示。

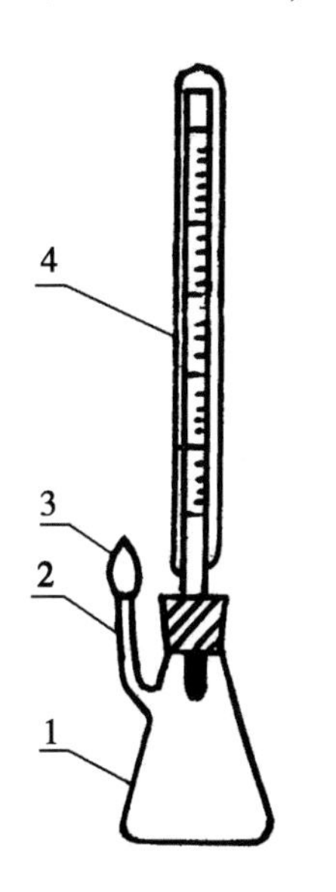

说明：1. 密度瓶；2. 支管标线；3. 支管上小帽；4. 附温度计的瓶盖

图1　密度瓶

3.2　恒温水浴锅

3.3　分析天平

4　分析步骤

取洁净、干燥、恒重准确称量的密度瓶，装满试样后，置20℃水浴中浸0.5h，使内容物的温度达到20℃，盖上瓶盖，并用细滤纸条吸去支管标线上的试样，盖好小帽后取出用滤纸将密度瓶外擦干，置天平室内0.5h，称量。再将试样倾出，洗净密度瓶，装满水，以下按上述自“置20℃水浴中浸0.5h使内容物的温度达到20℃，盖上瓶盖，并用细滤纸条吸去支管标线上的试样，盖好小帽后取出，用滤纸将密度瓶外擦干，置天平室内0.5h，称量”。密度瓶内不应有气泡，天平室内温度保持20℃恒温条件，否则不应使用此方法。

5　分析结果的表述

试样在20℃时的相对密度按式（1）进行计算：

$$d = \frac{m_2 - m_0}{m_1 - m_0} \tag{1}$$

式中：

d——试样在20℃时的相对密度；

m_0——密度瓶的质量，单位为克（g）；

m_1——密度瓶加水的质量，单位为克（g）；

m_2——密度瓶加液体试样的质量，单位为克（g）。

计算结果表示到称量天平的精度的有效数位（精确到0.001）。

6 精密度

在重复性条件下获得的两次独立测定结果的绝对差值不得超过算术平均值的5%。

第二法 天平法

7 原理

20℃时分别测定玻锤在水及试样中的浮力，由于玻锤所排开的水的体积与排开的试样的体积相同，玻锤在水中与试样中的浮力可计算试样的密度，试样密度与水密度比值为试样的相对密度。

8 仪器和设备

8.1 韦氏相对密度天平，如图2所示。

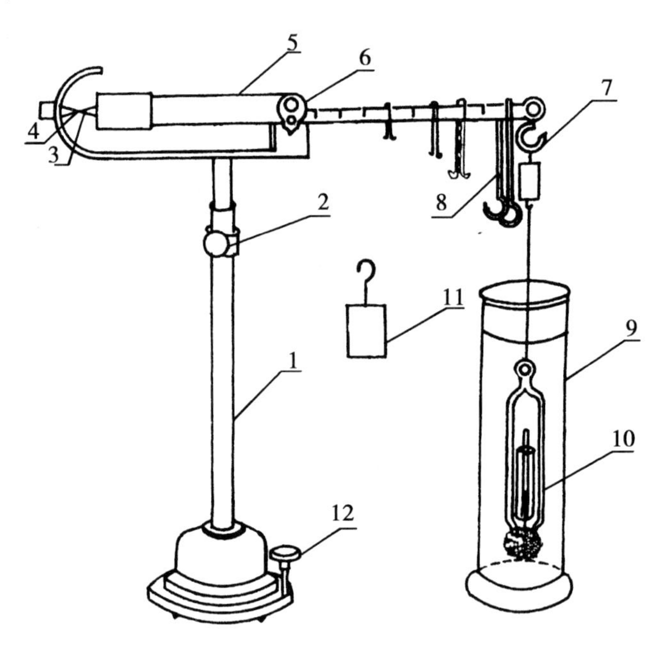

说明：1. 支架；2. 升降调节旋钮；3，4. 指针；5. 横梁；6. 刀口；7. 挂钩；8. 游码；9. 玻璃圆筒；10. 玻锤；11. 砝码；12. 调零旋钮

图2 韦氏相对密度天平

8.2 分析天平：感量1mg。

8.3 恒温水浴锅。

9 分析步骤

测定时将支架置于平面桌上，横梁架于刀口处，挂钩处挂上砝码，调节升降旋钮至适宜高度，旋转调零旋钮，使两指针吻合。然后取下砝码，挂上玻锤，将玻璃圆筒内加水至4/5处，使玻锤沉于玻璃圆

筒内调节水温，20℃（即玻锤内温度计指示温度），试放四种游码，主横梁上两指针吻合，读数为 P_1，然后将玻锤取出擦干，加欲测试样于干净圆筒中，使玻锤浸入至以前相同的深度，保持试样温度在20℃，试放四种游码，至横梁上两指针吻合，记录读数为 P_2。玻锤放入圆筒内时，勿使碰及圆筒四周及底部。

10　分析结果的表述

试样的相对密度按式（2）计算：

$$d = \frac{P_2}{P_1} \tag{2}$$

式中：

d——试样的相对密度；

P_1——浮锤浸入水中时游码的读数，单位为克（g）；

P_2——浮锤浸入试样中时游码的读数，单位为克（g）；

计算结果表示到韦氏相对密度天平精度的有效数位，精确到0.001。

11　精密度

在重复性条件下获得的两次独立测定结果的绝对差值不得超过算术平均值的5%。

第三法　比重计法

12　原理

比重计利用了阿基米德原理，将待测液体倒入一个较高的容器，再将比重计放入液体中，比重计下沉到一定高度后呈漂浮状态，此时液面的位置在玻璃管上所对应的刻度就是该液体的密度，测得试样和水的密度的比值即为相对密度。

13　仪器和设备

比重计：上部细管中有刻度标签，表示密度读数。

14　分析步骤

将比重计洗净擦干，缓缓放入盛有待测液体试样的适当量筒中，勿使其碰及容器四周及底部，保持试样温度在20℃，待其静置后，再轻轻按下少许，然后待其自然上升，静置至无气泡冒出后，从水平位置观察与液面相交处的刻度，即为试样的密度。分别测试试样和水的密度，两者比值即为试样相对密度。

15　精密度

在重复性条件下获得的两次独立测定结果的绝对差值不得超过算术平均值的5%。

中华人民共和国国家标准

GB 5009.239—2016

食品安全国家标准
食品酸度的测定

National food safety standard
Determination of acidity in food

2016-08-31 发布　　　　2017-03-01 实施

中华人民共和国
国家卫生和计划生育委员会　发布

前　　言

本标准代替 GB 5413.34—2010《食品安全国家标准　乳和乳制品酸度的测定》、GB/T 22427.9—2008《淀粉及其衍生物酸度测定》和 GB/T 5517—2010《粮油检验　粮食及制品酸度测定》。

本标准与 GB 5413.34—2010 和 GB/T 22427.9—2008、GB/T 5517—2010 相比主要变化如下：

——标准名称修改为"食品安全国家标准　食品酸度的测定"；

——本标准整合了 GB 5413.34—2010 和 GB/T 22427.9—2008、GB/T 5517—2010 中食品酸度的测定方法。

食品安全国家标准
食品酸度的测定

1 范围

本标准规定了生乳及乳制品、淀粉及其衍生物酸度和粮食及制品酸度的测定方法。

本标准第一法适用于生乳及乳制品、淀粉及其衍生物、粮食及制品酸度的测定；第二法适用乳粉酸度的测定；第三法适用于乳及其他乳制品中酸度的测定。

第一法 酚酞指示剂法

2 原理

试样经过处理后，以酚酞作为指示剂，用0.1000mol/L氢氧化钠标准溶液滴定至中性，消耗氢氧化钠溶液的体积数，经计算确定试样的酸度。

3 试剂和材料

除非另有说明，本方法所用试剂均为分析纯，水为GB/T 6682规定的三级水。

3.1 试剂

3.1.1 氢氧化钠（NaOH）。

3.1.2 七水硫酸钴（$CoSO_4 \cdot 7H_2O$）。

3.1.3 酚酞。

3.1.4 95%乙醇。

3.1.5 乙醚。

3.1.6 氮气：纯度为98%。

3.1.7 三氯甲烷（$CHCl_3$）。

3.2 试剂配制

3.2.1 氢氧化钠标准溶液（0.1000mol/L）

称取0.75g于105～110℃电烘箱中干燥至恒重的工作基准试剂邻苯二甲酸氢钾，加50mL无二氧化碳的水溶解，加2滴酚酞指示液（10g/L），用配制好的氢氧化钠溶液滴定至溶液呈粉红色，并保持30s，同时做空白试验。

注：把二氧化碳（CO_2）限制在洗涤瓶或者干燥管，避免滴管中NaOH因吸收CO_2而影响其浓度。可通过盛有10%氢氧化钠溶液洗涤瓶连接的装有氢氧化钠溶液的滴定管，或者通过连接装有新鲜氢氧化钠或氧化钙的滴定管末尾而形成一个封闭的体系，避免此溶液吸收二氧化碳（CO_2）。

3.2.2 参比溶液

将3g七水硫酸钴溶解于水中，并定容至100mL。

3.2.3 酚酞指示液

称取0.5g酚酞溶于75mL体积分数为95%的乙醇中并加入20mL水，然后滴加氢氧化钠溶液

(3.2.1) 至微粉色再加入水定容至100mL。

3.2.4　中性乙醇－乙醚混合液

取等体积的乙醇、乙醚混合后加3滴酚酞指示液、以氢氧化钠溶液（0.1mol/L）滴至微红色。

3.2.5　不含二氧化碳的蒸馏水

将水煮沸15min逐出二氧化碳，冷却，密闭。

4　仪器和设备

4.1　分析天平：感量为0.001g。

4.2　碱式滴定管：容量10mL，最小刻度0.05mL。

4.3　碱式滴定管：容量25mL，最小刻度0.1mL。

4.4　水浴锅。

4.5　锥形瓶：100mL、150mL、250mL。

4.6　具塞磨口锥形瓶：250mL。

4.7　粉碎机：可使粉碎的样品95%以上通过CQ16筛［相当于孔径0.425mm（40目）］，粉碎样品时磨膛不应该发热。

4.8　振荡器往返式振荡频率为100次/min。

4.9　中速定性滤纸。

4.10　移液管：10mL、20mL。

4.11　量筒：50mL、250mL。

4.12　玻璃漏斗和漏斗架。

5　分析步骤

5.1　乳粉

5.1.1　试样制备

将样品全部移入到约两倍于样品体积的洁净干燥容器中带密封盖（带密闭盖），立即盖紧容器，反复旋转振荡，使样品彻底混合。在此操作过程中应尽量避免样品暴露在空气中。

5.1.2　测定

称取4g样品（精确到0.01g）于250mL锥形瓶中。用量筒量取96mL约20℃的水（3.2.5），使样品复溶，搅拌，然后静置20min。

向一只装有96mL约20℃的水（3.2.5）的锥形瓶中加入2.0mL参比溶液，轻轻转动，使之混合，得到标准参比颜色。如果要测定多个相似的产品，则此参比溶液可用于整个测定过程，但时间不得超过2h。

向另一只装有样品溶液的锥形瓶中加入2.0mL酚酞指示液，轻轻转动，使之混合。用25mL碱式滴定管向该锥形瓶中滴加氢氧化钠溶液，边滴加边转动烧瓶，直到颜色与参比溶液的颜色相似，且5s内不消退，整个滴定过程应在45s内完成。滴定过程中向锥形瓶中吹氮气，防止溶液吸收空气中的二氧化碳。

记录所用氢氧化钠溶液的毫升数V_1，精确，0.05mL，代入式（1）计算。

5.1.3　空白滴定

用96mL水（3.2.5）做空白实验，读取所消耗氢氧化钠标准溶液的毫升数V_0，空白所消耗的氢氧化钠的体积应不小于零，否则应重新制备和使用符合要求的蒸馏水。

5.2　乳及其他乳制品

5.2.1　制备参比溶液

向装有等体积相应溶液的锥形瓶中加入 2.0mL 参比溶液，轻轻转动，使之混合，得到标准参比颜色。如果要测定多个相似的产品，则此参比溶液可用于整个测定过程，但时间不得超过 2h。

5.2.2　巴氏杀菌乳、灭菌乳、生乳发酵乳

称取 10g（精确到 0.001g）已混匀的试样，置于 150mL 锥形瓶中，加 20mL 新煮沸冷却至室温的水，混匀，加入 2.0mL 酚酞指示液，混匀后用氢氧化钠标准溶液滴定，边滴加边转动烧瓶，直到颜色与参比溶液的颜色相似，且 5s 内不消，退整个滴定过程应在 45s 内完成。滴定过程中，向锥形瓶中吹氮气，防止溶液吸收空气中的二氧化碳。记录消耗的氢氧化钠标准滴定溶液毫升数 V_2，代入式（2）中进行计算。

5.2.3　奶油

称取 10g（精确到 0.001g）已混匀的试样，置于 250mL 锥形瓶中，加 30mL 中性乙醇 - 乙醚混合液，混匀，加入 2.0mL 酚酞指示液，混匀后用氢氧化钠标准溶液滴定。边滴加边转动烧瓶，直到颜色与参比溶液的颜色相似，且 5s 内不消退，整个滴定过程应在 45s 内完成。滴定过程中向锥形瓶中吹氮气，防止溶液吸收空气中的二氧化碳。记录消耗的氢氧化钠标准滴定溶液毫升数 V_2，代入式（2）中进行计算。

5.2.4　炼乳

称取 10g（精确到 0.001g）已混匀的试样，置于 250mL 锥形瓶中，加 60mL 新煮沸冷却至室温的水溶解，混匀，加入 2.0mL 酚酞指示液，混匀后用氢氧化钠标准溶液滴定，边滴加边转动烧瓶直到颜色与参比溶液的颜色相似，且 5s 内不消退整个滴定过程应在 45s 内完成。滴定过程中向锥形瓶中吹氮气，防止溶液吸收空气中的二氧化碳。记录消耗的氢氧化钠标准滴定溶液毫升数 V_2，代入式（2）中进行计算。

5.2.5　干酪素

称取 5g（精确到 0.001g）经研磨混匀的试样于锥形瓶中，加入 50mL 水（3.2.5）于室温下（18 ~ 20℃）放置 4 ~ 5h 或在水浴锅中加热到 45℃，并在此温度下保持 30min 再加 50mL 水（3.2.5）混匀后通过干燥的滤纸过滤，吸取 50mL 滤液于锥形瓶中，加入酚酞指示液，混匀后，用氢氧化钠标准溶液滴定。边滴加边转动烧瓶，直到颜色与参比溶液的颜色相似。且 5s 内不消退，整个滴定过程应在 45s 内完成滴定过程中向锥形瓶中吹氮气，防止溶液吸收空气中的二氧化碳。记录消耗的氢氧化钠标准滴定溶液毫升数 V_3，代入式（3）进行计算。

5.2.6　空白滴定

用等体积的水（3.2.5）做空白实验，读取耗用氢氧化钠标准溶液的毫升数 V_0（适用于 5.2.2、5.2.4、5.2.5）。用 30mL 中性乙醇 - 乙醚混合液做空白实验，读取耗用氢氧化钠标准溶液的毫升数 V_0（适用于 5.2.3）。

空白所消耗的氢氧化钠的体积应不小于零，否则应重新制备和使用符合要求的蒸馏水或中性乙醇 - 乙醚混合液。

5.3　淀粉及其衍生物

5.3.1　样品预处理

样品应充分混匀。

5.3.2　称样

称取样品 10g（精确至 0.1g），移入 250mL 锥形瓶内，加入 100mL 水，振荡并混合均匀。

5.3.3　滴定

向一只装有 100mL 约 20℃的水的锥形瓶中加入 2.0mL 参比溶液，轻轻转动，使之混合，得到标准参比颜色。如果要测定多个相似的产品，则此参比溶液可用于整个测定过程，但时间不得超过 2h。

向装有样品的锥形瓶中加入 2 ~ 3 滴酚酞指示剂，混匀后用氢氧化钠标准溶液滴定，边滴加边转动

烧瓶，直到颜色与参比溶液的颜色相似。且5s内不消退整个滴定过程应在45s内完成。滴定过程中向锥形瓶中吹氮气，防止溶液吸收空气中的二氧化碳。读取耗用氢氧化钠标准溶液的毫升数 V_4，代入式（4）中进行计算。

5.3.4　空白滴定

用100mL水（3.2.5）做空白实验，读取耗用氢氧化钠标准溶液的毫升数 V_0。

空白所消耗的氢氧化钠的体积，应不小于零，否则应重新制备和使用符合要求的蒸馏水。

5.4　粮食及制品

5.4.1　试样制备

取混合均匀的样品80～100g，用粉碎机粉碎。粉碎细度要求95%以上通过CQ16筛［孔径0.425mm（40目）］，粉碎后的全部筛分样品充分混合装入磨口瓶中，制备好的样品应立即测定。

5.4.2　测定

称取试样（5.4.1）15g置入250mL具塞磨口锥形瓶，加水（3.2.5）150mL（V_{51}）（先加少量水与试样混成稀糊状，再全部加入），滴入三氯甲烷5滴，加塞后摇匀，在室温下放置提取2h，每隔15min摇动1次或置于振荡器上振荡70min，浸提完毕后静置数分钟，用中速定性滤纸过滤，用移液管吸取滤液10mL（V_{52}），注入100mL锥形瓶中，再加水（3.2.5）20mL和酚酞指示剂3滴，混匀后用氢氧化钠标准溶液滴定。边滴加边转动烧瓶，直到颜色与参比溶液的颜色相似，且5s内不消退。整个滴定过程应在45s内完成。滴定过程中向锥形瓶中吹氮气，防止溶液吸收空气中的二氧化碳。记下所消耗的氢氧化钠标准溶液毫升数 V_5，代入式（5）中进行计算。

5.4.3　空白滴定

用30mL水（3.2.5）做空白试验，记下所消耗的氢氧化钠标准溶液毫升数 V_0。

注：三氯甲烷有毒操作时应在通风良好的通风橱内进行。

6　分析结果的表述

乳粉试样中的酸度数值以（°T）表示按式（1）计算：

$$X_1 = \frac{c_1 \times (V_1 - V_0) \times 12}{m_1 \times (1 - w) \times 0.1} \tag{1}$$

式中：

x_1——试样的酸度单位为度（°T）［以100干物质为12%的复原乳所消耗的0.1mol/L氢氧化钠毫升，数计单位为毫升每100g（mL/100g）］；

c_1——氢氧化钠标准溶液的浓度单位为摩尔每升（mol/L）；

V_1——滴定时所消耗氢氧化钠标准溶液的体积，单位为毫升（mL）；

V_0——空白实验所消耗氢氧化钠标准溶液的体积，单位为毫升（mL）；

12——12g乳粉相当100mL复原乳脱脂乳粉应为9，脱脂乳清粉应为7。

m_1——称取样品的质量，单位为克（g）；

w——试样中水分的质量分数，单位为克每百克（g/100g）；

$1-w$——试样中乳粉的质量分数，单位为克每百克（g/100g）；

0.1——酸度理论定义氢氧化钠的摩尔浓度，单位为摩尔每升（mol/L）。

以重复性条件下获得的两次独立测定结果的算术平均值表示，结果保留三位有效数字。

注：若以乳酸含量表示样品的酸度那么样品的乳酸含量（g/100g）$= T \times 0.009$。T 为样品的滴定酸度（0.009）为乳酸的换算系数，即1mL0.1mol/L的氢氧化钠标准溶液相当于0.009g乳酸）。

巴氏杀菌乳、灭菌乳、生乳、发酵乳、奶油和炼乳试样中的酸度数值以（°T）表示按式（2）计算：

$$X_2 = \frac{c_2 \times (V_2 - V_0) \times 100}{m_2 \times 0.1} \tag{2}$$

式中：

X_2——试样的酸度单位为度（°T）[以100g样品消耗的0.1mol/L氢氧化钠毫升，数计单位为毫升每100克（mL/100g）；

c_2——氢氧化钠标准溶液的浓度，单位为摩尔每升（mol/L）；

V_2——滴定时所消耗氢氧化钠标准溶液的体积，单位为毫升（mL）；

V_0——空白实验所消耗氢氧化钠标准溶液的体积，单位为毫升（mL）；

100——100g试样。

m_2——称取样品的质量，单位为克（g）；

0.1——酸度理论定义氢氧化钠的摩尔浓度，单位为摩尔每升（mol/L）。

以重复性条件下获得的两次独立测定结果的算术平均值表示，结果保留三位有效数字。

干酪素试样中的酸度数值以（°T）表示按式（3）计算：

$$X_3 = \frac{c_3 \times (V_3 - V_0) \times 100 \times 12}{m_3 \times 0.1} \tag{3}$$

式中：

X_3——试样的酸度，单位为度（°T）[以100g试样所消耗的0.1mol/L氢氧化钠毫升，数计单位为毫升每100克（mL/100g）]；

c_3——氢氧化钠标准溶液的浓度单位为摩尔每升（mol/L）；

V_3——滴定时所消耗氢氧化钠标准溶液的体积，单位为毫升（mL）；

V_0——空白实验所消耗氢氧化钠标准溶液的体积，单位为毫升（mL）；

100——100g试样；

2——试样的稀释倍数；

m_3——称取样品的质量，单位为克（g）；

0.1——酸度理论定义氢氧化钠的摩尔浓度，单位为摩尔每升（mol/L）。

以重复性条件下获得的两次独立测定结果的算术平均值表示，结果保留三位有效数字。

淀粉及其衍生物试样中的酸度数值以（°T）表示按式（4）计算：

$$X_4 = \frac{c_4 \times (V_4 - V_0) \times 10}{m_4 \times 0.1000} \tag{4}$$

式中：

X_4——试样的酸度单位为度（°T）[以100g样品消耗的0.1mol/L氢氧化钠毫升，数计单位为毫升每100克（mL/10g）；

c_4——氢氧化钠标准溶液的浓度，单位为摩尔每升（mol/L）；

V_4——滴定时所消耗氢氧化钠标准溶液的体积，单位为毫升（mL）；

V_0——空白实验所消耗氢氧化钠标准溶液的体积，单位为毫升（mL）；

10——10g试样；

m_4——称取样品的质量，单位为克（g）；

0.10000——酸度理论定义氢氧化钠的摩尔浓度，单位为摩尔每升（mol/L）。

以重复性条件下获得的两次独立测定结果的算术平均值表示，结果保留三位有效数字。

粮食及制品试样中的酸度数值以（°T）表示按式（5）计算：

$$X_5 = (V_5 - V_0) \times \frac{V_{51}}{V_{52}} \times \frac{c_5}{0.1000} \times \frac{10}{m_5} \tag{5}$$

式中：

X_5——试样的酸度单位为度（°T）［以 10g 样品消耗的 0.1mol/L 氢氧化钠毫升，数计单位为毫升每 10 克（mL/10g）；

c_5——氢氧化钠标准溶液的浓度，单位为摩尔每升（mol/L）；

V_5——滴定时所消耗氢氧化钠标准溶液的体积，单位为毫升（mL）；

V_0——空白实验所消耗氢氧化钠标准溶液的体积，单位为毫升（mL）；

V_{51}——浸提试样的水体积，单位为毫升（mL）；

V_{52}——用于滴定的试样滤液体积，单位为毫升（mL）；

10——10g 试样；

m_5——称取样品的质量，单位为克（g）；

0.10000——酸度理论定义氢氧化钠的摩尔浓度，单位为摩尔每升（mol/L）。

以重复性条件下获得的两次独立测定结果的算术平均值表示，结果保留三位有效数字。

7　精密度

在重复性条件下获得的两次独立测定结果的绝对差值不得超过算术平均值的 10%。

第二法　pH 计法

8　原理

中和试样溶液至 pH 值为 8.30 所消耗的 0.1000mol/L 氢氧化钠体积经计算确定其酸度。

9　试剂和材料

除非另有说明本方法所用试剂均为分析纯水，为 GB/T 6682 规定的三级水。

9.1　氢氧化钠标准溶液：同 3.2.1。

9.2　氮气：纯度为 98%。

9.3　不含二氧化碳的蒸馏水：同 3.2.5。

10　仪器和设备

10.1　分析天平：感量为 0.001g。

10.2　碱式滴定管：分刻度 0.1mL，可准确至 0.05mL。或者自动滴定管满足同样的使用要求。

注：可以进行手工滴定，也可以使用自动电位滴定仪。

10.3　pH 计：带玻璃电极和适当的参比电极。

10.4　磁力搅拌器。

10.5　高速搅拌器，如均质器。

10.6　恒温水浴锅。

11　步骤

11.1　试样制备

将样品全部移入到约两倍于样品体积的洁净干燥容器中（带密封盖），立即盖紧容器，反复旋转振荡，使样品彻底混合。在此操作过程中应尽量避免样品暴露在空气中。

11.2 测定

称取4g样品（精确到0.01g）于250mL锥形瓶中。用量筒量取96mL约20℃的水（9.3）使样品复溶，搅拌，然后静置。

用滴定管向锥形瓶中滴加氢氧化钠标准溶液（9.1）直到pH值稳定在8.30±0.01处4~5s。滴定过程中始终用磁力搅拌器进行搅拌，同时向锥形瓶中吹氮气（9.2），防止溶液吸收空气中的二氧化碳，整个滴定过程应，1min完成。记录所用氢氧化钠溶液的毫升数V_6精确至（6）代入式计算。

11.3 空白滴定

用100mL蒸馏水（9.3）做空白实验，读取所消耗氢氧化钠标准溶液的毫升，V_0。

注：空白所消耗的氢氧化钠的体积应不小于零，否则应重新制备和使用符合要求的蒸馏水。

12 分析结果的表述

乳粉试样中的酸度数值以（°T）表示按式（6）计算：

$$X_6=\frac{c_6\times(V_6-V_0)\times12}{m_6\times(1-w)\times0.1} \tag{6}$$

式中：

X_6——试样的酸度单位为度（°T）；

c_6——氢氧化钠标准溶液的浓度，单位为摩尔每升（mol/L）；

V_6——滴定时所消耗氢氧化钠标准溶液的体积，单位为毫升（mL）；

V_0——空白实验所消耗氢氧化钠标准溶液的体积，单位为毫升（mL）；

12——12g乳粉相当100mL复原乳，脱脂乳粉应为9，脱脂乳清粉应为7。

m_6——称取样品的质量，单位为克（g）；

w——试样中水分的质量分数，单位为克每百克（g/100g）；

$1-w$——试样中乳粉的质量分数，单位为克每百克（g/100g）；

0.1——酸度理论定义氢氧化钠的摩尔浓度，单位为摩尔每升（mol/L）。

以重复性条件下获得的两次独立测定结果的算术平均值表示，结果保留三位有效数字。

注：若以乳酸含量表示样品的酸度那么样品的乳酸含量（g/100g）$=T\times0.009$。T为样品的滴定酸度（0.009）为乳酸的换算系数，即1mL 0.1mol/L的氢氧化钠标准溶液相当于0.009g乳酸）。

13 精密度

在重复性条件下获得的两次独立测定结果的绝对差值不得超过算术平均值的10%。

第三法 电位滴定仪法

14 原理

中和100g试样至pH值为8.3所消耗的0.1000mol/L氢氧化钠体积，经计算确定其酸度。

15 试剂和材料

除非另有说明，本方法所用试剂均为分析纯，水为GB/T 6682规定的三级水。

15.1 氢氧化钠标准溶液：同3.2.1。

15.2 氮气：纯度为98%。

15.3 中性乙醇乙醚混合液：同3.2.4。

15.4　不含二氧化碳的蒸馏水：同3.2.5。

16　仪器和设备

16.1　分析天平：感量为0.001g

16.2　电位滴定仪。

16.3　碱式滴定管：分刻度为0.1mL。

16.4　水浴锅。

17　分析步骤

17.1　巴氏杀菌乳、灭菌乳、生乳、发酵乳

称取10g（精确到0.001g）已混匀的试样，置于150mL锥形瓶中，加20mL新煮沸冷却至室温的水，混匀，用氢氧化钠标准溶液电位滴定至pH值为8.3为终点。滴定过程中向锥形瓶中吹氮气，防止溶液吸收空气中的二氧化碳，记录消耗的氢氧化钠标准滴定溶液毫升数V_7，代入式（7）中进行计算。

17.2　奶油

称取10g（精确到0.001g）已混匀的试样，置于150mL锥形瓶中，加30mL中性乙醇-乙醚混合液，混匀，用氢氧化钠标准溶液电位滴定至pH值为8.3为终点，滴定过程中向锥形瓶中吹氮气，防止溶液吸收空气中的二氧化碳，记录消耗的氢氧化钠标准滴定溶液毫升数V_7，代入式（7）中进行计算。

17.3　炼乳

称取10g（精确到0.001g）已混匀的试样，置于150mL锥形瓶中，加60mL新煮沸冷却至室温的水溶解，混匀，用氢氧化钠标准溶液电位滴定至pH值为8.3为终点，滴定过程中向锥形瓶中吹氮气，防止溶液吸收空气中的二氧化碳，记录消耗的氢氧化钠标准滴定溶液毫升数V_7，代入式（7）中进行计算。

17.4　干酪素

称取5g（精确到0.001g）经研磨混匀的试样于锥形瓶中，加入50mL水（15.4），于室温下（18～20℃）放置4～5h，或在水浴锅中加热到45℃，并在此温度下保持30min再加50mL水（15.4）混匀后，通过干燥的滤纸过滤。吸取滤液50mL于锥形瓶中，用氢氧化钠标准溶液电位滴定至pH值为8.3为终点，滴定过程中向锥形瓶中吹氮气，防止溶液吸收空气中的二氧化碳，记录消耗的氢氧化钠标准滴定溶液毫升数V_8，代入式（8）进行计算。

17.5　空白滴定

用相应体积的蒸馏水（15.4）做空白实验，读取耗用氢氧化钠标准溶液的毫升数V_0（适用于17.1、17.3、17.4）。用30mL中性乙醇-乙醚混合液做空白实验，读取耗用氢氧化钠标准溶液的毫升数V_0（适用于17.2）。

注：空白所消耗的氢氧化钠的体积应不小于零，否则应重新制备和使用符合要求的蒸馏水或中性乙醇-乙醚混合液。

18　分析结果的表述

巴氏杀菌、乳灭菌乳、生乳、发酵乳、奶油和炼乳试样中的酸度数值以（°T）表示按式（7）计算：

$$X_7 = \frac{c_7 \times (V_7 - V_0) \times 100}{m_7 \times 0.1} \tag{7}$$

式中：

X_7——试样的酸度，单位为度（°T）；

c_7——氢氧化钠标准溶液的浓度单位为摩尔每升（mol/L）；
V_7——滴定时所消耗氢氧化钠标准溶液的体积，单位为毫升（mL）；
V_0——空白实验所消耗氢氧化钠标准溶液的体积，单位为毫升（mL）；
100——100g 试样；
m_7——称取样品的质量，单位为克（g）；
0.1——酸度理论定义氢氧化钠的摩尔浓度，单位为摩尔每升（mol/L）。

以重复性条件下获得的两次独立测定结果的算术平均值表示，结果保留三位有效数字。

干酪素试样中的酸度数值以（°T）表示按式（8）计算：

$$X_8 = \frac{c_8 \times (V_8 - V_0) \times 100 \times 2}{m_8 \times 0.1} \tag{8}$$

式中：
X_8——试样的酸度，单位为度（°T）；
c_8——氢氧化钠标准溶液的浓度，单位为摩尔每升（mol/L）；
V_8——滴定时所消耗氢氧化钠标准溶液的体积，单位为毫升（mL）；
V_0——空白实验所消耗氢氧化钠标准溶液的体积，单位为毫升（mL）；
100——100g 试样；
2——试样的稀释倍数；
m_8——称取样品的质量，单位为克（g）；
0.1——酸度理论定义氢氧化钠的摩尔浓度，单位为摩尔每升（mol/L）。

以重复性条件下获得的两次独立测定结果的算术平均值表示，结果保留三位有效数字。

19 精密度

在重复性条件下获得的两次独立测定结果的绝对差值不得超过算术平均值的 10%。

中华人民共和国国家标准

GB 5413.38—2016

食品安全国家标准
生乳冰点的测定

National food safety standard
Determination of freezing point in raw milk

2016 - 08 - 31 发布　　　　2017 - 03 - 01 实施

中华人民共和国卫生部
国家卫生和计划生育委员会　发布

前　　言

本标准代替 GB 5413.38—2010《食品安全国家标准 生乳冰点的测定》。

本标准与 GB 5413.38—2010 相比，主要变化如下：

——修改了原理；

——修改了“试剂和材料”；

——在“试剂和材料”的“氯化钠标准溶液”中增加了“标准溶液 C”；

——在“分析步骤”的“仪器校准”中增加“C 校准”和“质控校准”。

食品安全国家标准
生乳冰点的测定

1　范围

本标准规定了热敏电阻冰点仪测定生乳冰点的方法。

本标准适用于生乳冰点的测定。

2　原理

生乳样品过冷至适当温度，当被测乳样冷却到－3℃时，通过瞬间释放热量使样品产生结晶，待样品温度达到平衡状态时，并在20s之内温度回升不超过0.5m℃，此时的温度即为样品的冰点。

3　试剂和材料

除非另有说明，本方法所用试剂均为分析纯或以上等级，水为GB/T 6682规定的二级水。

3.1　试剂

3.1.1　乙二醇（$C_2H_6O_2$）。

3.1.2　氯化钠（NaCl）。

3.2　试剂配制

3.2.1　氯化钠（NaCl）：氯化钠磨细后置于干燥箱中，130℃±2℃干燥24h以上，于干燥器中冷却至室温。

3.2.2　冷却液：量取330mL乙二醇（3.1.1）于1 000mL容量瓶中，用水定容至刻度并摇匀，其体积分数为33%。

3.3　氯化钠标准溶液

3.3.1　标准准液A：称取6.731g氯化钠（3.2.1），溶于1 000g±0.1g水中。将标准溶液分装贮存于容量不超过250mL的聚乙烯塑料瓶中，并置于5℃左右的冰箱中冷藏，保存期限为两个月。其冰点值为－400m℃。

3.3.2　标准准液B：称取9.422g氯化钠（3.2.1），溶于1 000g±0.1g水中。将标准溶液分装贮存于容量不超过250mL的聚乙烯塑料瓶中，并置于5℃左右的冰箱中冷藏，保存期限为两个月。其冰点值为－577m℃。

3.3.3　标准溶液C：称取10.161g氯化钠（3.2.1），溶于1 000g±0.1g水中。将标准溶液分装贮存于容量不超过250mL的聚乙烯塑料瓶中，并置于5℃左右的冰箱中冷藏，保存期限为两个月。其冰点值为－600m℃。

4　仪器和设备

4.1　天平：感量为0.0001g。

4.2　热敏电阻冰点仪：检测装置，冷却装置、搅拌金属棒、结晶装置（见图1）及温度显示仪。

a. 检测装置及冷却装置

温度传感器为直径为1.60mm±0.4mm的玻璃探头，在0℃时的电阻在3Ω～30kΩ之间。传感器转轴的材质和直径应保证向样品的热传递值控制在 2.5×10^{-3}J/s 以内。当探头在测量位置时，热敏电阻的顶部应位于样品管的中轴线，且顶部离内壁与管底保持相等距离（见图 1）。温度传感器和相应的电子线路在 -600 ~ -400m℃之间测量分辨率为 1m℃或更好。冷却装置应保持冷却液体的温度恒定在 -7℃ ±0.5℃。

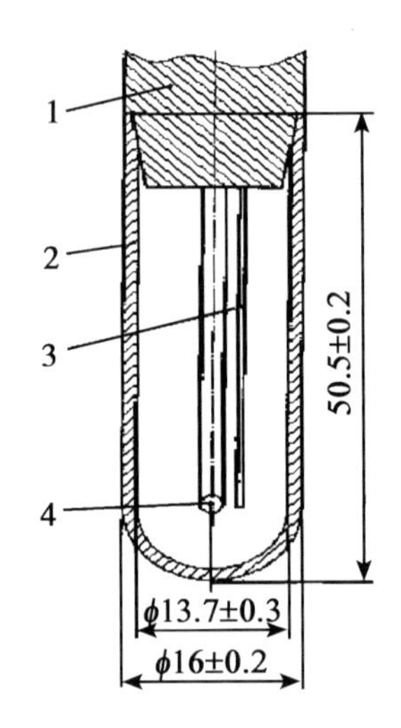

1. 顶杆；2. 样品管；3. 搅拌金属棒；4. 热敏探头

图 1　热敏电阻冰点仪检测装置

仪器正常工作时，此循环系统在 -600 ~ -400m℃范围之间任何一个点的线性误差应不超过 1m℃。

b. 搅拌金属棒：耐腐蚀，在冷却过程中搅拌测试样品。

搅拌金属棒应根据相应仪器的安放位置来调整振幅。正常搅拌时金属棒不得碰撞玻璃传感器或样品管壁。

c. 结晶装置：当测试样品达到 -3.0℃时启动结晶的机械振动装置，在结晶时使搅拌金属棒在 1 ~ 2s 内加大振幅，使其碰撞样品管壁。

4.3　干燥箱：温度可控制在 130℃ ±2℃。

4.4　样品管：硼硅玻璃，长度 50.5mm ±0.2mm，外部直径为 16.0mm ±0.2mm，内部直径为 13.7mm ±0.3mm。

4.5　称量瓶。

4.6　容量瓶：1 000mL，符合 GB/T 12806—2011 等级 A 的要求。

4.7　干燥器。

4.8　移液器：1 ~5mL。

4.9　聚乙烯瓶：容量不超过 250mL。

5　分析步骤

5.1　试样制备

测试样品要保存在 0 ~6℃的冰箱中并于 48h 内完成测定。测试前样品温度到达室温，且测试样品和氯化钠标准溶液测试时的温度应一致。

5.2　仪器预冷

开启热敏电阻冰点仪（4.2），等待热敏电阻冰点仪传感探头升起后，打开冷阱盖，按生产商规定加入相应体积冷却液（3.2.2），盖上盖子，冰点仪进行预冷。预冷 30min 后，开始测量。

5.3　校准

5.3.1　校准原则

校准前应按照表 1 的配制不同冰点值的氯化钠标准溶液。可选择表 1 中两个不同的冰点值的氯化钠标准溶液进行仪器校准，两个氯化钠标准溶液冰点差值不用少于 100m℃，且覆盖到被测样品相近冰点值范围。

表 1　氯化钠标准溶液的冰点（20℃）

氯化钠溶液（g/L）	氯化钠溶液（g/kg）	冰点（m℃）
6.731	6.763	-400.0
6.868	6.901	-408.0
7.587	7.625	-450.0
8.444	8.489	-500.0
8.615	8.662	-510.0
8.650	8.697	-512.0
8.787	8.835	-520.0
8.959	9.008	-530.0
9.130	9.181	-540.0
9.302	9.354	-550.0
9.422	9.475	-557.0
10.161	10.220	-600.0

5.3.2　仪器校准

5.3.2.1　A 校准：分别取 2.5mL 校准液 A（3.3.1），依次放入三个样品管中，在启动后的冷阱中插入装有校准液 A 的样品管。当重复测量值在 -400m℃ ±2m℃校准值时，完成校准。

5.3.2.2　B 校准：分别取 2.5mL 校准液 B（3.3.2），依次放入三个样品管中，在启动后的冷阱中插入装有校准液 B 的样品管。当重复测量值在 -577m℃ ±2m℃校准值时，完成校准。

5.3.2.3　C 校准：分别取 2.5mL 校准液 C（3.3.3），依次放入三个样品管中，在启动后的冷阱中插入装有校准液 C 的样品管。当重复测量值在 -600m℃ ±2m℃校准值时，完成校准。

5.3.3　质控校准

在每次开始测试前应使用质控校准。连续测定乳样时，冰点仪每小时至少进行一次质控校准。如两次测量的算数平均值与氯化钠标准溶液（-512m℃）差值大于 2m℃时，应重新开展仪器校准（5.3.2）。

5.4　样品测定

5.4.1　轻轻摇匀待测试样（5.1），应避免混入空气产生气泡。移取 2.5mL 试样至一个干燥洁清洁的样品管中，将样品管方到已校准过的热敏电阻冰点仪（4.2）的测量孔中。开启冰点仪冷却试样，当温度达到 -3.0℃ ±0.1℃时，试样开始冻结，当温度达到平衡（在 20s 内温度回升不超过 0.5m℃）时，冰点仪停止测量，传感头升起，显示温度即为样品冰点值，测试结束后，应保证探头和搅拌金属棒清洁、干燥。

5.4.2　如果试样在温度达到 -3.0℃ ±0.1℃前已开始冻结，需重新取样测试（5.4.1）。如果第二次测试的冻结仍然太早发生，那么将剩余的样品于 40℃ ±2℃加热 5min，以融化结晶脂肪，在重复样品测定的步骤（5.4.1）。

5.4.3　测定结束后，移走样品管，并用水冲洗温度传感器和搅拌金属棒并擦拭干净。

5.4.4 记录试样的冰点测试值。

6 分析结果的表述

生乳样品的冰点测试值取两次测定结果的平均值，单位以 m℃计，保留三位有效数字。

7 精密度

在重复性条件下获得的两次独立测定结果的绝对差值不超过 4m℃。

8 其他

本标准的方法检出限为 2m℃。

中华人民共和国国家标准

GB 5413.39—2010

食品安全国家标准
乳和乳制品中非脂乳固体的测定

National food safety standard

Determination of nonfat total milk solids in milk and milk products

2010 - 03 - 26 发布　　　　2010 - 06 - 01 实施

中华人民共和国卫生部　发布

前　　言

本标准代替 GB 5409—85《牛乳检验方法》、GB/T 5416—85《奶油检验方法》。

本标准所代替标准的历次版本发布情况为：

——GB/T 5409—85；

——GB/T 5416—85。

食品安全国家标准
乳和乳制品中非脂乳固体的测定

1　范围

本标准规定了生乳、巴氏杀菌乳、灭菌乳、调制乳、发酵乳中非脂乳固体的测定方法。

本标准适用于生乳、巴氏杀菌乳、灭菌乳、调制乳、发酵乳中非脂乳固体的测定。

2　规范性引用文件

本标准中引用的文件对于本标准的应用是必不可少的。凡是注日期的引用文件，仅所注日期的版本适用于本标准。凡是不注日期的引用文件，其最新版本（包括所有的修改单）适用于本标准。

3　原理

先分别测定出乳及乳制品中的总固体含量、脂肪含量（如添加了蔗糖等非乳成分含量，也应扣除），再用总固体减去脂肪和蔗糖等非乳成分含量，即为非脂乳固体。

4　试剂和材料

除非另有规定，本方法所用试剂均为分析纯，水为 GB/T 6682 规定的三级水。

4.1　平底皿盒：高 20 ~ 25mm，直径 50 ~ 70mm 的带盖不锈钢或铝皿盒，或玻璃称量皿。

4.2　短玻璃棒：适合于皿盒的直径，可斜放在皿盒内，不影响盖盖。

4.3　石英砂或海砂：可通过 500μm 孔径的筛子，不能通过 180μm 孔径的筛子，并通过下列适用性测试：将约 20g 的海砂同短玻棒一起放于一皿盒中，然后敞盖在 100℃ ±2℃的干燥箱中至少烘 2h。把皿盒盖盖后放入干燥器中冷却至室温后称量，准确至 0.1mg。用 5mL 水将海砂润湿，用短玻棒混合海砂和水，将其再次放入干燥箱中干燥 4h。把皿盒盖盖后放入干燥器中冷却至室温后称量，精确至 0.1mg，两次称量的差不应超过 0.5mg。如果两次称量的质量差超过了 0.5mg，则需对海砂进行下面的处理后，才能使用：将海砂在体积分数为 25% 的盐酸溶液中浸泡 3d，经常搅拌。尽可能地倾出上清液，用水洗涤海砂，直到中性。在 160℃条件下加热海砂 4h。然后重复进行适用性测试。

5　仪器和设备

5.1　天平：感量为 0.1mg。

5.2　干燥箱。

5.3　水浴锅。

6　分析步骤

6.1　总固体的测定

在平底皿盒（4.1）中加入 20g 石英砂或海砂（4.3），在 100℃ ±2℃的干燥箱中干燥 2h，于干燥器冷却 0.5h，称量，并反复干燥至恒重。称取 5.0g（精确至 0.0001g）试样于恒重的皿内，置水浴上蒸干，擦去皿外的水渍，于 100℃ ±2℃干燥箱中干燥 3h，取出放入干燥器中冷却 0.5h，称量，再于

100℃ ±2℃干燥箱中干燥 1h，取出冷却后称量，至前后两次质量相差不超过 1.0mg。试样中总固体的含量按式（1）计算：

$$X = \frac{m_1 - m_2}{m} \times 100 \tag{1}$$

式中：

X——试样中总固体的含量，单位为克每百克（g/100g）；

m_1——皿盒、海砂加试样干燥后质量，单位为克（g）；

m_2——皿盒、海砂的质量，单位为克（g）；

m——试样的质量，单位为克（g）。

6.2　脂肪的测定（按 GB 5413.3 中规定的方法测定）。

6.3　蔗糖的测定（按 GB 5413.5 中规定的方法测定）。

7　分析结果的表述

$$X_{NFT} = X - X_1 - X_2 \tag{2}$$

式中：

X_{NFT}——试样中非脂乳固体的含量，单位为克每百克（g/100g）；

X——试样中总固体的含量，单位为克每百克（g/100g）；

X_1——试样中脂肪的含量，单位为克每百克（g/100g）；

X_2——试样中蔗糖的含量，单位为克每百克（g/100g）。

以重复性条件下获得的两次独立测定结果的算术平均值表示，结果保留三位有效数字。

ICS 67.100.10
X 16

中华人民共和国农业行业标准

NY/T 1671—2008

乳及乳制品中共轭亚油酸（CLA）含量测定　气相色谱法

Determination of conjugated linoleic acid (CLA) content in milk and milk products　Gas chromatography

2008-08-28 发布　　2008-10-01 实施

中华人民共和国农业部　发布

前　　言

本标准中附录 A 为资料性附录。

本标准由中华人民共和国农业部畜牧业司提出。

本标准由全国畜牧业标准化技术委员会归口。

本标准起草单位：中国农业科学院北京畜牧兽医研究所、农业部奶及奶制品质量监督检验测试中心（北京）。

本标准主要起草人：卜登攀、魏宏阳、王加启、周凌云、许晓敏、刘仕军。

乳及乳制品中共轭亚油酸（CLA）含量测定
气相色谱法

1　范围

本标准规定了乳及乳制品中共轭亚油酸（CLA）含量的气相色谱测定方法。

本标准适用于乳及乳制品中 CLA 含量的测定。

本方法中，顺式 9，反式 11 共轭亚油酸（cis9，transll CLA）和反式 10，顺式 12 共轭亚油酸（trans10，cis12 CLA）的最低检出量分别为 9.0ng 和 13.8ng。

2　规范性引用文件

下列文件中的条款通过本标准的引用而成为本标准的条款。凡是注日期的引用文件，其随后所有的修改单（不包括勘误的内容）或修订版均不适用于本标准，然而，鼓励根据本标准达成协议的各方研究是否可使用这些文件的最新版本。凡是不注目期的引用文件，其最新版本适用于本标准。

GB/T 6682 分析实验室用水规格和试验方法。

3　术语和定义

下列术语和定义适用于本标准。

3.1　共轭亚油酸 conjugated linoleic acid，CLA

具有共轭双键的亚油酸统称为共轭亚油酸（conjugated linolcic acid）。本标准特指顺式 9，反式 11 共轭亚油酸（cis9，trans11 CLA）和反式 10，顺式 12 共轭亚油酸（trans10，cis12 CLA）两种异构体。

4　原理

乳及乳制品经有机溶剂提取粗脂肪后，经碱皂化和酸酯化处理生成共轭亚油酸甲酯，再经正己烷萃取，气相色谱柱分离，用氢火焰离子化检测器测定，用外标法定量。

5　试剂

除非另有规定，在分析中仅使用确认为分析纯的试剂和 GB/T 6682 中规定的一级水。

5.1　无水硫酸钠［Na_2SO_4］。

5.2　正己烷［$CH_3(CH_2)_4CH_3$］：色谱纯。

5.3　异丙醇［$(CH_3)_2CHOH$］。

5.4　氢氧化钠甲醇溶液：称 2.0g 氢氧化钠溶于 100mL 无水甲醇中，混合均匀，其浓度为 20g/L。现用现配。

5.5　100mL/L 盐酸甲醇溶液：取 10mL 氯乙酰［CH_3COCl］缓慢注入盛有 100mL 无水甲醇的 250mL 三角瓶中，混合均匀，其体积分数为 100mL/L。现用现配。

警告：氯乙酰注入甲醇时，应在通风橱中进行，以防外溅。

5.6　硫酸钠溶液：称取 6.67g 无水硫酸钠（5.1）溶于 100mL 水中，其浓度为 66.7g/L。

5.7　正己烷异丙醇混合液（3.12）：将 3 体积正己烷（5.2）和 2 体积异丙醇（5.3）混合均匀。

5.8 共轭亚油酸（CLA）标准溶液：分别称取顺式9，反式11共轭亚油酸（cis9，trans11，CLA）中酯和反式10，顺式12共轭亚油酸（translo，cis12 CLA）中酯标准品各10.0mg，置于100mL棕色容量瓶中，正己烷（5.2）溶解并定容至刻度，混匀。顺式9，反式11共轭亚油酸（cis9，trans11，CLA）和反式10，顺式12共轭亚油酸（translo，cis12 CLA）的浓度均为95.2μg/mL。

6 仪器

常用设备和以下仪器。

6.1 冷冻离心机：工作温度可在0～8℃之间调节，离心力应大于2 500g。

6.2 气相色谱仪：带FID检测器。

6.3 色谱柱：100%聚甲基硅氧烷涂层毛细管柱，长100m，内径0.32mm，膜厚0.25μm。

6.4 分析天平：感量0.0001g。

6.5 带盖离心管：10mL。

6.6 恒温水浴锅：40～90℃，精度±0.5℃。

6.7 带盖耐高温试管。

6.8 涡旋振荡器。

7 分析步骤

7.1 试样称取：做两份试料的平行测定。称取含粗脂肪50～100mg的均匀试样，精确到0.1mg，置于带盖离心管（6.5）中。

7.2 粗脂肪的提取：在试样（7.1）中加入正己烷异丙醇混合液（5.7）4mL，涡旋振荡2min。加入2mL.硫酸钠溶液（5.6），涡旋振荡2min后，于4℃、2 500g离心10min。

7.3 皂化与酯化：将上层正己烷相移至带盖耐高温试管（6.7）中，加入2mL氢氧化钠甲醇溶液（5.4），拧紧试管盖，摇匀，于50℃水浴皂化15min。冷却至室温后，加入2mL盐酸甲醇溶液（5.5），于90℃水浴酯化2.5h。

7.4 试液的制备：冷却至室温后，在酯化后的溶液（7.3）中加入2mL水，分别用2mL正己烷（5.2）浸提3次，合并正己烷层转移至10mL棕色容量瓶中，用正己烷（5.2）定容。加入约0.5g无水硫酸钠（5.1），涡旋震荡20 ～30s，静置10～20min。取上清液作为试液。

7.5 气相色谱参考条件：采用具有100%聚甲基硅氧烷涂层的毛细管柱（6.3）结合二阶程序升温分离检测。

升温程序：120℃维持10min，然后以3.2℃/min升温至230℃，维持35min。

进样口温度：250℃。

检测器温度：300℃。

载气：氮气。

柱前压：190kPa。

分流比：1∶50。

氢气和空气流速：分别为30mL/min和400mL/min。

7.6 测定：取共轭亚油酸（CLA）标准溶液（5.8）及试液（7.4）各2μL，进样，以色谱峰面积记量。标准溶液和试液色谱图见附录A。

8 结果计算

8.1 CLA：试样中CLA含量以质量分数X_i，计数值以毫克每千克（mg/kg）表示，按式（1）计算。

$$X_i = \frac{A_i \times C_i \times V}{A_{is} \times m} \tag{1}$$

式中：

A_i——试液中第 i 种 *CLA* 峰面积；

A_{is}——标准溶液中第 i 种 *CLA* 峰面积；

C_i——标准溶液中第 i 种 *CLA* 浓度，单位为微克每毫升（mg/mL）；

V——试液总体积，单位为毫升（mL）；

m——试样质量，单位为克（g）。

试样中 CLA 总童以质量分数 X 计，单位以毫克每千克（mg/kg）表示，按式（2）计算。

$$X = X_1 + X_2 \tag{2}$$

测定结果用平行测定的算术平均值表示，保留 3 位有效数字。

9　精密度

在重复性条件下获得的两次独立测定结果的绝对差值不得超过算术平均数的 10%。

在再现件条件下获得的两次独立测定结果的绝对差值不得超过算术平均数的 20%。

附录 A　（资料性附录）标准溶液图谱和试液图谱

A. 1　气相色谱法测定 CLA 甲酯标准溶液的图谱见图 A. 1

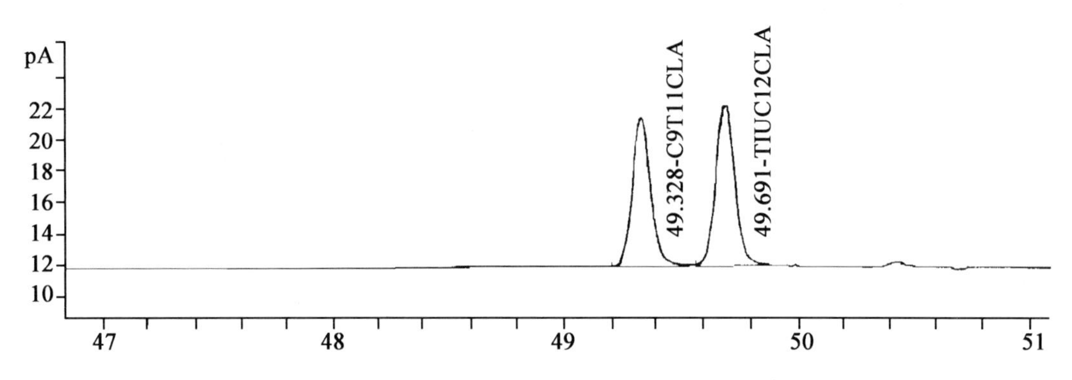

注：出峰顺序依次为：顺 9，反 11 共轭亚油酸（cis9，trans11CLA）甲酯；
反 10，顺 12 共轭亚油酸（trans10，cis12CLA）甲酯

图 A. 1　气相色谱法测定 CLA 甲酯标准溶液图谱

A. 2　气相色谱法测定 CLA 甲酯试液的图谱见图 A. 2

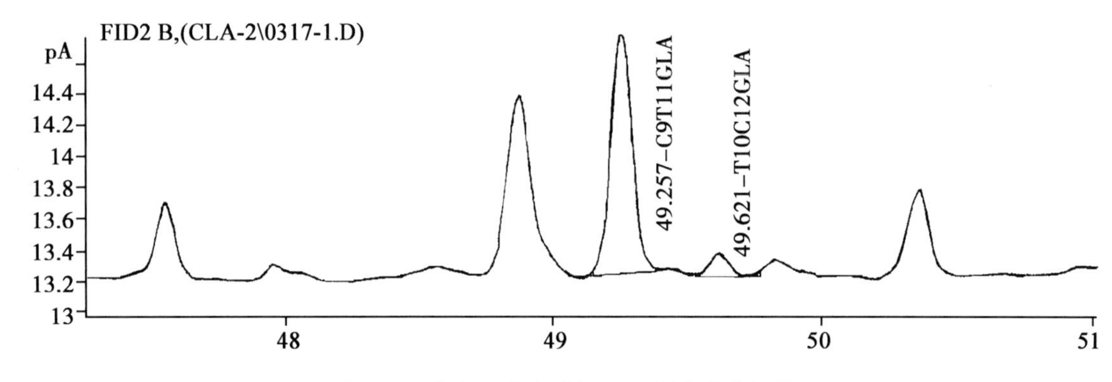

图 A. 2　气相色谱法测定 CLA 甲酯试液图谱

ICS67.100.10
X16

中华人民共和国农业行业标准

NY/T 1678—2008

乳与乳制品中蛋白质的测定　双缩脲比色法

Determination of protein in milk and dairy products
Biuret spectrophotometry method

2008-10-20发布　　2008-10-20实施

中华人民共和国农业部　发布

前　　言

本标准由中华人民共和国农业部畜牧业司提出。

本标准由全国商牧业标准化技术委员会归口。

本标准起草单位：中国农业大学，农业部奶及奶制品质量监督检验测试中心（北京），农业部食品质量监督检验测试中心（上海），农业部乳品质量监督检验测试中心。

本标准主要起草人：侯彩云、王加启、刘凤岩、韩奕奕、魏宏阳、刘莹、王旭、牛巍、安瑜、芮闯、孙建平、陈婧。

本标准为首次发布。

乳与乳制品中蛋白质的测定
双缩脲比色法

1　范围

本标准规定了测定乳与乳制品中蛋白质含量的方法。

本标准适用于乳与乳制品中蛋白质含量的测定。

本方法检出限为 5×10^5g/100g

2　规范性引用文件

下列文件中的条款通过本标准的引用而成为本标准的条款。凡是注日期的引用文件，其随后所有的修改单（不包括勘误的内容）或修订版均不适用于本标准，然而，鼓励根据本标准达成协议的各方研究是否可使用这些文件的最新版本。凡是不注日期的引用文件，其最新版本适用于本标准。

GB/T 6682 分析实验室用水规格和试验方法。

3　原理

利用三氯乙酸沉淀样品中的蛋白质，将沉淀物与双缩脲试剂进行显色，通过分光光度计测定显色液的吸光值，采用外标法定量，计算样品中蛋白质的含量。

4　试剂与材料

除非另有规定，仅使用分析纯试剂和符合 GB/T 6682 的二级水。

4.1　四氯化碳。

4.2　酪蛋白标准品（纯度≥99%）。

4.3　10mol/L 氢氧化钾溶液：准确称取 560g 氢氧化钾，加水溶解并定容至 1L。

4.4　250g/L 酒石酸钾溶液：准确称取 250g 酒石酸钾，加水溶解并定容至 1L。

4.5　40g/L　硫酸铜溶液，准确称取 40g 硫酸铜，加水溶解并定容至 1L。

4.6　150g/L 三氯乙酸溶液：准确称取 150g 三氯乙酸，加水溶解并定容至 1L。

4.7　双缩脲试剂：将 10mol/L 氢氧化钾溶液 10mL 和 250g/L 酒石酸钠溶液 20mL 加到约 800mL 蒸馏水中，剧烈搅拌，同时慢慢加入 40g/L 硫酸铜溶液 30mL，定容至 1 000mL。

5　仪器和设备

5.1　天平：感量：±0. 0001g。

5.2　高速冷冻离心机。

5.3　分光光度计。

5.4　超声波清洗器。

6 测定步骤

6.1 标准曲线的制备

取6只试管，按表1加入酪蛋白标准品和双缩脲试剂，充分混匀。

表1 标准曲线的制作

管号	0	1	2	3	4	5
酪蛋白标准品（mg）	0	10	20	30	40	50
双缩脲试剂（mL）	20.0	20.0	20.0	20.0	20.0	20.0
蛋白质浓度（mg/mL）	0	0.5	1.0	1.5	2.0	2.5

6.2 样品前处理

6.2.1 固体试样

准确称取0.2g式样，置于50mL离心管中，加入5mL水。

6.2.2 液体试样

准确称取1.5g试样，置于50mL离心管中。

6.2.3 沉淀和过滤

加入150g/L的三氯乙酸溶液5mL，静置10min使蛋白充分沉淀，在10 000r/min下离心10min，倾去上清液，经95%乙醇10mL洗涤。向沉淀中加入四氯化碳2mL和双缩脲试剂20mL，置于超声波清洗器中震荡均匀，使蛋白溶解，静置显色10min，在10 000r/min下离心20min，取上层清液，待测。

6.3 蛋白质含量的测定

在6.1制备的标准溶液中，以0管调零，540nm下测定各标准溶液的吸光度值，以吸光度值为纵坐标，以表1中的蛋白质浓度为横坐标，绘制标准曲线。同时测定6.2.3提取的蛋白液的吸光度值，并根据标准曲线的线性回归方程读取制备样品的蛋白浓度 c。

7 结果计算

试样中蛋白质含量以质量分数 m 计，数值以克每百克（g/100g）表示，结果按式（1）计算：

$$m = 2c/m_0 \tag{1}$$

式中：

m——100g奶粉中蛋白质的含量，单位为克每百克（g/100g）；

m_0——取样量，单位为克（g）；

c——试液中蛋白浓度，单位为毫克每毫升（mg/mL）。

注：则应结果用平行测定的算术平均值表示，保留1位有效数字。

8 精密度

在重复性条件下获得的两次独立测试结果的绝对差值不得越过算术平均值的10%。

中华人民共和国出入境检验检疫行业标准

SN/T 0871—2012
代替 SN/T 0871—2000

出口乳及乳制品中乳糖的测定方法

Determination of lactose in milk and dairy product for export

2012-05-07 发布　　　　2012-11-16 实施

中华人民共和国
国家质量监督检验检疫总局　发布

前　　言

本标准按照 GB/T 1.1—2009 给出的规则起草。

本标准代替 SN/T 0871—2000《进出口乳及乳制品中乳糖的测定方法》。

本标准和 SN/T 0871—2000 相比，主要技术变化如下：

——增加了第二法高效液相色谱法。

本标准由国家认证认可监督管理委员会提出并归口。

本标准起草单位：中华人民共和国上海出入境检验检疫局。

本标准主要起草人：樊祥、王传现、韩丽、王敏、朱坚、伊雄海、谌鸿超、周瑶、陈迪。

本标准所代替标准的历次版本发布情况为：

——ZB X16003—1987，SN/T 0871—2000。

出口乳及乳制品中乳糖的测定方法

1 范围

本标准规定了出口乳及乳制品中乳糖的测定方法。

本标准适用于奶粉、乳清粉、鲜乳、酸奶、干奶酪等乳制品中乳糖的测定。

2 方法提要

试样中加入硫酸锌溶液和氢氧化钡溶液以沉淀蛋白质等杂质，经离心后，上层样液中的乳糖再苯酚、氢氧化钠、苦味酸和亚硫酸氢钠的作用下生成橘红色的络合物，用分光光度计法测定，用标准曲线法定量。

3 试剂材料

除另有说明外，所用的试剂均为分析纯，水为二次蒸馏水。

3.1 沉淀剂

3.1.1 氢氧化钡。

3.1.2 硫酸锌。

3.1.3 5% 氢氧化钡溶液。

3.1.4 5% 硫酸锌溶液。

3.2 发色剂

3.2.1 苯酚。

3.2.2 氢氧化钠。

3.2.3 苦味酸。

3.2.4 亚硫酸氢钠。

3.2.5 1%苯酚溶液。

3.2.6 5%氢氧化钠溶液。

3.2.7 1%苦味酸溶液。

3.2.8 1%亚硫酸氢钠溶液。

3.2.9 使用时，按顺序以体积（1+2+2+1）配制，此发色剂置于4℃冰箱中保存，可使用1周。

3.3 乳糖

3.3.1 乳糖标准品：纯度≥99%。

3.3.2 乳糖标准工作液：准确称取于70℃真空烘箱中烘至恒重的适量的乳糖标准品（3.3.1），加水溶解，移入500mL容量瓶中，稀释至刻度，配成浓度为1.00mg/mL的标准工作液。

4 仪器和设备

4.1 分光光度计。

4.2 离心机。

5 测定步骤

5.1 试样处理

称取1.0g试样（精确至0.01g），用水溶解移入100mL容量瓶中，稀释至刻度。并准确移取2.5mL于离心管中，加入2mL硫酸锌溶液（3.1.4），0.5mL氢氧化钡溶液（3.1.3），用玻璃棒轻轻搅匀后，以2 000r/min的转速离心2min，上层澄清液作为样液，供测定用。

5.2 空白实验

除不称取试样外，均按上述测定步骤进行，得到样品空白液。

5.3 测定

准确移取0.5mL样液和同量的样品空白液，分别置于25mL比色管中，加入2.5mL发色剂（3.2）。准确移取乳糖标准工作被（3.3.2）0.00mL，0.20mL，0.40mL，0.60mL，0.80mL和1.00mL，分别置于25mL含2.5mL发色剂（3.2）的比色管中。将样液、样品空白液和乳糖标准液的比色管，塞紧塑料塞，移入沸水浴中。准确加热6min，取出，用冷水冷却后，用水稀释至25mL。摇匀后，于波长520nm处测定吸光度。测定时，乳糖标准液以不添加乳糖标准工作液的空白液调节零点，绘制标准曲线图，样液以样品空白液调节分光光度计零点，测定其吸光度，并从标准曲线图中得出样液中乳糖的含量。

6 结果计算和表述

按式（1）计算试样中乳糖的含量：

$$X = \frac{m_1}{m_2} \times 100 \tag{1}$$

式中：

x——试样中乳糖含量,% ；

m_1——测定用样液中乳糖的质量，单位为毫克（mg）；

m_2——测定用样液相当于样品的质量，单位为毫克（mg）。

第二法 高效液相色谱法

7 方法提要

试样经沉淀蛋白质、离心、过滤后，样液进高效液相色谱仪，经氨基色谱柱分离，碱液柱后衍生后进入脉冲式安培电化学检测器检测，外标法定量。

8 试剂材料

除另有说明外，所用试剂均为分析纯，水为二次蒸馏水。

8.1 乙腈：色谱纯。

8.2 氢氧化锂：色谱纯。

8.3 乙酸锌。

8.4 亚铁氰化钾。

8.5 乙酸锌溶液：称取21.9g乙酸锌，加入3.0mL冰乙酸，加水灌解并稀释至100mL。

8.6 亚铁氰化钾溶液：称取10.6g亚铁氰化钾，加水溶解并稀释至100mL。

8.7 乙腈－水溶液（75+25，体积比）：将750mL乙腈和250mL水混均，超声脱气30min。

8.8 衍生液：称取21.0g氢氧化锂（8.2），置于500mL超声脱气后的水中，超声混匀，配成0.5mol/L

氢氧化锂溶液，现用现配或用氦气保护可使用1周。

8.9　乳糖标准品：纯度≥99%。

8.10　乳糖标准储备液：准确称取于70℃干燥2h的乳糖标准品（8.9）1.0000g，加水溶解，移入100mL容量瓶中，稀释至刻度，配成浓度为10mg/mL的标准储备液。

8.11　乳糖标准工作液：分别准确吸取适量的乳糖标准储备液（8.10），用乙腈-水（8.7）介质配制成浓度0.05mg/mL、0.10mg/mL、0.25mg/mL、0.50mg/mL、10.0mg/mL的标准工作溶液。

9　仪器和设备

9.1　高效液相色谱仪，带脉冲式安培电化学检测器或相当的检测器。

9.2　柱后衍生二元泵。

9.3　离心机。

9.4　真空烘箱。

9.5　塑料离心管：50mL。

9.6　分析天平：感量0.1mg和0.01g。

9.7　移液器：100～1 000μL和500～5 000μL。

9.8　超纯水净化器。

10　试样制备

10.1　块状或颗粒状样品

取有代表性的样品至少200g，用粉碎机粉碎，置于密闭的容器内。

10.2　粉末状、糊状或液体样品

取有代表性的样品至少200g，充分混匀，置于密闭的容器内。

11　测定步骤

11.1　试样处理

称取奶粉、乳清粉样品0.25～0.5g或均质的酸奶、干酪样品0.5～1.0g（精确到0.1mg），置于50mL塑料离心管（9.5）中，加水约10mL溶解，缓慢加入乙酸辞溶液（8.5）和亚铁氧化钾溶液（8.6）各5mL。再加水定容40mL，摇匀，静置30min。4 000r/min离心8min. 取上清液用干燥的滤纸过滤、，取约2mL滤液用0.45μm微孔滤膜过滤。根据需要，再用乙腈-水溶液（8.7）稀释至适当体积，供色谱仪测定。

11.2　测定

11.2.1　色谱条件

11.2.1.1　色谱柱：氨基色谱柱（2.0mm×250mm，2μm）。

11.2.1.2　流动相：乙腈-水（75+25，体积比）。

11.2.1.3　流速：0.2mL/min。

11.2.1.4　进样量：5 μL。

11.2.1.5　柱后衍生液：0.5mol/L，氢氧化锂溶液。

11.2.1.6　衍生液流速：0.4mL/min。

11.2.1.7　脉冲安培电化学检测器参数：参见表A.1。

注意：柱后衍生液采用二元泵输入，二元泵管路要求耐碱材料制成，脉冲安培电化学检测器都没有碱液流入前，切勿开启。

11.2.2　空白实验

除不称取试样外，均按上述测定步骤进行。

11.2.3　色谱测定

根据试样中的乳糖的含量情况，选取峰面积相近的标准工作液一起进行色谱分析。标准工作液和待测样液中的乳糖的响应值均应在仪器线性范围内。对标准工作液和样液等体积参插进行测定。在上述色谱条件下，乳糖的保留时间约为10min，标准品色谱图参见附录B。

12　结果计算和表述

用色谱数据处理软件中的外标法，或按照式（2）计算试样中乳糖的含量：

$$X = \frac{c \cdot V \cdot n}{m \cdot 1\,000} \times 100 \tag{2}$$

式中：

X——试样中乳糖含量,%；

c——标准工作液中乳糖的浓度，单位为毫克每升（mg/mL）；

V——试样定容体积，单位为毫升（mL）；

m——样品的质量，单位为克（g）；

n——稀释倍数。

13　测定低限、回收率

13.1　测定低限（LOQ）

本方法的测定低限为0.4%。

13.2　回收率

回收率的实验数据（在不同添加浓度范围内）见表1。

表1　干奶酪样品添加浓度和回收率范围

试样名称	添加浓度（%）	回收率范围（%）
干奶酪	0.4	85.6～99.6
	4	84.0～99.9
	4	79.0～97.7

附录 A　（资料性附录）脉冲形式模式①

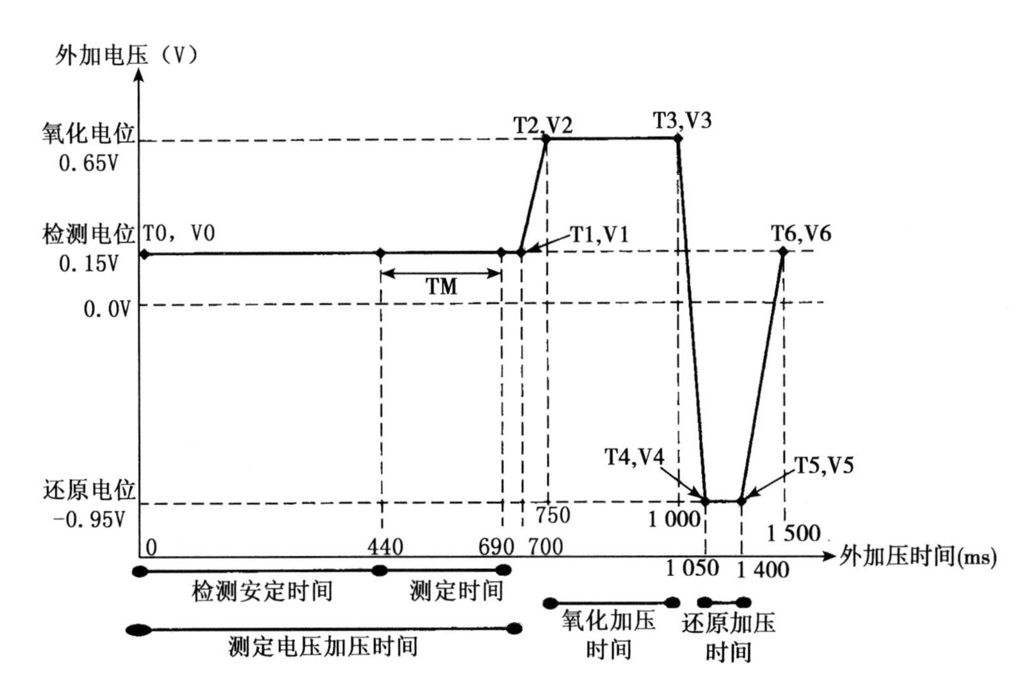

图 A.1　脉冲形式模式

表 A.1　脉冲形状相关参数

T	M	:		4	4	0	→	:		6	9	0	m	s
T	0	:				0	V	0	:		0	.	1	5
T	1	:		7	0	0	V	1	:		0	.	1	5
T	2	:		7	0	0	V	2	:		0	.	6	5
T	3	:	1	0	0	0	V	3	:		0	.	6	5
T	4	:	1	0	5	0	V	4	:	—	0	.	9	5
T	5	:	1	4	0	0	V	5	:	—	0	.	9	5
T	6	:	1	5	0	0	V	6	:		0	.	1	5
T	7	:				0	V	7	:					

① 非商业性声明：附录 A 所列参数均是在日本资生堂脉冲式安培电化学检测器上完成的，此处列出试验用仪器型号仅是为了提供参考，并不涉及商业目的，鼓励标准使用者尝试不同厂家和型号的仪器

附录 B （资料性附录）乳糖标准品色谱图

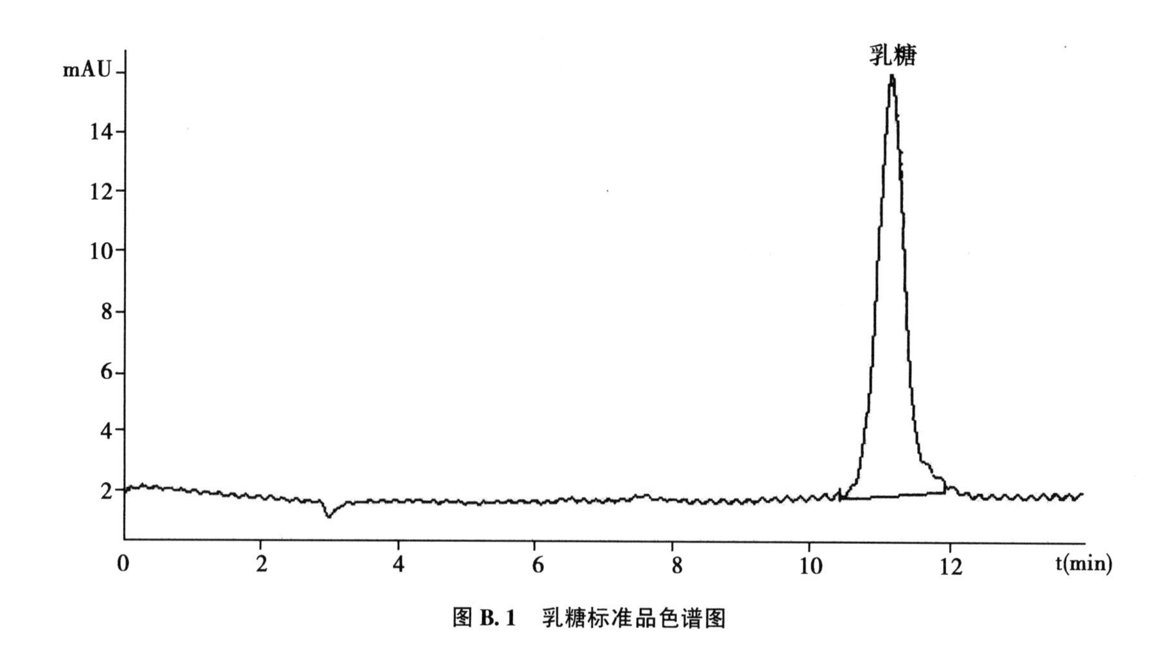

图 B.1 乳糖标准品色谱图

ICS67.050
X 04

中华人民共和国农业行业标准

NY/T 802—2004

乳与乳制品中淀粉的测定
酶－比色法

Method for determination of starch in raw milk and dairy food　Enzyme － colorimetric method

2004－04－16 发布　　2004－06－01 实施

中华人民共和国农业部　发布

前　　言

本标准由中华人民共和国农业部提出。

本标准起草单位：农业部乳品质量监督检验测试中心、农业部食品质量监督检验测试中心（上海）、农业部食品质量监督检验测试中心（佳木斯）和农业部食品质量监督检验测试中心（石河子）。

本标准主要起草人：王金华、张宗城、刘宁、薛刚、钱莉、王南云、罗小玲、朱建新、牛兆红。

乳与乳制品中淀粉的测定酶 - 比色法

1 范围

本标准规定了用酶—比色法测定乳与乳制品中淀粉的方法。

本标准适用于乳与乳制品中淀粉的测定。

本标准方法检出限为 0.1μg。

2 规范性引用文件

下列文件中的条款通过本标准的引用而成为本标准的条款。凡是注日期的引用文件，其随后所有的修改单（不包括勘误的内容）或修订版均不适用于本标准，然而，鼓励根据本标准达成协议的各方研究是否可使用这些文件的最新版本。凡是不注日期的引用文件，其最新版本适用于本标准。

GB 6682 分析实验室用水规格和试验方法。

3 原理

淀粉在淀粉葡萄糖苷酶（AGS）催化下，水解为葡萄糖。葡萄糖氧化酶（GOD）在有氧条件下，催化氧化葡萄糖，生成葡萄糖酸和过氧化氢。受过氧化物酶（POD）催化，过氧化氢与 4 - 氨基安替吡啉和苯酚生成红色醌亚胺。在 505nm 波长测定醌亚胺的吸光度与标准系列比较定量。

$$(C_6H_{10}O_5)_n + nH_2O \xrightarrow{AGS} nC_6H_{12}O_6$$

$$C_6H_{12}O_6 + O_2 \xrightarrow{GOD} C_6H_{10}O_6 + H_2O_2$$

$$H_2O_2 + C_6H_5OH + C_{11}H_{13}N_3O \xrightarrow{POD} C_6H_5NO + H_2O$$

4 试剂

以下酶制剂为生化纯，化学试剂为分析纯，用水应符合 GB 6682 中一级水的规格或相当纯度的水。

4.1 淀粉葡萄糖苷酶（amyloglucosidase）溶液

称取 1.920g 一水柠檬酸（$C_6H_8O_7 \cdot H_2O$）、7.415g 二水柠檬酸三钠（$C_6H_5O_7Na_3 \cdot 2H_2O$）和相当于 100u（活力单位）质量的淀粉葡萄糖苷酶，加水溶于 100mL 容量瓶中，定容，pH 值为 4.6。在 4℃左右保存，有效期 1 个月。

4.2 葡萄糖氧化酶（glucose oxidase）—过氧化物酶（辣根，peroxidase）溶液

称取 1.300g 无水磷酸二氢钾（KH_2PO_4）、4.739g 十二水磷酸氢二钠（$Na_2HPO_4 \cdot 12H_2O$），相当 400u（活力单位）质量的葡萄糖氧化酶和 1 000 u（活力单位）质量的过氧化物酶，加水溶于 100mL 容量瓶中定容，pH 值为 7.0，在 4℃左右保存，有效期 1 个月。

4.3 0.00154mol/L 4 - 氨基安替吡啉溶液

称取 0.0313g 4 - 氨基安替吡啉（$C_{11}H_{13}N_3O$）溶于 100mL 水中。

4.4 0.022mol/L 苯酚溶液

称取 0.0207g 苯酚（C_6H_5OH）溶于 100mL 水中。

4.5 二甲基亚砜 [$(CH_3)_2SO$]

4.6　6mol/L 盐酸溶液

将 12mol/L 盐酸（HCl）与等体积水混合，摇匀。

4.7　6mol/L 氢氧化钠溶液

称取 24g 氢氧化钠（NaOH），溶于 100mL 水中，摇匀。

4.8　淀粉标准溶液

称取经 100℃ ±2℃ 干燥 2h 的可溶性淀粉［$(C_6H_{10}O_5)_x$］0.200g，精确至 0.0001g，溶于少量 60℃ 水中，冷却后定容至 100mL，摇匀。将此溶液用水稀释 $V_{10.00} \rightarrow V_{100.00}$，即 200 μg/mL 淀粉标准溶液。

5　仪器

5.1　恒温水浴锅

精确至 1℃。

5.2　可见光分光光度计

505nm。

5.3　酸度计

5.4　微量移液器

精度 0.01mL。

6　试料的制备

用 100mL 三角瓶称取样品 0.5～1.5g，精确至 0.0001g，加入 20mL 二甲基亚砜和 6mol/L 盐酸溶液 5mL，于 60℃ ±1℃ 恒温水浴锅恒温 30min（每隔 5min 摇动一次）。冷却至室温后，用 6mol/L 氢氧化钠溶液和酸度计调整 pH 值至 4.6。将溶液转移到 250mL 容量瓶中，用水定容，摇匀后用快速滤纸过滤。弃去最初滤液 30mL，即为试料。

试料中淀粉含量高于 1 000μg/mL 时，可适当增加定容体积。

7　分析步骤

7.1　标准曲线的绘制

用微量移液器吸取 0.00mL、0.20mL、0.40mL、0.60mL、0.80mL、1.00mL 淀粉标准溶液，分别置于 10mL 容量瓶中，各加入 1mL 淀粉葡萄糖苷酶溶液，摇匀，于 60℃ ± 1℃ 恒温水浴锅中恒温 20min；冷却至室温，加入 1.5mL 葡萄糖氧化酶—过氧化物酶溶液、1.5mL 4－氨基安替吡啉溶液和 1.5mL 苯酚溶液，摇匀，在 36℃ ±1℃ 恒温水浴锅中恒温 40min；冷却至室温，用水定容，摇匀。用 1 cm 比色皿．以淀粉标准溶液含量为 0.00mL 的试剂溶液调整分光光度计的零点，在波长 505nm 处测定各容量瓶中溶液的吸光度。以淀粉含量为横坐标，吸光度为纵坐标，绘制标准曲线。

7.2　试料的测定

用微量移液器吸取 0.20～2.00mL 试料（依试料中淀粉的含量而定），置于 10mL 容量瓶中以下按 7.1 从“各加入 1mL 淀粉葡萄糖苷酶溶液，……用 1 cm 比色皿”步骤操作；但须用等量试料调整分光光度计的零点。测出试料吸光度后，在标准曲线上查出对应的淀粉含量。

8　结果计算

样品中淀粉的含量按式（1）计算。

$$X(\%) = \frac{C \times V_1}{m \times V_2 \times 10\ 000} \qquad (1)$$

式中：

X——样品中淀粉的含量，单位为百分率（%）；

C——标准曲线上查出的试液中淀粉含量，单位为微克（μg）；

m——样品的质量，单位为克（g）；

V_1——试料的定容体积，单位为毫升（mL）；

V_2——测定时吸取试料的体积，单位为毫升（mL）。

计算结果精确至小数点后两位。

9　允许差

相对相差≤5%。

ICS67.050
X 04

中华人民共和国农业行业标准

NY/T 800—2004

生鲜牛乳中体细胞测定方法

Enumeration of somatic cells in raw milk

（ISO13366－1：1997，Milk－Enumeration of somalic cells－Part 1：Microscopic method，ISO 13366－2：1997，Milk－Enumeration of somatic cells－Part 2：Electronic particle countermethod，ISO 13366－3：1997，Milk－Enumeration of somatic cells－Part 3：Fluoro－opto－eleetronic method，MOD）

2004－04－16 发布　　2004－06－01 实施

中华人民共和国农业部发布

前　　言

本标准修改采用ISO 13366－1：1997《牛奶　体细胞测定方法　第一部分　显微镜法》、ISO 13366－2：1997《牛奶　体细胞测定方法　第二部分　电子粒子计数法》和ISO 13366－3：1997《牛奶　体细胞计数测定方法　第三部分　荧光光电计数法》。

本标准由中华人民共和国农业部提出。

本标准起草单位：农业部乳品质量监督检验测试中心，农业部食品质量监督检验测试中心（上海），农业部食品质量监督检验测试中心（佳木斯）和农业部食品质量监督检验测试中心（石河子）。

本标准主要起草人：王金华，张宗成，刘宁，孟序，陆静，张春林，王南云，罗小玲，程春芝。

生鲜牛乳中体细胞测定方法

1 范围

本标准规定了生鲜牛乳中体细胞的测定方法。

本标准适用于标准样、体细胞仪的校准以及生鲜牛乳中体细胞数的测定。

2 规范性引用文件

下列文件中的条款通过本标准的引用而成为本标准的条款。凡是注日期的引用文件，其随后所有的修改单（不包括勘误的内容）或修订版均不适用于本标准，然而，鼓励根据本标准达成协议的各方研究是否可使用这些文件的最新版本。凡是不注日期的引用文件，其最新版本适用于本标准。

GB 6682 分析实验室用水规格和试验方法。

3 显微镜法

3.1 原理

将测试的生鲜牛乳涂抹在载玻片上成样膜，干燥、染色，显微镜下对细胞核可被亚甲基蓝清晰染色的细胞计数。

3.2 试剂

除非另有说明，在分析中仅使用化学纯和蒸馏水。

3.2.1 乙醇，95%。

3.2.2 四氯乙烷（$C_2H_2Cl_4$）或三氯乙烷（$C_2H_3Cl_3$）。

3.2.3 亚甲基蓝（$C_{16}H_{18}ClN_3S \cdot 3H_2O$）。

3.2.4 冰醋酸（CH_3COOH）。

3.2.5 硼酸（H_3BO_3）。

3.3 仪器

3.3.1 显微镜：放大倍数 × 500 或 ×1 000，带刻度目镜、测微尺和机械台。

3.3.2 微量注射器：容量 0.01mL。

3.3.3 载玻片：其有外槽圈定的范围，可采用血球计数板。

3.3.4 水浴锅：恒温 65℃ ±5℃。

3.3.5 水浴锅：恒温 35℃ ±5℃。

3.3.6 电炉：加热温度 40℃ ±10℃。

3.3.7 砂芯漏斗：孔径≤10μm。

3.3.8 干发型吹风机。

3.3.9 恒温箱：40 ~ 45℃。

3.4 染色溶液制备

在 250mL 三角瓶中加入 54.0mL 乙醇（3.2.1）和 40.0mL 四氯乙烷（3.2.2），摇匀；在 65℃ 水浴锅（3.3.4）中加热 3min，取出后加入 0.6g 亚甲基蓝（3.2.3），仔细混匀；降温后，置入冰箱中冷却至 4℃；取出后，加入 6.0mL 冰醋酸（3.2.4），混匀后用砂芯漏斗（3.3.7）过滤；装入试剂瓶，常温贮存。

3.5 试样的制备

3.5.1 采集的生鲜牛乳应保存在 2 ~ 6℃ 条件下。若 6h 内未测定，应加硼酸（3.2.5）防腐，硼酸在羊品种的浓度不大于0.6g/100mL，贮存温度2～6℃，贮存时间不超过24h。

3.5.2　将生鲜牛乳样在35℃水浴锅（3.3.5）中加热5min，摇匀后冷却至室温。

3.5.3　用乙醇（3.2.1）将载玻片（3.3.3）清洗后，用无尘镜头纸擦干，火焰烤干，冷却。

3.5.4　用无尘镜头纸擦净微量注射器（3.3.2）针头后抽取0.01mL试样（3.5.2），用无尘镜头纸擦干微量注射器针头外残样。将试样平整地注射在有外围的载玻片（3.3.3）上，立刻置于恒温箱（3.3.9）中，水平放置5min，形成均匀厚度样膜。在电炉（3.3.6）上烤干，将载玻片上干燥样膜浸入染色溶液（3.4）中，计时10min，取出后晾干。若室内温度过大，则可用干发型吹风机（3.3.8）吹干；然后，将染色的样膜浸入水中洗去剩余的染色溶液，干燥后防尘保存。

3.6　测定

3.6.1　将载玻片固定在显微镜（3.3.1）的载物台上，用自然光或为增大透射光强度用电光源，聚光镜头，油浸高倍镜。

3.6.2　单向移动机械台对逐个视野中载玻片上染色体细胞计数，明显落在视野内或在视野内显示一半以上的体细胞被用于计数，计数的体细胞不得少于400个。

3.7　结果计算

样品中体细胞数按式（1）计算

$$X = \frac{100 \times N \times S}{a \times d} \tag{1}$$

式中：

X——样品中体细胞数，单位为个每毫升（个/mL）；

N——显微镜体细胞计数，单位为个；

S——样膜覆盖面积，单位为平方毫米（mm^2）；

a——单向移动机械台进行镜下计数的长度，单位为毫米（mm）；

d——显微镜视野直径，单位为毫米（mm）。

3.8　允许差

相对相差≤5%。

4　电子粒子计数体细胞仪法

4.1　原理

样品中加入甲醛溶液固定体细胞，加入乳化剂电解质混合液，将包含体细胞的脂肪球加热破碎，体细胞经过狭缝，由阻抗增值产生的电压脉冲数记录，读出体细胞数。

4.2　试剂

所有试剂均为分析纯试剂，实验用水应符合GB　6682中一级水的规格或相当纯度的水。

4.2.1　伊红Y（$C_{20}H_8Br_4O_5$）。

4.2.2　甲醛溶液，35%～40%。

4.2.3　乙醇，95%。

4.2.4　曲拉通X－100（Triton X－100）（$C_{30}H_{62}O_{11}$）。

4.2.5　0.09g/L氯化钠溶液：在1L水中加入0.09g氯化钠。

4.2.6　硼酸（H_3BO_3）。

4.3　仪器

4.3.1　砂芯漏斗：孔径≤0.5μm。

4.3.2　电子粒子计数体细胞仪。

4.3.3　水浴锅：恒温40℃±1℃。

4.4 固定液制备

4.4.1 在100mL容量瓶中加入0.02g伊红Y（4.2.1）和9.40mL甲醛（4.2.2），用水溶解后定容，混匀后，用砂芯漏斗（4.3.1）过滤；滤液装入试剂瓶，常温保存。

4.4.2 可使用电子粒子计数体细胞仪生产厂提供的固定液。

4.5 乳化剂电解质混合液制备

4.5.1 在1L烧怀中加入125mL乙醇（4.2.3）和20.0mL曲拉通X-100（4.2.4），仔细混匀；加入885mL氯化钠溶液（4.2.5），混匀后，用砂芯漏斗（4.3.1）过滤；滤液装入试剂瓶，常温保存。

4.5.2 或使用电子粒子计数体细胞仪专用的乳化剂电解质混合液。

4.6 试样的制备

4.6.1 采集的生鲜牛乳应保存在2~6℃条件下。若6h内未测定，应加硼酸（4.2.6）防腐，硼酸在羊品种的浓度不大于0.6g/100mL，贮存温度2~6℃，贮存时间不超过24h。

4.6.2 采样后应立即固定体细胞，即在混匀的样品中吸取10mL样品，加入0.2mL固定液（4.4），可在采样前在采样管内预先加入以上比例的固定液（4.4），但采样管应密封，以防甲醛挥发。

4.7 测定

将试样（4.6）置于水浴锅（4.3.3）中加热5min，取出后颠倒9次，再水平振摇5~8次，然后在不低于30℃条件下置入电子粒子计数体细胞仪测定。

4.8 结果

直接读数，单位为千个每毫升。

4.9 允许差

相对相差≤15%。

4.10 校正

4.10.1 在以下情况之一应进行校正：

a. 连续进行2个月；

b. 经长期停用，开始使用时；

c. 体细胞仪维修后开始使用时。

4.10.2 校正使用专用标样，连续测定5次，取出平均值。

4.10.3 标样中体细胞含量为每毫升40万~50万个，测定平均值与标样指标值的相对误差应为≤10%。

4.11 稳定性试验

4.11.1 在1个工作日内对体细胞含量为每毫升50万个左右的样品，以每50个样作规律性的间隔计数。

4.11.2 在1个工作日结束时，按式（2）计算变异系数：

$$CV(\%) = \frac{S}{n} \times 100 \quad (2)$$

式中：

CV——变异系数，单位为百分率（%）；

S——数次测定的标准差，单位为个每毫升（个/mL）；

n——数次测定的平均值，单位为个每毫升（个/mL）。

4.11.3 变异系数应≤5%。

5 荧光光电计数体细胞仪法

5.1 原理

样品在荧光光电计数体细胞仪中与染色-缓冲溶液混合后，由显微镜感应细胞核内脱氧核糖核酸染色后产生的染色细胞，转化为电脉冲，经放大记录，直接显示读数。

5.2　试剂

所有试剂均为分析纯试剂，实验用水应符合 GB 6682 中一级水的规格或相当纯度的水。

5.2.1　溴化乙锭（$C_{21}H_{20}BrN_3$）。

5.2.2　柠檬酸三钾（$C_6H_5O_7K_3 \cdot H_2O$）。

5.2.3　柠檬酸（$C_6H_8O_7 \cdot H_2O$）。

5.2.4　曲拉通 X-100（TritonX-100）（$C_{30}H_{62}O_{11}$）。

5.2.5　氢氧化铵溶液，25%。

5.2.6　硼酸（H_3BO_3）。

5.2.7　重铬酸钾（$K_2Cr_2O_7$）。

5.2.8　叠氮化钠（NaN_3）。

5.3　仪器

5.3.1　荧光光电计数体细胞仪

5.3.2　水浴锅：恒温 40℃ ±1℃。

5.4　染色-缓冲溶液制备

5.4.1　染色-缓冲储备地

在 5L 试剂瓶中加入 1L 水，在其中溶入 2.5g 溴化乙锭（5.2.1），搅拌，可加热到 40~60℃，加速溶解；使其完全溶解后，加入 400g 柠檬酸三钾（5.2.2）和 14.5g 柠檬酸（5.2.3），再加入 4L 水，搅拌，使其完全溶解；然后，边搅拌边加入 50g 曲拉通 X-100（5.2.4），棍匀，贮存在避光、密封和阴凉的环境中，90d 内有效。

5.4.2　染色-缓冲工作液

将 1 份体积染色-缓冲储备液（5.4.1）与 9 份体积水混合，7d 内有效。

5.4.3　或使用荧光光电计数体细胞仪专用的染色-缓冲工作液。

5.5　清洗液制备

5.5.1　将 10g 曲拉油 X-100（5.2.4）和 25mL 氢氧化铵溶液（5.2.5）溶入 10L 水，仔细搅拌，完全溶解后贮存在密封、阴凉的环境中 25d 内有效。

5.5.2　或使用荧光光电计数体细胞仪专用清洗液。

5.6　试样的防腐

5.6.1　采样管内生鲜牛乳中加入荧光光电计数体细胞仪专用防腐剂，溶解后充分摇匀。

5.6.2　在无以上防腐剂，则在生鲜牛乳采样后加入以下 1 种防腐剂（24h 内）：

a. 硼酸（5.2.6）：在样品中浓度不超过 0.6g/100mL，在 6~12℃条件下可保存 24h；

b. 重铬酸钾（5.2.7）：在样品中浓度不超过 0.2g/100mL，在 6~12℃条件下可保存 72h。

5.7　测定

将试样（5.6）置于水浴锅（5.3.2）中加热 5min，取出后颠倒 9 次，再水平振摇 5~8 次，然后在不低于 30℃条件下置入仪器测定。

5.8　结果

直接读数，单位为千个每毫升。

5.9　允许差

相对相差≤15%。

5.10　校正

5.10.1　在以下情况之一应进行校正：

a. 连续进行 2 个月；

b. 经长期停用，开始使用时；

c. 体细胞仪维修后开始使用时。

5.10.2　校正使用专用标样，连续测定5次，取出平均值。

5.10.3　标样中体细胞含量为每毫升40万~50万个，测定平均值与标样指标值的相对误差应为≤10%。

5.11　稳定性试验

5.11.1　在1个工作日内对体细胞含量为每毫升50万个左右的样品，以每50个样作规律性的间隔计数：

5.11.2　在1个工作日结束时，按式（3）计算变异系数

$$CV(\%)\ \frac{S}{n} \times 100 \qquad (3)$$

式中：

CV——变异系数，单位为百分率（%）；

S——数次测定的标准差，单位为个每毫升（个/mL）；

n——数次测定的平均值，单位为个每毫升（个/mL）；

5.11.3　变异系数应≤5%。

ICS67.100.01
C53

中华人民共和国国家标准

GB/T 22035—2008

乳及乳制品中植物油的检验气相色谱法

Test of vegetable fat in milk and milk products – Gas chromate graphy

（ISO 3594：1976 Milk fat – Detection of vegetable fat by gas – liquid chromatography of sterols，MOD）

2008 – 06 – 17 发布　　2008 – 10 – 01 实施

中华人民共和国国家质量监督检验检疫总局
中国国家标准化管理委员会　发布

前　　言

本标准修改采用国际标准 ISO 3594：1976《乳脂中植物油的检测气相色谱甾醇法》（英文版）。

考虑到我国国情，本标准与 ISO 3594：1976 的主要差异如下：

——增加试样的制备；

——修改分析步骤，增加试液的制备、皂化、萃取步骤；

——修改气相色谱参考条件；

——免去国际标准中试验报告章条；

——删除国际标准中色谱图，增加资料性附录 A 胆固碎、β－谷甾醇典型气相色谱图；

——编写格式、用语遵照我国标准 GB/T 1.1—2000《标准化工作导则　第 1 部分：标准的结构和编写规则》和 GB/T 20001.4—2001《标准编写规则　第 4 部分：化学分析方法》。

本标准的附录 A 为资料性附录。

本标准由中华人民共和国农业部提出。

本标准由全国畜牧业标准化技术委员会归口。

本标准负责起草单位：农业部食品质量监督检验测试中心（上海）。

本标准主要起草人：韩奕奕、孟瑾、吴榕、何亚斌、黄菲菲、张辉。

乳及乳制品中植物油的检验气相色谱法

1　范围

本标准规定了用气相色谱法检验乳及乳制品中植物油的方法。本标准适用于乳及乳制品中植物油的定性检验。

2　规范性引用文件

下列文件中的条款通过本标准的引用而成为本标准的条款。凡是注日期的引用文件，其随后所有的修改单（不包括勘误的内容）或修订版均不适用于本标准，然而，鼓励根据本标准达成协议的各方研究是否可使用这些文件的最新版本。凡是不注日期的引用文件，其最新版本适用于本标准。

GB/T 6682 分析实验室用水规格和试验方法（GB/T 6682—1992，neq ISO 3696：1987）

3　原理

样品经过氢氧化钾乙醇溶液皂化，用乙醚、石油醚萃取脂肪，通过蒸馏或蒸发去除溶剂，用正己烷萃取游离的甾醇，用气相也谱分析。若所测样品中含有 β－谷甾醇，则确定其中含有植物油成分。

4　试剂与材料

所有的试剂如未注明规格，均为分析纯；实验用水如未注明，均应符合 GB/T 6682 的规定。

4.1　正己烷（C_6H_6）：色谱纯。

4.2　乙醇［（C_2H_5OH）］：95%。

4.3　乙醚［（$C_2H_5)_2O$］。

4.4　石油醚：沸程为 30～60℃。

4.5　无水硫酸钠（Na_2SO_4）。

4.6　氢氧化钾溶液：500g/L。

称取 500g 氢氧化钾（KOH），溶解后转移至 1 000mL 容量瓶中，定容，混匀。

4.7　胆固醇和 β－谷甾醇混和标准溶液：每毫升含各单组分甾醇为 0.4mg。

分别精确称取胆固醇和 β－谷甾醇标准品 10mg，用正己烷（4.1）溶解并定容到同一 25mL 容量瓶中。摇匀后，冷藏于冰箱中，有效期 60 d。

5　仪器和设备

实验室常用仪器及以下各项。

5.1　气相色谱仪：配备氢火焰离子化检测器（FID）。

5.2　分析天平（感量 0.01g）。

5.3　分析天平（感量 0.1mg）。

5.4　旋转蒸发器。

5.5　磨口锥形瓶：250mL，可以连接空气冷凝管。

6 试样制备

6.1 液态试样

称量20g样品，精确至0.01g，置于磨口锥形瓶（5.5）中。

6.2 固态试样

称量1～5g样品，精确至0.01g，置于磨口锥形瓶（5.5）中，加入50℃温水10mL溶解。

注：根据样品中的脂肪含量调整称取样量，使试样中脂肪含量不低于1g。

7 分析步骤

7.1 试液制备

上述盛有试样（第6章）的磨口锥形瓶（5.5）中，加入25mL氢氧化钾溶液（4.6）及25mL乙醇（4.2），摇匀，加入4～5粒玻璃珠，装上冷凝管，85℃水浴回流皂化45min。皂化液冷却至室温后，转入250mL分液漏斗中，用少量水洗锥形瓶（5.5），洗液并入皂化液中。

分液漏斗中加入25mL乙醚（4.3）和25mL石油醚（4.4），轻轻振摇约1min，静止分层。水相再用25mL乙醚（4.3）分别萃取两次，合并萃取液。多次用25mL水洗萃取液至pH为中性，经无水硫酸钠（4.5）脱水，过滤，收集滤液于蒸馏瓶中。40℃左右，用旋转蒸发器（5.4）将萃取液蒸至近干，用正己烷（4.1）溶解残渣，转移定容至10mL，用于气相色谱仪（5.1）测定。

7.2 气相色谱参考条件

气相色谱柱：DB－5毛细管柱，30m×0.25mm×0.25μm；

检测器温度：325℃；

进样口温度：280℃；

柱温：程序升温，自200℃起，以15℃/min升温至300℃，保持20min；

氮气流速：1.0mL/min；

氢气流速：30mL/min；

空气流速：300mL/min；

分流比：5∶1；

进样量：2μL。

7.3 测定

准确吸取2μL胆固醇和β－谷甾醇的混合标准工作液（4.7），注入气相色谱仪（5.1）。在上述色谱条件下，出峰顺序依次为胆固醇和β－谷甾醇，标准溶液的气相色谱图参见图A.1。

准确吸取不少于两份的2μL试液（7.1），分别注入气相色谱仪（5.1）。

8 结果表述

胆固醇为动物脂肪的特征组分。若色谱图中出现β－谷甾醇色谱峰，则表明所测试样中含有植物油成分。

9 灵敏度

样品中脂肪的胆固醇检出限为0.5mg/kg，β－谷甾醇的检出限为1mg/kg。

附录 A　（资料性附录）胆固醇、β－谷甾醇典型气相色谱图

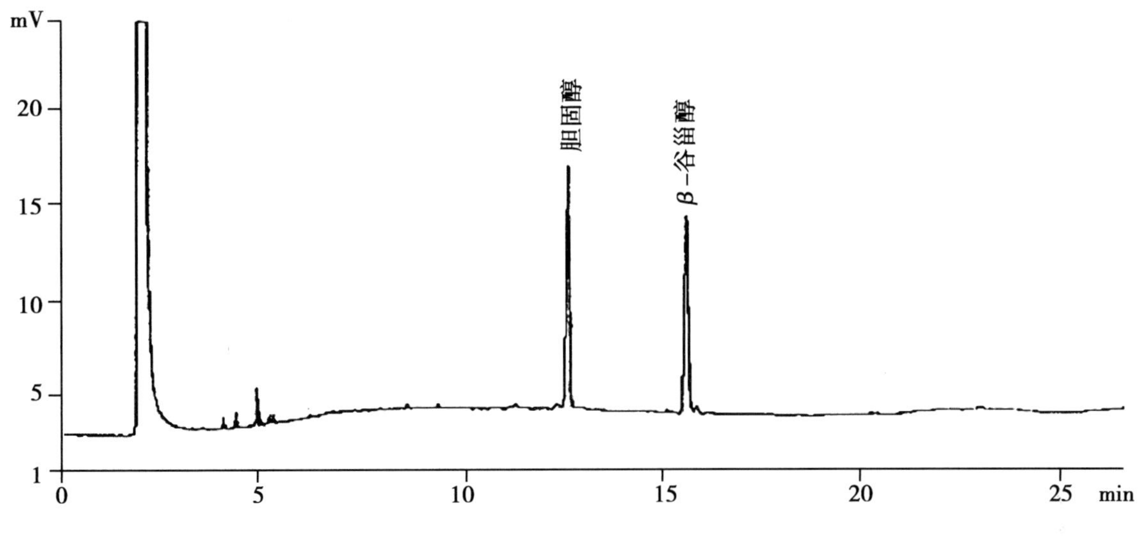

图 A. 1　胆固醇、β－谷甾醇典型气相色谱图

第五章

微生物相关参数

1. GB 4789. 1—2010 食品安全国家标准　食品微生物学检验　总则
2. GB 4789. 28—2013 食品安全国家标准　食品微生物学检验培养基和试剂的质量要求
3. SNT 2101—2008 乳及乳制品中结核分枝杆菌检测方法　荧光定量 PCR 法
4. GB 4789. 2—2010 食品安全国家标准　食品微生物学检验　菌落总数测定
5. GB 4789. 3—2010 食品安全国家标准　食品微生物学检验　大肠菌群计数
6. GB 4789. 10—2010 食品安全国家标准　食品微生物学检验　金黄色葡萄球菌检验
7. GB 4789. 15—2010 食品安全国家标准　食品微生物学检验　霉菌和酵母计数
8. GB 4789. 18—2010 食品安全国家标准　食品微生物学检验　乳与乳制品检验

中华人民共和国国家标准

GB 4789.1—2010

食品安全国家标准
食品微生物学检验　总则

National food safety standard
Food microbiological examination：General guidelines

2010－03－26 发布　　　　2010－06－01 实施

中华人民共和国卫生部　发布

前　　言

本标准代替 GB/T 4789.1—2008《食品卫生微生物学检验 总则》。

本标准与 GB/T 4789.1—2008 相比，主要修改如下：

——修改了标准的中英文名称；

——修改了检验方法的选择。

本标准所代替标准的历年版本发布情况为：

——GB 4789.1—1984、GB 4789.1—1994、GB/T 4789.1—2003、GB/T 4789.1—2008。

食品安全国家标准
食品微生物学检验　总则

1　范围

本标准规定了食品微生物学检验基本原则和要求。

本标准适用于食品微生物学检验。

2　规范性引用文件

本标准中引用的文件对于本标准的应用是必不可少的。凡是注日期的引用文件，仅所注日期的版本适用于本标准。凡是不注日期的引用文件，其最新版本（包括所有的修改单）适用于本标准。

3　实验室基本要求

3.1　环境

3.1.1　实验室环境不应影响检验结果的准确性。

3.1.2　实验室的工作区域应与办公室区域明显分开。

3.1.3　实验室工作面积和总体布局应能满足从事检验工作的需要，实验室布局应采用单方向工作流程，避免交叉污染。

3.1.4　实验室内环境的温度、湿度、照度、噪声和洁净度等应符合工作要求。

3.1.5　一般样品检验应在洁净区域（包括超净工作台或洁净实验室）进行，洁净区域应有明显的标示。

3.1.6　病原微生物分离鉴定工作应在二级生物安全实验室（Biosafety level 2，BSL－2）进行。

3.2　人员

3.2.1　检验人员应具有相应的教育、微生物专业培训经历，具备相应的资质，能够理解并正确实施检 验。

3.2.2　检验人员应掌握实验室生物检验安全操作知识和消毒知识。

3.2.3　检验人员应在检验过程中保持个人整洁与卫生，防止人为污染样品。

3.2.4　检验人员应在检验过程中遵守相关预防措施的规定，保证自身安全。

3.2.5　有颜色视觉障碍的人员不能执行涉及辨色的实验。

3.3　设备

3.3.1　实验设备应满足检验工作的需要。

3.3.2　实验设备应放置于适宜的环境条件下，便于维护、清洁、消毒与校准，并保持整洁与良好的工作状态。

3.3.3　实验设备应定期进行检查、检定（加贴标识）、维护和保养，以确保工作性能和操作安全。

3.3.4　实验设备应有日常性监控记录和使用记录。

3.4　检验用品

3.4.1　常规检验用品主要有接种环（针）、酒精灯、镊子、剪刀、药匙、消毒棉球、硅胶（棉）塞、微量移液器、吸管、吸球、试管、平皿、微孔板、广口瓶、量筒、玻璃棒及L形玻璃棒等。

3.4.2　检验用品在使用前应保持清洁和/或无菌。常用的灭菌方法包括湿热法、干热法、化学法等。
3.4.3　需要灭菌的检验用品应放置在特定容器内或用合适的材料（如专用包装纸、铝箔纸等）包裹或加塞，应保证灭菌效果。
3.4.4　可选择适用于微生物检验的一次性用品来替代反复使用的物品与材料（如培养皿、吸管、吸头、试管、接种环等）。
3.4.5　检验用品的储存环境应保持干燥和清洁，已灭菌与未灭菌的用品应分开存放并明确标识。
3.4.6　灭菌检验用品应记录灭菌/消毒的温度与持续时间。
3.5　培养基和试剂
3.5.1　培养基
培养基的制备和质量控制按照 GB/T 4789.28 的规定执行。
3.5.2　试剂
检验试剂的质量及配制应适用于相关检验。对检验结果有重要影响的关键试剂应进行适用性验证。
3.6　菌株
3.6.1　应使用微生物菌种保藏专门机构或同行认可机构保存的、可溯源的标准或参考菌株。
3.6.2　应对从食品、环境或人体分离、纯化、鉴定的，未在微生物菌种保藏专门机构登记注册的原始分离菌株（野生菌株）进行系统、完整的菌株信息记录，包括分离时间、来源，表型及分子鉴定的主要特征等。
3.6.3　实验室应保存能满足实验需要的标准或参考菌株，在购入和传代保藏过程中，应进行验证试验，并进行文件化管理。

4　样品的采集

4.1　采样原则
4.1.1　根据检验目的、食品特点、批量、检验方法、微生物的危害程度等确定采样方案。
4.1.2　应采用随机原则进行采样，确保所采集的样品具有代表性。
4.1.3　采样过程遵循无菌操作程序，防止一切可能的外来污染。
4.1.4　样品在保存和运输的过程中，应采取必要的措施防止样品中原有微生物的数量变化，保持样品的原有状态。
4.2　采样方案
4.2.1　类型
采样方案分为二级和三级采样方案。二级采样方案设有 n、c 和 m 值，三级采样方案设有 n、c、m 和 M 值。
n：同一批次产品应采集的样品件数；
c：最大可允许超出 m 值的样品数；
m：微生物指标可接受水平的限量值；
M：微生物指标的最高安全限量值。
注 1：按照二级采样方案设定的指标，在 n 个样品中，允许有≤c 个样品其相应微生物指标检验值大于 m 值。
注 2：按照三级采样方案设定的指标，在 n 个样品中，允许全部样品中相应微生物指标检验值小于或等于 m 值；允许有≤c 个样品其相应微生物指标检验值在 m 值和 M 值之间；不允许有样品相应微生物指标检验值大于 M 值。
例如：n = 5，c = 2，m = 100CFU/g，M = 1 000CFU/g。含义是从一批产品中采集 5 个样品，若 5 个样品的检验结果均小于或等于 m 值（≤100CFU/g），则这种情况是允许的；若≤2 个样品的结果（X）

位于 m 值和 M 值之间（100CFU/g < X≤1 000CFU/g），则这种情况也是允许的；若有 3 个及以上样品的检验结果位于 m 值和 M 值之间，则这种情况是不允许的；若有任一样品的检验结果大于 M 值（>1 000 CFU/g），则这种情况也是不允许的。

4.2.2　各类食品的采样方案

按相应产品标准中的规定执行。

4.2.3　食源性疾病及食品安全事件中食品样品的采集

4.2.3.1　由工业化批量生产加工的食品污染导致的食源性疾病或食品安全事件，食品样品的采集和判定原则按 4.2.1 和 4.2.2 执行。同时，确保采集现场剩余食品样品。

4.2.3.2　由餐饮单位或家庭烹调加工的食品导致的食源性疾病或食品安全事件，食品样品的采集按 GB 14938 中卫生学检验的要求，以满足食源性疾病或食品安全事件病因判定和病原确证的要求。

4.3　各类食品的采样方法

采样应遵循无菌操作程序，采样工具和容器应无菌、干燥、防漏，形状及大小适宜。

4.3.1　即食类预包装食品

取相同批次的最小零售原包装，检验前要保持包装的完整，避免污染。

4.3.2　非即食类预包装食品

原包装小于 500g 的固态食品或小于 500mL 的液态食品，取相同批次的最小零售原包装；大于 500mL 的液态食品，应在采样前摇动或用无菌棒搅拌液体，使其达到均质后分别从相同批次的 n 个容器中采集 5 倍或以上检验单位的样品；大于 500g 的固态食品，应用无菌采样器从同一包装的几个不同部位分别采取适量样品，放入同一个无菌采样容器内，采样总量应满足微生物指标检验的要求。

4.3.3　散装食品或现场制作食品

根据不同食品的种类和状态及相应检验方法中规定的检验单位，用无菌采样器现场采集 5 倍或以上检验单位的样品，放入无菌采样容器内，采样总量应满足微生物指标检验的要求。

4.3.4　食源性疾病及食品安全事件的食品样品

采样量应满足食源性疾病诊断和食品安全事件病因判定的检验要求。

4.4　采集样品的标记

应对采集的样品进行及时、准确的记录和标记，采样人应清晰填写采样单（包括采样人、采样地点、时间、样品名称、来源、批号、数量、保存条件等信息）。

4.5　采集样品的贮存和运输

采样后，应将样品在接近原有贮存温度条件下尽快送往实验室检验。运输时应保持样品完整。如不能及时运送，应在接近原有贮存温度条件下贮存。

5　样品检验

5.1　样品处理

5.1.1　实验室接到送检样品后应认真核对登记，确保样品的相关信息完整并符合检验要求。

5.1.2　实验室应按要求尽快检验。若不能及时检验，应采取必要的措施保持样品的原有状态，防止样品中目标微生物因客观条件的干扰而发生变化。

5.1.3　冷冻食品应在 45℃以下不超过 15min，或 2～5℃不超过 18h 解冻后进行检验。

5.2　检验方法的选择

5.2.1　应选择现行有效的国家标准方法。

5.2.2　食品微生物检验方法标准中对同一检验项目有两个及两个以上定性检验方法时，应以常规培养方法为基准方法。

5.2.3　食品微生物检验方法标准中对同一检验项目有两个及两个以上定量检验方法时，应以平板计数法为基准方法。

6 生物安全与质量控制

6.1 实验室生物安全要求

应符合 GB 19489 的规定。

6.2 质量控制

6.2.1 实验室应定期对实验用菌株、培养基、试剂等设置阳性对照、阴性对照和空白对照。

6.2.2 实验室应对重要的检验设备（特别是自动化检验仪器）设置仪器比对。

6.2.3 实验室应定期对实验人员进行技术考核和人员比对。

7 记录与报告

7.1 记录

检验过程中应即时、准确地记录观察到的现象、结果和数据等信息。

7.2 报告

实验室应按照检验方法中规定的要求，准确、客观地报告每一项检验结果。

8 检验后样品的处理

8.1 检验结果报告后，被检样品方能处理。检出致病菌的样品要经过无害化处理。

8.2 检验结果报告后，剩余样品或同批样品不进行微生物项目的复检。

中华人民共和国国家标准

GB 4789.28—2013

食品安全国家标准
食品微生物学检验
培养基和试剂的质量要求

National food safety standard
Food microbiological examination:
Requirements for quality of culture medium and reagents

2013-11-29 发布　　　　2014-06-01 实施

中华人民共和国
国家卫生和计划生育委员会　发布

前　　言

本标准代替 GB/T 4789.28—2003《食品卫生微生物学检验染色法、培养基和试剂》。

本标准与 GB/T 4789.28—2003 相比，主要修改如下：

——删除了培养基和试剂的配方和配制方法。

——增加了培养基和试剂的质量控制方法和指标。

食品安全国家标准
食品微生物学检验培养基和试剂的质量要求

1　范围

本标准规定了食品微生物学检验用培养基和试剂的质量要求。

本标准适用于食品微生物学检验用培养基和试剂的质量控制。

2　术语和定义

2.1　质量控制

为满足质量要求所采取的技术操作和活动。

2.2　培养基或试剂的批量

培养基或试剂完整的可追溯单位，是指满足产品要求（内部控制）和性能测试，产品型号和质量稳定的一定量的半成品或成品。这些产品在特定的生产周期生产，而且编号相同。

2.3　培养基及试剂的性能

在特定条件下培养基对测试菌株的反应。

2.4　培养基

液体、半固体或固体形式的、含天然或合成成分，用于保证微生物繁殖（含或不含某类微生物的抑菌剂）、鉴定或保持其活力的物质。

2.5　纯化学培养基

由已知分子结构和纯度的化学成分配制而成的培养基。

2.6　未定义和部分定义的化学培养基

全部或部分由天然物质、加工过的物质或其他不纯的化学物质构成的培养基。

2.7　固体培养基

在液体培养基中加入一定量固化物（如琼脂、明胶等），加热至100℃溶解，冷却后凝固成固体状态的培养基。

倾注到平皿内的固体培养基一般称之为“平板”；倒入试管并摆放成斜面的固体培养基，当培养基凝固后通常称作“斜面”。

2.8　半固体培养基

在液体培养基中加入极少量固化物（如琼脂、明胶等），加热至100℃溶解，冷却后凝固成半固体状态的培养基。

2.9　运输培养基

在取样后和实验室处理前保护和维持微生物活性且不允许明显增殖的培养基。

运输培养基中通常不允许包含使微生物增殖的物质，但是培养基应能保护菌株（如缓冲甘油－氯化钠溶液运输培养基）。

2.10　保藏培养基

用于在一定期限内保护和维持微生物活力，防止长期保存对其的不利影响，或使其在长期保存后容易复苏的培养基（如营养琼脂斜面）。

2.11 悬浮培养基

将测试样本的微生物分散到液相中，在整个接触过程中不产生增殖或抑制作用（如磷酸盐缓冲液）。

2.12 复苏培养基

能够使受损或应激的微生物修复，使微生物恢复正常生长能力，但不一定促进微生物繁殖的培养基。

2.13 增菌培养基

通常为液体培养基，能够给微生物的繁殖提供特定的生长环境。

2.14 选择性增菌培养基

能够允许特定的微生物在其中繁殖，而部分或全部抑制其他微生物生长的培养基（如 TTB 培养基）。

2.15 非选择性增菌培养基

能够保证多种微生物生长的培养基（如营养肉汤）。

2.16 分离培养基

支持微生物生长的固体或半固体培养基。

2.17 选择性分离培养基

支持特定微生物生长而抑制其他微生物生长的分离培养基（如 XLD 琼脂）。

2.18 非选择性分离培养基

对微生物没有选择性抑制的分离培养基（如营养琼脂）。

2.19 鉴别培养基（特异性培养基）

能够进行一项或多项微生物生理和（或）生化特性鉴定的培养基（如麦康凯琼脂）。

注：能够用于分离培养的鉴别培养基被称作分离（鉴别）培养基（如 XLD 琼脂）。

2.20 鉴定培养基

能够产生一个特定的鉴定反应而通常不需要进一步确证实验的培养基（如乳糖发酵管）。

注：用于分离的鉴定培养基被称为分离（鉴定）培养基。

2.21 计数培养基

能够对微生物定量的选择性（如 MYP 琼脂）或非选择性培养基（如平板计数琼脂）。

注：计数培养基可包含复苏和（或）增菌培养基的特性。

2.22 确证培养基

在初步复苏、分离和（或）增菌阶段后对微生物进行部分或完全鉴定或鉴别的培养基（如 BGLB 肉汤）。

2.23 商品化即用型培养基

以即用形式或融化后即用形式置于容器（例如平皿、试管或其他容器）内供应的液体、固体或半固体培养基：

——完全可即用的培养基；

——需重新融化的培养基（如用于平板倾注技术）；

——使用前需重新融化并分装（如倾注到平皿）的培养基；

——使用前需重新融化，添加物质并分装的培养基（如 TSC 培养基和 Baird Parker 琼脂）。

2.24 商品化脱水合成培养基

使用前需加水和进行处理的干燥培养基，如粉末、小颗粒、冻干等形式：

——完全培养基；

——不完全培养基，使用的时候需加入添加剂。

2.25　自制培养基

依据完整配方的具体成分配制的培养基。

2.26　试剂

用于食品微生物检验的染色剂和培养基配套试剂。

2.27　测试菌株

通常用于培养基性能测试的微生物。

注：测试菌株根据其来源不同（见2.29~2.32）可进行进一步定义。

2.28　标准菌株

直接从官方菌种保藏机构获得并至少定义到属或种的水平的菌株。按菌株特性进行分类和描述，最好来源于食品或水的菌株。

2.29　标准储备菌株

将标准菌株在实验室转接一代后得到的一套完全相同的独立菌株。

2.30　储备菌株

从标准储备菌株转接一代获得的培养物。

2.31　工作菌株

由标准储备菌株、储备菌株或标准物质（经证明或未经证明）转接一代获得的菌株。

注：标准物质是指在均一固定的浓度中含有具活性的定量化菌种，经证明的标准物是指其浓度已经证明。

3　培养基及试剂质量保证

3.1　证明文件

3.1.1　生产企业提供的文件

生产企业应提供以下资料（可提供电子文本）：

——培养基或试剂的各种成分、添加成分名称及产品编号；

——批号；

——最终pH（适用于培养基）；

——储存信息和有效期；

——标准要求及质控报告；

——必要的安全和（或）危害数据。

3.1.2　产品的交货验收

对每批产品，应记录接收日期，并检查：

——产品合格证明；

——包装的完整性；

——产品的有效期；

——文件的提供。

3.2　贮存

3.2.1　一般要求

应严格按照供应商提供的贮存条件、有效期和使用方法进行培养基和试剂的保存和使用。

3.2.2　脱水合成培养基及其添加成分的质量管理和质量控制

脱水合成培养基一般为粉状或颗粒状形式包装于密闭的容器中。用于微生物选择或鉴定的添加成分通常为冻干物或液体。培养基的购买应有计划，以利于存货的周转（即掌握先购先用的原则）。实验室应保存有效的培养基目录清单，清单应包括以下内容：

——容器密闭性检查；

——记录首次开封日期；

——内容物的感官检查。

开封后的脱水合成培养基，其质量取决于贮存条件。通过观察粉末的流动性、均匀性、结块情况和色泽变化等判断脱水培养基的质量的变化。若发现培养基受潮或物理性状发生明显改变则不应再使用。

3.2.3　商品化即用型培养基和试剂

应严格按照供应商提供的贮存条件、有效期和使用方法进行保存和使用。

3.2.4　实验室自制的培养基

在保证其成分不会改变条件下保存，即避光、干燥保存，必要时在5℃ ±3℃冰箱中保存，通常建议平板不超过2～4周，瓶装及试管装培养基不超过3～6个月，除非某些标准或实验结果表明保质期比上述的更长。

建议需在培养基中添加的不稳定的添加剂应即配即用，除非某些标准或实验结果表明保质期更长；含有活性化学物质或不稳定性成分的固体培养基也应即配即用，不可二次融化。

培养基的贮存应建立经验证的有效期。观察培养基是否有颜色变化、蒸发（脱水）或微生物生长的情况，当培养基发生这类变化时，应禁止使用。

培养基使用或再次加热前，应先取出平衡至室温。

3.3　培养基的实验室制备

3.3.1　一般要求

正确制备培养基是微生物检验的最基础步骤之一，使用脱水培养基和其他成分，尤其是含有有毒物质（如胆盐或其他选择剂）的成分时，应遵守良好实验室规范和生产厂商提供的使用说明。培养基的不正确制备会导致培养基出现质量问题（见附录A）。

使用商品化脱水合成培养基制备培养基时，应严格按照厂商提供的使用说明配制。如重量（体积）、pH、制备日期、灭菌条件和操作步骤等。

实验室使用各种基础成分制备培养基时，应按照配方准确配制，并记录相关信息，如培养基名称和类型及试剂级别、每个成分物质含量、制造商、批号、pH、培养基体积（分装体积）、无菌措施（包括实施的方式、温度及时间）、配置日期、人员等，以便溯源。

3.3.2　水

实验用水的电导率在25℃时不应超过25 μS/cm（相当于电阻率≥0.4 MΩcm），除非另有规定要求。水的微生物污染不应超过10^3CFU/mL。应按GB 4789.2，采用平板计数琼脂培养基，在36℃ ±1℃培养48h ±2h进行定期检查微生物污染。

3.3.3　称重和溶解

小心称量所需量的脱水合成培养基（必要时佩戴口罩或在通风柜中操作，以防吸入含有有毒物质的培养基粉末），先加入适量的水，充分混合（注意避免培养基结块），然后加水至所需的量后适当加热，并重复或连续搅拌使其快速分散，必要时应完全溶解。含琼脂的培养基在加热前应浸泡几分钟。

3.3.4　pH的测定和调整

用pH计测pH值，必要时在灭菌前进行调整，除特殊说明外，培养基灭菌后冷却至25℃时，pH值应在标准pH ±0.2范围内。一般使用浓度约为40g/L（约1mol/L）的氢氧化钠溶液或浓度约为3.5g/L（约1mol/L）的盐酸溶液调整培养基的pH值。如需灭菌后进行调整，则使用灭菌或除菌的溶液。

3.3.5　分装

将配好的培养基分装到适当的容器中，容器的体积应比培养基体积最少大20%。

3.3.6　灭菌

3.3.6.1　一般要求

培养基应采用湿热灭菌法（3.3.6.2）或过滤除菌法（见3.3.6.3）。

某些培养基不能或不需要高压灭菌，可采用煮沸灭菌，如SC肉汤等特定的培养基中含有对光和热敏感的物质，煮沸后应迅速冷却，避光保存；有些试剂则不需灭菌，可直接使用（参见相关标准或供应商使用说明）。

3.3.6.2　湿热灭菌

湿热灭菌在高压锅或培养基制备器中进行，高压灭菌一般采用121℃ ±3℃灭菌15min，具体培养基按食品微生物学检验标准中的规定进行灭菌。培养基体积不应超过1 000mL，否则灭菌时可能会造成过度加热。所有的操作应按照标准或使用说明的规定进行。

灭菌效果的控制是关键问题。加热后采用适当的方式冷却，以防加热过度。这对于大容量和敏感培养基十分重要，例如含有煌绿的培养基。

3.3.6.3　过滤除菌

过滤除菌可在真空或加压的条件下进行。使用孔径为0.2μm的无菌设备和滤膜。消毒过滤设备的各个部分或使用预先消毒的设备。一些滤膜上附着有蛋白质或其他物质（如抗生素），为了达到有效过滤，应事先将滤膜用无菌水润湿。

3.3.6.4　检查

应对经湿热灭菌或过滤除菌的培养基进行检查，尤其要对pH、色泽、灭菌效果和均匀度等指标进行检查。

3.3.7　添加成分的制备

制备含有有毒物质的添加成分（尤其是抗生素）时应小心操作（必要时在通风柜中操作），避免因粉尘的扩散造成实验人员过敏或发生其他不良反应；制备溶液时应按产品使用说明操作。

不要使用过期的添加剂；抗生素工作溶液应现用现配；批量配制的抗生素溶液可分装后冷冻贮存，但解冻后的贮存溶液不能再次冷冻；厂商应提供冷冻对抗生素活性影响的有关资料，也可由使用者自行测定。

3.4　培养基的使用

3.4.1　琼脂培养基的融化

将培养基放到沸水浴中或采用有相同效果的方法（如高压锅中的层流蒸汽）使之融化。经过高压的培养基应尽量减少重新加热时间，融化后避免过度加热。融化后应短暂置于室温中（如2min）以避免玻璃瓶破碎。

融化后的培养基放入47～50℃的恒温水浴锅中冷却保温（可根据实际培养基凝固温度适当提高水浴锅温度），直至使用，培养基达到47～50℃的时间与培养基的品种、体积、数量有关。融化后的培养基应尽快使用，放置时间一般不应超过4h。未用完的培养基不能重新凝固留待下次使用。敏感的培养基尤应注意，融化后保温时间应尽量缩短，如有特定要求可参考指定的标准。

倾注到样品中的培养基温度应控制在45℃左右。

3.4.2　培养基的脱氧

必要时，将培养基在使用前放到沸水浴或蒸汽浴中加热15min；加热时松开容器的盖子；加热后盖紧，并迅速冷却至使用温度（如FT培养基）。

3.4.3　添加成分的加入

对热不稳定的添加成分应在培养基冷却至47～50℃时再加入。无菌的添加成分在加入前应先放置到室温，避免冷的液体造成琼脂凝结或形成片状物。将加入添加成分的培养基缓慢充分混匀，尽快分装到待用的容器中。

3.4.4　平板的制备和储存

倾注融化的培养基到平皿中，使之在平皿中形成厚度至少为3mm（直径90mm的平皿，通常要加入

18～20mL 琼脂培养基）。将平皿盖好皿盖后放到水平平面使琼脂冷却凝固。如果平板需储存，或者培养时间超过48h 或培养温度高于40℃，则需要倾注更多的培养基。凝固后的培养基应立即使用或存放于暗处和（或）5℃±3℃冰箱的密封袋中，以防止培养基成分的改变。在平板底部或侧边做好标记，标记的内容包括名称、制备日期和（或）有效期。也可使用适宜的培养基编码系统进行标记。将倒好的平板放在密封的袋子中冷藏保存可延长储存期限。为了避免冷凝水的产生，平板应冷却后再装入袋中。储存前不要对培养基表面进行干燥处理。

对于采用表面接种形式培养的固体培养基，应先对琼脂表面进行干燥：揭开平皿盖，将平板倒扣于烘箱或培养箱中（温度设为25～50℃）；或放在有对流的无菌净化台中，直到培养基表面的水滴消失为止。注意不要过度干燥。商品化的平板琼脂培养基应按照厂商提供的说明使用。

3.5　培养基的弃置

所有污染和未使用的培养基的弃置应采用安全的方式，并且要符合相关法律法规的规定。

4　质控菌株的保藏及使用

4.1　一般要求

为成功保藏及使用菌株，不同菌株应采用不同的保藏方法，可选择使用冻干保藏、利用多孔磁珠在－70℃保藏、使用液氮保藏或其他有效的保藏方法。

4.2　商业来源的质控菌株

对于从标准菌种保藏中心或其他有效的认证的商业机构获得原包装的质控菌株，复苏和使用应按照制造商提供的使用说明进行。

4.3　实验室制备的标准储存菌株

用于性能测试的标准储存菌株（见附录 B 的图 B.1），在保存和使用时应注意避免交叉污染，减少菌株突变或发生典型的特性变化；标准储备菌株应制备多份，并采用超低温（－70℃）或冻干的形式保存。在较高温度下贮存时间应缩短。

标准储存菌株用作培养基的测试菌株时应在文件中充分描述其生长特性。

标准储存菌株不应用来制备标准菌株。

4.4　储存菌株

储存菌株通常从冻干或超低温保存的标准储存菌株进行制备（见附录 B 的图 B.2）。制备储存菌株应避免导致标准储存菌株的交叉污染和（或）退化。制备储存菌株时，应将标准储存菌株制成悬浮液转接到非选择培养基中培养，以获得特性稳定的菌株。

对于商业来源的菌株，应严格按照制造商的说明执行。

储存菌株不应用来制备标准储存菌株或标准菌株。

4.5　工作菌株

工作菌株由储存菌株或标准储存菌株制备。

工作菌株不应用来制作标准菌株、标准储存菌株或储存菌株。

5　培养基和试剂的质量要求

5.1　基本要求

5.1.1　培养基和试剂

培养基和试剂的质量由基础成分的质量、制备过程的控制、微生物污染的消除及包装和储存条件等因素所决定。

供应商或制备者应确保培养基和试剂的理化特性满足相关标准的要求，以下特性的质量评估结果应符合相应的规定：

——分装的量和（或）厚度；

——外观，色泽和均一性；

——琼脂凝胶的硬度；

——水分含量；

——20～25℃的 pH 值；

——缓冲能力；

——微生物污染。

培养基和试剂的各种成分、添加剂或选择剂应进行适当的质量评价。

5.1.2　基础成分

国家标准中提到的培养基通常可以直接使用。但因其中一些培养基成分（见附录 C）质量不稳定，可允许对其用量进行适当的调整，如：

——根据营养需要改变蛋白胨、牛肉浸出物、酵母浸出物的用量；

——根据所需凝胶作用的效果改变琼脂的用量；

——根据缓冲要求决定缓冲物质用量；

——根据选择性要求决定胆盐、胆汁抽提物和脱氧胆酸盐、抗菌染料的用量；

——根据抗生素的效果决定其用量。

5.2　微生物学要求

5.2.1　概论

培养基和试剂应达到附录 D 质量控制标准的要求，其性能测试方法按 6.1 执行。实验室使用商品化培养基和试剂时，应保留生产商按 3.1.1 提供的资料，并制定验收程序，如需进行验证，可按 6.2 执行，并应达到附录 E 质量控制标准要求。

5.2.2　微生物污染的控制

按批量的不同选择适量的培养基在适当条件下培养，测定其微生物污染。生产商应根据每种平板或液体培养基的数量，规定或建立其污染限值，并记录培养基成分、制备要素和包装类型。

分别从初始和最终制备的培养基中抽取或制备至少一个（或 1%）平板或试管，置于 37℃培养 18h 或按特定标准中规定的温度时间进行培养。

本条款只适用于即用型培养基。

5.2.3　生长特性

5.2.3.1　一般要求

选择下列方法对每批成品培养基或试剂进行评价：

——定量方法；

——半定量方法；

——定性方法。

采用定量方法时，应使用参考培养基（见附录 D）进行对照；采用半定量和定性方法时，使用参考培养基或能得到“阳性”结果的培养基进行对照有助于结果的解释。参考培养基应选择近期批次中质量良好的培养基或是来自其他供应商的具有长期稳定性的批次培养基或即用型培养基。

5.2.3.2　测试菌株

测试菌株是具有其代表种的稳定特性并能有效证明实验室特定培养基最佳性能的一套菌株。测试菌株主要购置于标准菌种保藏中心，也可以是实验室自己分离的具有良好特性的菌株。实验室应检测和记录标准储备菌株的特性；或选择具有典型特性的新菌株，使用时应引起注意；最好使用从食品或水中分离的菌株。

对不含指示剂或选择剂的培养基，只需采用一株阳性菌株进行测试；对含有指示剂或选择剂的培养基或试剂，应使用能证明其指示或选择作用的菌株进行试验；复合培养基（如需要加入添加成分的培养基）需要以下列菌株进行验证：

——具典型反应特性的生长良好的阳性菌株；

——弱阳性菌株（对培养基中选择剂等试剂敏感性强的菌株）；

——不具有该特性的阴性菌株；

——部分或完全受抑制的菌株。

5.2.3.3 生长率

按规定用适当方法将适量测试菌株的工作培养物接种至固体、半固体和液体培养基中。每种培养基上菌株的生长率应达到所规定的最低限值（见附录 D、附录 E）。

5.2.3.4 选择性

为定量评估培养基的选择性，应按照规定以适当方法将适量测试菌株的工作培养物接种至选择性培养基和参考培养基中，培养基的选择性应达到规定值（见附录 D、附录 E）。

5.2.3.5 生理生化特性（特异性）

确定培养基的菌落形态学、鉴别特性和选择性，或试剂的鉴别特性，以获得培养基或试剂的基本特性（见附录 D、附录 E）。

5.2.3.6 性能评价和结果解释

若按照规定的所有测试菌株的性能测试达到标准，则该批培养基或试剂的性能测试结果符合规定。若基本要求和微生物学要求均符合规定，则该批培养基或试剂可被接受。

6 培养基和试剂性能测试方法

6.1 生产商及实验室自制培养基和试剂的质量控制的测试方法

6.1.1 非选择性分离和计数固体培养基的目标菌生长率定量测试方法

6.1.1.1 平板的制备与保存

倾注融化的培养基到平皿中，使之在平皿中形成一个至少 3mm 厚的琼脂层（直径 90mm 的平皿通常要加入 18～20mL 琼脂培养基），需添加试剂的培养基，应使培养基冷却至 47～50℃后才添加试剂。倾注后将平板放到水平平面，使琼脂冷却凝固。凝固后的培养基应立即使用或存放于暗处和（或）2～8℃冰箱的密封袋中，在有效期内使用。使用前应对琼脂表面进行干燥，但应注意不要过度干燥。

6.1.1.2 工作菌悬液的制备

将标准储备菌株接种到非选择性肉汤培养过夜或采用其他方法，制备 10 倍系列稀释的菌悬液。生长率测试常用每平板的接种水平为 20～200CFU。

6.1.1.3 接种

选择合适稀释度的工作菌悬液 0.1mL，均匀涂布接种于待测平板和参比平板。每一稀释度接种两个平板。可使用螺旋平板法（见附录 F）或倾注法进行接种，并按标准规定的培养条件培养平板。

6.1.1.4 计算

选择菌落数适中的平板进行计数，按下列式（1）计算生长率。

$$P_R = \frac{N_s}{N_o} \tag{1}$$

式中：

P_R——生长率；

N_s——待测培养基平板上得到的菌落总数；

N_o——参比培养基平板上获得的菌落总数（该菌落总数应≥100CFU）。

参比培养基的选择：一般细菌采用 TSA，一般霉菌和酵母采用沙氏葡萄糖琼脂，对营养有特殊要求的微生物采用适合其生长的不含抑菌剂或抗生素的培养基。

6.1.1.5　结果解释

目标菌在培养基上应呈现典型的生长。非选择性分离和计数固体培养基上目标菌的生长率应不小于0.7。

6.1.2　选择性分离和计数固体培养基的测试方法

6.1.2.1　目标菌生长率定量测试方法

6.1.2.1.1　平板的制备与保存

按照6.1.1.1中要求进行。

6.1.2.1.2　工作菌悬液的制备

按照6.1.1.2中要求进行。

6.1.2.1.3　接种

按照6.1.1.3中要求进行。

6.1.2.1.4　计算

按照6.1.1.4中要求进行。

6.1.2.1.5　结果解释

目标菌在培养基上应呈现典型的生长。选择性分离固体培养基上目标菌的生长率一般不小于0.5，最低应0.1；选择性计数固体培养基上目标菌的生长率一般不小于0.7。参照附录F培养基质量控制标准。

6.1.2.2　非目标菌（选择性）半定量测试方法

6.1.2.2.1　平板的制备与保存

按照6.1.1.1中要求进行。

6.1.2.2.2　工作菌悬液的制备

将标准储备菌株接种到非选择性肉汤培养过夜作为工作菌悬液。

6.1.2.2.3　接种

用1μL接种环取选择性测试工作菌悬液1环，在待测培养基表面划六条平行直线（见图1），同时接种两个平板，划线时可在培养基下面放一个模板图，按标准规定的培养条件培养平板。

操作时用接种环而不用接种针，接种环应完全浸入培养基中。取一满环接种物，将接种环接触容器边缘3次可去除多余的液体。划线时，接种环与琼脂平面的角度应为20°～30°。接种环压在琼脂表面的压力和划线速度前后一致，整个划线应快速连续，移取液体培养物时应将接种环伸入培养液下部分以防止环上产生气泡或泡沫。

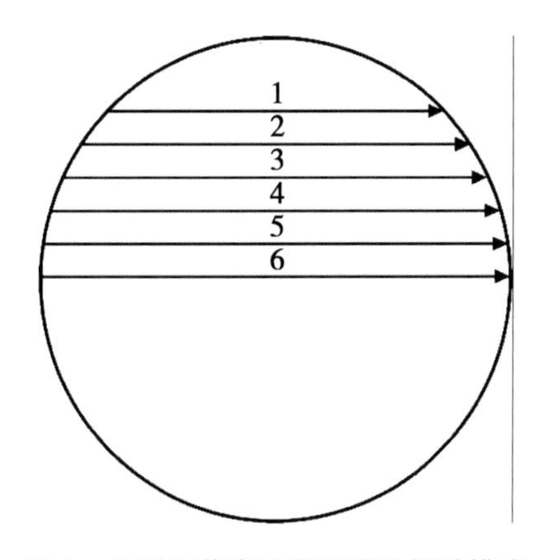

图1　非目标菌半定量划线法接种模式

6.1.2.2.4　计算

培养后按以下方法对培养基计算生长指数 G。每条有比较稠密菌落生长的划线则 G 为 1，每个培养皿上最多为 6 分。如果仅一半的线有稠密菌落生长，则 G 为 0.5。如果划线上没有菌落生长、生长量少于划线的一半或菌落生长微弱，则 G 为 0。记录每个平板的得分总和便得到 G。同时接种两个平板。

6.1.2.2.5　结果解释

非目标菌的生长指数 G 一般小于或等于 1，至少应达到小于 5。

6.1.2.3　非目标菌（特异性）定性测试方法

6.1.2.3.1　平板的制备与保存

按照 6.1.1.1 中要求进行。

6.1.2.3.2　工作菌悬液的制备

按照 6.1.1.2 中要求进行。

6.1.2.3.3　接种

用 1μL 接种环取测试菌培养物在测试培养基表面划平行直线。并按标准规定的培养条件培养平板。

6.1.2.3.4　结果解释

非目标菌应有典型的菌落外观、大小和形态。

6.1.3　非选择性增菌培养基的半定量测试方法

6.1.3.1　培养基的制备

将培养基分装试管，每管 10mL。

6.1.3.2　工作菌悬液的制备

将标准储备菌株接种到非选择性肉汤培养过夜或采用其他制备方法，制备 10 倍系列稀释的菌悬液。

6.1.3.3　接种

在装有待测培养基的试管中接种 10 ~ 100CFU 的目标菌，每管接种量为 1mL，接种两个平行管。同时将 1mL 菌悬液（与试管接种同一稀释度）倾注平板，接种两个平板，作接种量计数用。按标准方法中规定的培养时间和温度进行培养（如增菌时间为 8h 以下，需取 10μL 培养后的增菌液倾注到适合的培养基中，再按适合的培养时间和温度进行培养）。

6.1.3.4　结果解释

用目测的浊度值（如 0 ~ 2）评估培养基：

——0 表示无混浊；

——1 表示很轻微的混浊；

——2 表示严重的混浊。

目标菌的浊度值应为 2。

有时可以观察到微生物生长后聚集成细胞团，沉积在试管或瓶子底部，发生这种情况时，小心振荡试管后再进行观察。

如增菌 8h 以下，10 μL 增菌液培养计数结果参照附录 D 培养基质量控制标准。

6.1.4　选择性增菌培养基的半定量测试方法

6.1.4.1　培养基的制备

将培养基分装试管，每管 10mL。

6.1.4.2　工作菌悬液的制备

按照 6.1.3.2 中要求进行。

6.1.4.3　接种

6.1.4.3.1　混合菌的接种

在装有待测培养基的试管中接种 10 ~ 100CFU 的目标菌（特殊接菌量参照附录 D 培养基质量控制标

准)，并接种1 000～5 000CFU的非目标菌，接种总量为1mL，同时接种两个平行管，混匀。同时分别将目标菌菌悬液（与试管接种同一稀释度）和非目标菌菌悬液（比试管接种小10～100倍稀释度）1mL倾注平板，接种两个平板，作接种量计数用。按标准方法中规定的培养时间和温度进行培养。

6.1.4.3.2　非目标菌的接种

在装有待测培养基的试管中接种1 000～5 000CFU的非目标菌，接种量为1mL，同时接种两个平行管，混匀。按标准方法中规定的培养时间和温度进行培养。

6.1.4.4　培养液的接种

6.1.4.4.1　混合菌培养液的接种

用10μL接种环取1环经培养后的混合菌培养液，划线接种到特定的选择性平板上，同时每管接种一个平板。按标准方法中规定的培养时间和温度进行培养。

6.1.4.4.2　非目标菌培养液的接种

吸取10 μL经培养后的非目标菌培养液，均匀涂布接种到非选择性平板（如TSA）上。同时每管接种一个平板。可使用倾注法进行接种，并按标准规定的培养条件培养平板。

6.1.4.5　计算和结果解释

目标菌在选择性平板上的菌落应>10CFU，则表示待测液体培养基的生长率良好；非目标菌在非选择性平板上的菌落数应<100CFU，则表示待测液体培养基的选择性为良好。

6.1.5　选择性液体计数培养基的半定量测试方法

6.1.5.1　培养基的制备

将培养基分装试管，每管10mL。

6.1.5.2　工作菌悬液的制备

按照6.1.3.2中要求进行。

6.1.5.3　接种

6.1.5.3.1　目标菌的接种

在装有待测培养基的试管中接种10～100CFU的目标菌，接种总量为1mL，同时接种两个平行管，混匀。同时将1mL菌悬液（与试管接种同一稀释度）倾注平板，接种两个平板，作接种量计数用。按标准方法中规定的培养时间和温度进行培养。

6.1.5.3.2　非目标菌的接种

在装有待测培养基的试管中接种1 000～5 000CFU的非目标菌，接种总量为1mL，同时接种两个平行管，混匀。同时将1mL菌悬液（比试管接种小10～100倍稀释度）倾注平板，接种两个平板，作接种量计数用。按标准方法中规定的培养时间和温度进行培养。

6.1.5.4　结果解释

用目测的浊度值（如0～2）评估培养基：

——0表示无混浊；

——1表示很轻微的混浊；

——2表示严重的混浊。

并记录小导管收集气体的体积比。

目标菌的浊度值应为2，产气应为1/3或以上；非目标菌的浊度值应为0或1，无产气现象。

注：有时可以观察到微生物生长后聚集成细胞团，沉积在试管或瓶子底部，发生这种情况时，小心振荡试管后再进行观察。

6.1.6　悬浮培养基和运输培养基的定量测试方法

6.1.6.1　培养基的制备

将培养基分装试管，每管10mL（有特殊要求的可选用5mL）。

6.1.6.2 目标菌工作菌悬液的制备

按照6.1.3.2中要求进行。

6.1.6.3 接种

在装有待测培养基的试管中接种100~1 000CFU的目标菌，同时接种两个平行管，混匀后，立即吸取1mL待测培养基混合液，参照附录F培养基质量控制标准选用相应的培养基倾注平板，每管待测培养基接种一个平板。按标准方法中规定的培养时间和温度培养后，进行菌落计数。

剩余已接种菌液的待测培养基置20~25℃放置45min后；再吸取1mL倾注平板，每管培养基接种一个平板，按标准方法中规定的培养时间和温度培养后，进行菌落计数。如保存条件有特殊要求的待测培养基，参照附录F培养基质量控制标准要求放置或培养后再进行菌落计数。

6.1.6.4 结果观察与解释

待测培养基中的菌落数变化应在±50%内。

6.1.7 Mueller－Hinton血琼脂的纸片扩散测试方法（定性测试方法）

6.1.7.1 平板的制备与保存

倾注融化的培养基到平皿中，使之在平皿中形成一个厚度为4~5mm的琼脂层。倾注后将平板放到水平平面，使琼脂冷却凝固。凝固后的培养基应立即使用或存放于暗处和（或）5℃±3℃冰箱的密封袋中，在有效期内使用。使用前应可将平板置35℃温箱中或置室温层流橱中对琼脂表面进行干燥，培养基表面应湿润，但不能有水滴，培养皿也不应有水滴。

6.1.7.2 质控菌株的复苏

将质控菌株接种到血平板上，按标准方法中规定的培养时间和温度进行培养。检查纯度合格后，用于质控工作菌悬液的制备。

6.1.7.3 质控菌工作菌悬液的制备

将纯度满意的质控菌株培养物悬浮于TSB肉汤中，并调整浊度为0.5麦氏标准（1×10^8~2×10^8CFU/mL）。

6.1.7.4 接种

用涂布法将质控工作菌悬液接种于MH平板上，并贴上相应的抗生素纸片（每平板最多贴6片），将平板翻转后按标准方法中规定的培养时间和温度进行培养。调整菌悬液浊度与接种所有平板间的时间间隔不要超过15min。

6.1.7.5 结果观察与解释

在无反射黑色背景下，观察有无抑菌环。结果解释参照附录D表D.7。

6.1.8 鉴定培养基的测试方法

6.1.8.1 液体培养基

6.1.8.1.1 培养基的制备

将培养基分装试管，再进行灭菌和添加试剂。

6.1.8.1.2 工作菌悬液的制备

将标准储备菌株接种到非选择性肉汤中或采用其他制备方法，制备成5McFarland浊度（约10^9CFU/mL）的菌悬液。

6.1.8.1.3 接种

吸取0.05~0.08mL（1~2滴）至待测培养基内，按标准方法中规定的培养时间和温度进行培养。

6.1.8.1.4 结果观察与解释

需加指示剂的试验在微生物生长良好的情况下，按顺序加入指示剂，再观察结果。结果解释参照附录D表D.8。

6.1.8.2　半固体培养基

6.1.8.2.1　培养基的制备

将培养基分装试管。灭菌后竖立放置，冷却后备用。

6.1.8.2.2　接种

取新鲜质控菌株斜面，用接种针挑取菌苔穿刺接种至待测培养基内。按标准方法中规定的培养时间和温度进行培养。

6.1.8.2.3　结果观察与解释

需加指示剂的试验在微生物生长良好的情况下，按顺序加入指示剂，再观察结果。结果解释参照附录 D 表 D.8。

6.1.8.3　高层斜面培养基和斜面培养基

6.1.8.3.1　培养基的制备

将培养基分装试管。灭菌后摆放成高层斜面（斜面与底层高度约为 2∶3）和普通斜面（斜面与底层高度约为 3∶2），冷却后备用。

6.1.8.3.2　接种

高层斜面培养基：取新鲜质控菌株斜面，用接种针挑取菌苔穿刺接种至琼脂高层，穿刺接种完毕后，再在斜面上划“之”字形接种；斜面培养基：取新鲜质控菌株斜面，用接种环挑取菌苔在斜面上划“之”字形接种。按标准方法中规定的培养时间和温度进行培养。

6.1.8.3.3　结果观察与解释

需加指示剂的试验在微生物生长良好的情况下，按顺序加入指示剂，再观察结果。结果解释参照附录 D 表 D.8。

6.1.8.4　平板培养基

6.1.8.4.1　培养基的制备

倾注灭菌融化的培养基到平皿中，使之在平皿中形成一个至少 3mm 厚的琼脂层（直径 90mm 的平皿通常要加入 18 ~ 20mL 琼脂培养基）。

6.1.8.4.2　接种

取新鲜质控菌株斜面，用接种环挑取菌苔在平板上划“之”字形接种，或用接种针挑取菌苔在平板上点种接种。按标准方法中规定的培养时间和温度进行培养。

6.1.8.4.3　结果观察与解释

参照附录 D 表 D.8。

6.1.9　实验试剂的测试方法

6.1.9.1　实验方法

按试剂说明书进行。

6.1.9.2　结果观察与解释

参照附录 D 表 D.8。

6.2　实验室使用商品化培养基和试剂的质量控制的测试方法

6.2.1　非选择性分离和计数固体培养基的半定量测试方法

6.2.1.1　平板的制备与保存

按照 6.1.1.1 中要求进行。

6.2.1.2　工作菌悬液的制备

将标准储备菌株接种到非选择性肉汤培养过夜作为工作菌悬液。

6.2.1.3　接种

用 1μL 接种环进行平板划线（图 2）。A 区用接种环按 0.5cm 的间隔划 4 条平行线，按同样的方法在 B 区和 C 区划线，最后在 D 区内划一条连续的曲线。同时接种两个平板，划线时可在培养基下面放一个模板图，并按标准规定的培养条件培养平板。

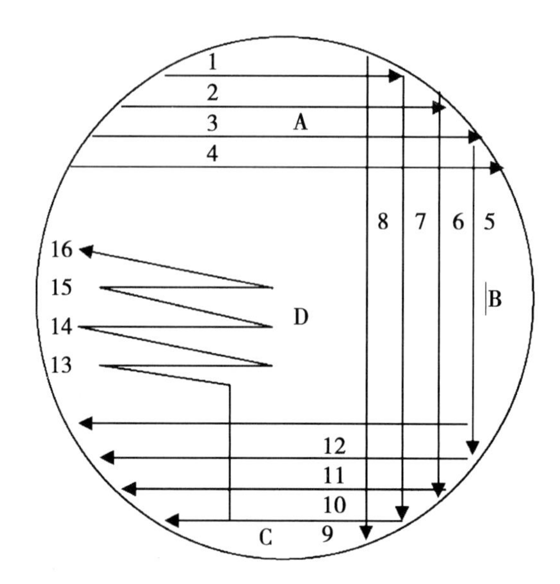

图 2　目标菌半定量划线法接种模式

操作时用接种环而不用接种针，接种环应完全浸入培养基中。取一满环接种物，将接种环接触容器边缘 3 次可去除多余的液体。划线时，接种环与琼脂平面的角度应为 20°～30°。接种环压在琼脂表面的压力和划线速度前后一致，整个划线应快速连续，移取液体培养物时应将接种环伸入培养液下部分以防止环上产生气泡或泡沫。

通常用同一个接种环对 A～D 区进行划线，操作过程不需要对接种环灭菌。但为了得到低生长指数 G，在接种不同部分时应更换接种环或对其灭菌。

6.2.1.4　计算

培养后，评价菌落的形状、大小和生长密度，并计算生长指数 G。每条有比较稠密菌落生长的划线则 G 为 1，每个培养皿上 G 最大为 16。如果仅一半的线有稠密菌落生长，则 G 为 0.5。如果划线上没有菌落生长、生长量少于划线的一半或菌落生长微弱，则 G 为 0。记录每个平板的得分总和便得到 G。如菌落在 A 区和 B 区全部生长，而在 C 区有一半线生长，则 G 为 10。

6.2.1.5　结果解释

目标菌在培养基上应呈现典型的生长。目标菌的生长指数 G 大于或等于 6 时，培养基可以接受。非选择培养基的 G 值通常较高。

6.2.2　选择性分离和计数固体培养基的半定量测试方法

6.2.2.1　目标菌半定量测试方法

按照 6.2.1 中要求进行。

6.2.2.2　非目标菌（选择性）半定量测试方法

按照 6.1.2.2 中要求进行。

6.2.3　非选择性增菌培养基、选择性增菌培养基和选择性液体计数培养基的定性测试方法

6.2.3.1　培养基的制备

将培养基分装试管，每管 10mL。

6.2.3.2　工作菌悬液的制备

将标准储备菌株接种到非选择性肉汤培养过夜，进行 10 倍系列稀释至 10^{-3}，或采用其他方法，制备成 10^{5}～10^{7}CFU/mL 的菌悬液作为工作菌悬液。

6.2.3.3　接种

用1μL接种环取一环工作菌悬液直接接种到用于性能测试的液体培养基中，按适合的培养时间和温度进行培养。

6.2.3.4　结果解释

用目测的浊度值（如0～2）评估培养基：

——0表示无混浊；

——1表示很轻微的混浊；

——2表示严重的混浊。目标菌的浊度值应为2，非目标菌的浊度值应为0或1。

有时可以观察到微生物生长后聚集成细胞团，沉积在试管或瓶子底部，发生这种情况时，小心振荡试管后再进行观察。选择性液体计数培养基目标菌应有产气现象，非目标菌无产气现象。

6.2.4　悬浮培养基和运输培养基的定性测试方法

6.2.4.1　培养基的制备

按照6.1.6.1中要求进行。

6.2.4.2　工作菌悬液的制备

将标准储备菌株接种到非选择性肉汤培养过夜作为工作菌悬液。

6.2.4.3　接种

用1μL接种环取一环工作菌悬液直接接种到装有待测培养基的试管中，混匀后，立即用10μL接种环取一环工作菌培养物划平行线接种平板，按标准方法中规定的培养时间和温度培养。

剩余已接种菌液的待测培养基置20～25℃放置45min后，再用10μL接种环取一环工作菌培养物划平行线接种平板，按标准方法中规定的培养时间和温度培养。如保存条件有特殊要求的待测培养基，参照附录G培养基质量控制标准要求放置或培养后再进行划线接种。

6.2.4.4　结果观察与解释

接种前后平板上目标菌的生长情况应均为良好。

6.2.5　Mueller－Hinton血琼脂的测试方法

按照6.1.7中要求进行。

6.2.6　鉴定培养基的测试方法

按照6.1.8中要求进行。

6.2.7　实验试剂的测试方法

按照6.1.9中要求进行。

7　测试结果的记录

7.1　制造商信息

培养基制造商或供应商应按客户的要求提供培养基常规信息和相关测试菌株生长特性信息。

7.2　溯源性

按照质量体系的要求，对所有培养基性能测试的数据归档，并在有效期内进行适当的保存。建议使用测试结果记录单（见附录G）进行文件记录并评价测试结果。

附录 A　培养基的不正确配制出现的质量问题及原因分析

培养基的不正确配制出现的质量问题及原因分析见表 A. 1。

表 A. 1　常见质量问题与解答

异常现象	可能原因
培养基不能凝固	制备过程中过度加热 低 pH 造成培养基酸解 称量不正确 琼脂未完全溶解 培养基成分未充分混匀
pH 值不正确	制备过程中过度加热 水质不佳 外部化学物质污染 测定 pH 值时温度不正确 pH 计未正确校准 脱水培养基质量差
颜色异常	制备过程中过度加热 水质不佳 pH 不正确 外来污染 脱水培养基质量差
产生沉淀	制备过程中过度加热 水质不佳 脱水培养基质量差 pH 未正确控制 原料中的杂质
培养基出现抑制/低的生长率	制备过程中过度加热 脱水培养基质量差 水质不佳 使用成分不正确，如，成分称量不准，添加剂浓度不正确 制备容器或水中的有毒残留物
选择性差	制备过程中过度加热 脱水培养基质量差 配方使用不对 添加成分的加入不正确，例如加入添加成分时培养基过热或添加浓度错误 添加剂污染
污染	不适当的灭菌 无菌操作技术存在问题 添加剂污染

附录 B　标准储存菌株和工作菌株的制备

B. 1　图 B. 1 给出了从标准菌株制备标准储存菌株的流程

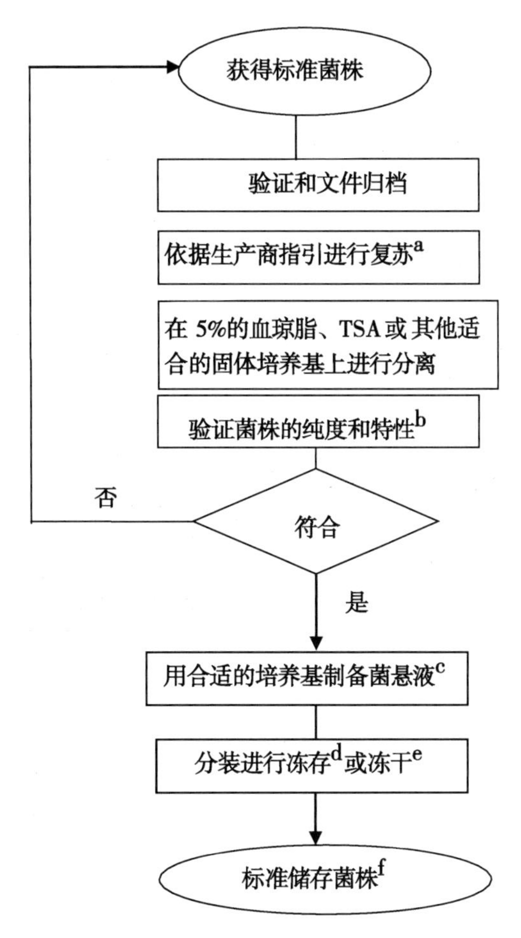

a. 通常悬浮于营养肉汤中适宜时间进行复苏。
b. 验证菌落形态和革兰氏染色或用生化试验进行鉴定。
c. 例如，TSB 添加10%~15%甘油作为冷冻保护培养基。
d. 冻存管可含有多孔的小珠子。
e. 在不高于-70℃低温冷冻保存可延长保存的时间。禁止采用较高的温度保存。
f. 可作为工作菌株来使用。

图 B. 1　制作标准储存菌株的流程

B. 2　图 B. 2 给出了从标准储存菌株制备工作菌株的流程

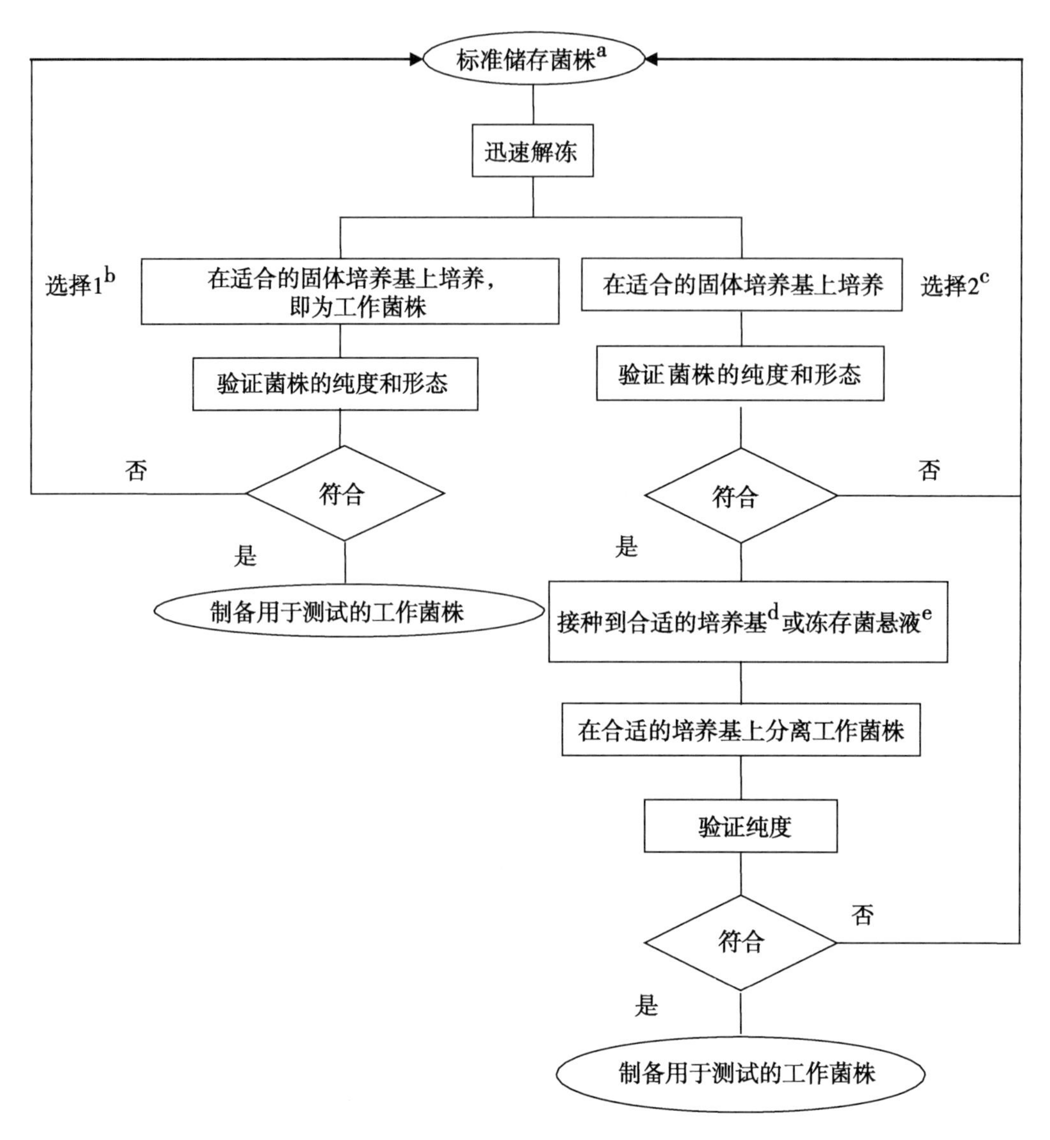

a. 如果标准储存菌株来源于别处，应加以验证及归档。

b. 此流程更合适。

c. 此流程对某些菌株是必须的，如定量试验。对所有阶段进行归档。

d. 例如，可接种到TSA斜面、TSA血琼脂斜面或其他合适的培养基，培养24h，然后在合适的温度(依据不同微生物在18~25℃或2~8℃)可存放4周。

e. 例如，TSB添加10%~15%甘油作为冷冻保护培养基。在不高于−70℃低温冷冻保存可延长保存的时间。禁止采用较高的温度保存。

图 **B. 2**　制作工作菌株的流程

附录 C　食品安全微生物检验标准中指定的培养基成分

C.1　蛋白胨

酶解酪蛋白：包括胃蛋白酶消化的酪蛋白和胰蛋白酶消化的酪蛋白与胰蛋白胨。
酶解大豆粉。
酶解动物组织：包括肉胨、胃蛋白酶消化的肉组织和胰酶消化的肉组织。
心酶解物。
酶解明胶。
酶解动物组织、植物组织：包括蛋白际、胨。

C.2　浸膏

肉浸膏。
脑心浸膏。
酵母浸膏。
细菌学牛胆汁。
胆盐。
3 号胆盐。

C.3　琼脂

细菌学琼脂。

C.4　其他

卵黄乳液。
脱脂奶粉。
酸水解酪蛋白。

附录D　生产商及实验室自制培养基和试剂的质量控制标准

生产商及实验室自制培养基和试剂的质量控制标准见表D.1～表D.9。

表D.1　非选择性分离和计数固体培养基质量控制标准

培养基	状态	功能分类	质控指标	培养条件	质控菌株	参比培养基	方法	质控评定标准	特征性反应
胰蛋白胨大豆琼脂	固体	非选择性分离	生长率	36℃±1℃ 24h±2h	大肠埃希氏菌ATCC 25922	TSA	定量	PR≥0.7	—
					粪肠球菌ATCC 29212				—
MC培养基	固体	非选择性计数	生长率	36℃±1℃ 48h±2h	嗜热链球菌IFFI6038	MC培养基	定量	PR≥0.7	中等偏小，边缘光滑的红色菌落，可有淡淡的晕
MRS培养基	固体	非选择性计数	生长率	36℃±1℃ 48h±2h	德氏乳杆菌保加利亚亚种CICC6032	MRS培养基	定量	PR≥0.7	圆形凸起，中等大小，边缘整齐，无色不透明
					嗜热链球菌IFFI6038				圆形凸起，菌落偏小，边缘整齐，无色不透明
					婴儿双歧杆菌CICC 6069（厌氧培养）				圆形，中等大小，边缘整齐，瓷白色
3%氯化钠胰蛋白胨大豆琼脂（TSA）	固体	非选择性分离	生长率	36℃±1℃ 18～24h	副溶血性弧菌ATCC17802	3%氯化钠TSA	定量	PR≥0.7	无色半透明菌落
					创伤弧菌落ATCC 27562				
营养琼脂	固体	非选择性分离	生长率	36℃±1℃ 24h	大肠埃希氏菌ATCC 25922	TSA	定量	PR≥0.7	—
					金黄色葡萄球菌ATCC 6538				
					枯草芽孢杆菌ATCC6633				
含0.6%酵母浸膏的胰酪胨大豆琼脂（TSA-YE）	固体	非选择性分离	生长率	30℃±1℃ 24～48h	单核细胞增生李斯特氏菌ATCC 19115	TSA	定量	PR≥0.7	—
平板计数琼脂（PCA）	固体	非选择性计数	生长率	36℃±1℃ 48h±2h	大肠埃希氏菌ATCC 25922	TSA	定量	PR≥0.7	—
					金黄色葡萄球菌ATCC 6538				
					枯草芽孢杆菌ATCC 6633				

表D.2　选择性分离和计数固体培养基质量控制标准

培养基	状态	功能分类	质控指标	培养条件	质控菌株	参比培养基	方法	质控评定标准	特征性反应
亚硫酸铋琼脂（BS）	固体	选择性分离	生长率	36℃±1℃ 40～48h	伤寒沙门氏菌CMCC（B）50071	TSA	定量	PR≥0.5	黑色菌落，有金属光泽
					鼠伤寒沙门氏菌ATCC14028				黑色或灰绿色菌落，有金属光泽
			选择性		大肠埃希氏菌ATCC 25922	—	半定量	G≤1	—
					粪肠球菌ATCC 29212				
HE琼脂	固体	选择性分离	生长率	36℃±1℃ 18～24h	鼠伤寒沙门氏菌ATCC14028	TSA	定量	PR≥0.5	绿-蓝色菌落，有黑心
					福氏志贺氏菌CMCC（B）51572				绿-蓝色菌落
			选择性		大肠埃希氏菌ATCC 25922	—	半定量	G<5	橙红色菌落，可有胆酸沉淀
					粪肠球菌ATCC 29212			G≤1	—

（续表）

培养基	状态	功能分类	质控指标	培养条件	质控菌株	参比培养基	方法	质控评定标准	特征性反应
木糖赖氨酸脱氧胆盐琼脂（XLD）	固体	选择性分离	生长率	36℃±1℃ 18~24h	鼠伤寒沙门氏菌 ATCC14028	TSA	定量	PR≥0.5	黑色菌落
					福氏志贺氏菌 CMCC（B）51572				无色菌落，无黑心
			选择性		大肠埃希氏菌 ATCC 25922	—	半定量	G<5	黄色菌落
					金黄色葡萄球菌 ATCC6538			G≤1	—
沙门氏菌显色培养基	固体	选择性分离	生长率	36℃±1℃ 18~24h	鼠伤寒沙门氏菌 ATCC14028	TSA	定量	PR≥0.5	按说明书判定
			特异性		大肠埃希氏菌 ATCC 25922	—	定性	—	按说明书判定
					奇异变形杆菌 CMCC（B）49005			—	按说明书判定
			选择性		粪肠球菌 ATCC 29212		半定量	G≤1	—
PALCAM 琼脂	固体	选择性分离	生长率	36℃±1℃ 24~48h	单核细胞增生李斯特氏菌 ATCC19115	TSA	定量	PR≥0.5	灰绿色菌落，中心凹陷黑色，周围有黑色
			选择性		大肠埃希氏菌 ATCC 25922	—	半定量	G≤1	—
					粪肠球菌 ATCC 29212				
麦康凯琼脂（MAC）	固体	选择性分离	生长率	36℃±1℃ 20~24h	大肠埃希氏菌 ATCC25922	TSA	定量	PR≥0.5	鲜桃红色或粉红色，可有胆酸沉淀
					福氏志贺氏菌 CMCC（B）51572				无色至浅粉红色，半透明棕色或绿色菌落
			选择性		金黄色葡萄球菌 ATCC6538	—	半定量	G≤1	—
阪崎肠杆菌显色培养基	固体	选择性分离	生长率	36℃±1℃ 24h±2h	阪崎肠杆菌 ATCC29544	TSA	定量	PR≥0.5	按说明书判定
			特异性		普通变形杆菌 CMCC（B）49027	—	定性	—	按说明书判定
					大肠埃希氏菌 ATCC 25922			—	按说明书判定
			选择性		粪肠球菌 ATCC 29212		半定量	G≤1	—
CIN-1 培养基	固体	选择性分离	生长率	26℃±1℃ 48h±2h	小肠结肠炎耶尔森氏菌 CMCC（B）52204	TSA	定量	PR≥0.5	红色牛眼状菌落
			特异性		大肠埃希氏菌 ATCC 25922	—	定性	—	圆形、粉红色菌，边缘有胆汁沉淀环
			选择性		金黄色葡萄球菌 ATCC6538		半定量	G≤1	—
改良 Y 培养基	固体	选择性分离	生长率	26℃±1℃ 48h±2h	小肠结肠炎耶尔森氏菌 CMCC（B）52204	TSA	定量	PR≥0.5	无色透明不黏稠菌落
			特异性		大肠埃希氏菌 ATCC 25922	—	定性	-	粉红色菌落
			选择性		金黄色葡萄球菌 ATCC6538		半定量	G≤1	—
伊红美蓝琼脂（EMB）	固体	选择性分离	生长率	36℃±1℃ 18~24h	大肠埃希氏菌 ATCC25922	TSA	定量	PR≥0.5	黑色菌落，具金属光泽
			特异性		鼠伤寒沙门氏菌 ATCC14028	—	定性	-	菌落呈无色、半透明
			选择性		金黄色葡萄球菌 ATCC6538	—	半定量	G<5	—
改良山梨醇麦康凯琼脂（CT-SMAC）	固体	选择性分离	生长率	36℃±1℃ 18~24h	大肠埃希氏菌 O157：H7NCTC12900	TSA	定量	PR≥0.5	无色菌落
			特异性		大肠埃希氏菌 ATCC25922	—	定性	—	粉红色菌落，周围有胆盐沉淀
			选择性		金黄色葡萄球菌 ATCC6538		半定量	G≤1	—

（续表）

培养基	状态	功能分类	质控指标	培养条件	质控菌株	参比培养基	方法	质控评定标准	特征性反应
O157 显色培养基	固体	选择性分离	生长率	36℃ ±1℃ 18 ~ 24h	大肠埃希氏菌 O157：H7NCTC12900	TSA	定量	PR≥0.5	按说明书判定
			特异性		大肠埃希氏菌 ATCC25922	—	定性	—	按说明书判定
			选择性		粪肠球菌 ATCC 29212		半定量	G≤1	—
					奇异变型杆菌 CMCC（B）49005	—	半定量	G≤1	—
李斯特氏菌显色培养基	固体	选择性分离	生长率	36℃ ±1℃ 24 ~ 48h	单核细胞增生李斯特氏菌 ATCC19115	TSA	定量	PR≥0.5	蓝绿色菌落，带白色晕环
			特异性		英诺克李斯特氏菌 ATCC33090		定性	—	蓝绿色菌落，无白色晕环
			选择性		大肠埃希氏菌 ATCC 25922	—	半定量	G≤1	—
					粪肠球菌 ATCC 29212				
志贺氏菌显色培养基	固体	选择性分离	生长率	36℃ ±1℃ 20 ~ 24h	福氏志贺氏菌 CMCC（B）51572	TSA	定量	PR≥0.5	白色，突起，无色素沉淀圈
					痢疾志贺氏菌 CMCC（B）51105				白色，突起，有清晰环，无色素沉淀圈
			特异性		大肠埃希氏菌 ATCC 25922	—	定性	—	黄色，有清晰环，无色素沉淀圈
					产气肠杆菌 ATCC13048				绿色菌落，无环和沉淀圈
			选择性		金黄色葡萄球菌 ATCC 6538		半定量	G≤1	—
改良 CCD（mCCD）琼脂	固体	选择性分离	生长率	42℃ ±1℃ 24 ~ 48h 微需氧	空肠弯曲菌 ATCC33291	无抗生素的 CCD	定量	PR≥0.5	菌落有光泽、潮湿、扁平，呈扩散生长倾向
			选择性	42℃ ±1℃ 24 ~ 48h	大肠埃希氏菌 ATCC 25922 金黄色葡萄球菌 ATCC 6538	—	半定量	G≤1	—
Skirrow 琼脂	固体	选择性分离	生长率	42℃ ±1℃ 24 ~ 48h， 微需氧	空肠弯曲菌 ATCC33291	无抗生素的 CCD	定量	PR≥0.5	菌落灰色、扁平、湿润有光泽，呈沿接种线向外扩散倾向
			选择性	42℃ ±1℃ 24 ~ 48h	大肠埃希氏菌 ATCC25922 金黄色葡萄球菌 ATCC 6538	—	半定量	G≤1	—
改良纤维二糖 - 多黏菌素 B - 多黏菌素 E（mCPC）琼脂	固体	选择性分离	生长率	39.5℃ ±0.5℃ 或 36℃ ±1℃ 18 ~ 24h	创伤弧菌 ATCC27562	3% 氯化钠 TSA	定量	PR≥0.1	圆形扁平，中心不透明，边缘透明的黄色菌落
			特异性		霍乱弧菌 VBO	—	定性	—	紫色菌落
			选择性		副溶血性弧菌 ATCC17802		半定量	G≤1	—
纤维二糖 - 多黏菌素 E（CC）琼脂	固体	选择性分离	生长率	39 ~ 40℃或 36℃ ±1℃ 18 ~ 24h	创伤弧菌 ATCC27562	3% 氯化钠 TSA	定量	PR≥0.5	圆形扁平，中心不透明，边缘透明的黄色菌落
			特异性		霍乱弧菌 VbO	—	定性	—	紫色菌落
			选择性		副溶血性弧菌 ATCC17802		半定量	G≤1	—
硫代硫酸钠 - 柠檬酸盐 - 胆盐 - 蔗糖琼脂（TCBS）	固体	选择性分离	生长率	36℃ ±1℃ 18 ~ 24h	副溶血性弧菌 ATCC17802	3% 氯化钠 TSA	定量	PR≥0.2	绿色菌落
			选择性		大肠埃希氏菌 ATCC 25922	—	半定量	G≤1	—

（续表）

培养基	状态	功能分类	质控指标	培养条件	质控菌株	参比培养基	方法	质控评定标准	特征性反应
弧菌显色培养基	固体	选择性分离	生长率	36℃±1℃ 18~24h	副溶血性弧菌 ATCC17802	3%氯化钠TSA	定量	PR≥0.5	按说明书判定
			特异性		霍乱弧菌 VbO	—	定性	—	按说明书判定
					溶藻弧菌 ATCC33787				按说明书判定
			选择性		大肠埃希氏菌 ATCC25922	—	半定量	G≤1	—
Baird-Parker琼脂	固体	选择性计数	生长率	36℃±1℃ 18~24h或 45~48h	金黄色葡萄球菌 ATCC25923	TSA	定量	PR≥0.7	菌落黑色凸起，周围有一混浊带，在其外层有一透明圈
			特异性		表皮葡萄球菌 CMCC（B）26069	—	定性	—	黑色菌落，无混浊带和透明圈
			选择性		大肠埃希氏菌 ATCC 25922	—	半定量	G≤1	—
结晶紫中性红胆盐琼脂（VRBA）	固体	选择性计数	生长率	36℃±1℃ 18~24h	大肠埃希氏菌 ATCC25922	TSA	定量	PR≥0.7	有或无沉淀环的紫红色或红色菌落
					弗氏柠檬酸杆菌 ATCC43864				
			选择性		粪肠球菌 ATCC 29212	—	半定量	G<5	—
VRB-MUG琼脂	固体	选择性计数	生长率	36℃±1℃ 18~24h	大肠埃希氏菌 ATCC25922	TSA	定量	PR≥0.7	带有沉淀环的紫红色或红色菌落，有荧光
			特异性		弗氏柠檬酸杆菌 ATCC43864	—	定性	—	可带有沉淀环的红色菌落，无荧光
			选择性		粪肠球菌 ATCC 29212		半定量	G<5	—
马铃薯葡萄糖琼脂（PDA）	固体	选择性计数	生长率	28℃±1℃5d	酿酒酵母 ATCC 9763	沙氏葡萄糖琼脂	定量	PR≥0.7	奶油色菌落
					黑曲霉 ATCC 16404				白色菌丝，黑色孢子
			选择性		大肠埃希氏菌 ATCC 25922	—	半定量	G≤1	—
					金黄色葡萄球菌 ATCC 6538				
孟加红培养基	固体	选择性计数	生长率	28℃±1℃5d	酿酒酵母 ATCC 9763	沙氏葡萄糖琼脂	定量	PR≥0.7	奶油色菌落
					黑曲霉 ATCC 16404				白色菌丝，黑色孢子
			选择性		大肠埃希氏菌 ATCC 25922	—	半定量	G≤1	—
					金黄色葡萄球菌 ATCC 6538				
莫匹罗星锂盐（Li-Mupirocin）改良MRS培养基	固体	选择性计数	生长率	36℃±1℃ 48h±2h 厌氧培养	婴儿双歧杆菌 CICC 6069	MRS培养基	定量	PR≥0.7	圆形凸起，边缘整齐，无色不透明
			选择性		德氏乳杆菌保加利亚亚种 CICC6032	—	半定量	G≤1	—
					嗜热链球菌 IFFI6038				
甘露醇卵黄多粘菌素琼脂（MYP）	固体	选择性计数	生长率	30℃±2℃ 24~48h	蜡样芽孢杆菌 CMCC（B）63303	TSA	定量	PR≥0.7	菌落为微粉红色，周围有淡粉红色沉淀环
			特异性		枯草芽孢杆菌 ATCC6633	—	定性	-	黄色菌落，无沉淀环
			选择性		大肠埃希氏菌 ATCC25922		半定量	G≤1	—
胰胨-亚硫酸盐-环丝氨酸琼脂（TSC）	固体	选择性计数	生长率	36℃±1℃ 20~24h 厌氧培养	产气荚膜梭菌 ATCC13124	TSC	定量	PR≥0.7	黑色菌落
			选择性		艰难梭菌 ATCC43593	—	半定量	G≤1	—

表 D.3　非选择性增菌培养基质量控制标准

培养基	状态	功能分类	质控指标	培养条件	质控菌株	接种计数培养基	方法	质控评定标准
含 0.6% 酵母浸膏的胰酪胨大豆肉汤（TSB－YE）	液体	非选择性增菌	生长率	30℃ ±1℃ 24～48h	单核细胞增生李斯特氏菌 ATCC 19115	TSA	半定量	混浊度 2
液体硫乙醇酸盐培养基（FTG）	液体	非选择性增菌	生长率	36℃ ±1℃ 18～24h	产气荚膜梭菌 ATCC13124	哥伦比亚琼脂	半定量	混浊度 2
缓冲蛋白胨水（BP）	液体	非选择性增菌	生长率	36℃ ±1℃ 8h	鼠伤寒沙门氏菌 ATCC14028	TSA	半定量	取 10μL 增菌液倾注 TSA 平板 36℃ ±1℃培养 18～24h，在 TSA 上 >100CFU
脑心浸出液肉汤（BHI）	液体	非选择性增菌	生长率	36℃ ±1℃ 18～24h	金黄色葡萄球菌 ATCC6538	TSA	半定量	混浊度 2
布氏肉汤	液体	非选择性增菌	生长率	42℃ ±1℃ 48h ±2h，微需氧	空肠弯曲菌 ATCC33291	无抗生素的 CCD	半定量	混浊度 1～2

表 D.4　选择性增菌培养基质量控制标准

培养基	状态	功能分类	质控指标	培养条件	质控菌株	接种计数培养基	方法	质控评定标准	特征性反应
李氏增菌肉汤（LB1，LB2）	液体	选择性增菌	生长率	30℃ ± 1℃24h	单核细胞增生李斯特氏菌 ATCC 19115 ＋大肠埃希氏菌 ATCC 25922 ＋粪肠球菌 ATCC 29212	TSA	半定量（LB2 目标菌接种量为 300～500 CFU）	在 PALCAM 上 >10CFU，培养基变黑	灰色至黑色菌落，带有黑色晕环
			选择性		大肠埃希氏菌 ATCC 25922			在 TSA 上 <100CFU	—
					粪肠球菌 ATCC29212				
Bolton 肉汤	液体	选择性增菌	生长率	42℃ ±1℃ 24～48h 微需氧培养	空肠弯曲菌 ATCC33291 ＋金黄色葡萄球菌 ATCC6538 ＋大肠埃希氏菌 ATCC25922	无抗生素的 CCD	半定量	空肠弯曲菌在改良 CCD 平板上 >10CFU	菌落呈灰白色
			选择性		金黄色葡萄球菌 ATCC6538	TSA		在 TSA 上 <100CFU	—
					大肠埃希氏菌 ATCC25922				
四硫黄酸钠煌绿增菌液（TTB）	液体	选择性增菌	生长率	42℃ ±1℃ 18～24h	鼠伤寒沙门氏菌 ATCC14028 ＋大肠埃希氏菌 ATCC25922 ＋铜绿假单胞菌 ATCC 27853	TSA	半定量	在 XLD 上 >10CFU	菌落无色半透明，有黑心
			选择性		大肠埃希氏菌 ATCC 25922			在 TSA 上 <100CFU	—
					粪肠球菌 ATCC29212				
亚硒酸盐胱氨酸增菌液（SC）	液体	选择性增菌	生长率	36℃ ±1℃ 18～24h	鼠伤寒沙门氏菌 ATCC14028 ＋大肠埃希氏菌 ATCC25922 ＋铜绿假单胞菌 ATCC 27853	TSA	半定量	在 XLD 上 >10CFU	菌落无色半透明，有黑心
			选择性		大肠埃希氏菌 ATCC 25922			在 TSA 上 <100CFU	—
					粪肠球菌 ATCC 29212				

（续表）

培养基	状态	功能分类	质控指标	培养条件	质控菌株	接种计数培养基	方法	质控评定标准	特征性反应
10%氯化钠胰酪胨大豆肉汤	液体	选择性增菌	生长率	36℃±1℃ 18~24	金黄色葡萄球菌ATCC 6538 +大肠埃希氏菌ATCC 25922	TSA	半定量	在Baird-Parker上>10CFU	菌落黑色凸起，周围有一混浊带，在其外层有一透明圈
			选择性		大肠埃希氏菌ATCC 25922			在TSA上<100CFU	—
7.5%氯化钠胰酪胨大豆肉汤	液体	选择性增菌	生长率	36℃±1℃ 18~24h	金黄色葡萄球菌ATCC 6538 +大肠埃希氏菌ATCC 25922	TSA	半定量	在Baird-Parker上>10CFU	菌落黑色凸起，周围有一混浊带，在其外层有一透明圈
			选择性		大肠埃希氏菌ATCC 25922			在TSA上<100CFU	—
改良磷酸盐缓冲液	液体	选择性增菌	生长率	26℃±1℃ 48~72h	小肠结肠炎耶尔森氏菌CMCC（B）52204 +粪肠球菌ATCC29212 +铜绿假单胞菌ATCC27853	TSA	半定量	在改良Y平板上>10CFU	菌落圆形、无色透明，不黏稠
			选择性		金黄色葡萄球菌ATCC 6538 粪肠球菌ATCC29212			在TSA上<100CFU	—
改良月桂基硫酸盐胰蛋白胨肉汤-万古霉素	液体	选择性增菌	生长率	44℃±0.5℃ 24h±2h	阪崎肠杆菌ATCC29544 +大肠埃希氏菌ATCC25922 +粪肠球菌ATCC 29212	TSA	半定量	在阪崎肠杆菌显色培养基上>10CFU	绿-蓝色菌落或按说明书判定
			选择性		大肠埃希氏菌ATCC 25922 粪肠球菌ATCC 29212			在TSA上<100CFU	—
胰酪胨大豆多粘菌素肉汤	液体	选择性增菌	生长率	30℃±1℃ 24~48h	蜡样芽孢杆菌CMCC（B）63303 +大肠埃希氏菌ATCC 25922	TSA	半定量	在MYP上>10CFU	菌落为微粉红色，周围有淡粉红色沉淀环
			选择性		大肠埃希氏菌ATCC 25922			在TSA上<100CFU	—
志贺氏菌增菌肉汤（shigellabroth）	液体	选择性增菌	生长率	41.5℃±0.5℃ 18h±2h 厌氧培养	福氏志贺氏菌CMCC（B）51572 +金黄色葡萄球菌ATCC6538	TSA	半定量	在XLD上>10CFU	无色至粉红色，半透明菌落
			选择性		金黄色葡萄球菌ATCC6538			在TSA上<100CFU	—
GN增菌液	液体	选择性增菌	生长率	36℃±1℃8h	福氏志贺氏菌CMCC（B）51572 +粪肠球菌ATCC29212	TSA	半定量	在HE琼脂上>10CFU	菌落呈绿-蓝色
			选择性		粪肠球菌ATCC29212			在TSA上<100CFU	—
3%氯化钠碱性蛋白胨水	液体	选择性增菌	生长率	36℃±1℃8h	副溶血性弧菌ATCC17802 +大肠埃希氏菌ATCC25922	3%TSA	半定量	在弧菌显色培养基平板上>10CFU	品红色菌落或按说明书判定
			选择性		大肠埃希氏菌ATCC25922	TSA		在TSA上<100CFU	—
改良EC肉汤（mEC+n）	液体	选择性增菌	生长率	36℃±1℃ 18~24h	大肠杆菌O157：H7NCTC12900 +粪肠球菌ATCC29212	TSA	半定量	在CT-SMAC上>10CFU	菌落无色，中心灰褐色
			选择性		粪肠球菌ATCC29212			在TSA上<100CFU	—
改良麦康凯（CT-MAC）肉汤	液体	选择性增菌	生长率	36℃±1℃ 17~19h	大肠杆菌O157：H7NCTC12900 +大肠埃希氏菌ATCC25922 +金黄色葡萄球菌ATCC 6538	TSA	半定量	在CT-SMAC上>10CFU	菌落无色，中心灰褐色
			选择性		大肠埃希氏菌ATCC25922 金黄色葡萄球菌ATCC 6538			在TSA上<100CFU	—

表 D.5　选择性液体计数培养基质量控制标准

培养基	状态	功能分类	质控指标	培养条件	质控菌株	接种计数培养基	方法	质控评定标准
月桂基磺酸盐胰蛋白胨肉汤（LST）	液体	选择性液体计数	生长率	36℃±1℃ 24~48h	大肠埃希氏菌 ATCC 25922	TSA	半定量	混浊度2，且气体充满管内1/3
					弗氏柠檬酸杆菌 ATCC43864			
			选择性		粪肠球菌 ATCC 29212			混浊度0（不生长）
煌绿乳糖胆盐肉汤（BGLB）	液体	选择性液体计数	生长率	36℃±1℃ 24~48h	大肠埃希氏菌 ATCC 25922	TSA	半定量	混浊度2，且气体充满管内1/3
					弗氏柠檬酸杆菌 ATCC43864			
			选择性		粪肠球菌 ATCC 29212			浑浊度0（不生长）或浑浊度1（微弱生长），不产气
EC肉汤	液体	选择性液体计数	生长率	44.5℃±0.2℃ 24~48h	大肠埃希氏菌 ATCC25922	TSA	半定量	混浊度2，且气体充满管内1/3
			选择性		粪肠球菌 ATCC 29212			浑浊度0（不生长）

表 D.6　悬浮培养基和运输培养基培养基质量控制标准

培养基	状态	功能分类	质控指标	培养条件	质控菌株	接种计数培养基	方法	质控评定标准
磷酸盐缓冲液（PBS）	液体	悬浮培养基	生长率	20~25℃ 45min	大肠埃希氏菌 ATCC 25922	TSA	定量	接种前后菌落数变化在±50%
					金黄色葡萄球菌 ATCC 6538			
3%氯化钠溶液	液体	悬浮培养基	生长率	20~25℃ 45min	副溶血性弧菌 ATCC17802	3%TSA	定量	接种前后菌落数变化在±50%
0.1%蛋白胨水	液体	悬浮培养基	生长率	20~25℃ 45min	产气荚膜梭菌 ATCC 13124	哥伦比亚琼脂	定量	接种前后菌落数变化在±50%
缓冲甘油-氯化钠溶液	液体	运输培养基	生长率	-60℃ 24h	产气荚膜梭菌 ATCC 13124	哥伦比亚琼脂	定量	接种前后菌落数变化在±50%

表 D.7　Mueller Hinton 血琼脂质量控制标准

培养基	状态	功能分类	质控指标	培养条件	质控菌株	方法	质控评定标准
MuellerHinton 血琼脂	固体	药敏试验培养基	生化特性	36℃±1℃ 22h±2h，微需氧培养	空肠弯曲菌 ATCC33291	定性	头孢唑林钠纸片无抑菌圈，萘啶酮酸纸片有抑菌圈

表 D.8　鉴定培养基和实验试剂质量控制标准

培养基	状态	功能分类	质控指标	培养条件	质控菌株	方法	质控评定标准
三糖铁琼脂（TSI）	高层斜面	鉴定	生化特性	36℃±1℃24h	大肠埃希氏菌 ATCC 25922	定性	生长良好，A/A；产气；不产硫化氢 a
					肠炎沙门氏菌 CMCC（B）50335		生长良好，K/A；产气；产硫化氢 a，b
					福氏志贺氏菌 CMCC（B）51572		生长良好，K/A；不产气；不产硫化氢
					铜绿假单胞菌 ATCC 27853		生长良好，K/K；不产气；不产硫化氢
西蒙氏柠檬酸盐培养基	斜面	鉴定	生化特性	36℃±1℃ 24h±2h	肺炎克雷伯氏菌 CMCC（B）46117	定性	生长良好，培养基变蓝
					宋内志贺氏菌 CMCC（B）51592		生长不良或不长，培养基不变色
尿素琼脂（pH7.2）	斜面	鉴定	生化特性	36℃±1℃ 24h	普通变形杆菌 CMCC（B）49027	定性	生长良好，培养基变桃红色
					大肠埃希氏菌 ATCC 25922		生长良好，培养基变黄色

（续表）

培养基	状态	功能分类	质控指标	培养条件	质控菌株	方法	质控评定标准
醋酸盐利用试验	斜面	鉴定	生化特性	36℃±1℃ 24~48h	大肠埃希氏菌ATCC25922	定性	阳性，培养基变蓝色
					宋内志贺氏菌CMCC（B）51592		阴性，培养基不变色（绿色）
3%氯化钠三糖铁琼脂（TSI）	高层斜面	鉴定	生化特性	36℃±1℃ 18~24h	副溶血性弧菌ATCC17802	定性	生长良好，斜面变红，底部变黄
					溶藻弧菌ATCC33787		生长良好，斜面和底部均变黄
改良克氏双糖	高层斜面	鉴定	生化特性	26℃±1℃24h	小肠结肠炎耶尔森氏菌CMCC（B）52204	定性	生长良好，A/A；不产气；不产硫化氢[a]
					鼠伤寒沙门氏菌ATCC14028		生长良好，A/A；产气，产硫化氢
					福氏志贺氏菌CMCC（B）51572		生长良好，K/A；不产气，不产硫化氢[a,b]
					粪产碱杆菌CMCC（B）40001		生长良好，K/K；不产气，不产硫化氢
邻硝基酚β-D半乳糖苷培养基（ONPG）	液体	鉴定	生化特性	36℃±1℃ 24h	肺炎克雷伯氏菌CMCC 46117	定性	阳性，培养基变深黄色
					伤寒沙门氏菌CMCC（B）50071		阴性，培养基无色或浅黄色
蛋白胨水（靛基质试验）	液体	鉴定 实验试剂	生化特性	36℃±1℃ 18~24h	大肠埃希氏菌ATCC 25922	定性	阳性，滴加靛基质试剂，显红色
					产气肠杆菌ATCC13048		阴性，滴加靛基质试剂，黄色
氰化钾培养基（KCN）	液体	鉴定	生化特性	36℃±1℃ 24h	普通变形杆菌CMCC（B）49027	定性	生长良好，培养基混浊
					伤寒沙门氏菌CMCC（B）50071		不生长，澄清
氰化钾对照培养基（KCN）	液体	鉴定	生化特性	36℃±1℃ 24h	普通变形杆菌CMCC（B）49027	定性	生长良好，培养基混浊
					伤寒沙门氏菌CMCC（B）50071		生长良好，培养基混浊
葡萄糖铵培养基	斜面	鉴定	生化特性	36℃±1℃ 20~24h	鼠伤寒沙门氏菌ATCC14028	定性	生长良好，培养基变黄
					福氏志贺氏菌CMCC（B）51572		不生长，培养基不变色
缓冲葡萄糖蛋白胨水［甲基红（MR）和V-P试验］	液体	鉴定 实验试剂	生化特性	36℃±1℃48h	大肠埃希氏菌ATCC 25922	定性	生长良好，滴加MR试剂1滴，培养基变红。滴加VP甲液0.5mL和乙液0.2mL，20min内液面不显红色
					产气肠杆菌ATCC13048		生长良好，滴加MR试剂1滴，培养基不变色。滴加P甲液0.5mL和乙液0.2mL，20min内液面显红色
鼠李糖发酵管	液体	鉴定	生化特性	36℃±1℃ 24h±2h	单核细胞增生李斯特氏菌ATCC 19115	定性	阳性，培养基变黄
					伤寒沙门氏菌CMCC（B）50071		阴性，培养基颜色不变
0.5%蔗糖发酵管 0.5%纤维二糖发酵管 0.5%麦芽糖发酵管 0.5%甘露醇发酵管 0.5%水杨苷发酵管 0.5%山梨醇发酵管 0.5%棉子糖发酵管 七叶苷发酵管	液体	鉴定	生化特性	36℃±1℃24h	植物乳杆菌GIM1.140	定性	阳性，培养基变黄
					德氏乳杆菌保加利亚亚种CICC6032		阴性，培养基紫色不变
L-赖氨酸脱羧酶培养基	液体	鉴定	生化特性	36℃±1℃，24h±2h以灭菌液体石蜡覆盖培养基表面	鼠伤寒沙门氏菌ATCC14028	定性	阳性，培养基呈紫色
					普通变形杆菌CMCC（B）49027		阴性，培养基呈黄色
L-鸟氨酸脱羧酶试验培养基	液体	鉴定	生化特性	36℃±1℃，24h±2h以灭菌液体石蜡覆盖培养基表面	鼠伤寒沙门氏菌ATCC14028	定性	阳性，培养基呈紫色
					普通变形杆菌CMCC（B）49027		阴性，培养基呈黄色

（续表）

培养基	状态	功能分类	质控指标	培养条件	质控菌株	方法	质控评定标准
氨基酸脱羧酶对照	液体	鉴定	生化特性	36℃±1℃，24h±2h 以灭菌液体石蜡覆盖培养基表面	与各种氨基酸脱羧酶的阳性和阴性质控菌株对应	定性	生长良好，培养基呈黄色
L-精氨酸双水解酶培养基	液体	鉴定	生化特性	36℃±1℃，24h±2h 以灭菌液体石蜡覆盖培养基表面	鼠伤寒沙门氏菌ATCC14028	定性	阳性，培养基呈紫色
					普通变形杆菌CMCC（B）49027		阴性，培养基呈黄色
精氨酸双水解酶对照	液体	鉴定	生化特性	36℃±1℃，24h±2h 以灭菌液体石蜡覆盖培养基表面	鼠伤寒沙门氏菌ATCC14028	定性	生长良好，培养基呈黄色
硝酸盐肉汤	液体	鉴定	生化特性	30℃±1℃ 24~48h	蜡样芽孢杆菌CMCC（B）63303	定性	阳性，滴加硝酸盐还原试剂甲、乙液各2~3滴，培养基变红棕色
					硝酸盐阴性不动杆菌CMCC（B）25001		阴性，滴加硝酸盐还原试剂甲、乙液各2~3滴，培养基不变色
葡萄糖发酵管	液体	鉴定	生化特性	36℃±1℃ 24h	大肠埃希氏菌ATCC25922	定性	阳性，培养基变黄
					粪产碱杆菌CMCC（B）40001		阴性，培养基不变色
甘露醇发酵管	液体	鉴定	生化特性	36℃±1℃ 24h	大肠埃希氏菌ATCC25922	定性	阳性，培养基变黄色
					普通变形杆菌CMCC（B）49027		阴性，培养基颜色不变
木糖发酵管	液体	鉴定	生化特性	36℃±1℃ 24h	肺炎克雷伯氏菌CMCC（B）46117	定性	阳性，培养基变黄色
					单核细胞增生李斯特氏菌ATCC 19115		阴性，养基颜色不变
蔗糖发酵管	液体	鉴定	生化特性	36℃±1℃ 24h	普通变形杆菌CMCC（B）49027	定性	阳性，培养基呈黄色
					鼠伤寒沙门氏菌ATCC14028		阴性，培养基颜色不变
纤维二糖发酵管	液体	鉴定	生化特性	36℃±1℃ 24h	肺炎克雷伯氏菌CMCC（B）46117	定性	阳性，培养基呈黄色
					大肠埃希氏菌ATCC25922		阴性，培养基颜色不变
麦芽糖发酵管	液体	鉴定	生化特性	36℃±1℃ 24h	伤寒沙门氏菌CMCC（B）50071	定性	阳性，培养基呈黄色
					铜绿假单胞菌ATCC9027		阴性，培养基颜色不变
水杨苷发酵管	液体	鉴定	生化特性	36℃±1℃ 24h	肺炎克雷伯氏菌CMCC（B）46117	定性	阳性，培养基变黄
					伤寒沙门氏菌CMCC（B）50071		阴性，培养基不变色
山梨醇发酵管	液体	鉴定	生化特性	36℃±1℃ 24h	肺炎克雷伯氏菌CMCC（B）46117	定性	阳性，培养基变黄色
					宋内志贺氏菌CMCC（B）51592		阴性，培养基颜色不变
棉籽糖	液体	鉴定	生化特性	36℃±1℃ 24h	肺炎克雷伯氏菌CMCC（B）46117	定性	阳性，培养基呈黄色
					普通变形杆菌CMCC（B）49027		阴性，培养基颜色不变
黏液酸利用试验	液体	鉴定	生化特性	36℃±1℃ 24~48h	大肠埃希氏菌ATCC25922	定性	阳性，培养基呈黄色
					福氏志贺氏菌CMCC（B）51572		阴性，养基颜色不变
含铁牛乳培养基	液体	鉴定	生化特性	46℃±0.5℃ 2h与5h均观察	产气荚膜梭菌ATCC 13124	定性（接种生长旺盛的FT培养液1mL）	暴烈发酵
					大肠埃希氏菌ATCC 25922		不发酵
无盐胨水	液体	鉴定	生化特性	36℃±1℃ 24h	霍乱弧菌VbO	定性	生长良好，混浊
					副溶血性弧菌ATCC17802		不生长，澄清

（续表）

培养基	状态	功能分类	质控指标	培养条件	质控菌株	方法	质控评定标准
3%氯化钠胨水	液体	鉴定	生化特性	36℃±1℃ 24h	副溶血性弧菌ATCC17802	定性	生长良好，混浊
					创伤弧菌ATCC27562		生长良好，混浊
6%氯化钠胨水	液体	鉴定	生化特性	36℃±1℃ 24h	副溶血性弧菌ATCC17802	定性	生长良好，混浊
					嗜水气单胞菌As1.172		不生长，澄清
8%氯化钠胨水	液体	鉴定	生化特性	36℃±1℃ 24h	副溶血性弧菌ATCC17802	定性	生长良好，混浊
					创伤弧菌ATCC27562		不生长，澄清
10%氯化钠胨水	液体	鉴定	生化特性	36℃±1℃ 24h	溶藻弧菌ATCC33787	定性	生长良好，混浊
					副溶血性弧菌ATCC17802		不生长，澄清
3.0%氯化钠甘露醇	液体	鉴定	生化特性	36℃±1℃ 24~48h	副溶血性弧菌ATCC17802	定性	阳性，培养基变黄色
					普通变形杆菌CMCC（B）49027		阴性，培养基颜色不变
3.0%氯化钠赖氨酸脱羧酶	液体	鉴定	生化特性	36℃±1℃，24~48h以灭菌液体石蜡覆盖培养基表面	副溶血性弧菌ATCC17802	定性	阳性，培养基变紫色
					普通变形杆菌CMCC（B）49027		阴性，培养基变黄色
3.0%氯化钠氨基酸脱羧酶对照	液体	鉴定	生化特性	36℃±1℃ 24~48h	副溶血性弧菌ATCC17802	定性	生长良好，培养基变黄色
					普通变形杆菌CMCC（B）49027		生长良好，培养基变黄色
七叶苷发酵管	液体	鉴定	生化特性	36℃±1℃ 24h	肺炎克雷伯氏菌CMCC（B）46117	定性	阳性，培养基变棕黑色
					奇异变形杆菌CMCC（B）49005		阴性，培养基颜色不变
3.0%氯化钠MR-VP培养基	液体	鉴定	生化特性	36℃±1℃ 48h	产气肠杆菌ATCC13048	定性	MR试验阴性，滴加MR试剂1滴培养基呈黄色
					副溶血性弧菌ATCC17802		MR试验阳性，滴加MR试剂1滴培养基呈红色 V-P试验阴性，滴加0.6mL甲液及0.2mL乙液，培养基不变色
					溶藻弧菌ATCC33787		V-P试验阳性，滴加0.6mL甲液及0.2mL乙液，培养基呈红色
乳糖发酵管	液体	鉴定	生化特性	36℃±1℃ 24h	大肠埃希氏菌ATCC25922	定性	阳性，培养基变黄色
					伤寒沙门氏菌CMCC（B）50071		阴性，培养基颜色不变
Koser氏柠檬酸盐肉汤	液体	鉴定	生化特性	36℃±1℃ 18~96h	弗氏柠檬酸杆菌ATCC43864	定性	生长良好，培养基混浊
					大肠埃希氏菌ATCC25922		不生长，培养基澄清
SIM动力培养基	半固体	鉴定	生化特性	36℃±1℃ 24~48h	大肠埃希氏菌ATCC25922	定性	硫化氢-动力+/-靛基质+
					伤寒沙门氏菌CMCC（B）50071		硫化氢+/-动力+靛基质-
动力培养基	半固体	鉴定	生化特性	30℃±1℃ 24~48h	蜡样芽孢杆菌CMCC（B）63303	定性	阳性，扩散生长
					蕈状芽孢杆菌ATCC10206		阴性，沿穿刺线生长
明胶培养基	固体	鉴定	生化特性	36℃±1℃ 72h	铜绿假单胞菌ATCC9027	定性	2~8℃呈液态
					大肠埃希氏菌ATCC25922		2~8℃呈固态
兔血浆	固体	鉴定	生化特性	36℃±1℃ 4~6h	金黄色葡萄球菌ATCC 6538	定性(接种培养18~24h的新鲜质控菌株肉汤1mL)	血浆凝固
					表皮葡萄球菌CMCC（B）26069		血浆不凝固
酪蛋白琼脂	固体	鉴定	生化特性	30℃±1℃ 24h	蜡样芽孢杆菌CMCC（B）63303	定性	菌落周围有透明圈，培养基颜色由绿变蓝
					大肠埃希氏菌ATCC 25922		菌落周围没有透明圈，培养基由绿变蓝

（续表）

培养基	状态	功能分类	质控指标	培养条件	质控菌株	方法	质控评定标准
缓冲动力－硝酸盐培养基	固体	鉴定	生化特性	36℃±1℃24h	产气荚膜梭菌ATCC13124	定性	沿穿刺线生长，加硝酸盐还原试剂甲乙液各2滴变红色
					硝酸盐阴性不动杆菌CMCC（B）25001		沿穿刺线生长，加硝酸盐还原试剂甲乙液各2滴不变色
					大肠埃希氏菌ATCC 25922		扩散生长，加硝酸盐还原试剂甲乙液各2滴变红色
妻氏血琼脂	固体	鉴定	生化特性	36℃±1℃ 24h	副溶血性弧菌ATCC33847	定性（点种接种）	菌落周围有半透明β溶血环
					副溶血性弧菌ATCC17802		无溶血
血琼脂平板 哥伦比亚血琼脂	固体	鉴定	特异性	36℃±1℃ 24h±2h	金黄色葡萄球菌ATCC 6538	定性（画线接种）	菌落周围有β溶血环
					蜡样芽孢杆菌CMCC（B）63303		菌落周围有α溶血环
蜜二糖	液体	鉴定	生化特性	36℃±1℃ 24h	阪崎肠杆菌ATCC29544	定性	阳性，培养基变黄
					小肠结肠炎耶尔森氏菌CMCC（B）52204		阴性，培养基不变色
MUG－LST	液体	鉴定	生化特性	36℃±1℃ 18～24h	大肠埃希氏菌O157：H7NCTC12900	定性	阴性，无荧光
					大肠埃希氏菌ATCC25922		阳性，有荧光
革兰氏染色液	液体	实验试剂	生化特性	—	金黄色葡萄球菌ATCC6538	定性	革兰氏阳性，紫色球状菌体
					大肠埃希氏菌ATCC25922		革兰氏阴性，红色杆状菌体
过氧化氢试剂	液体	实验试剂	生化特性	—	单核细胞增生李斯特氏菌ATCC19115	定性	阳性，产生气泡
					粪肠球菌ATCC29212		阴性，无气泡产生
氧化酶试剂	纸片	实验试剂	生化特性	—	铜绿假单胞菌ATCC9027	定性	阳性，出现紫红色至紫黑色
					大肠埃希氏菌ATCC25922		阴性，不变色
卫矛醇发酵管	液体	鉴定	生化特性	36℃±1℃ 24h	鼠伤寒沙门氏菌CMCC（B）50115	定性	阳性，培养基变黄
					伤寒沙门氏菌CMCC（B）50071		阴性，培养基不变色
丙二酸钠培养基	液体	鉴定	生化特性	36℃±1℃ 48h	产气肠杆菌ATCC13048	定性	阳性，培养基变蓝
					普通变形杆菌CMCC（B）49027		阴性，培养基不变色
伦比亚琼脂	平板	鉴定	生化特性	36℃±1℃，44h±4h，微需氧培养	空肠弯曲菌ATCC33291	定性（画线接种）	生长良好
				25℃±1℃，44h±4h，微需氧培养			不生长
				42℃±1℃，44h±4h，需氧培养			不生长
马尿酸钠溶液（茚三酮试剂）	液体	鉴定实验试剂	生化特性	36℃±1℃，水浴2h 或36℃±1℃ 培养箱4h	空肠弯曲菌ATCC33291	定性	阳性，滴加印三酮试剂0.2mL在36±1℃/水浴锅或培养箱10min，出现深紫色
					结肠弯曲菌ATCC43478		阴性，滴加印三酮试剂0.2mL在36±1℃/水浴锅或培养箱10min，黄色
吲哚乙酸酯纸片	纸片	实验试剂	生化特性	—	空肠弯曲菌ATCC33291	定性	阳性，5～10min内出现深蓝色

[a]A表示产酸，培养基变黄。
[b]K表示产碱，培养基变红。

表 D.9　质控菌株中文名和学名一览表

质控菌株中文名	质控菌株学名	质控菌株中文名	质控菌株学名
大肠埃希氏菌	*Escherichiacoli*	单核细胞增生李斯特氏菌	*Listeriamonocytogenes*
福氏志贺氏菌	*Shigellaflexneri*	英诺克李斯特氏菌	*Listeriainnocua*
痢疾志贺氏菌	*Shigelladysenteriae*	小肠结肠炎耶尔森氏菌	*Yersiniaenterocolitica*
宋内志贺氏菌	*Shigellasonnei*	弗氏柠檬酸杆菌	*Citrobacterfreundii*
阪崎肠杆菌	*Enterobactersakazakii*	婴儿双歧杆菌	*Bifidobacterium infantis*
产气肠杆菌	*Enterobacteraerogenes*	德氏乳杆菌保加利亚亚种	*Lactobacillus delbrueckii subsp. bulgaricus*
肺炎克雷伯氏菌	*Klebsiellapneumoniae*	粪产碱杆菌	*Alcaligenes faecalis*
伤寒沙门氏菌	*Salmonellatyphi*	植物乳杆菌	*Lactobacillus plantarum*
鼠伤寒沙门氏菌	*Salmonellatyphimurium*	硝酸盐阴性不动杆菌	*Acinetobacteranitratum*
肠炎沙门氏菌	*Salmonellaenteritidis*	创伤弧菌	*vibriovulnificus*
奇异变形杆菌	*Proteus mirabilis*	霍乱弧菌	*Vibriocholerae*
普通变形杆菌	*Proteus vulgaris*	副溶血性弧菌	*Vibrioparahaemolyticus*
空肠弯曲菌	*Campylobacterjejuni*	溶藻弧菌	*Vibrioalginolyticus*
结肠弯曲菌	*Campylobacter coli*	铜绿假单胞菌	*Pseudomonas aeruginosa*
嗜水气单胞菌	*Aeromonashydrophila*	枯草芽孢杆菌	*Bacillus subtilis*
粪肠球菌	*Enterococcus faecalis*	蕈状芽孢杆菌	*Bacillus mycoides*
金黄色葡萄球菌	*Staphylococcusaureus*	产气荚膜梭菌	*Clostridium perfringens*
表皮葡萄球菌	*Staphylococcus epidermidis*	艰难梭菌	*Clostridium difficile*
嗜热链球菌	*Streptococcus thermophilus*	酿酒酵母	*Saccharomyces cerevisiae*
蜡样芽孢杆菌	*Bacillus cereus*	黑曲霉	*Aspergillusniger*

附录 E 实验室使用商品化培养基和试剂的质量控制标准

实验室使用商品化培养基和试剂的质量控制标准见表 E. 1 ~ 表 E. 6。

表 E. 1 非选择性分离和计数固体培养基质量控制标准

培养基	状态	功能分类	质控指标	培养条件	质控菌株	半定量质控评定标准	特征性反应
胰蛋白胨大豆琼脂	固体	非选择性分离	生长率	36℃ ±1℃ 24h ±2h	大肠埃希氏菌 ATCC 25922	G≥6	—
					粪肠球菌 ATCC 29212		—
MC 培养基	固体	非选择性计数	生长率	36℃ ±1℃ 48h ±2h	嗜热链球菌 IFFI6038	G≥6	中等偏小，边缘光滑的红色菌落，可有淡淡的晕
MRS 培养基	固体	非选择性计数	生长率	36℃ ±1℃ 48h ±2h	德氏乳杆菌保加利亚亚种 CICC6032	G≥6	圆形凸起，中等大小，边缘整齐，无色不透明
					嗜热链球菌 IFFI6038		圆形凸起，菌落偏小，边缘整齐，无色不透明
					婴儿双歧杆菌 CICC 6069（厌氧培养）		圆形，中等大小，边缘整齐，瓷白色
3% 氯化钠胰蛋白胨大豆琼脂（TSA）	固体	非选择性分离	生长率	36℃ ±1℃ 18 ~24h	副溶血性弧菌 ATCC17802	G≥6	无色半透明菌落
					创伤弧菌落 ATCC 27562		
营养琼脂	固体	非选择性分离	生长率	36℃ ±1℃24h	大肠埃希氏菌 ATCC 25922	G≥6	—
					金黄色葡萄球菌 ATCC 6538		
					枯草芽孢杆菌 ATCC6633		
含 0. 6% 酵母浸膏的胰酪胨大豆琼脂（TSA - YE）	固体	非选择性分离	生长率	30℃ ±1℃ 24 ~48h	单核细胞增生李斯特氏菌 ATCC 19115	G≥6	—
平板计数琼脂（PCA）	固体	非选择性计数	生长率	36℃ ±1℃ 48h ±2h	大肠埃希氏菌 ATCC 25922	G≥6	—
					金黄色葡萄球菌 ATCC 6538		
					枯草芽孢杆菌 ATCC 6633		

表 E.2　选择性分离和计数固体培养基质量控制标准

培养基	状态	功能分类	质控指标	培养条件	质控菌株	半定量质控评定标准	特征性反应
亚硫酸铋琼脂（BS）	固体	选择性分离	生长率	36℃ ±1℃ 40～48h	伤寒沙门氏菌 CMCC（B）50071	G≥6	黑色菌落，有金属光泽
					鼠伤寒沙门氏菌 ATCC14028	G≥6	黑色或灰绿色菌落，有金属光泽
			选择性		大肠埃希氏菌 ATCC 25922	G≤1	—
					粪肠球菌 ATCC 29212		
HE 琼脂	固体	选择性分离	生长率	36℃ ±1℃ 18～24h	鼠伤寒沙门氏菌 ATCC14028	G≥6	绿－蓝色菌落，有黑心
					福氏志贺氏菌 CMCC（B）51572		绿－蓝色菌落
			选择性		大肠埃希氏菌 ATCC 25922	G＜5	橙红色菌落，可有胆酸沉淀
					粪肠球菌 ATCC 29212	G≤1	—
木糖赖氨酸脱氧胆盐琼脂（XLD）	固体	选择性分离	生长率	36℃ ±1℃ 18～24h	鼠伤寒沙门氏菌 ATCC14028	G≥6	黑色菌落
					福氏志贺氏菌 CMCC（B）51572		无色菌落，无黑心
			选择性		大肠埃希氏菌 ATCC 25922	G＜5	黄色菌落
					金黄色葡萄球菌 ATCC6538	G≤1	—
沙门氏菌显色培养基	固体	选择性分离	生长率	36℃ ±1℃ 18～24h	鼠伤寒沙门氏菌 ATCC14028	G≥6	按说明书判定
			特异性		大肠埃希氏菌 ATCC 25922	—	按说明书判定
					奇异变形杆菌 CMCC（B）49005	—	按说明书判定
			选择性		粪肠球菌 ATCC 29212	G≤1	—
PALCAM 琼脂	固体	选择性分离	生长率	36℃ ±1℃ 24～48h	单核细胞增生李斯特氏菌 ATCC19115	G≥6	灰绿色菌落，中心凹陷黑色，周围有黑色
			选择性		大肠埃希氏菌 ATCC 25922	G≤1	—
					粪肠球菌 ATCC 29212		
麦康凯琼脂（MAC）	固体	选择性分离	生长率	36℃ ±1℃ 20～24h	大肠埃希氏菌 ATCC25922	G≥6	鲜桃红色或粉红色，可有胆酸沉淀
					福氏志贺氏菌 CMCC（B）51572		无色至浅粉红色，半透明棕色或绿色菌落
			选择性		金黄色葡萄球菌 ATCC6538	G≤1	—

（续表）

培养基	状态	功能分类	质控指标	培养条件	质控菌株	半定量质控评定标准	特征性反应
阪崎肠杆菌显色培养基	固体	选择性分离	生长率	36℃ ±1℃ 24h ±2h	阪崎肠杆菌 ATCC29544	G≥6	按说明书判定
			特异性		普通变形杆菌 CMCC（B）49027	—	按说明书判定
					大肠埃希氏菌 ATCC 25922	—	按说明书判定
			选择性		粪肠球菌 ATCC 29212	G≤1	—
CIN－1 培养基	固体	选择性分离	生长率	26℃ ±1℃ 48h ±2h	小肠结肠炎耶尔森氏菌 CMCC（B）52204	G≥6	红色牛眼状菌落
			特异性		大肠埃希氏菌 ATCC 25922	—	圆形、粉红色菌，边缘有胆汁沉淀环
			选择性		金黄色葡萄球菌 ATCC6538	G≤1	—
改良 Y 培养基	固体	选择性分离	生长率	26℃ ±1℃ 48h ±2h	小肠结肠炎耶尔森氏菌 CMCC（B）52204	G≥6	无色透明不黏稠菌落
			特异性		大肠埃希氏菌 ATCC 25922	—	粉红色菌落
			选择性		金黄色葡萄球菌 ATCC6538	G≤1	—
伊红美蓝琼脂（EMB）	固体	选择性分离	生长率	36℃ ±1℃ 18～24h	大肠埃希氏菌 ATCC25922	G≥6	黑色菌落，具金属光泽
			特异性		鼠伤寒沙门氏菌 ATCC14028	—	菌落呈无色、半透明
			选择性		金黄色葡萄球菌 ATCC6538	G＜5	—
改良山梨醇麦康凯琼脂（CT－SMAC）	固体	选择性分离	生长率	36℃ ±1℃ 18～24h	大肠埃希氏菌 O157：H7NCTC12900	G≥6	无色菌落
			特异性		大肠埃希氏菌 ATCC25922	—	粉红色菌落，周围有胆盐沉淀
			选择性		金黄色葡萄球菌 ATCC6538	G≤1	—
O157 显色培养基	固体	选择性分离	生长率	36℃ ±1℃ 18～24h	大肠埃希氏菌 O157：H7NCTC12900	G≥6	按说明书判定
			特异性		大肠埃希氏菌 ATCC25922	—	按说明书判定
			选择性		粪肠球菌 ATCC 29212	G≤1	—
					奇异变型杆菌 CMCC（B）49005		—

（续表）

培养基	状态	功能分类	质控指标	培养条件	质控菌株	半定量质控评定标准	特征性反应
李斯特氏菌显色培养基	固体	选择性分离	生长率	36℃ ±1℃ 24 ~48h	单核细胞增生李斯特氏菌 ATCC19115	G≥6	蓝绿色菌落，带白色晕环
			特异性		英诺克李斯特氏菌 ATCC33090	—	蓝绿色菌落，无白色晕环
			选择性		大肠埃希氏菌 ATCC 25922	G≤1	—
					粪肠球菌 ATCC 29212		
志贺氏菌显色培养基	固体	选择性分离	生长率	36℃ ±1℃ 20 ~24h	福氏志贺氏菌 CMCC（B）51572	G≥6	白色，突起，无色素沉淀圈
					痢疾志贺氏菌 CMCC（B）51105	—	白色，突起，有清晰环，无色素沉淀圈
			特异性		大肠埃希氏菌 ATCC 25922	—	黄色，有清晰环，无色素沉淀圈
					产气肠杆菌 ATCC13048	—	绿色菌落，无环和沉淀圈
			选择性		金黄色葡萄球菌 ATCC 6538	G≤1	—
改良 CCD（mCCD）琼脂	固体	选择性分离	生长率	42℃ ±1℃ 24 ~48h，微需氧	空肠弯曲菌 ATCC33291	G≥6	菌落有光泽、潮湿、扁平，呈扩散生长倾向
			选择性	42℃ ±1℃/ 24 ~48h	大肠埃希氏菌 ATCC 25922	G≤1	—
					金黄色葡萄球菌 ATCC 6538	—	按说明书判定
Skirrow 琼脂	固体	选择性分离	生长率	42℃ ±1℃/ 24 ~48h，微需氧	空肠弯曲菌 ATCC33291	G≥6	菌落灰色、扁平、湿润有光泽，呈沿接种线向外扩散倾向
			选择性	42℃ ±1℃ 24 ~48h	大肠埃希氏菌 ATCC25922	G≤1	—
					金黄色葡萄球菌 ATCC 6538	—	按说明书判定
改良纤维二糖 - 多黏菌素 B - 多黏菌素 E（mCPC）琼脂	固体	选择性分离	生长率	39.5℃ ±0.5℃ 或 36℃ ±1℃ 18 ~24h	创伤弧菌 ATCC27562	G≥1	圆形扁平，中心不透明，边缘透明的黄色菌落
			特异性		霍乱弧菌 VBO	—	紫色菌落
			选择性		副溶血性弧菌 ATCC17802	G≤1	—
纤维二糖 - 多黏菌素 E（CC）琼脂	固体	选择性分离	生长率	39 ~40℃ 或 36℃ ±1℃ 18 ~24h	创伤弧菌 ATCC27562	G≥6	圆形扁平，中心不透明，边缘透明的黄色菌落
			特异性		霍乱弧菌 VbO	—	紫色菌落
			选择性		副溶血性弧菌 ATCC17802	G≤1	—

（续表）

培养基	状态	功能分类	质控指标	培养条件	质控菌株	半定量质控评定标准	特征性反应
硫代硫酸钠－柠檬酸盐－胆盐－蔗糖琼脂（TCBS）	固体	选择性分离	生长率	36℃ ±1℃ 18～24h	副溶血性弧菌 ATCC17802	G≥1	绿色菌落
			选择性		大肠埃希氏菌 ATCC 25922	G≤1	—
弧菌显色培养基	固体	选择性分离	生长率	36℃ ±1℃ 18～24h	副溶血性弧菌 ATCC17802	G≥6	按说明书判定
			特异性		霍乱弧菌 VbO	—	按说明书判定
					溶藻弧菌 ATCC33787	—	按说明书判定
			选择性		大肠埃希氏菌 ATCC25922	G≤1	—
Baird－Parker 琼脂	固体	选择性计数	生长率	36℃ ±1℃ 18～24h 或 45～48h	金黄色葡萄球菌 ATCC 25923	G≥6	菌落黑色凸起，周围有一混浊带，在其外层有一透明圈
			特异性		表皮葡萄球菌 CMCC（B）26069	—	黑色菌落，无混浊带和透明圈
			选择性		大肠埃希氏菌 ATCC 25922	G≤1	—
结晶紫中性红胆盐琼脂（VRBA）	固体	选择性计数	生长率	36℃ ±1℃ 18～24h	大肠埃希氏菌 ATCC25922	G≥6	有或无沉淀环的紫红色或红色菌落
			选择性		弗氏柠檬酸杆菌 ATCC43864		—
					粪肠球菌 ATCC 29212	G＜5	—
VRB－MUG 琼脂	固体	选择性计数	生长率	36℃ ±1℃ 18～24h	大肠埃希氏菌 ATCC25922	G≥6	带有沉淀环的紫红色或红色菌落，有荧光
			特异性		弗氏柠檬酸杆菌 ATCC43864	—	可带有沉淀环的红色菌落，无荧光
			选择性		粪肠球菌 ATCC 29212	G＜5	—
马铃薯葡萄糖琼脂（PDA）	固体	选择性计数	生长率	28℃ ±1℃5d	酿酒酵母 ATCC 9763	G≥6	奶油色菌落
					黑曲霉 ATCC 16404		白色菌丝，黑色孢子
			选择性		大肠埃希氏菌 ATCC 25922	G≤1	—
					金黄色葡萄球菌 ATCC 6538		
孟加红培养基	固体	选择性计数	生长率	28℃ ±1℃5d	酿酒酵母 ATCC 9763	G≥6	奶油色菌落
					黑曲霉 ATCC 16404		白色菌丝，黑色孢子
			选择性		大肠埃希氏菌 ATCC 25922	G≤1	—
					金黄色葡萄球菌 ATCC 6538		

（续表）

培养基	状态	功能分类	质控指标	培养条件	质控菌株	半定量质控评定标准	特征性反应
莫匹罗星锂盐（Li－Mupirocin）改良MRS培养基	固体	选择性计数	生长率	36℃ ±1℃ 48h ±2h 厌氧培养	婴儿双歧杆菌 CICC 6069	G≥6	圆形凸起，边缘整齐，无色不透明
			选择性		德氏乳杆菌保加利亚亚种 CICC6032	G≤1	—
					嗜热链球菌 IFFI6038		—
甘露醇卵黄多黏菌素琼脂（MYP）	固体	选择性计数	生长率	30℃ ±2℃ 24～48h	蜡样芽孢杆菌 CMCC（B）63303	G≥6	菌落为微粉红色，周围有淡粉红色沉淀环
			特异性		枯草芽孢杆菌 ATCC6633	-	黄色菌落，无沉淀环
			选择性		大肠埃希氏菌 ATCC25922	G≤1	—
胰胨－亚硫酸盐－环丝氨酸琼脂（TSC）	固体	选择性计数	生长率	36℃ ±1℃ 20～24h 厌氧培养	产气荚膜梭菌 ATCC13124	G≥6	黑色菌落
			选择性		艰难梭菌 ATCC43593	G≤1	—

表 E.3　非选择性增菌培养基质量控制标准

培养基	状态	功能分类	质控指标	培养条件	质控菌株	定性质控评定标准
含 0.6% 酵母浸膏的胰酪胨大豆肉汤（TSB－YE）	液体	非选择性增菌	生长率	30℃ ±1℃，24～48h	单核细胞增生李斯特氏菌 ATCC 19115	混浊度 2
液体硫乙醇酸盐培养基（FTG）	液体	非选择性增菌	生长率	36℃ ±1℃，18～24h	产气荚膜梭菌 ATCC13124	混浊度 2
缓冲蛋白胨水（BP）	液体	非选择性增菌	生长率	36℃ ±1℃，18～24h	鼠伤寒沙门氏菌 ATCC14028	混浊度 2
脑心浸出液肉汤（BHI）	液体	非选择性增菌	生长率	36℃ ±1℃，18～24h	金黄色葡萄球菌 ATCC6538	混浊度 2
布氏肉汤	液体	非选择性增菌	生长率	42℃ ±1℃，48h ±2h，微需氧	空肠弯曲菌 ATCC33291	混浊度 1～2

表 E.4　选择性增菌培养基质量控制标准

培养基	状态	功能分类	质控指标	培养条件	质控菌株	定性质控评定标准
四硫黄酸钠煌绿增菌液（TTB）	液体	选择性增菌	生长率	42℃ ±1℃ 18～24h	鼠伤寒沙门氏菌 ATCC14028	浊度 2
			选择性		大肠埃希氏菌 ATCC 25922	浊度 0（不生长）
					粪肠球菌 ATCC29212	

（续表）

培养基	状态	功能分类	质控指标	培养条件	质控菌株	定性质控评定标准
亚硒酸盐胱氨酸增菌液（SC）	液体	选择性增菌	生长率	36℃ ±1℃ 18 ~24h	鼠伤寒沙门氏菌 ATCC14028	浊度 2
			选择性		大肠埃希氏菌 ATCC 25922 粪肠球菌 ATCC 29212	浊度 0（不生长）或浊度 1（微弱生长）
10% 氯化钠胰酪胨大豆肉汤	液体	选择性增菌	生长率	36℃ ±1℃ 18 ~24	金黄色葡萄球菌 ATCC 6538	浊度 2
			选择性		大肠埃希氏菌 ATCC 25922	浊度 0（不生长）
7.5% 氯化钠胰酪胨大豆肉汤	液体	选择性增菌	生长率	36℃ ±1℃ 18 ~24h	金黄色葡萄球菌 ATCC 6538	浊度 2
			选择性		大肠埃希氏菌 ATCC 25922	浊度 0（不生长）
改良磷酸盐缓冲液	液体	选择性增菌	生长率	26℃ ±1℃ 48 ~72h	小肠结肠炎耶尔森氏菌 CMCC（B）52204	浊度 2
			选择性		金黄色葡萄球菌 ATCC 6538 粪肠球菌 ATCC29212	浊度 0（不生长）
改良月桂基硫酸盐胰蛋白胨肉汤 - 万古霉素	液体	选择性增菌	生长率	44℃ ±0.5℃ 24h ±2h	阪崎肠杆菌 ATCC29544	浊度 2
			选择性		大肠埃希氏菌 ATCC 25922 粪肠球菌 ATCC 29212	浊度 0（不生长）
胰酪胨大豆多黏菌素肉汤	液体	选择性增菌	生长率	30℃ ±1℃ 24 ~48h	蜡样芽孢杆菌 CMCC（B）63303	浊度 2
			选择性		大肠埃希氏菌 ATCC 25922	浊度 0（不生长）
志贺氏菌增菌肉汤（shigella broth）	液体	选择性增菌	生长率	41.5℃ ±0.5℃， 18h ±2h， 厌氧培养	福氏志贺氏菌 CMCC（B）51572	浊度 2
			选择性		金黄色葡萄球菌 ATCC6538	浊度 0（不生长）
GN 增菌液	液体	选择性增菌	生长率	36℃ ±1℃ 18 ~24h	福氏志贺氏菌 CMCC（B）51572	浊度 2
			选择性		粪肠球菌 ATCC29212	浊度 0（不生长）或浊度 1（微弱生长）
3% 氯化钠碱性蛋白胨水	液体	选择性增菌	生长率	36℃ ±1℃ 18 ~24h	副溶血性弧菌 ATCC17802	浊度 2
			选择性		大肠埃希氏菌 ATCC25922	浊度 0（不生长）或浊度 1（微弱生长）

（续表）

培养基	状态	功能分类	质控指标	培养条件	质控菌株	定性质控评定标准
改良 EC 肉汤（mEC + n）	液体	选择性增菌	生长率	36℃ ±1℃ 18 ~ 24h	大肠杆菌 O157：H7NCTC12900	浊度 2
			选择性		粪肠球菌 ATCC29212	浊度 0（不生长）
改良麦康凯（CT – MAC）肉汤	液体	选择性增菌	生长率	36℃ ±1℃ 17 ~ 19h	大肠杆菌 O157：H7NCTC12900	浊度 2
			选择性		大肠埃希氏菌 ATCC25922 金黄色葡萄球菌 ATCC 6538	浊度 0（不生长）或浊度 1（微弱生长）
李氏增菌肉汤（LB1，LB2）	液体	选择性增菌	生长率	30℃ ±1℃24h	单核细胞增生李斯特氏菌 ATCC 19115	浊度 2
			选择性		大肠埃希氏菌 ATCC 25922 粪肠球菌 ATCC29212	浊度 0（不生长）
Bolton 肉汤	液体	选择性增菌	生长率	42℃ ±1℃ 24 ~ 48h 微需氧培养	空肠弯曲菌 ATCC33291	浊度 2
			选择性		金黄色葡萄球菌 ATCC6538 大肠埃希氏菌 ATCC25922	浊度 0（不生长）

表 E. 5　选择性液体计数培养基质量控制标准

培养基	状态	功能分类	质控指标	培养条件	质控菌株	定性质控评定标准
月桂基磺酸盐胰蛋白胨肉汤（LST）	液体	选择性液体计数	生长率	36℃ ±1℃ 24 ~ 48h	大肠埃希氏菌 ATCC 25922 弗氏柠檬酸杆菌 ATCC43864	混浊度 2，且管内有气体
			选择性		粪肠球菌 ATCC 29212	浊度 0（不生长）
煌绿乳糖胆盐肉汤（BGLB）	液体	选择性液体计数	生长率	36℃ ±1℃ 24 ~ 48h	大肠埃希氏菌 ATCC 25922 弗氏柠檬酸杆菌 ATCC43864	混浊度 2，且管内有气体
			选择性		粪肠球菌 ATCC 29212	浊度 0（不生长）或浊度 1（微弱生长），不产气
EC 肉汤	液体	选择性液体计数	生长率	44. 5℃ ±0. 2℃ 24 ~ 48h	大肠埃希氏菌 ATCC25922	混浊度 2，且管内有气体
			选择性		粪肠球菌 ATCC 29212	浊度 0（不生长）

表 E. 6　悬浮培养基和运输培养基质量控制标准

培养基	状态	功能分类	质控指标	培养条件	质控菌株	定性质控评定标准
磷酸盐缓冲液（PBS）	液体	悬浮培养基	生长率	20～25℃，45min	大肠埃希氏菌 ATCC 25922 金黄色葡萄球菌 ATCC 6538	混浊度 2，接种后平板上目标菌生长良好
3% 氯化钠溶液	液体	悬浮培养基	生长率	20～25℃，45min	副溶血性弧菌 ATCC17802	混浊度 2，接种后平板上目标菌生长良好
0.1% 蛋白胨水	液体	悬浮培养基	生长率	20～25℃，45min	产气荚膜梭菌 ATCC 13124	混浊度 2，接种后平板上目标菌生长良好
缓冲甘油 - 氯化钠溶液	液体	运输培养基	生长率	-60℃，24h	产气荚膜梭菌 ATCC 13124	混浊度 2，接种后平板上目标菌生长良好

附录 F　螺旋平板法

F.1　一般要求

使用螺旋接种仪将样品接种在平板上。样品接种后，菌落即分布在螺旋轨迹上，随半径的增加分布得越来越稀。采用特殊的计数栅格，自平板外周向中央对平皿上的菌落进行计数，即可得到样品中微生物的数量。

F.2　实验步骤

取制备好的适宜稀释度的样品稀释液，以选定的模式接种于实验所用平板，每个稀释度接种两块平板，接种每一个样品前后均按仪器设定程序对螺旋接种仪进行清洗消毒。

按相同接种模式接种悬浮液作为空白对照。将平板按标准方法中规定的培养时间和温度进行培养后，计数每个平板菌落数，并记录下来。

F.3　菌落总数的计算和记录

平板上菌落数符合菌落计数仪规定计数范围的为合适范围。如果两个稀释度的四个平板菌落数均在合适范围内，则将四个平板菌落数的平均值作为每克（毫升）样品中的菌落数；如果只有一个稀释度的两个平板菌落数在合适范围内，则将这两个平板菌落数的平均值作为每克（毫升）样品中的菌落数。

当低稀释度的两个平板菌落数都少于合适范围的下限时，计算这一稀释度两个平板菌落数的平均值作为每克（毫升）样品中的菌落数。给这个数注上星号（*），表明该数是从菌落数在计数范围之外的平板估计所得。当所有平板上的菌落数都超过合适范围的上限时，计算高稀释度两个平板菌落数的平均值作为每克（毫升）样品中的菌落数，给这个数注上星号（*）。如果所有稀释度的平板都没有菌落，则以小于 1 乘以稀释倍数和接种体积作为每克（毫升）样品中的菌落数，给这个数注上星号（*）。

记录时，只有在换算到每克（毫升）样品中的菌落数时，才能定下两位有效数字，第三位数字采用四舍五入的方法记录。也可将样品的菌落数记录为 10 的指数形式。

F.4　结果的表述

根据 F.3 归档计算出每克（毫升）样品的菌落数，固体样品以 CFU/g 为单位，液体样品以 CFU/mL 为单位。

附录G　用于实验室自制或使用商品化培养基的测试结果记录

表G.1给出用于实验室自制或使用商品化培养基的测试结果记录单样本。

表G.1　培养基测试结果记录单样本

培养基内部质量测试控制卡				
培养基：		制备体积：	倾倒日期：	内部批号：
脱水培养基（批号）：	供应商：	批：	总量：	日期/签名：
添加剂：	供应商：	批：	总量：	日期/签名：
制备详情：				
物理质量控制：				
预期pH：	测定pH：	质量确认： 是□　否□	缺陷：	日期/签名：
预期质量：	观察：	质量确认： 是□　否□	缺陷：	日期/签名：
预期颜色：	观察：	质量确认： 是□　否□	缺陷：	日期/签名：
预期透明度/可见杂质：	观察：	质量确认： 是□　否□	缺陷：	日期/签名：
预期凝胶稳定性/黏稠度/湿度：	观察：	质量确认： 是□　否□	缺陷：	日期/签名：
微生物污染				
测试平板或试管编号： 培养：	结果：	质量确认： 是□　否□	污染平板或试管编号：	日期/签名：
微生物生长——生长率		控制方法：　定量□　定性□		
菌株： 培养： 参考培养基：	判定标准：	结果：	质量确认： 是□　否□	日期/签名：
微生物生长——选择性		控制方法：　定量□　定性□		
菌株： 培养： 参考培养基：	判定标准：	结果：	质量确认： 是□　否□	日期/签名：
微生物生长——特异性		控制方法：　定量□　定性□		
菌株： 培养： 参考培养基：	判定标准：	结果：	质量确认： 是□　否□	日期/签名：
本批发放：				
储存详情：		本批发放：是□　否□		日期/签名：

中华人民共和国出入境检验检疫行业标准

SN/T 2101—2008

乳及乳制品中结核分枝杆菌检测方法
荧光定量PCR法

Determination of Mycobacterium tuberculosis for milk and milk products—
Real - time PCR method

2008 - 07 - 17 发布　　　　2009 - 02 - 01 实施

中华人民共和国
国家质量监督检验检疫总局　发布

前　　言

本标准附录 A 为规范性附录。

本标准由国家认证认可监督管理委员会提出并归口。

本标准起草单位：中华人民共和国辽宁出入境检验检疫局。

本标准主要起草人：吴斌、胡传伟、贾賓、李叶、李振荣、孙颖杰。

本标准系首次发布的检验检疫行业标准。

乳及乳制品中结核分枝杆菌检测方法 荧光定量 PCR 法

1　范围

本标准规定了乳及乳制品中牛型结核分枝杆菌和人型结核分枝杆菌荧光 PCR 检测的操作方法。

本标准适用于鲜乳、乳粉中结核分枝杆菌的检测，其他乳制品可参照执行。

2　原理

乳及乳制品中的分歧杆菌荧光 PCR 检测方法是采用经典的 TaqMan 探针技术，根据牛型和人型结合杆菌的保守序列——对特异性引物及一条特异性荧光双标记探针，探针的 5’端和 3’端分别用 FAM 和 TAMRA 荧光素标记。当 PCR 反应退火时，引物和探针同时与目的基因片段结合，此时探针上报告荧光基团 FAM 发出的荧光信号被淬灭，荧光基团 TAMRA 所吸引，仪器检测不到 FAM 基团所发出的荧光信号；当 PCR 反应进行延伸时，Taq 酶在引物的引导下，以四种核苷酸为底物，根据碱基配对原则，沿着模板链合成新链，当进行到探针结合部位时，受到探针的阻碍而无法继续，此时的 Taq 酶发挥它的 5’→3’外切核酸酶的功能，将探针切成单核苷酸以便继续完成延伸过程，而 FAM 基团和 TAMRA 基团均游离于溶液中，仪器可检测到 FAM 基团所发出的荧光信号。

3　缩略语

下列缩略语适用于本标准。

3.1　荧光 PCR

荧光聚合酶链反应

3.2　Ct 值

每个反应管内的荧光信号达到设定的阈值时所经历的循环数。

3.3　DNA

脱氧核糖核酸

3.4　Taq 酶

Taq　DNA 聚合酶。

4　材料与试剂

4.1　仪器与器材。

4.1.1　荧光 PCR 检测仪。

4.1.2　高速台式冷冻离心机。

4.1.3　普通台式离心机。

4.1.4　涡旋振荡器。

4.1.5　冰箱：4℃ ±1℃，－20℃ ±2℃。

4.1.6　微量可调移液器及配套带滤芯吸头

4.1.7　1.5mL Eppendorf 管。

4.1.8　10mL 离心管。

4.1.9　一次性手套。

4.1.10　紫外灯。

4.1.11　生物安全柜。

4.2　试剂

除特别说明以外，所用试剂均为分析纯，实验用水为双蒸水。

4.2.1　4% 氢氧化钠：见第 A.1 章。

4.2.2　0.9% 灭菌生理盐水：见第 A.2 章。

4.2.3　20mg/mL 蛋白酶 K：见第 A.3 章。

4.2.4　10%　SDS：见第 A.4 章。

4.2.5　pH 值为 5.2 3mol/L 醋酸钠：见第 A.5 章。

4.2.6　pH 值为 8.0 TE 缓冲液：见第 A.6 章。

4.2.7　结核分枝杆菌卡介苗阳性样本：由中国兽医微生物菌种保藏管理中心提供。

4.3　抽样、采样工具

采样工具（棉拭子、剪刀、镊子、注射器、离心管、研钵）应经 121℃ ±2℃，15min 高压灭菌并烘干。

4.4　检测引物和探针见表 1。

表 1　荧光定置 PCR 检测引物和探针

引物和探针序列	扩增片段大小/bp
正义引物 PI：5 - GGTCGACACATAGGTGAGGTCT - 3' 反义引物 P2：5　- CGCTGATCCGGCCAC - 3' 探针：5 - FAM - CCGAAGCGGCGCTGGACGAG - TEMRA - 3	103

5　操作方法

5.1　样品采集

5.1.1　鲜乳的采集

用无菌注射器直接吸取 5 ~ 10mL 离心管中，编号备用。

5.1.2　乳粉的采集

无菌操作取 25g 样品，放入无菌袋中，编号备用。

5.2　样品贮运

样品采集后，4℃保存应不超过 24h，若需於期保存应置 -20℃以下，但应避免反复冻融，或放于加入冰块的保温箱中，密封后直接送实验室检测。

5.3　样品制备

5.3.1　鲜乳

样品在混匀器上充分混合后，经 4 000r/min 离心 40min，弃上清液，加入 5mL 生理盐水重悬沉淀，定性滤纸过滤，滤液经 4 000r/min 离心 40min，弃上清液，加入 500μL 生理盐水重悬沉淀，编号备用。

5.3.2　乳粉

无菌操作取待检样品 5.0g 放入灭菌烧杯中，加 50mL 生理盐水，剧烈振荡混匀，4 000r/min 离心 40min，弃上清液，加入 10mL 生理盐水重悬沉淀，定性滤纸过滤，滤液 4 000r/min 离心 40min，弃上清液，加入 500μL 生理盐水重悬沉淀，编号备用。

5.4　DMA 提取

5.4.1　在样品中加入 1.5mL 4% 的氢氧化钠溶液，37℃恒温处理 30min 或常温下 1h，使其充分液化；若液化不完全，可适当再加入少量 4% 的氢氧化钠。

5.4.2　将液化后的样本 500μL 以及试剂盒中的阴性对照、阳性对照各 500μL 分别加入 1.5mL 无菌离心管中，13 000r/min 离心 10min。

5.4.3　弃上清液，用微量移液器尽量吸干液滴，沉淀中加入 1mL 灭菌生理盐水，振荡悬浮，13 000r/min离心 10min。

5.4.4　弃上清液，加入 1mL 灭菌生理盐水，13 000r/min 离心 10min。

5.4.5　弃上清液，用 0.5mL 灭菌生理盐水重新悬浮沉淀，加 12.5μL 20mg/mL 的蛋白酶 K 和 50/μL 的 10% 的 SDS，55℃水浴作用 30min。

5.4.6　分别用 Tris 饱和酚、等体积酚：三氯甲烷和三氯甲烷各抽提一次。

5.4.7　吸取上层水相，加 1/10 体积的 pH 值为 5.2 3mol/L 醋酸钠和 2.5 倍体积的无水乙醇，－20℃沉淀 2h，4℃13 000r/min 离心 10min。

5.4.8　弃上清液，加入 75% 的乙醇，4℃ 13 000r/min 离心 10min。

5.4.9　弃上清液，晾干，加 20μL TE 缓冲液溶解，直接用于检测或－20℃保存备用。

注：可以采用等效商品化 DNA 提取试剂盒进行操作。

5.5　样本的检测

5.5.1　扩增试剂准备

在反应混合物配制区进行。从试剂盒中取出相应的荧光 PCR 反应液、Taq 酶，在室温下融化后，2 000r/min 离心 5s。设 n 为被检样品总数，反应体系配制见表 2。并将总样品反应组分涡旋，充分混匀，向每个荧光 PCR 管中各分装 15mL，转移至样本处理区。

表 2　反应体系配制

PCR 反应体系中各成分	每个样品反应组分用量（μL）	总样品反应组分用量（μL）
10×PCR　buffer（Mg^{2+} free）	2.5	2.5×（n+2）
$MgSO_4$（25mmol/L）	0.5	0.5×（n+2）
dNTP（2.5mmol/L）	2.0	2.0×（n+2）
正义引物（10μmol/L）	0.5	0.5×（n+2）
反义引物（10μmol/L）	0.5	0.5×（n+2）
Probe（5μmol/L）	1.0	0.5×（n+2）
ddH_2O	7.0	7.0×（n+2）
Taq 酶	0.5	0.5×（n+2）

5.5.2　加样

在样本处理区进行。在各设定的荧光 PCR 管中分别加入 5.4.9 中制备的 DNA 溶液各 10μL 盖紧管盖，500r/min 离心 30s。

5.5.3　荧光 PCR 检测

5.5.3.1　循环条件设置

荧光 PCR 检测仪时循环程序为：94℃ 1min；95℃，5s，60℃ 30s，40 个循环。

注：不同仪器可根据仪器要求将反应参数作适当调整。

5.5.3.2　仪器检测通道选择

单通道荧光 PCR 检测仪，无需选择检测通道；多荧光检测仪，荧光信号收集时设定为 FAM 荧光素，60℃收集荧光信号。

5.6　结果判定

5.6.1　结果分析条件设定

直接读取检测结果。阈值设定原则根据仪器噪声情况进行调整，以阈值线刚好超过正常阴性样品扩增曲线的最高点为准。

5.6.2　质控标准

5.6.2.1　阴性对照无 Ct 值并且无荧光增幅现象。

5.6.2.2　阳性对照的 Ct 值应小于 28.0，并出现典型的扩增曲线。

5.6.2.3　阴性对照和阳性对照条件不满足以上条件则试验视为无效。

5.6.3　结果描述及判定

5.6.3.1　阴性

无 Ct 值或无荧光增幅现象，表示样品中无结核分析杆菌。

5.6.3.2　阳性

Ct 值小于等于 30，且出现荧光增幅现象，表示样品中存在结核分枝杆菌。Ct 值小于等于 30，但无荧光增幅现象，重做，仍未出现荧光增幅现象为阴性。

附录 A
（规范性附录）
试　剂

A.1　4%氢氧化钠

取80mL去离子水置于100～200mL塑料烧杯中，称取4g氢氧化钠逐渐加入到烧杯中，边加边搅拌，完全溶解之后，定容至100mL。将溶液转移至塑料容器中，室温保存。

A.2　0.9%灭菌生理盐水

取9g氯化钠，加入800mL去离子水，完全溶解后，定容至1L，121℃ 15min灭菌后，室温保存。

A.3　20mg/mL蛋白酶K

取200mg的蛋白酶K加入到9.5mL水中，轻轻摇动至蛋白酶K完全溶解。不要涡旋混合。加水定容到10mL，然后分装成小份－20℃保存。

A.4　10% SDS

取10g SDS置于100～200mL烧杯中，加入80mL的去离子水，68℃加热溶解，用浓盐酸调节pH值至7.2。定容至100mmol/L后，室温保存。

A.5　pH值为5.2 3mol/L醋酸钠

取40.8g醋酸钠（$NaOAC \cdot 3H_2O$）置于100～200mL烧杯中，加入约40mL去离子水搅拌溶解，加入冰醋酸调节pH值至5.2，定容至100mL。121℃ 15min灭菌后，室温保存。

A.6　pH值为8.0　TE缓冲液

A.6.1　1mol/L Tris－HCl（pH值＝8.0）溶液

取121.1g Tris置于1L烧杯中，加入800mL去离子水，充分搅拌溶解，冷却至室温后，用浓盐酸调pH值至8.0，定容至1L，121℃：15min灭菌后，室温保存。

A.6.2　500mmol/L EDTA（pH值＝8.0）溶液

取186.1g $Na_2EDTA \cdot 2H_2O$ 置于1L烧杯中，加入800mL去离子水，充分搅拌溶解，用氢氧化钠调pH值至8.0，定容至1L，121℃ 15min灭菌后，室温保存。

A.6.3　10×TE Buffer

取1mol/L Tris－HCl（pH值＝8.0）溶液100mL和500mmol/L EDTA（pH值＝8.0）溶液20mL置于1L烧杯中，加入800mL去离子水，均匀混合，定容至1L后，121℃ 15min灭菌后，室温保存。使用时工作液浓度为1×。

中华人民共和国国家标准

GB 4789.2—2010

食品安全国家标准
食品微生物学检验　菌落总数测定

National food safety standard

Food microbiological examination: Aerobic plate count

2010-03-26 发布　　　　2010-06-01 实施

中华人民共和国卫生部　发布

前　　言

本标准代替 GB/T 4789.2—2008《食品卫生微生物学检验菌落总数测定》。

本标准与 GB/T 4789.2—2008 相比，主要修改如下：

——修改了标准的中英文名称；

——修改了菌落总数计算公式中的解释；

——修改了培养基和试剂；

——删除了第二法菌落总数 Petrifilm™测试片法。

本标准的附录 A 是规范性附录。

本标准所代替标准的历次版本发布情况为：

——GB 4789.2—1984、GB 4789.2—1994、GB/T 4789.2—2003、GB/T 4789.2—2008。

食品安全国家标准
食品微生物学检验　菌落总数测定

1　范围

本标准规定了食品中菌落总数（Aerobic plate count）的测定方法。

本标准适用于食品中菌落总数的测定。

2　术语和定义

2.1　菌落总数 aerobic plate count

食品检样经过处理，在一定条件下（如培养基、培养温度和培养时间等）培养后，所得每克（mL）检样中形成的微生物菌落总数。

3　设备和材料

除微生物实验室常规灭菌及培养设备外，其他设备和材料如下：

3.1　恒温培养箱：36℃ ±1℃，30℃ ±1℃。

3.2　冰箱：2～5℃。

3.3　恒温水浴箱：46℃ ±1℃。

3.4　天平：感量为0.1g。

3.5　均质器。

3.6　振荡器。

3.7　无菌吸管：1mL（具0.01mL刻度）、10mL（具0.1mL刻度）或微量移液器及吸头。

3.8　无菌锥形瓶：容量250mL、500mL。

3.9　无菌培养皿：直径90mm。

3.10　pH计或pH比色管或精密pH试纸。

3.11　放大镜或/和菌落计数器。

4　培养基和试剂

4.1　平板计数琼脂培养基：见附录A中A.1。

4.2　磷酸盐缓冲液：见附录A中A.2。

4.3　无菌生理盐水：见附录A中A.3。

5　检验程序

菌落总数的检验程序见图1。

6　操作步骤

6.1　样品的稀释

6.1.1　固体和半固体样品：称取25g样品置盛有225mL磷酸盐缓冲液或生理盐水的无菌均质杯内，

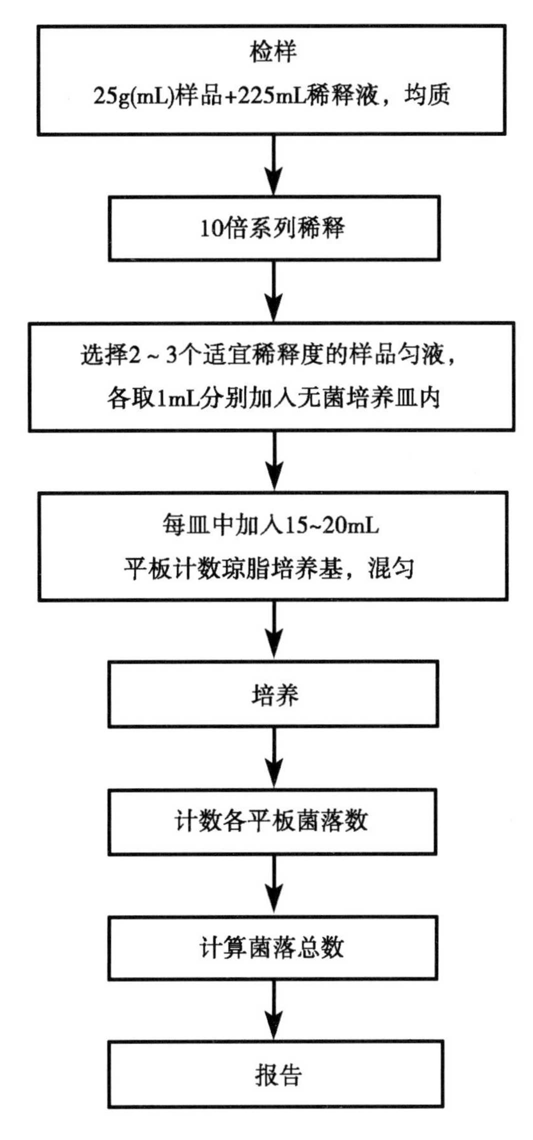

图 1　菌落总数的检验程序

8 000～10 000r/min 均质 1～2min，或放入盛有 225mL 稀释液的无菌均质袋中，用拍击式均质器拍打 1～2min，制成 1∶10 的样品匀液。

6.1.2　液体样品：以无菌吸管吸取 25mL 样品置盛有 225mL 磷酸盐缓冲液或生理盐水的无菌锥形瓶（瓶内预置适当数量的无菌玻璃珠）中，充分混匀，制成 1∶10 的样品匀液。

6.1.3　用 1mL 无菌吸管或微量移液器吸取 1∶10 样品匀液 1mL，沿管壁缓慢注于盛有 9mL 稀释液的无菌试管中（注意吸管或吸头尖端不要触及稀释液面），振摇试管或换用 1 支无菌吸管反复吹打使其混合均匀，制成 1∶100 的样品匀液。

6.1.4　按 6.1.3 操作程序，制备 10 倍系列稀释样品匀液。每递增稀释一次，换用 1 次 1mL 无菌吸管或吸头。

6.1.5　根据对样品污染状况的估计，选择 2～3 个适宜稀释度的样品匀液（液体样品可包括原液），在进行 10 倍递增稀释时，吸取 1mL 样品匀液于无菌平皿内，每个稀释度做两个平皿。同时，分别吸取 1mL 空白稀释液加入两个无菌平皿内作空白对照。

6.1.6　及时将 15～20mL 冷却至 46℃ 的平板计数琼脂培养基（可放置于 46℃ ±1℃ 恒温水浴箱中保温）

倾注平皿，并转动平皿使其混合均匀。

6.2 培养

6.2.1 待琼脂凝固后，将平板翻转，36℃ ±1℃培养 48h ±2h。水产品 30℃ ±1℃培养 72h ±3h。

6.2.2 如果样品中可能含有在琼脂培养基表面弥漫生长的菌落时，可在凝固后的琼脂表面覆盖一薄层琼脂培养基（约 4mL），凝固后翻转平板，按 6.2.1 条件进行培养。

6.3 菌落计数

可用肉眼观察，必要时用放大镜或菌落计数器，记录稀释倍数和相应的菌落数量。菌落计数以菌落形成单位（colony－formingunits，CFU）表示。

6.3.1 选取菌落数在 30～300CFU 之间、无蔓延菌落生长的平板计数菌落总数。低于 30CFU 的平板记录具体菌落数，大于 300CFU 的可记录为多不可计。每个稀释度的菌落数应采用两个平板的平均数。

6.3.2 其中一个平板有较大片状菌落生长时，则不宜采用，而应以无片状菌落生长的平板作为该稀释度的菌落数；若片状菌落不到平板的一半，而其余一半中菌落分布又很均匀，即可计算半个平板后乘以 2，代表一个平板菌落数。

6.3.3 当平板上出现菌落间无明显界线的链状生长时，则将每条单链作为一个菌落计数。

7 结果与报告

7.1 菌落总数的计算方法

7.1.1 若只有一个稀释度平板上的菌落数在适宜计数范围内，计算两个平板菌落数的平均值，再将平均值乘以相应稀释倍数，作为每克（mL）样品中菌落总数结果。

7.1.2 若有两个连续稀释度的平板菌落数在适宜计数范围内时，按公式（1）计算：

$$N = \sum C/(n_1 + 0.1n_2)d \quad (1)$$

式中：

N——样品中菌落数；

$\sum C$——平板（含适宜范围菌落数的平板）菌落数之和；

n_1——第一稀释度（低稀释倍数）平板个数；

n_2——第二稀释度（高稀释倍数）平板个数；

d——稀释因子（第一稀释度）。

示例：

稀释度	1：100（第一稀释度）	1：1 000（第二稀释度）
菌落数（CFU）	232，244	33，35

$$N = \sum C/(n_1 + 0.1n_2)d = \frac{232+244+33+35}{[2+(0.1\times2)]\times10^{-2}} = \frac{544}{0.022} = 24727$$

上述数据按 7.2.2 数字修约后，表示为 25 000 或 2.5×10^4。

7.1.3 若所有稀释度的平板上菌落数均大于 300CFU，则对稀释度最高的平板进行计数，其他平板可记录为多不可计，结果按平均菌落数乘以最高稀释倍数计算。

7.1.4 若所有稀释度的平板菌落数均小于 30CFU，则应按稀释度最低的平均菌落数乘以稀释倍数计算。

7.1.5 若所有稀释度（包括液体样品原液）平板均无菌落生长，则以小于 1 乘以最低稀释倍数计算。

7.1.6 若所有稀释度的平板菌落数均不在 30～300CFU 之间，其中一部分小于 30CFU 或大于 300CFU 时，则以最接近 30CFU 或 300CFU 的平均菌落数乘以稀释倍数计算。

7.2 菌落总数的报告

7.2.1　菌落数小于 100CFU 时，按“四舍五入”原则修约，以整数报告。

7.2.2　菌落数大于或等于 100CFU 时，第 3 位数字采用“四舍五入”原则修约后，取前 2 位数字，后面用 0 代替位数；也可用 10 的指数形式来表示，按“四舍五入”原则修约后，采用两位有效数字。

7.2.3　若所有平板上为蔓延菌落而无法计数，则报告菌落蔓延。

7.2.4　若空白对照上有菌落生长，则此次检测结果无效。

7.2.5　称重取样以 CFU/g 为单位报告，体积取样以 CFU/mL 为单位报告。

附录 A
(规范性附录)
培养基和试剂

A.1 平板计数琼脂(plate count agar，PCA)培养基

A.1.1 成分

胰蛋白胨	5.0g
酵母浸膏	2.5g
葡萄糖	1.0g
琼脂	15.0g
蒸馏水	1 000mL

pH 值 =7.0 ±0.2

A.1.2 制法

将上述成分加于蒸馏水中，煮沸溶解，调节 pH 值。分装试管或锥形瓶，121℃高压灭菌 15min。

A.2 磷酸盐缓冲液

A.2.1 成分

磷酸二氢钾(KH_2PO_4)	34.0g
蒸馏水	500mL

pH 值 =7.2

A.2.2 制法

贮存液：称取 34.0g 的磷酸二氢钾溶于 500mL 蒸馏水中，用大约 175mL 的 1mol/L 氢氧化钠溶液调节 pH 值，用蒸馏水稀释至 1 000mL 后贮存于冰箱。

稀释液：取贮存液 1.25mL，用蒸馏水稀释至 1 000mL，分装于适宜容器中，121℃高压灭菌 15min。

A.3 无菌生理盐水

A.3.1 成分

氯化钠	8.5g
蒸馏水	1 000mL

A.3.2 制法

称取 8.5g 氯化钠溶于 1 000mL 蒸馏水中，121℃高压灭菌 15min。

中华人民共和国国家标准

GB 4789.3—2010

食品安全国家标准
食品微生物学检验　大肠菌群计数

National food safety standard
Food microbiological examination: Enumeration of coliforms

2010－03－26 发布　　2010－06－01 实施

中华人民共和国卫生部　发布

前　　言

本标准代替 GB/T 4789.3—2008《食品卫生微生物学检验大肠菌群计数》。

本标准与 GB/T 4789.3—2008 相比，主要修改如下：

——修改了标准的中英文名称；

——“第二法　大肠菌群平板计数法”的平板菌落数的选择范围修改为“15 ~ 150CFU”；

——删除了“第三法　大肠菌群 Petrifilm™测试片法”。

本标准的附录 A、附录 B 为规范性附录。

本标准所代替标准的历次版本发布情况为：

——GB 4789.3—1984、GB 4789.3—1994、GB/T 4789.3—2003、GB/T 4789.3—2008。

食品安全国家标准
食品微生物学检验　大肠菌群计数

1　范围

本标准规定了食品中大肠菌群（Coliforms）计数的方法。

本标准适用于食品中大肠菌群的计数。

2　术语和定义

2.1　大肠菌群 coliforms

在一定培养条件下能发酵乳糖、产酸产气的需氧和兼性厌氧革兰氏阴性无芽孢杆菌。

2.2　最可能数 mostprobablenumber，MPN

基于泊松分布的一种间接计数方法。

3　设备和材料

除微生物实验室常规灭菌及培养设备外，其他设备和材料如下：

3.1　恒温培养箱：36℃ ±1℃。

3.2　冰箱：2～5℃。

3.3　恒温水浴箱：46℃ ±1℃。

3.4　天平：感量 0.1g。

3.5　均质器。

3.6　振荡器。

3.7　无菌吸管：1mL（具 0.01mL 刻度）、10mL（具 0.1mL 刻度）或微量移液器及吸头。

3.8　无菌锥形瓶：容量 500mL。

3.9　无菌培养皿：直径 90mm。

3.10　pH 计或 pH 比色管或精密 pH 试纸。

3.11　菌落计数器。

4　培养基和试剂

4.1　月桂基硫酸盐胰蛋白胨（Lauryl Sulfate Tryptose，LST）肉汤：见附录 A 中 A.1。

4.2　煌绿乳糖胆盐（Brilliant Green Lactose Bile，BGLB）肉汤：见附录 A 中 A.2。

4.3　结晶紫中性红胆盐琼脂（Violet Red Bile Agar，VRBA）：见附录 A 中 A.3。

4.4　磷酸盐缓冲液：见附录 A 中 A.4。

4.5　无菌生理盐水：见附录 A 中 A.5。

4.6　无菌 1mol/L NaOH：见附录 A 中 A.6。

4.7　无菌 1mol/L HCl：见附录 A 中 A.7。

第一法　大肠菌群 MPN 计数法

5　检验程序

大肠菌群 MPN 计数的检验程序见图 1。

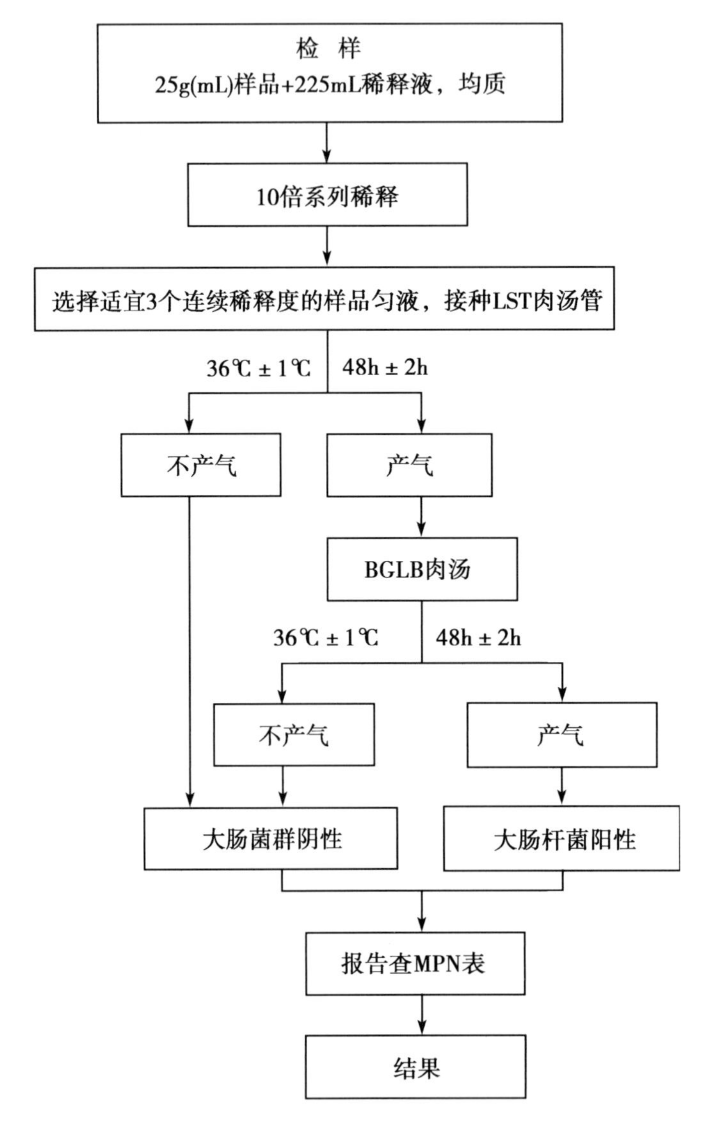

图 1　大肠菌群 MPN 计数法检验程序

6　操作步骤

6.1　样品的稀释

6.1.1　固体和半固体样品：称取 25g 样品，放入盛有 225mL 磷酸盐缓冲液或生理盐水的无菌均质杯内，8 000 ~ 10 000r/min 均质 1 ~ 2min，或放入盛有 225mL 磷酸盐缓冲液或生理盐水的无菌均质袋中，用拍击式均质器拍打 1 ~ 2min，制成 1 : 10 的样品匀液。

6.1.2　液体样品：以无菌吸管吸取 25mL 样品置盛有 225mL 磷酸盐缓冲液或生理盐水的无菌锥形瓶

（瓶内预置适当数量的无菌玻璃珠）中，充分混匀，制成 1∶10 的样品匀液。

6.1.3　样品匀液的 pH 值应在 6.5～7.5 之间，必要时分别用 1mol/L NaOH 或 1mol/L HCl 调节。

6.1.4　用 1mL 无菌吸管或微量移液器吸取 1∶10 样品匀液 1mL，沿管壁缓缓注入 9mL 磷酸盐缓冲液或生理盐水的无菌试管中（注意吸管或吸头尖端不要触及稀释液面），振摇试管或换用 1 支 1mL 无菌吸管反复吹打，使其混合均匀，制成 1∶100 的样品匀液。

6.1.5　根据对样品污染状况的估计，按上述操作，依次制成十倍递增系列稀释样品匀液。每递增稀释 1 次，换用 1 支 1mL 无菌吸管或吸头。从制备样品匀液至样品接种完毕，全过程不得超过 15min。

6.2　初发酵试验

每个样品，选择 3 个适宜的连续稀释度的样品匀液（液体样品可以选择原液），每个稀释度接种 3 管月桂基硫酸盐胰蛋白胨（LST）肉汤，每管接种 1mL（如接种量超过 1mL，则用双料 LST 肉汤），36℃ ±1℃培养 24h ±2h，观察倒管内是否有气泡产生，24h ±2h 产气者进行复发酵试验，如未产气则继续培养至 48h ±2h，产气者进行复发酵试验。未产气者为大肠菌群阴性。

6.3　复发酵试验

用接种环从产气的 LST 肉汤管中分别取培养物 1 环，移种于煌绿乳糖胆盐肉汤（BGLB）管中 36℃ ±1℃培养 48h ±2h，观察产气情况。产气者，计为大肠菌群阳性管。

6.4　大肠菌群最可能数（MPN）的报告

按 6.3 确证的大肠菌群 LST 阳性管数，检索 MPN 表（见附录 B），报告每克（mL）样品中大肠菌群的 MPN 值。

第二法　大肠菌群平板计数法

7　检验程序

大肠菌群平板计数法的检验程序见图 2。

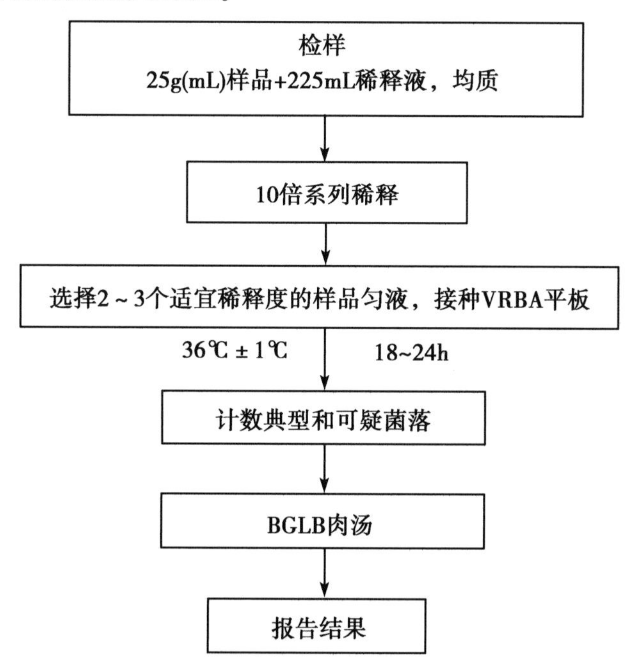

图 2　大肠菌群平板计数法检验程序

8 操作步骤

8.1 样品的稀释

按 6.1 进行。

8.2 平板计数

8.2.1 选取 2～3 个适宜的连续稀释度，每个稀释度接种 2 个无菌平皿，每皿 1mL。同时取 1mL 生理盐水加入无菌平皿作空白对照。

8.2.2 及时将 15～20mL 冷至 46℃的结晶紫中性红胆盐琼脂（VRBA）约倾注于每个平皿中。小心旋转平皿，将培养基与样液充分混匀，待琼脂凝固后，再加 3～4mLVRBA 覆盖平板表层。翻转平板，置于 36℃ ±1℃培养 18～24h。

8.3 平板菌落数的选择

选取菌落数在 15～150CFU 之间的平板，分别计数平板上出现的典型和可疑大肠菌群菌落。典型菌落为紫红色，菌落周围有红色的胆盐沉淀环，菌落直径为 0.5mm 或更大。

8.4 证实试验

从 VRBA 平板上挑取 10 个不同类型的典型和可疑菌落，分别移种于 BGLB 肉汤管内，36℃ ±1℃培养 24～48h，观察产气情况。凡 BGLB 肉汤管产气，即可报告为大肠菌群阳性。

8.5 大肠菌群平板计数的报告

经最后证实为大肠菌群阳性的试管比例乘以 8.3 中计数的平板菌落数，再乘以稀释倍数，即为每克（mL）样品中大肠菌群数。例：10^{-4}样品稀释液 1mL，在 VRBA 平板上有 100 个典型和可疑菌落，挑取其中 10 个接种 BGLB 肉汤管，证实有 6 个阳性管，则该样品的大肠菌群数为：$100 \times 6/10 \times 10^4$/g（mL）$= 6.0 \times 10^5$CFU/g（mL）。

附录 A
(规范性附录)
培养基和试剂

A.1　月桂基硫酸盐胰蛋白胨（LST）肉汤

A.1.1　成分

胰蛋白胨或胰酪胨	20.0g
氯化钠	5.0g
乳糖	5.0g
磷酸氢二钾（K_2HPO_4）	2.75g
磷酸二氢钾（KH_2PO_4）	2.75g
月桂基硫酸钠	0.1g
蒸馏水	1 000mL

pH 值 =6.8 ±0.2

A.1.2　制法

将上述成分溶解于蒸馏水中，调节 pH 值。分装到有玻璃小倒管的试管中，每管 10mL。121℃高压灭菌 15min。

A.2　煌绿乳糖胆盐（BGLB）肉汤

A.2.1　成分

蛋白胨	10.0g
乳糖	10.0g
牛胆粉（oxgall 或 oxbile）溶液	200mL
0.1%煌绿水溶液	13.3mL
蒸馏水	800mL

pH 值 =7.2 ±0.1

A.2.2　制法

将蛋白胨、乳糖溶于约 500mL 蒸馏水中，加入牛胆粉溶液 200mL（将 20.0g 脱水牛胆粉溶于 200mL 蒸馏水中，调节 pH 值至 7.0 ~7.5），用蒸馏水稀释到 975mL，调节 pH 值，再加入 0.1%煌绿水溶液 13.3mL，用蒸馏水补足到 1 000mL，用棉花过滤后，分装到有玻璃小导管的试管中，每管 10mL。121℃高压灭菌 15min。

A.3　结晶紫中性红胆盐琼脂（VRBA）

A.3.1　成分

蛋白胨	7.0g
酵母膏	3.0g
乳糖	10.0g
氯化钠	5.0g
胆盐或 3 号胆盐	1.5g
中性红	0.03g

结晶紫	0.002g
琼脂	15~18g
蒸馏水	1 000mL

pH 值=7.4±0.1

A.3.2　制法

将上述成分溶于蒸馏水中，静置几分钟，充分搅拌，调节 pH 值。煮沸 2min，将培养基冷却至 45~50℃倾注平板。使用前临时制备，不得超过 3h。

A.4　磷酸盐缓冲液

A.4.1　成分

磷酸二氢钾（KH_2PO_4）	34.0g
蒸馏水	500mL

pH 值=7.2

A.4.2　制法

贮存液：称取 34.0g 的磷酸二氢钾溶于 500mL 蒸馏水中，用大约 175mL 的 1mol/L 氢氧化钠溶液调节 pH 值，用蒸馏水稀释至 1 000mL 后贮存于冰箱。

稀释液：取贮存液 1.25mL，用蒸馏水稀释至 1 000mL，分装于适宜容器中，121℃高压灭菌 15min。

A.5　无菌生理盐水

A.5.1　成分

氯化钠	8.5g
蒸馏水	1 000mL

A.5.2　制法

称取 8.5g 氯化钠溶于 1 000mL 蒸馏水中，121℃高压灭菌 15min。

A.6　1mol/L NaOH

A.6.1　成分

NaOH	40.0g
蒸馏水	1 000mL

A.6.2　制法

称取 40g 氢氧化钠溶于 1 000mL 蒸馏水中，121℃高压灭菌 15min。

A.7　1mol/L HCl

A.7.1　成分

HCl	90mL
蒸馏水	1 000mL

A.7.2　制法

移取浓盐酸 90mL，用蒸馏水稀释至 1 000mL，121℃高压灭菌 15min。

附录 B
（规范性附录）
大肠菌群最可能数（MPN）检索表

B.1　大肠菌群最可能数（MPN）检索表

每克（mL）检样中大肠菌群最可能数（MPN）的检索见表 B.1。

表 B.1　大肠菌群最可能数（MPN）检索表

阳性管数			MPN	95%可信限		阳性管数			MPN	95%可信限	
0.10	0.01	0.001		下限	上限	0.10	0.01	0.001		下限	上限
0	0	0	<3.0	—	9.5	2	2	0	21	4.5	42
0	0	1	3.0	0.15	9.6	2	2	1	28	8.7	94
0	1	0	3.0	0.15	11	2	2	2	35	8.7	94
0	1	1	6.1	1.2	18	2	3	0	29	8.7	94
0	2	0	6.2	1.2	18	2	3	1	36	8.7	94
0	3	0	9.4	3.6	38	3	0	0	23	4.6	94
1	0	0	3.6	0.17	18	3	0	1	38	8.7	110
1	0	1	7.2	1.3	18	3	0	2	64	17	180
1	0	2	11	3.6	38	3	1	0	43	9	180
1	1	0	7.4	1.3	20	3	1	1	75	17	200
1	1	1	11	3.6	38	3	1	2	120	37	420
1	2	0	11	3.6	42	3	1	3	160	40	420
1	2	1	15	4.5	42	3	2	0	93	18	420
1	3	0	16	4.5	42	3	2	1	150	37	420
2	0	0	9.2	1.4	38	3	2	2	210	40	430
2	0	1	14	3.6	42	3	2	3	290	90	1 000
2	0	2	20	4.5	42	3	3	0	240	42	1 000
2	1	0	15	3.7	42	3	3	1	460	90	2 000
2	1	1	20	4.5	42	3	3	2	1 100	180	4 100
2	1	2	27	8.7	94	3	3	3	>1 100	420	—

注 1：本表采用 3 个稀释度［0.1g（mL）、0.01g（mL）和 0.001g（mL）］，每个稀释度接种 3 管。

注 2：表内所列检样量如改用 1g（mL）、0.1g（mL）和 0.01g（mL）时，表内数字应相应降低 10 倍；如改用 0.01g（mL）、0.001g（mL）、0.0001g（mL）时，则表内数字应相应增高 10 倍，其余类推。

中华人民共和国国家标准

GB 4789.10—2010

食品安全国家标准
食品微生物学检验　金黄色葡萄球菌检验

National food safety standard
Food microbiological examination：*Staphylococcus aureus*

2010－03－26 发布　　2010－06－01 实施

中华人民共和国卫生部　发布

前　　言

本标准代替 GB/T 4789.10—2008《食品卫生微生物学检验　金黄色葡萄球菌检验》和 GB/T 4789.37—2008《食品卫生微生物学检验金黄色葡萄球菌计数》。

本标准与 GB/T 4789.10—2008 和 GB/T 4789.37—2008 相比，主要修改如下：

——修改了标准的中英文名称；

——修改了范围；

——规范了样品制备过程；

——增加了计算公式中系数 1.1 的解释；

——修改了附录 A 中胰酪胨大豆肉汤的名称，规范为 10% 氯化钠胰酪胨大豆肉汤；

——增加了第二法金黄色葡萄球菌 Baird - Parker 平板计数和第三法金黄色葡萄球菌 MPN 计数。本标准的附录 A、附录 B、附录 C 是规范性附录。

本标准所代替标准的历次版本发布情况为：

——GB 4789.10—84、GB 4789.10—1994、GB/T 4789.10—2003、GB/T 4789.10—2008。

——GB/T 4789.37—2008。

食品安全国家标准
食品微生物学检验　金黄色葡萄球菌检验

1　范围

本标准规定了食品中金黄色葡萄球菌（*Staphylococcusaureus*）的检验方法。

本标准第一法适用于食品中金黄色葡萄球菌的定性检验；第二法适用于金黄色葡萄球菌含量较高的食品中金黄色葡萄球菌的计数；第三法适用于金黄色葡萄球菌含量较低而杂菌含量较高的食品中金黄色葡萄球菌的计数。

2　设备和材料

除微生物实验室常规灭菌及培养设备外，其他设备和材料如下：

2.1　恒温培养箱：36℃ ±1℃。

2.2　冰箱：2 ~5℃。

2.3　恒温水浴箱：37 ~65℃。

2.4　天平：感量 0.1g。

2.5　均质器。

2.6　振荡器。

2.7　无菌吸管：1mL（具 0.01mL 刻度）、10mL（具 0.1mL 刻度）或微量移液器及吸头。

2.8　无菌锥形瓶：容量 100mL、500mL。

2.9　无菌培养皿：直径 90mm。

2.10　注射器：0.5mL。

2.11　pH 计或 pH 比色管或精密 pH 试纸。

3　培养基和试剂

3.1　10% 氯化钠胰酪胨大豆肉汤：见附录 A 中 A.1。

3.2　7.5% 氯化钠肉汤：见附录 A 中 A.2。

3.3　血琼脂平板：见附录 A 中 A.3。

3.4　Baird – Parker 琼脂平板：见附录 A 中 A.4。

3.5　脑心浸出液肉汤（BHI）：见附录 A 中 A.5。

3.6　兔血浆：见附录 A 中 A.6。

3.7　稀释液：磷酸盐缓冲液：见附录 A 中 A.7。

3.8　营养琼脂小斜面：见附录 A 中 A.8。

3.9　革兰氏染色液：见附录 A 中 A.9。

3.10　无菌生理盐水：见附录 A 中 A.10。

第一法　金黄色葡萄球菌定性检验

4　检验程序

金黄色葡萄球菌定性检验程序见图 1。

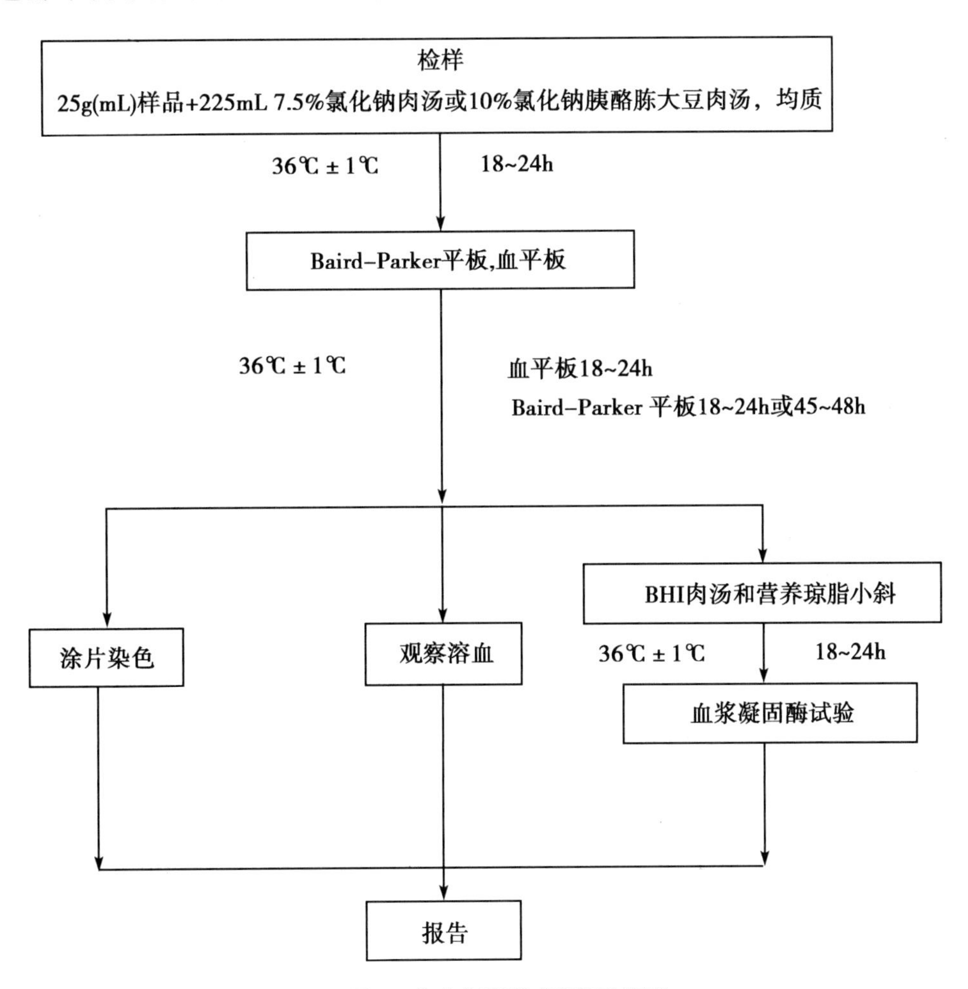

图 1　金黄色葡萄球菌检验程序

5　操作步骤

5.1　样品的处理

称取 25g 样品至盛有 225mL7.5% 氯化钠肉汤或 10% 氯化钠胰酪胨大豆肉汤的无菌均质杯内，8 000～10 000r/min 均质 1～2min，或放入盛有 225mL7.5% 氯化钠肉汤或 10% 氯化钠胰酪胨大豆肉汤的无菌均质袋中，用拍击式均质器拍打 1～2min。若样品为液态，吸取 25mL 样品至盛有 225mL7.5% 氯化钠肉汤或 10% 氯化钠胰酪胨大豆肉汤的无菌锥形瓶（瓶内可预置适当数量的无菌玻璃珠）中，振荡混匀。

5.2　增菌和分离培养

5.2.1　将上述样品匀液于 36℃ ±1℃培养 18～24h。金黄色葡萄球菌在 7.5% 氯化钠肉汤中呈混浊生长，污染严重时在 10% 氯化钠胰酪胨大豆肉汤内呈混浊生长。

5.2.2　将上述培养物，分别画线接种到 Baird – Parker 平板和血平板，血平板 36℃ ±1℃培养 18 ~ 24h。Baird – Parker 平板 36 ±1℃培养 18 ~24h 或45 ~48h。

5.2.3　金黄色葡萄球菌在 Baird – Parker 平板上，菌落直径为 2 ~ 3mm，颜色呈灰色到黑色，边缘为淡色，周围为一混浊带，在其外层有一透明圈。用接种针接触菌落有似奶油至树胶样的硬度，偶然会遇到非脂肪溶解的类似菌落；但无混浊带及透明圈。长期保存的冷冻或干燥食品中所分离的菌落比典型菌落所产生的黑色较淡些，外观可能粗糙并干燥。在血平板上，形成菌落较大，圆形、光滑凸起、湿润、金黄色（有时为白色），菌落周围可见完全透明溶血圈。挑取上述菌落进行革兰氏染色镜检及血浆凝固酶试验。

5.3　鉴定

5.3.1　染色镜检：金黄色葡萄球菌为革兰氏阳性球菌，排列呈葡萄球状，无芽孢，无荚膜，直径为 0.5 ~ 1μm。

5.3.2　血浆凝固酶试验：挑取、Baird – Parker 平板或血平板上可疑菌落 1 个或以上，分别接种到 5mL BHI 和营养琼脂小斜面，36℃ ±1℃培养 18 ~24h。

取新鲜配置兔血浆 0.5mL，放入小试管中，再加入 BHI 培养物 0.2 ~ 0.3mL，振荡摇匀，置 36℃ ±1℃温箱或水浴箱内，每半小时观察一次，观察 6h，如呈现凝固（即将试管倾斜或倒置时，呈现凝块）或凝固体积大于原体积的一半，被判定为阳性结果。同时以血浆凝固酶试验阳性和阴性葡萄球菌菌株的肉汤培养物作为对照。也可用商品化的试剂，按说明书操作，进行血浆凝固酶试验。

结果如可疑，挑取营养琼脂小斜面的菌落到 5mL BHI，36℃ ±1℃培养 18 ~48h，重复试验。

5.4　葡萄球菌肠毒素的检验

可疑食物中毒样品或产生葡萄球菌肠毒素的金黄色葡萄球菌菌株的鉴定，应按附录 B 检测葡萄球菌肠毒素。

6　结果与报告

6.1　结果判定：符合 5.2.3、5.3，可判定为金黄色葡萄球菌。

6.2　结果报告：在 25g（mL）样品中检出或未检出金黄色葡萄球菌。

第二法　金黄色葡萄球菌 Baird – Parker 平板计数

7　检验程序

金黄色葡萄球菌平板计数程序见图 2。

8　操作步骤

8.1　样品的稀释

8.1.1　固体和半固体样品：称取 25g 样品置盛有 225mL 磷酸盐缓冲液或生理盐水的无菌均质杯内，8 000 ~ 10 000r/min 均质 1 ~ 2min，或置盛有 225mL 稀释液的无菌均质袋中，用拍击式均质器拍打 1 ~ 2min，制成 1 : 10 的样品匀液。

8.1.2　液体样品：以无菌吸管吸取 25mL 样品置盛有 225mL 磷酸盐缓冲液或生理盐水的无菌锥形瓶（瓶内预置适当数量的无菌玻璃珠）中，充分混匀，制成 1 : 10 的样品匀液。

8.1.3　用 1mL 无菌吸管或微量移液器吸取 1 : 10 样品匀液 1mL，沿管壁缓慢注于盛有 9mL 稀释液的无菌试管中（注意吸管或吸头尖端不要触及稀释液面），振摇试管或换用 1 支 1mL 无菌吸管反复吹打使其混合均匀，制成 1 : 100 的样品匀液。

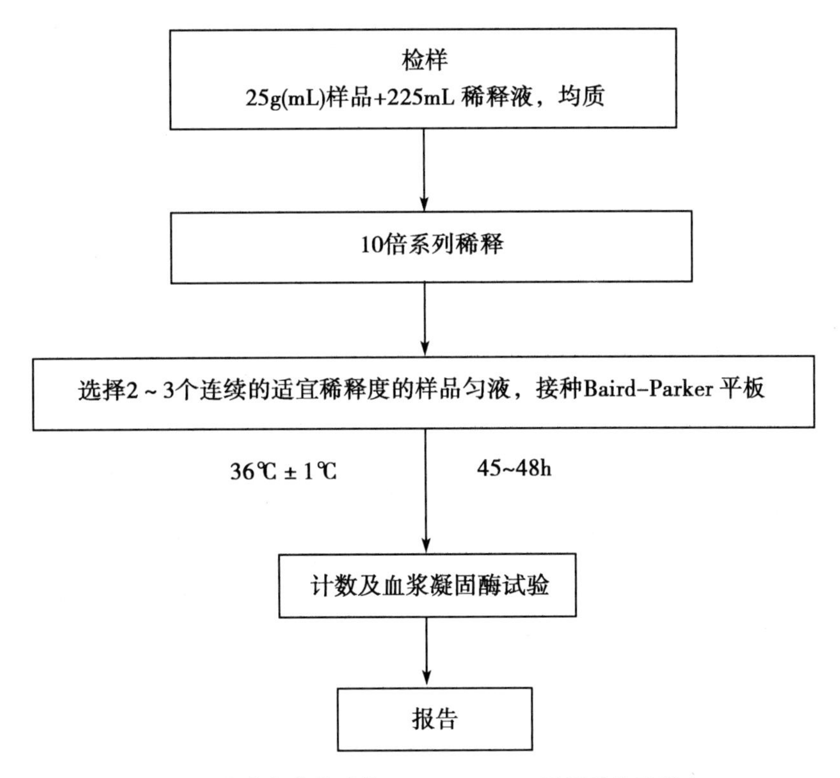

图2 金黄色葡萄球菌 Baird－Parker 平板法检验程序

8.1.4 按8.1.3操作程序，制备10倍系列稀释样品匀液。每递增稀释一次，换用1次1mL无菌吸管或吸头。

8.2 样品的接种

根据对样品污染状况的估计，选择2～3个适宜稀释度的样品匀液（液体样品可包括原液），在进行10倍递增稀释时，每个稀释度分别吸取1mL样品匀液以0.3mL、0.3mL、0.4mL接种量分别加入三块Baird－Parker平板，然后用无菌L棒涂布整个平板，注意不要触及平板边缘。使用前，如Baird－Parker平板表面有水珠，可放在25～50℃的培养箱里干燥，直到平板表面的水珠消失。

8.3 培养

8.3.1 在通常情况下，涂布后，将平板静置10min，如样液不易吸收，可将平板放在培养箱36℃±1℃培养1h；等样品匀液吸收后翻转平皿，倒置于培养箱，36℃±1℃培养，45～48h。

8.4 典型菌落计数和确认

8.4.1 金黄色葡萄球菌在Baird－Parker平板上，菌落直径为2～3mm，颜色呈灰色到黑色，边缘为淡色，周围为一混浊带，在其外层有一透明圈。用接种针接触菌落有似奶油至树胶样的硬度，偶然会遇到非脂肪溶解的类似菌落；但无混浊带及透明圈。长期保存的冷冻或干燥食品中所分离的菌落比典型菌落所产生的黑色较淡些，外观可能粗糙并干燥。

8.4.2 选择有典型的金黄色葡萄球菌菌落的平板，且同一稀释度3个平板所有菌落数合计在20～200CFU之间的平板，计数典型菌落数。如果：

a. 只有一个稀释度平板的菌落数在20～200CFU之间且有典型菌落，计数该稀释度平板上的典型菌落；

b. 最低稀释度平板的菌落数小于20CFU且有典型菌落，计数该稀释度平板上的典型菌落；

c. 某一稀释度平板的菌落数大于200CFU且有典型菌落，但下一稀释度平板上没有典型菌落，应计数该稀释度平板上的典型菌落；

d. 某一稀释度平板的菌落数大于200CFU且有典型菌落，且下一稀释度平板上有典型菌落，但其平板上的菌落数不在20～200CFU之间，应计数该稀释度平板上的典型菌落；以上按公式（1）计算。

e. 2个连续稀释度的平板菌落数均在20～200CFU之间，按公式（2）计算。

8.4.3 从典型菌落中任选5个菌落（小于5个全选），分别按5.3.2做血浆凝固酶试验。

9 结果计算

公式（1）：

$$T = \frac{AB}{Cd} \tag{1}$$

式中：

T——样品中金黄色葡萄球菌菌落数；

A——某一稀释度典型菌落的总数；

B——某一稀释度血浆凝固酶阳性的菌落数；

C——某一稀释度用于血浆凝固酶试验的菌落数；

d——稀释因子。

公式（2）：

$$T = \frac{A1\ B1/C1 + A2B2/C2}{1.1d} \tag{2}$$

式中：

T——样品中金黄色葡萄球菌菌落数；

$A1$——第一稀释度（低稀释倍数）典型菌落的总数；

$A2$——第二稀释度（高稀释倍数）典型菌落的总数；

$B1$——第一稀释度（低稀释倍数）血浆凝固酶阳性的菌落数；

$B2$——第二稀释度（高稀释倍数）血浆凝固酶阳性的菌落数；

$C1$——第一稀释度（低稀释倍数）用于血浆凝固酶试验的菌落数；

$C2$——第二稀释度（高稀释倍数）用于血浆凝固酶试验的菌落数；

1.1——计算系数；

d——稀释因子（第一稀释度）。

10 结果与报告

根据Baird－Parker平板上金黄色葡萄球菌的典型菌落数，按9中公式计算，报告每克（mL）样品中金黄色葡萄球菌数，以CFU/g（mL）表示；如T值为0，则以小于1乘以最低稀释倍数报告。

第三法 金黄色葡萄球菌MPN计数

11 检验程序

金黄色葡萄球菌MPN计数程序见图3。

12 操作步骤

12.1 样品的稀释

按8.1进行。

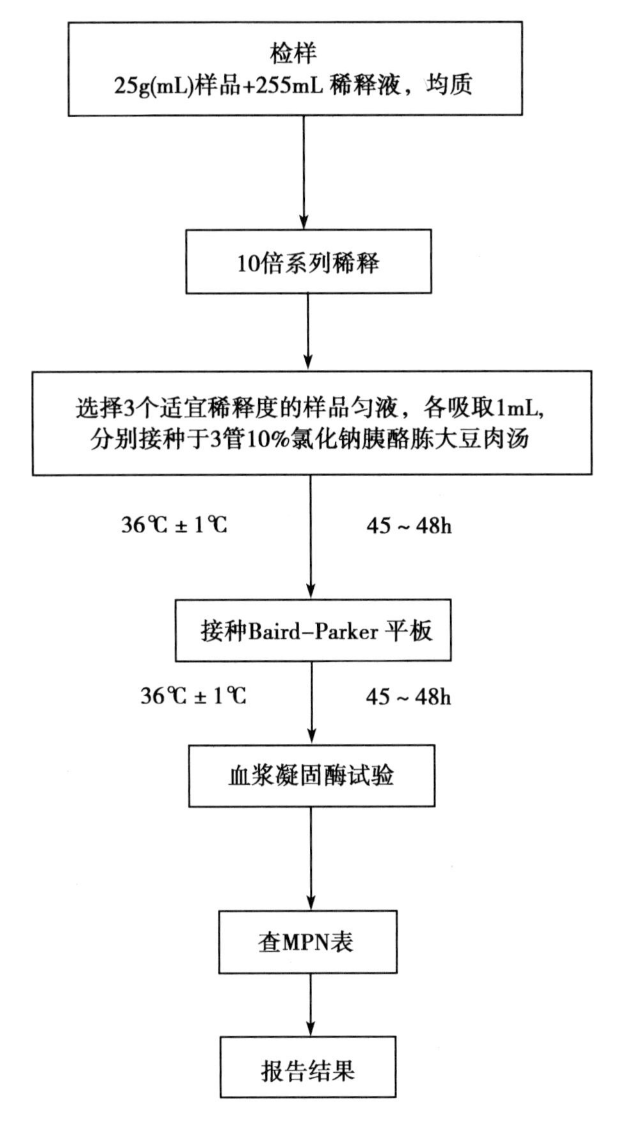

图 3　金黄色葡萄球菌 MPN 法检验程序

12.2　接种和培养

12.2.1　根据对样品污染状况的估计，选择 3 个适宜稀释度的样品匀液（液体样品可包括原液），在进行 10 倍递增稀释时，每个稀释度分别吸取 1mL 样品匀液接种到 10% 氯化钠胰酪胨大豆肉汤管，每个稀释度接种 3 管，将上述接种物于 36℃ ±1℃培养 45 ~48h。

12.2.2　用接种环从有细菌生长的各管中，移取 1 环，分别接种 Baird - Parker 平板，36℃ ±1℃培养 45 ~48h。

12.3　典型菌落确认

12.3.1　见 8.4.1。

12.3.2　从典型菌落中至少挑取 1 个菌落接种到 BHI 肉汤和营养琼脂斜面，36℃ ±1℃培养 18 ~24h。进行血浆凝固酶试验，见 5.3.2。

13　结果与报告

计算血浆凝固酶试验阳性菌落对应的管数，查 MPN 检索表（见附录 C），报告每克（mL）样品中金黄色葡萄球菌的最可能数，以 MPN/g（mL）表示。

附录 A
(规范性附录)
培养基和试剂

A.1 10%氯化钠胰酪胨大豆肉汤

A.1.1 成分

胰酪胨（或胰蛋白胨）	17.0g
植物蛋白胨（或大豆蛋白胨）	3.0g
氯化钠	100.0g
磷酸氢二钾	2.5g
丙酮酸钠	10.0g
葡萄糖	2.5g
蒸馏水	1 000mL

pH 值 =7.3 ±0.2

A.1.2 制法

将上述成分混合，加热，轻轻搅拌并溶解，调节 pH 值，分装，每瓶 225mL，121℃高压灭菌 15min。

A.2 7.5%氯化钠肉汤

A.2.1 成分

蛋白胨	10.0g
牛肉膏	5.0g
氯化钠	75g
蒸馏水	1 000mL

pH 值 =7.4

A.2.2 制法

将上述成分加热溶解，调节 pH 值，分装，每瓶 225mL，121℃高压灭菌 15min。

A.3 血琼脂平板

A.3.1 成分

豆粉琼脂（pH 值为 7.4 ~7.6）	100mL
脱纤维羊血（或兔血）	5 ~10mL

A.3.2 制法

加热溶化琼脂，冷却至 50℃，以无菌操作加入脱纤维羊血，摇匀，倾注平板。

A.4 Baird – Parker 琼脂平板

A.4.1 成分

胰蛋白胨	10.0g
牛肉膏	5.0g
酵母膏	1.0g
丙酮酸钠	10.0g

甘氨酸	12.0g
氯化锂（$LiCl \cdot 6H_2O$）	5.0g
琼脂	20.0g
蒸馏水	950mL

pH 值 =7.0 ±0.2

A.4.2　增菌剂的配法

30%卵黄盐水 50mL 与经过除菌过滤的 1%亚碲酸钾溶液 10mL 混合，保存于冰箱内。

A.4.3　制法

将各成分加到蒸馏水中，加热煮沸至完全溶解，调节 pH 值。分装每瓶 95mL，121℃高压灭菌 15min。临用时加热溶化琼脂，冷至 50℃，每 95mL 加入预热至 50℃的卵黄亚碲酸钾增菌剂 5mL 摇匀后倾注平板。培养基应是致密不透明的。使用前在冰箱储存不得超过 48h。

A.5　脑心浸出液肉汤（BHI）

A.5.1　成分

胰蛋白质胨	10.0g
氯化钠	5.0g
磷酸氢二钠（$Na_2HPO_4 \cdot 12H_2O$）	2.5g
葡萄糖	2.0g
牛心浸出液	500mL

pH 值 =7.4 ±0.2

A.5.2　制法

加热溶解，调节 pH 值，分装 16mm×160mm 试管，每管 5mL 置 121℃，15min 灭菌。

A.6　兔血浆

取柠檬酸钠 3.8g，加蒸馏水 100mL，溶解后过滤，装瓶，121℃高压灭菌 15min。

兔血浆制备：取 3.8%柠檬酸钠溶液一份，加兔全血四份，混好静置（或以 3 000 r/min 离心 30min），使血液细胞下降，即可得血浆。

A.7　磷酸盐缓冲液

A.7.1　成分

磷酸二氢钾（KH_2PO_4）	34.0g
蒸馏水	500mL

pH 值 =7.2

A.7.2　制法

贮存液：称取 34.0g 的磷酸二氢钾溶于 500mL 蒸馏水中，用大约 175mL 的 1mol/L 氢氧化钠溶液调节 pH 值至 7.2，用蒸馏水稀释至 1 000mL 后贮存于冰箱。

稀释液：取贮存液 1.25mL，用蒸馏水稀释至 1 000mL，分装于适宜容器中，121℃高压灭菌 15min。

A.8　营养琼脂小斜面

A.8.1　成分

蛋白胨	10.0g
牛肉膏	3.0g

氯化钠 5.0g
琼脂 15.0～20.0g
蒸馏水 1 000mL
pH 值=7.2～7.4

A.8.2 制法

将除琼脂以外的各成分溶解于蒸馏水内，加入15%氢氧化钠溶液约2mL调节pH值至7.2～7.4。加入琼脂，加热煮沸，使琼脂溶化，分装13mm×130mm管，121℃高压灭菌15min。

A.9 革兰氏染色液

A.9.1 结晶紫染色液

A.9.1.1 成分

结晶紫 1.0g
95%乙醇 20.0mL
1%草酸铵水溶液 80.0mL

A.9.1.2 制法

将结晶紫完全溶解于乙醇中，然后与草酸铵溶液混合。

A.9.2 革兰氏碘液

A.9.2.1 成分

碘 1.0g
碘化钾 2.0g
蒸馏水 300mL

A.9.2.2 制法

将碘与碘化钾先行混合，加入蒸馏水少许充分振摇，待完全溶解后，再加蒸馏水至300mL。

A.9.3 沙黄复染液

A.9.3.1 成分

沙黄 0.25g
95%乙醇 10.0mL
蒸馏水 90.0mL

A.9.3.2 制法

将沙黄溶解于乙醇中，然后用蒸馏水稀释。

A.9.4 染色法

a. 涂片在火焰上固定，滴加结晶紫染液，染1min，水洗。
b. 滴加革兰氏碘液，作用1min，水洗。
c. 滴加95%乙醇脱色约15～30s，直至染色液被洗掉，不要过分脱色，水洗。
d. 滴加复染液，复染1min，水洗、待干、镜检。

A.10 无菌生理盐水

A.10.1 成分

氯化钠 8.5g
蒸馏水 1 000mL

A.10.2 制法

称取8.5g氯化钠溶于1000mL蒸馏水中，121℃高压灭菌15min。

附录 B
(规范性附录)
葡萄球菌肠毒素检验

B.1　试剂和材料

除另有规定外，所用试剂均为分析纯，试验用水应符合 GB/T 6682 对一级水的规定。

B.1.1　A、B、C、D、E 型金黄色葡萄球菌肠毒素分型 ELISA 检测试剂盒。

B.1.2　pH 试纸，范围在 3.5～8.0，精度 0.1。

B.1.3　0.25mol/L、pH 值为 8.0 的 Tris 缓冲液：将 121.1g 的 Tris 溶解到 800mL 的去离子水中，待温度冷至室温后，加 42mL 浓 HCl，调 pH 值至 8.0。

B.1.4　pH 7.4 的磷酸盐缓冲液：称取 $NaH_2PO_4 \cdot H_2O$ 0.55g（或 $NaH_2PO_4 \cdot 2H_2O$ 0.62g）、$Na_2HPO_4 \cdot 2H_2O$ 2.85g（或 $Na_2HPO_4 \cdot 12H_2O$ 5.73g）、NaCl 8.7g 溶于 1 000mL 蒸馏水中，充分混匀即可。

B.1.5　庚烷。

B.1.6　10% 次氯酸钠溶液。

B.1.7　肠毒素产毒培养基

B.1.7.1　成分

蛋白胨	20.0g
胰消化酪蛋白	200mg（氨基酸）
氯化钠	5.0g
磷酸氢二钾	1.0g
磷酸二氢钾	1.0g
氯化钙	0.1g
硫酸镁	0.2g
菸酸	0.01g
蒸馏水	1 000mL

pH 值 =7.2～7.4

B.1.7.2　制法

将所有成分混于水中，溶解后调节 pH 值，121℃高压灭菌 30min。

B.1.8　营养琼脂

B.1.8.1　成分

蛋白胨	10.0g
牛肉膏	3.0g
氯化钠	5.0g
琼脂	15.0～20.0g
蒸馏水	1 000mL

B.1.8.2　制法

将除琼脂以外的各成分溶解于蒸馏水内，加入 15% 氢氧化钠溶液约 2mL，校正 pH 值至 7.2～7.4。加入琼脂，加热煮沸，使琼脂溶化。分装烧瓶，121℃高压灭菌 15min。

B.2　仪器和设备

B.2.1　电子天平：感量 0.01g。

B. 2. 2　均质器。
B. 2. 3　离心机：转速 3 000 ~ 5 000g。
B. 2. 4　离心管：50mL。
B. 2. 5　滤器：滤膜孔径 0. 2μm。
B. 2. 6　微量加样器：20 ~ 200μL、200 ~ 1 000μL。
B. 2. 7　微量多通道加样器：50 ~ 300μL。
B. 2. 8　自动洗板机（可选择使用）。
B. 2. 9　酶标仪：波长 450nm。

B. 3　原理

本方法可用 A、B、C、D、E 型金黄色葡萄球菌肠毒素分型酶联免疫吸附试剂盒完成。本方法测定的基础是酶联免疫吸附反应（ELISA）。96 孔酶标板的每一个微孔条的 A ~ E 孔分别包被了 A、B、C、D、E 型葡萄球菌肠毒素抗体，H 孔为阳性质控，已包被混合型葡萄球菌肠毒素抗体，F 和 G 孔为阴性质控，包被了非免疫动物的抗体。样品中如果有葡萄球菌肠毒素，游离的葡萄球菌肠毒素则与各微孔中包被的特定抗体结合，形成抗原抗体复合物，其余未结合的成分在洗板过程中被洗掉；抗原抗体复合物再与过氧化物酶标记物（二抗）结合，未结合上的酶标记物在洗板过程中被洗掉；加入酶底物和显色剂并孵育，酶标记物上的酶催化底物分解，使无色的显色剂变为蓝色；加入反应终止液可使颜色由蓝变黄，并终止了酶反应；以 450nm 波长的酶标仪测量微孔溶液的吸光度值，样品中的葡萄球菌肠毒素与吸光度值呈正比。

B. 4　检测步骤

B. 4. 1　从分离菌株培养物中检测葡萄球菌肠毒素方法

待测菌株接种营养琼脂斜面（试管 18mm × 180mm）37℃培养 24h，用 5mL 生理盐水洗下菌落，倾入 60mL 产毒培养基中，每个菌种种一瓶，37℃振荡培养 48h，振速为 100 次/min，吸出菌液离心，8 000r/min 20min，加热 100℃，10min，取上清液，取 100μL 稀释后的样液进行试验。

B. 4. 2　从食品中提取和检测葡萄球菌毒素方法

B. 4. 2. 1　乳和乳粉

将 25g 乳粉溶解到 125mL、0. 25mol/L、pH 值为 8. 0 的 Tris 缓冲液中，混匀后同液体乳一样按以下步骤制备。将乳于 15℃，3 500g 离心 10min。将表面形成的一层脂肪层移走，变成脱脂乳。用蒸馏水对其进行稀释（1 : 20）。取 100μL 稀释后的样液进行试验。

B. 4. 2. 2　脂肪含量不超过 40% 的食品

称取 10g 样品绞碎，加入 pH 值为 7. 4 的 PBS 液 15mL 进行均质。振摇 15min。于 15℃，3 500g 离心 10min。必要时，移去上面脂肪层。取上清液进行过滤除菌。取 100μL 的滤出液进行试验。

B. 4. 2. 3　脂肪含量超过 40% 的食品

称取 10g 样品绞碎，加入 pH 值为 7. 4 的 PBS 液 15mL 进行均质。振摇 15min。于 15℃，3 500g 离心 10min。吸取 5mL 上层悬浮液，转移到另外一个离心管中，再加入 5mL 的庚烷，充分混匀 5min。于 15℃，3 500g 离心 5min。将上部有机相（庚烷层）全部弃去，注意该过程中不要残留庚烷。将下部水相层进行过滤除菌。取 100μL 的滤出液进行试验。

B. 4. 2. 4　其他食品可酌情参考上述食品处理方法。

B. 4. 3　检测

B. 4. 3. 1　所有操作均应在室温（20 ~ 25℃）下进行，A、B、C、D、E 型金黄色葡萄球菌肠毒素分型 ELISA 检测试剂盒中所有试剂的温度均应回升至室温方可使用。测定中吸取不同的试剂和样品溶液时应更换吸头，用过的吸头以及废液要浸泡到10%次氯酸钠溶液中过夜。

B.4.3.2　将所需数量的微孔条插入框架中（一个样品需要一个微孔条）。将样品液加入微孔条的A～G孔，每孔100μL。H孔加100μL的阳性对照，用手轻拍微孔板充分混匀，用粘胶纸封住微孔以防溶液挥发，置室温下孵育1h。

B.4.3.3　将孔中液体倾倒至含10%次氯酸钠溶液的容器中，并在吸水纸上拍打几次以确保孔内不残留液体。每孔用多通道加样器注入250μL的洗液，再倾倒掉并在吸水纸上拍干。重复以上洗板操作4次。本步骤也可由自动洗板机完成。

B.4.3.4　每孔加入100μL的酶标抗体，用手轻拍微孔板充分混匀，置室温下孵育1h。

B.4.3.5　重复B.4.3.3的洗板程序。

B.4.3.6　加50μL的TMB底物和50μL的发色剂至每个微孔中，轻拍混匀，室温黑暗避光处孵育30min。

B.4.3.7　加入100μL的2mol/L硫酸终止液，轻拍混匀，30min内用酶标仪在450nm波长条件下测量每个微孔溶液的OD值。

B.4.4　结果的计算和表述

B.4.4.1　质量控制

测试结果阳性质控的OD值要大于0.5，阴性质控的OD值要小于0.3，如果不能同时满足以上要求，测试的结果不被认可。对阳性结果要排除内源性过氧化物酶的干扰。

B.4.4.2　临界值的计算

每一个微孔条的F孔和G孔为阴性质控，两个阴性质控OD值的平均值加上0.15为临界值。

示例：阴性质控1＝0.08

阴性质控2＝0.10

平均值＝0.09

临界值＝0.09＋0.15＝0.24

B.4.4.3　结果表述

OD值小于临界值的样品孔判为阴性，表述为样品中未检出某型金黄色葡萄球菌肠毒素；OD值大于或等于临界值的样品孔判为阳性，表述为样品中检出某型金黄色葡萄球菌肠毒素。

B.5　生物安全

因样品中不排除有其他潜在的传染性物质存在，所以要严格按照GB 19489对废弃物进行处理。

附录 C
(规范性附录)
金黄色葡萄球菌最可能数（MPN）检索表

C.1 金黄色葡萄球菌最可能数（MPN）的检索见表

每克（mL）检样中金黄色葡萄球菌最可能数（MPN）的检索见表 C.1。

表 C.1 金黄色葡萄球菌最可能数（MPN）检索表

阳性管数			MPN	95%置信区间		阳性管数			MPN	95%置信区间	
0.10	0.01	0.001		下限	上限	0.10	0.01	0.001		下限	上限
0	0	0	<3.0	—	9.5	2	2	0	21	4.5	42
0	0	1	3.0	0.15	9.6	2	2	1	28	8.7	94
0	1	0	3.0	0.15	11	2	2	2	35	8.7	94
0	1	1	6.1	1.2	18	2	3	0	29	8.7	94
0	2	0	6.2	1.2	18	2	3	1	36	8.7	94
0	3	0	9.4	3.6	38	3	0	0	23	4.6	94
1	0	0	3.6	0.17	18	3	0	1	38	8.7	110
1	0	1	7.2	1.3	18	3	0	2	64	17	180
1	0	2	11	3.6	38	3	1	0	43	9	180
1	1	0	7.4	1.3	20	3	1	1	75	17	200
1	1	1	11	3.6	38	3	1	2	120	37	420
1	2	0	11	3.6	42	3	1	3	160	40	420
1	2	1	15	4.5	42	3	2	0	93	18	420
1	3	0	16	4.5	42	3	2	1	150	37	420
2	0	0	9.2	1.4	38	3	2	2	210	40	430
2	0	1	14	3.6	42	3	2	3	290	90	1 000
2	0	2	20	4.5	42	3	3	0	240	42	1 000
2	1	0	15	3.7	42	3	3	1	460	90	2 000
2	1	1	20	4.5	42	3	3	2	1 100	180	4 100
2	1	2	27	8.7	94	3	3	3	>1 100	420	—

注 1：本表采用 3 个稀释度［0.1g（mL）、0.01g（mL）和 0.001g（mL）］、每个稀释度接种 3 管。

2：表内所列检样量如改用 1g（mL）、0.1g（mL）和 0.01g（mL）时，表内数字应相应降低 10 倍；如改用 0.01g（mL）0.001g（mL）、0.0001g（mL）时，则表内数字应相应增高 10 倍，其余类推。

中华人民共和国国家标准

GB 4789.15—2010

食品安全国家标准
食品微生物学检验　霉菌和酵母计数

National food safety standard

Food microbiological examination: Enumeration of moulds and yeasts

2010-03-26 发布　　2010-06-01 实施

中华人民共和国卫生部　发布

前　言

本标准自实施之日起代替 GB/T 4789.15—2003《食品卫生微生物学检验霉菌和酵母计数》。

本标准与 GB/T 4789.15—2003 相比，主要修改如下：

——修改了范围；

——修改了检验程序和操作步骤；

——修改了培养基和试剂；

——修改了设备和材料；

——修改了附录。

本标准的附录 A 为规范性附录，附录 B 为资料性附录。

本标准所代替标准的历次版本发布情况为：

——GB 4789.15—1984、GB 4789.15—1994、GB/T 4789.15—2003。

食品安全国家标准
食品微生物学检验　霉菌和酵母计数

1　范围

本标准规定了食品中霉菌和酵母菌（moulds and yeasts）的计数方法。

本标准适用于各类食品中霉菌和酵母菌的计数。

2　设备和材料

除微生物实验室常规灭菌及培养设备外，其他设备和材料如下：

2.1　冰箱：2～5℃。

2.2　恒温培养箱：28℃±1℃。

2.3　均质器。

2.4　恒温振荡器。

2.5　显微镜：10×～100×。

2.6　电子天平：感量0.1g。

2.7　无菌锥形瓶：容量500mL、250mL。

2.8　无菌广口瓶：500mL。

2.9　无菌吸管：1mL（具0.01mL刻度）、10mL（具0.1mL刻度）。

2.10　无菌平皿：直径90mm。

2.11　无菌试管：10mm×75mm。

2.12　无菌牛皮纸袋、塑料袋。

3　培养基和试剂

3.1　马铃薯－葡萄糖－琼脂培养基：见附录A中A.1。

3.2　孟加拉红培养基：见附录A中A.2。

4　检验程序

霉菌和酵母计数的检验程序见图1。

5　操作步骤

5.1　样品的稀释

5.1.1　固体和半固体样品：称取25g样品至盛有225mL灭菌蒸馏水的锥形瓶中，充分振摇，即为1：10稀释液。或放入盛有225mL无菌蒸馏水的均质袋中，用拍击式均质器拍打2min，制成1：10的样品匀液。

5.1.2　液体样品：以无菌吸管吸取25mL样品至盛有225mL无菌蒸馏水的锥形瓶（可在瓶内预置适当数量的无菌玻璃珠）中，充分混匀，制成1：10的样品匀液。

5.1.3　取1mL 1：10稀释液注入含有9mL无菌水的试管中，另换一支1mL无菌吸管反复吹吸，此液为

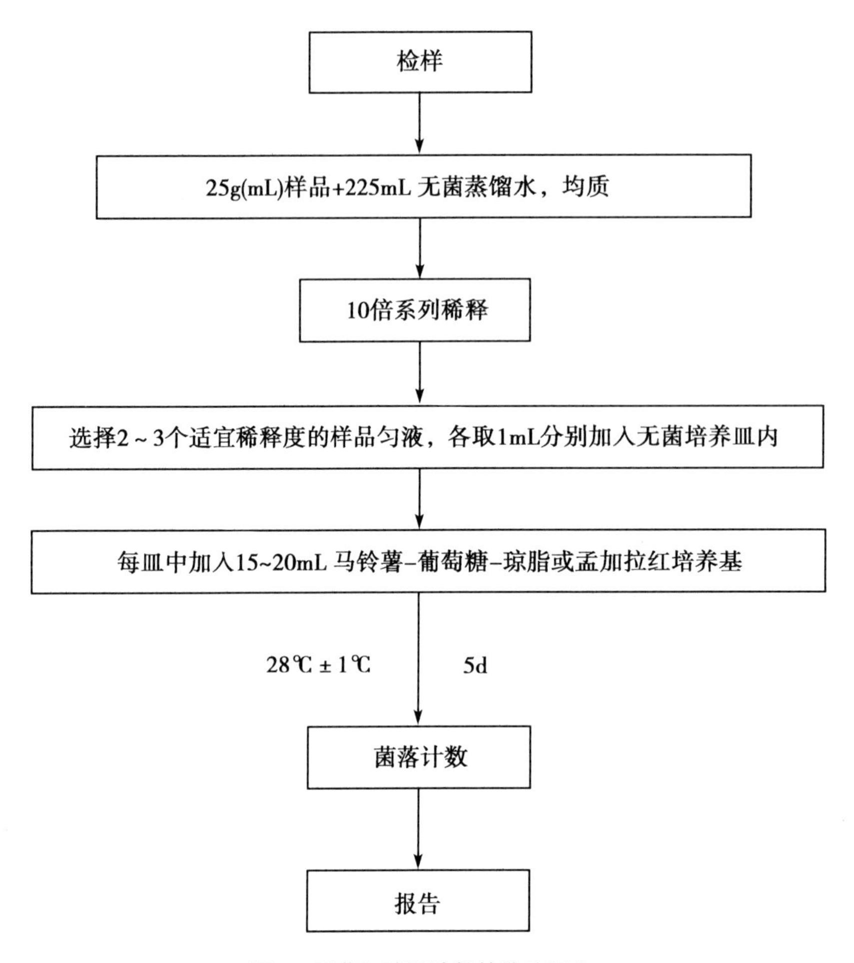

图1 霉菌和酵母计数的检验程序

1∶100 稀释液。

5.1.4 按 5.1.3 操作程序，制备 10 倍系列稀释样品匀液。每递增稀释一次，换用 1 次 1mL 无菌吸管。

5.1.5 根据对样品污染状况的估计，选择 2～3 个适宜稀释度的样品匀液（液体样品可包括原液），在进行 10 倍递增稀释的同时，每个稀释度分别吸取 1mL 样品匀液于 2 个无菌平皿内。同时分别取 1mL 样品稀释液加入 2 个无菌平皿作空白对照。

5.1.6 及时将 15～20mL 冷却至 46℃ 的马铃薯－葡萄糖－琼脂或孟加拉红培养基（可放置于 46℃ ±1℃ 恒温水浴箱中保温）倾注平皿，并转动平皿使其混合均匀。

5.2 培养

待琼脂凝固后，将平板倒置，28℃ ±1℃ 培养 5d，观察并记录。

5.3 菌落计数

肉眼观察，必要时可用放大镜，记录各稀释倍数和相应的霉菌和酵母数。以菌落形成单位（colony forming units，CFU）表示。

选取菌落数在 10～150CFU 的平板，根据菌落形态分别计数霉菌和酵母数。霉菌蔓延生长覆盖整个平板的可记录为多不可计。菌落数应采用两个平板的平均数。

6 结果与报告

6.1 计算两个平板菌落数的平均值，再将平均值乘以相应稀释倍数计算。

6.1.1 若所有平板上菌落数均大于 150CFU，则对稀释度最高的平板进行计数，其他平板可记录为多不可计，结果按平均菌落数乘以最高稀释倍数计算。

6.1.2　若所有平板上菌落数均小于10CFU，则应按稀释度最低的平均菌落数乘以稀释倍数计算。

6.1.3　若所有稀释度平板均无菌落生长，则以小于1乘以最低稀释倍数计算；如为原液，则以小于1计数。

6.2　报告

6.2.1　菌落数在100以内时，按“四舍五入”原则修约，采用两位有效数字报告。

6.2.2　菌落数大于或等于100时，前3位数字采用“四舍五入”原则修约后，取前2位数字，后面用0代替位数来表示结果；也可用10的指数形式来表示，此时也按“四舍五入”原则修约，采用两位有效数字。

6.2.3　称重取样以CFU/g为单位报告，体积取样以CFU/mL为单位报告，报告或分别报告霉菌和/或酵母数。

附录 A
(规范性附录)
培养基和试剂

A.1 马铃薯－葡萄糖－琼脂

A.1.1 成分

马铃薯（去皮切块）	300g
葡萄糖	20.0g
琼脂	20.0g
氯霉素	0.1g
蒸馏水	1 000mL

A.1.2 制法

将马铃薯去皮切块，加 1 000mL 蒸馏水，煮沸 10～20min。用纱布过滤，补加蒸馏水至 1 000mL。加入葡萄糖和琼脂，加热溶化，分装后，121℃灭菌 20min。倾注平板前，用少量乙醇溶解氯霉素加入培养基中。

A.2 孟加拉红培养基

A.2.1 成分

蛋白胨	5.0g
葡萄糖	10.0g
磷酸二氢钾	1.0g
硫酸镁（无水）	0.5g
琼脂	20.0g
孟加拉红	0.033g
氯霉素	0.1g
蒸馏水	1 000mL

A.2.2 制法

上述各成分加入蒸馏水中，加热溶化，补足蒸馏水至 1 000mL，分装后，121℃灭菌 20min。倾注平板前，用少量乙醇溶解氯霉素加入培养基中。

附录 B
(资料性附录)
霉菌直接镜检计数法

常用的为郝氏霉菌计测法，本方法适用于番茄酱罐头。

B.1　设备和材料

B.1.1　折光仪。
B.1.2　显微镜。
B.1.3　郝氏计测玻片：具有标准计测室的特制玻片。
B.1.4　盖玻片。
B.1.5　测微器：具标准刻度的玻片。

B.2　操作步骤

B.2.1　检样的制备：取定量检样，加蒸馏水稀释至折光指数为 1.3447～1.3460（即浓度为 7.9%～8.8%），备用。
B.2.2　显微镜标准视野的校正：将显微镜按放大率 90～125 倍调节标准视野，使其直径为 1.382mm。
B.2.3　涂片：洗净郝氏计测玻片，将制好的标准液，用玻璃棒均匀的摊布于计测室，以备观察。
B.2.4　观测：将制好之载玻片放于显微镜标准视野下进行霉菌观测，一般每一检样观察 50 个视野，同一检样应由两人进行观察。
B.2.5　结果与计算：在标准视野下，发现有霉菌菌丝其长度超过标准视野（1.382mm）的 1/6 或三根菌丝总长度超过标准视野的 1/6（即测微器的一格）时即为阳性（+），否则为阴性（-），按 100 个视野计，其中发现有霉菌菌丝体存在的视野数，即为霉菌的视野百分数。

中华人民共和国国家标准

GB 4789.18—2010

食品安全国家标准
食品微生物学检验　乳与乳制品检验

National food safety standard
Food microbiological examination：Milk and milk products

2010－03－26 发布　　　　2010－06－01 实施

中华人民共和国卫生部　发布

前　　言

本标准代替 GB/T 4789.18—2003《食品卫生微生物学检验乳与乳制品检验》。

本标准与 GB/T 4789.18—2003 相比，主要变化如下：

——修改了标准的中英文名称；

——修改了“范围”和“规范性引用文件”；

——修改了采样方案和各类乳制品的处理方法。

本标准所代替的历次版本发布情况为：

——GB 4789.18—1984、GB 4789.18—1994、GB/T 4789.18—2003。

食品安全国家标准
食品微生物学检验　乳与乳制品检验

1　范围

本标准适用于乳与乳制品的微生物学检验。

2　规范性引用文件

本标准中引用的文件对于本标准的应用是必不可少的。凡是注日期的引用文件，仅所注日期的版本适用于本标准。凡是不注日期的引用文件，其最新版本（包括所有的修改单）适用于本标准。

3　设备和材料

3.1　采样工具

采样工具应使用不锈钢或其他强度适当的材料，表面光滑，无缝隙，边角圆润。采样工具应清洗和灭菌，使用前保持干燥。采样工具包括搅拌器具、采样勺、匙、切割丝、刀具（小刀或抹刀）、采样钻等。

3.2　样品容器

样品容器的材料（如玻璃、不锈钢、塑料等）和结构应能充分保证样品的原有状态。容器和盖子应清洁、无菌、干燥。样品容器应有足够的体积，使样品可在测试前充分混匀。样品容器包括采样袋、采样管、采样瓶等。

3.3　其他用品

包括温度计、铝箔、封口膜、记号笔、采样登记表等。

3.4　实验室检验用品

3.4.1　常规检验用品按 GB 4789.1 执行。

3.4.2　微生物指标菌检验分别按 GB 4789.2、GB 4789.3、GB4789.15 执行。

3.4.3　致病菌检验分别按 GB 4789.4、GB 4789.10、GB 4789.30 和 GB 4789.40 执行。

3.4.4　双歧杆菌和乳酸菌检验分别按 GB/T 4789.34、GB 4789.35 执行。

4　采样方案

样品应当具有代表性。采样过程采用无菌操作，采样方法和采样数量应根据具体产品的特点和产品标准要求执行。样品在保存和运输的过程中，应采取必要的措施防止样品中原有微生物的数量变化，保持样品的原有状态。

4.1　生乳的采样

4.1.1　样品应充分搅拌混匀，混匀后应立即取样，用无菌采样工具分别从相同批次（此处特指单体的贮奶罐或贮奶车）中采集 n 个样品，采样量应满足微生物指标检验的要求。

4.1.2　具有分隔区域的贮奶装置，应根据每个分隔区域内贮奶量的不同，按比例从中采集一定量经混合均匀的代表性样品，将上述奶样混合均匀采样。

4.2　液态乳制品的采样

适用于巴氏杀菌乳、发酵乳、灭菌乳、调制乳等。取相同批次最小零售原包装，每批至少取 n 件。

4.3　半固态乳制品的采样

4.3.1　炼乳的采样

适用于淡炼乳、加糖炼乳、调制炼乳等。

4.3.1.1　原包装小于或等于 500g（mL）的制品：取相同批次的最小零售原包装，每批至少取 n 件。采样量不小于 5 倍或以上检验单位的样品。

4.3.1.2　原包装大于 500g（mL）的制品（再加工产品，进出口）：采样前应摇动或使用搅拌器搅拌，使其达到均匀后采样。如果样品无法进行均匀混合，就从样品容器中的各个部位取代表性样。采样量不小于 5 倍或以上检验单位的样品。

4.3.2　奶油及其制品的采样

适用于稀奶油、奶油、无水奶油等。

4.3.2.1　原包装小于或等于 1 000g（mL）的制品：取相同批次的最小零售原包装，采样量不小于 5 倍或以上检验单位的样品。

4.3.2.2　原包装大于 1 000g（mL）的制品：采样前应摇动或使用搅拌器搅拌，使其达到均匀后采样。对于固态制品，用无菌抹刀除去表层产品，厚度不少于 5mm。将洁净、干燥的采样钻沿包装容器切口方向往下，匀速穿入底部。当采样钻到达容器底部时，将采样钻旋转 180°，抽出采样钻并将采集的样品转入样品容器。采样量不小于 5 倍或以上检验单位的样品。

4.4　固态乳制品采样

适用于干酪、再制干酪、乳粉、乳清粉、乳糖和酪乳粉等。

4.4.1　干酪与再制干酪的采样

4.4.1.1　原包装小于或等于 500g 的制品：取相同批次的最小零售原包装，采样量不小于 5 倍或以上检验单位的样品。

4.4.1.2　原包装大于 500g 的制品：根据干酪的形状和类型，可分别使用下列方法：①在距边缘不小于 10cm 处，把取样器向干酪中心斜插到一个平表面，进行一次或几次。②把取样器垂直插入一个面，并穿过干酪中心到对面。③从两个平面之间，将取样器水平插入干酪的竖直面，插向干酪中心。④若干酪是装在桶、箱或其他大容器中，或是将干酪制成压紧的大块时，将取样器从容器顶斜穿到底进行采样。采样量不小于 5 倍或以上检验单位的样品。

4.4.2　乳粉、乳清粉、乳糖、酪乳粉的采样

适用于乳粉、乳清粉、乳糖、酪乳粉等。

4.4.2.1　原包装小于或等于 500g 的制品：取相同批次的最小零售原包装，采样量不小于 5 倍或以上验单位的样品。

4.4.2.2　原包装大于 500g 的制品：将洁净、干燥的采样钻沿包装容器切口方向往下，匀速穿入底部。当采样钻到达容器底部时，将采样钻旋转 180°，抽出采样钻并将采集的样品转入样品容器。采样量不小于 5 倍或以上检验单位的样品。

5　检样的处理

5.1　乳及液态乳制品的处理

将检样摇匀，以无菌操作开启包装。塑料或纸盒（袋）装，用 75% 酒精棉球消毒盒盖或袋口，用灭菌剪刀切开；玻璃瓶装，以无菌操作去掉瓶口的纸罩或瓶盖，瓶口经火焰消毒。用灭菌吸管吸取 25mL（液态乳中添加固体颗粒状物的，应均质后取样）检样，放入装有 225mL 灭菌生理盐水的锥形瓶内，振摇均匀。

5.2 半固态乳制品的处理

5.2.1 炼乳

清洁瓶或罐的表面，再用点燃的酒精棉球消毒瓶或罐口周围，然后用灭菌的开罐器打开瓶或罐，以无菌手续称取25g检样，放入预热至45℃的装有225mL灭菌生理盐水（或其他增菌液）的锥形瓶中，振摇均匀。

5.2.2 稀奶油、奶油、无水奶油等

无菌操作打开包装，称取25g检样，放入预热至45℃的装有225mL灭菌生理盐水（或其他增菌液）的锥形瓶中，振摇均匀。从检样融化到接种完毕的时间不应超过30min。

5.3 固态乳制制品的处理

5.3.1 干酪及其制品

以无菌操作打开外包装，对有涂层的样品削去部分表面封蜡，对无涂层的样品直接经无菌程序用灭菌刀切开干酪，用灭菌刀（勺）从表层和深层分别取出有代表性的适量样品，磨碎混匀，称取25g检样，放入预热到45℃的装有225mL灭菌生理盐水（或其他稀释液）的锥形瓶中，振摇均匀。充分混合使样品均匀散开（1~3min），分散过程时温度不超过40℃。尽可能避免泡沫产生。

5.3.2 乳粉、乳清粉、乳糖、酪乳粉

取样前将样品充分混匀。罐装乳粉的开罐取样法同炼乳处理，袋装奶粉应用75%酒精的棉球涂擦消毒袋口，以无菌手续开封取样。称取检样25g，加入预热到45℃盛有225mL灭菌生理盐水等稀释液或增菌液的锥形瓶内（可使用玻璃珠助溶），振摇使充分溶解和混匀。

对于经酸化工艺生产的乳清粉，应使用pH值为8.4±0.2的磷酸氢二钾缓冲液稀释。对于含较高淀粉的特殊配方乳粉，可使用α-淀粉酶降低溶液黏度，或将稀释液加倍以降低溶液黏度。

5.3.3 酪蛋白和酪蛋白酸盐

以无菌操作，称取25g检样，按照产品不同，分别加入225mL灭菌生理盐水等稀释液或增菌液。在对黏稠的样品溶液进行梯度稀释时，应在无菌条件下反复多次吹打吸管，尽量将粘附在吸管内壁的样品转移到溶液中。

5.3.3.1 酸法工艺生产的酪蛋白：使用磷酸氢二钾缓冲液并加入消泡剂，在pH值为8.4±0.2的条件下溶解样品。

5.3.3.2 凝乳酶法工艺生产的酪蛋白：使用磷酸氢二钾缓冲液并加入消泡剂，在pH值为7.5±0.2的条件下溶解样品，室温静置15min。必要时在灭菌的匀浆袋中均质2min，再静置5min后检测。

5.3.3.3 酪蛋白酸盐：使用磷酸氢二钾缓冲液在pH值为7.5±0.2的条件下溶解样品。

6 检验方法

6.1 菌落总数：按GB 4789.2检验。

6.2 大肠菌群：按GB 4789.3中的直接计数法计数。

6.3 沙门氏菌：按GB 4789.4检验。

6.4 金黄色葡萄球菌：按GB 4789.10检验。

6.5 霉菌和酵母：按GB 4789.15计数。

6.6 单核细胞增生李斯特氏菌：按GB 4789.30检验。

6.7 双歧杆菌：按GB/T 4789.34检验。

6.8 乳酸菌：按GB 4789.35检验。

6.9 阪崎肠杆菌：按GB 4789.40检验。